Willi Törnig

Numerische Mathematik für Ingenieure und Physiker

Band 2: Eigenwertprobleme und numerische Methoden der Analysis

Mit 37 Abbildungen

Springer-Verlag Berlin Heidelberg New York 1979

Dr. rer. nat. WILLI TÖRNIG
Professor an der Technischen Hochschule Darmstadt,
Fachbereich Mathematik
Schloßgartenstraße 7
6100 Darmstadt

CIP-Kurztitelaufnahme der Deutschen Bibliothek
Törnig, Willi:
Numerische Mathematik für Ingenieure und Physiker
Willi Törnig. - Berlin, Heidelberg, New York : Springer.
Bd. 2. Eigenwertprobleme und numerische Methoden der Analysis. - 1979.

ISBN 3-540-09376-1 Springer-Verlag Berlin Heidelberg New York
ISBN 0-387-09376-1 Springer-Verlag New York Heidelberg Berlin

Das Werk ist urheberrechtlich geschützt. Die dadurch begründeten Rechte, insbesondere die der Übersetzung, des Nachdruckes, der Entnahme von Abbildungen, der Funksendung, der Wiedergabe auf photomechanischem oder ähnlichem Wege und der Speicherung in Datenverarbeitungsanlagen bleiben, auch bei nur auszugsweiser Verwertung, vorbehalten. Bei Vervielfältigung für gewerbliche Zwecke ist gemäß § 54 UrhG eine Vergütung an den Verlag zu zahlen, deren Höhe mit dem Verlag zu vereinbaren ist.

© Springer-Verlag Berlin, Heidelberg 1979
Printed in Germany

Die Wiedergabe von Gebrauchsnamen, Handelsnamen, Warenbezeichnungen usw. in diesem Werk berechtigt auch ohne besondere Kennzeichnung nicht zu der Annahme, daß solche Namen im Sinne der Warenzeichen- und Markenschutz-Gesetzgebung als frei zu betrachten wären und daher von jedermann benutzt werden dürften.

Offsetdruck: fotokop wilhelm weihert KG, Darmstadt · Bindearbeiten: K. Triltsch, Würzburg
2060/3020/543210

Vorwort

Der vorliegende zweite Band "Numerische Mathematik für Ingenieure und Physiker" soll wie der erste mit einer Auswahl von wichtigen numerischen Verfahren vertraut machen. Dabei werden nur solche Verfahren betrachtet, die für technische und physikalische Anwendungen von Bedeutung sind. Die zugehörigen theoretischen Untersuchungen werden nur so weit geführt, wie es für das Verständnis notwendig ist. Trotzdem hoffe ich, daß das Buch, das ebenso wie der bereits erschienene erste Band ein Lehr- und Nachschlagewerk sein will, auch manchen an den Anwendungen interessierten Mathematiker anspricht.

Der Band enthält in fortlaufender Numerierung mit Band 1 vier Teile. In Teil IV werden einige Verfahren zur numerischen Abschätzung und Berechnung der Eigenwerte und Eigenvektoren von Matrizen beschrieben. Dabei ist, wie auch in anderen Teilen des Buches, eine Beschränkung auf nur wenige grundlegende und bewährte Methoden notwendig. Das Kapitel 10 enthält neben dem Jacobi- und dem LR-Verfahren auch Methoden zur Berechnung der Eigenwerte einer Hessenberg-Matrix. Vor allem im Hinblick auf die Berechnung der Eigenwerte großer Matrizen wird ferner ein Verfahren zur Reduktion einer Matrix auf Hessenbergform beschrieben. Der Teil V enthält Methoden zur Interpolation, Approximation und numerischen Integration von Funktionen. Die klassische Interpolation und Approximation durch Polynome wird knapp dargestellt, da ihre Bedeutung für technische und physikalische Anwendungen nicht sehr weitreichend ist. In Kapitel 12 werden die Grundlagen der Spline-Interpolation für lineare und kubische Splines untersucht. Das Kapitel 13 enthält relativ ausführlich numerische Quadratur- und Kubatur-Verfahren, wobei auch kurz auf die Berechnung uneigentlicher Integrale eingegangen wird.

Ein für Ingenieure und Physiker besonders wichtiges Gebiet ist die numerische Lösung von gewöhnlichen und partiellen Differentialgleichungsproblemen. In Teil VI werden Verfahren zur Lösung von Anfangs-, Rand- und Eigenwertproblemen von gewöhnlichen Differentialgleichungen beschrieben. Bei den Anfangswertproblemen beschränken wir uns auf die Betrachtung von Systemen gewöhnlicher Differentialgleichungen erster Ordnung, auf die sich gewöhnliche Differentialgleichungen beliebiger Ordnung stets leicht reduzieren lassen. Außerdem untersuchen wir nur Einschritt-Verfahren. Bei den Rand- und Eigenwertproblemen beschreiben wir Differenzenverfahren und Variationsmethoden, wobei besonders auf die Methode der finiten Elemente eingegangen wird. Das Gebiet der numerischen Lösung partieller Differentialgleichungsprobleme wird in Anbetracht seiner hervorragenden Bedeutung für viele technische Bereiche in Teil VII zwar relativ ausführlich behandelt, dennoch kann nur auf wenige grundlegende Methoden eingegangen werden. An geeigneten Stellen wird daher auf weitergehende Literatur hingewiesen. Zur numerischen Lösung von Anfangs- und Anfangs-Randwert-Problemen hyperbolischer und parabolischer Differentialgleichungen betrachten wir ausschließlich Differenzenverfahren. Bei Randwertproblemen elliptischer Differentialgleichungen untersuchen wir neben den Differenzenverfahren vorwiegend Ritz-Verfahren und die Methode der finiten Elemente. Dabei wird auch die Anwendung dieser Methode bei nichtlinearen Randwertproblemen beschrieben. Wegen ihrer Bedeutung für die Strömungsmechanik werden Anfangswertprobleme quasilinearer hyperbolischer Systeme erster Ordnung in Kapitel 17 betrachtet. Zu ihrer numerischen Lösung werden sowohl Charakteristikenverfahren als auch Differenzenverfahren in gleichmäßigen Gittern entwickelt. Erfahrungsgemäß erwerben nur wenige Ingenieure während ihres Studiums an Technischen Hochschulen fundierte Kenntnisse über partielle Differentialgleichungen. Daher werden die zum Verständnis der numerischen Verfahren notwendigen theoretischen Grundlagen jeweils kurz erklärt oder zitiert.

Um das Verständnis zu erleichtern, werden wie im ersten Band reichlich erläuternde Beispiele und Skizzen in den Text eingestreut.

Die FORTRAN-Programme wurden von Frau G. Schumm geschrieben, Prof. Dr. K. Graf Finck v. Finckenstein und die Herren Dr. W. Höhn, Dipl.-Math. R. Bock, Dipl.-Math. M. Gipser, Dipl.-Math. E. Wilzek haben mir mit vielen Hinweisen geholfen und die Korrekturen mitgelesen, Frau B. Schulte zur Surlage und Fräulein H. Krämer haben das maschinengeschriebene Manuskript hergestellt. Ihnen allen gilt mein herzlicher Dank.

Darmstadt, Mai 1979   W. Törnig

Inhaltsverzeichnis

Inhaltsübersicht Band 1 XIII

Teil IV Eigenwertaufgaben bei Matrizen 1

9. Grundlagen, Abschätzungen, Vektoriteration....................... 3
    9.1 Eigenwerte und Eigenvektoren 3
        9.1.1 Das charakteristische Polynom 3
        9.1.2 Eigenwerte spezieller Matrizenklassen................. 4
        9.1.3 Eigenwerte komplexer Matrizen 7
    9.2 Beispiele für das Auftreten von Eigenwertproblemen 10
        9.2.1 Ein Schwingungsproblem 10
        9.2.2 Ein Sturm-Liouville-Eigenwertproblem und das Differenzenverfahren 12
    9.3 Abschätzungen von Eigenwerten 14
        9.3.1 Die Lage der Eigenwerte 15
        9.3.2 Eine Fehlerabschätzung bei hermiteschen Matrizen 18
    9.4 Vektoriteration und inverse Iteration 21
        9.4.1 Vektoriteration nach v. Mises 21
        9.4.2 Inverse Iteration 24
    Aufgaben 27

10. Verfahren zur Berechnung von Eigenwerten 29
    10.1 Das Jacobi-Verfahren 29
        10.1.1 Der Algorithmus 29
        10.1.2 Konvergenz des Verfahrens 32
    10.2 Das Verfahren von Givens 37
        10.2.1 Die Verfahrensvorschrift 37
        10.2.2 Eigenschaften des Verfahrens 39
    10.3 Berechnung der Eigenwerte einer Hessenberg-Matrix 40
        10.3.1 Berechnung des charakteristischen Polynoms 40
        10.3.2 Berechnung der ersten Ableitung des charakteristischen Polynoms 42
        10.3.3 Der Fall einer symmetrischen Matrix 43

10.4 Das LR-Verfahren 44
    10.4.1 Der Algorithmus 44
    10.4.2 Eigenschaften des Algorithmus 45
10.5 FORTRAN-Unterprogramme...................................... 47
    10.5.1 Das Jacobi-Verfahren................................. 47
    10.5.2 Das Verfahren von Givens 48

Aufgaben 50

Teil V Interpolation, Approximation und numerische Integration 51

11. Interpolation und Approximation 53
    11.1 Interpolation durch Polynome................................ 53
        11.1.1 Das Lagrangesche Interpolationspolynom 53
        11.1.2 Das Restglied bei der Lagrange-Interpolation 56
        11.1.3 Das Newtonsche Interpolationspolynom 58
    11.2 Gleichabständige Stützwerte. Interpolation in zwei Variablen 61
        11.2.1 Das Newtonsche Interpolationspolynom 61
        11.2.2 Darstellung des Fehlers 62
        11.2.3 Interpolation bei Funktionen von zwei unabhängigen Veränderlichen 64
    11.3 Hermite-Interpolation....................................... 67
        11.3.1 Eine spezielle Interpolationsaufgabe 67
        11.3.2 Das allgemeine Hermitesche Interpolationspolynom 71
    11.4 Approximation durch Polynome................................ 72
        11.4.1 Das allgemeine Approximationsproblem................. 73
        11.4.2 Die Polynomapproximation 74
    11.5 Approximation durch allgemeinere Funktionen 76
        11.5.1 Approximation durch eine Linearkombination von Funktionen .. 76
        11.5.2 Approximation durch eine Linearkombination von Orthogonalfunktionen 79
    11.6 Approximation mit Orthogonalpolynomen 80
        11.6.1 Approximationsgenauigkeit 80
        11.6.2 Das E. Schmidtsche Orthogonalisierungsverfahren 82
        11.6.3 Legendresche Polynome 85
        11.6.4 Orthogonalpolynome bezüglich einer Gewichtsfunktion 87
    11.7 Trigonometrische Approximation.............................. 88
    11.8 Approximation empirischer Funktionen 91
        11.8.1 Die Methode der kleinsten Fehlerquadratsumme 91
        11.8.2 Approximation durch Polynome 93
        11.8.3 Approximation periodischer Funktionen 94

Aufgaben 95

12. Spline-Interpolation 97

12.1 Interpolation durch stückweise lineare Funktionen 97
  12.1.1 Die Konstruktion des Polygonzuges 97
  12.1.2 Darstellung mit Hilfe von Basisfunktionen 100

12.2 Definition der kubischen Splines 101
  12.2.1 Eigenschaften der Spline-Funktion 101
  12.2.2 Die mathematische Definition des Splines 102

12.3 Der kubische Interpolationsspline 104
  12.3.1 Berechnung des Splines 104
  12.3.2 Der Algorithmus 107

12.4 Fehlerbetrachtungen 109
12.5 FORTRAN-Programm 111
12.6 Beispiel 113
Aufgaben 114

13. Numerische Integration 115

13.1 Quadraturformeln vom Newton-Cotes-Typ 115
  13.1.1 Interpolations-Quadraturformeln 115
  13.1.2 Die Newton-Cotes-Formeln 116

13.2 Summierte Quadraturformeln 122
  13.2.1 Das Verfahren 122
  13.2.2 Das Restglied summierter Quadraturformeln 124

13.3 Romberg-Integration 126
  13.3.1 Das Prinzip 126
  13.3.2 Der Algorithmus 127
  13.3.3 Der Fehler bei der Romberg-Integration 130

13.4 Das Gaußsche Quadraturverfahren 133
  13.4.1 Eine Optimalitätsforderung 133
  13.4.2 Berechnung der Stützstellen und Gewichte 134
  13.4.3 Ergänzungen 138

13.5 Numerische Kubatur 139
  13.5.1 Interpolations-Kubaturformeln 139
  13.5.2 Ein einfaches summiertes Kubaturverfahren 143

13.6 Ergänzungen 145
  13.6.1 Numerische Berechnung uneigentlicher Integrale 145
  13.6.2 Numerische Berechnung von Integralen mit Singularitäten ... 147

13.7 FORTRAN-Unterprogramm 149
Aufgaben 150

VI Numerische Lösung von gewöhnlichen Differentialgleichungen 153

14. Anfangswertprobleme gewöhnlicher Differentialgleichungen 155

14.1 Einfache Einschritt-Verfahren 155
    14.1.1 Systeme gewöhnlicher Differentialgleichungen 1. Ordnung. . . . 155
    14.1.2 Explizite Einschritt-Verfahren. 157
    14.1.3 Das Polygonzugverfahren 158
    14.1.4 Verbesserte Polygonzugverfahren. 160

14.2 Runge-Kutta-Verfahren 162
    14.2.1 Verfahren von Heun 162
    14.2.2 Das klassische Runge-Kutta-Verfahren 163
    14.2.3 Runge-Kutta-Verfahren für Systeme von Differential-
            gleichungen. 164

14.3 Konsistenz und Konvergenz 167
    14.3.1 Konsistente Verfahren 167
    14.3.2 Die Konsistenzordnung einiger Einschritt-Verfahren 169
    14.3.3 Ein Satz über die Konvergenzordnung 171
    14.3.4 Systeme von Differentialgleichungen 175

14.4 Fehlerbetrachtungen. Ergänzungen 178
    14.4.1 Rundungsfehler 178
    14.4.2 Fehlerabschätzungen 180

14.5 FORTRAN-Unterprogramm 183
14.6 Beispiel 185
Aufgaben 187

15. Rand- und Eigenwertprobleme gewöhnlicher Differentialgleichungen 189

15.1 Problemstellung. Einige Ergebnisse der Theorie 189
    15.1.1 Definition des allgemeinen Randwertproblems. 189
    15.1.2 Selbstadjungierte Differentialgleichungen 192
    15.1.3 Randwertprobleme bei Systemen gewöhnlicher Differential-
            gleichungen 1. Ordnung. 194
    15.1.4 Randbedingungen beim Problem der Balkenbiegung. 195

15.2 Differenzenverfahren 197
    15.2.1 Lineare Randwertprobleme 2. Ordnung 197
    15.2.2 Nichtlineare Randwertprobleme 2. Ordnung 200
    15.2.3 Konvergenz des Differenzenverfahrens 204

15.3 Variationsmethoden und Ritzsches Verfahren 209
    15.3.1 Randwertproblem und Variationsproblem 209
    15.3.2 Das Ritzsche Verfahren 215
    15.3.3 Zur praktischen Durchführung des Ritzschen Verfahrens 217

15.4 Die Methode der finiten Elemente 220
    15.4.1 Stückweise lineare Ansatzfunktionen 220
    15.4.2 Kubische Splines als Ansatzfunktionen 224
    15.4.3 Fehlerordnung. Ergänzungen 227

15.5 Differenzenverfahren zur Lösung einfacher Eigenwertprobleme 232
    15.5.1 Das Eigenwertproblem 232
    15.5.2 Das Differenzenverfahren 233

Aufgaben 236

VII Numerische Lösung von partiellen Differentialgleichungen 239

16. Differenzenverfahren zur numerischen Lösung von Anfangs- und Anfangs-Randwertproblemen bei hyperbolischen und parabolischen Differentialgleichungen 241

16.1 Klassifizierung. Charakteristiken 241
    16.1.1 Lineare, halblineare und quasilineare Gleichungen zweiter Ordnung 241
    16.1.2 Typeneinteilung 242
    16.1.3 Charakteristiken 245

16.2 Lineare und halblineare hyperbolische Anfangswertprobleme zweiter Ordnung 246
    16.2.1 Normalform und Anfangswertproblem 246
    16.2.2 Das Differenzenverfahren 249

16.3 Explizite Differenzenverfahren für lineare parabolische Anfangs-Randwertprobleme zweiter Ordnung 253
    16.3.1 Problemstellung 253
    16.3.2 Ein explizites Einschritt-Differenzenverfahren 255
    16.3.3 Konvergenz des Verfahrens 258

16.4 Implizite Differenzenverfahren für lineare parabolische Anfangs-Randwertprobleme zweiter Ordnung 266
    16.4.1 Konstruktion der Verfahren 266
    16.4.2 Konvergenz der Verfahren 269
    16.4.3 Nichtlineare Probleme 274

Aufgaben 277

17. Hyperbolische Systeme 1. Ordnung 279

17.1 Einige Grundlagen der Theorie 279
    17.1.1 Klassifizierung 279
    17.1.2 Normalform 281
    17.1.3 Charakteristiken 283
    17.1.4 Das Anfangswertproblem 283
    17.1.5 Beispiele hyperbolischer Systeme 1. Ordnung in der Strömungsmechanik 286

17.2 Charakteristikenverfahren 289
    17.2.1 Das Prinzip 289
    17.2.2 Der lineare Fall 290
    17.2.3 Der allgemeine quasilineare Fall 292

17.3 Differenzenverfahren in Rechteckgittern 295
    17.3.1 Das Anfangswertproblem 295
    17.3.2 Das Differenzenverfahren 297
    17.3.3 Zwei spezielle Verfahren 300
    17.3.4 Konvergenz der Differenzenverfahren 301

Aufgaben 304

18. Randwertprobleme elliptischer Differentialgleichungen zweiter Ordnung ... 306

18.1 Elliptische Randwertprobleme 306
    18.1.1 Formulierung der Randwertprobleme 306
    18.1.2 Randwertprobleme und Variationsprobleme 308
    18.1.3 Allgemeinere Variationsprobleme und Randwertprobleme 312

18.2 Differenzenverfahren 314
    18.2.1 Das Modellproblem 314
    18.2.2 Konvergenz des Differenzenverfahrens 319
    18.2.3 Krummlinig berandete Gebiete 321
    18.2.4 Variationsprobleme und nichtlineare Randwertaufgaben 326

18.3 Das Ritzsche Verfahren und die Methode der finiten Elemente 330
    18.3.1 Das Ritzsche Verfahren 330
    18.3.2 Die einfachste Methode der finiten Elemente 332
    18.3.3 Die Methode der finiten Elemente bei nichtlinearen Problemen. 337
    18.3.4 Ergänzungen 341

Aufgaben 343

Literatur 344

Sachverzeichnis 347

Inhaltsübersicht Band 1[*]

Teil I Hilfsmittel, Nullstellenberechnung bei Gleichungen
- 1 Hilfsmittel
- 2 Berechnung der Nullstellen von Funktionen
- 3 Berechnung der Funktionswerte und Nullstellen von Polynomen

Teil II Lösung linearer Gleichungssysteme
- 4 Der Gaußsche Algorithmus
- 5 Weitere direkte Verfahren
- 6 Iterative Verfahren

Teil III Lösung nichtlinearer Gleichungssysteme
- 7 Allgemeine Iterationsverfahren
- 8 SOR- und ADI-Verfahren

---

[*] Erschienen im Juni 1979

Teil IV

Eigenwertaufgaben bei Matrizen

Bei mathematischen Untersuchungen und Berechnungen in der Technik wie in wirtschafts- und naturwissenschaftlichen Gebieten tritt häufig das Problem auf, Eigenwerte und zugehörige Eigenvektoren einer Matrix zu bestimmen. Auch die Diskretisierung von Eigenwertproblemen bei Differentialgleichungen führt auf dieses Problem. Oft möchte man auch nur den (betragsmäßig) größten oder kleinsten Eigenwert berechnen, etwa den Spektralradius, der ja in den vorangehenden Kapiteln 6 bis 8 häufig zur Realisierung von Konvergenzkriterien und Ähnlichem benötigt wurde. Es ist daher nicht verwunderlich, daß sich die numerische Bestimmung von Eigenwerten einer Matrix zu einem umfangreichen Teilgebiet der Numerischen Mathematik entwickelt hat. Von den zahlreichen Verfahren können wir hier nur wenige erörtern, insbesondere solche, die für eine größere Klasse von Matrizen geeignet sind.

9 Grundlagen, Abschätzungen, Vektoriteration

9.1 Eigenwerte und Eigenvektoren

Bereits in 1.2 hatten wir kurz definiert, was unter den Eigenwerten von Matrizen zu verstehen ist. Im Hinblick auf die zu untersuchenden numerischen Verfahren soll jetzt etwas ausführlicher auf Eigenwerte und Eigenvektoren von Matrizen und ihre Eigenschaften eingegangen werden.

9.1.1 Das charakteristische Polynom

Wir betrachten eine n × n-Matrix

$$A = \begin{bmatrix} a_{11} & \cdots & a_{1n} \\ \vdots & & \vdots \\ a_{n1} & \cdots & a_{nn} \end{bmatrix}, \qquad (9.1\text{-}1)$$

deren Elemente komplexe Zahlen sind, d.h. $a_{ij} \in K$, $i,j = 1,\ldots,n$. Als Spezialfälle ergeben sich hieraus die Matrizen mit reellen Elementen.

Das Eigenwert-Eigenvektor-Problem besteht dann darin, eine Zahl $\lambda \in K$ und einen Vektor $x \in K^n$, $x \neq 0$, zu bestimmen, so daß die Gleichung

$$Ax = \lambda x \qquad (9.1\text{-}2)$$

besteht. Dann heißt λ Eigenwert und x zu λ gehöriger Eigenvektor von A.

Die Gleichung (9.1-2) läßt sich auch in der Form schreiben

$$(A - \lambda I)x = 0. \qquad (9.1\text{-}3)$$

Nach Voraussetzung soll dieses homogene Gleichungssystem eine nichttriviale Lösung $x \neq 0$ haben, so daß notwendig

$$p_A(\lambda) = \det(A - \lambda I) = 0 \qquad (9.1\text{-}4)$$

gelten muß, und dieses "charakteristische Polynom" ist die Bestimmungsgleichung für die Eigenwerte von A.

Das Polynom $p_A(\lambda)$ ist ein Polynom n-ten Grades in λ, besitzt also genau n nicht notwendig voneinander verschiedene Nullstellen $\lambda_1, \ldots, \lambda_n$, und diese sind genau die Eigenwerte von A; es hat die Gestalt

$$p_A(\lambda) = (-1)^n \lambda^n + \sum_{i=1}^{n} (-1)^{n-i} \alpha_i \lambda^{n-i} . \qquad (9.1-5)$$

Wie man ausrechnet, ist dabei α_i gleich der Summe aller i-reihigen Hauptunterdeterminanten von det A. Andererseits muß sich (9.1-5) auch in der Form

$$p_A(\lambda) = (\lambda_1 - \lambda)(\lambda_2 - \lambda) \cdot \ldots \cdot (\lambda_n - \lambda) = \prod_{i=1}^{n} (\lambda_i - \lambda) \qquad (9.1-6)$$

schreiben lassen. Daher folgt insbesondere unter Zuhilfenahme des Vietaschen Wurzelsatzes

$$\alpha_1 = \sum_{i=1}^{n} \lambda_i = \sum_{i=1}^{n} a_{ii} = \text{Sp } A ,$$

$$\alpha_n = \prod_{i=1}^{n} \lambda_i = \det A , \qquad (9.1-7)$$

wobei Sp A die in Band 1, Abschnitt 6.2.3, definierte Spur von A bezeichnet. Aus der zweiten Relation (9.1-7) folgt unmittelbar: Die Matrix A ist genau dann nichtsingulär, wenn ihre sämtlichen Eigenwerte von Null verschieden sind.

9.1.2 Eigenwerte spezieller Matrizenklassen

Zwei $n \times n$-Matrizen A, B heißen ähnlich, wenn es eine nichtsinguläre Matrix T gibt, so daß

$$A = T^{-1} B T \qquad (9.1-8)$$

gilt. Ist insbesondere B eine Diagonalmatrix, so nennt man A eine diagonalähnliche Matrix. Ähnliche Matrizen besitzen die gleichen Eigenwerte: Es ist

$$p_A(\lambda) = \det(A - \lambda I) = \det(T^{-1}BT - \lambda T^{-1}IT) = \det T^{-1}(B - \lambda I)T$$
$$= \det T^{-1} \det(B - \lambda I) \det T = \det(B - \lambda I) = p_B(\lambda) ,$$

9.1 Eigenwerte und Eigenvektoren

somit haben A und B das gleiche charakteristische Polynom und daher die gleichen Eigenwerte.

Ist A eine diagonalähnliche Matrix, so gibt es eine nichtsinguläre Matrix T, so daß

$$T^{-1} A T = D$$

mit der Diagonalmatrix D gilt. Die Spaltenvektoren t_i, $i = 1,\ldots,n$, von T sind dann offenbar linear unabhängige Eigenvektoren von A, denn es gilt

$$AT = TD, \text{ also } At_i = \lambda_i t_i, \quad i = 1,\ldots,n.$$

Da T nichtsingulär ist, sind zudem ihre Spalten t_i linear unabhängig, sie stellen ein linear unabhängiges System von Eigenvektoren der Matrix A dar. Jeder Eigenvektor x von A kann also in der Form

$$x = \sum_{i=1}^{n} c_i t_i, \quad c_1,\ldots,c_n \neq 0,\ldots,0, \quad c_i \in K,$$

dargestellt werden.

Normale Matrizen, insbesondere die weiter unten noch näher zu betrachtenden hermiteschen und reell-symmetrischen Matrizen, sind diagonalähnliche Matrizen, oder, wie man auch sagt, diagonalisierbar.

Für die weiteren Betrachtungen erinnern wir an den Inhalt der Definition 1.2-1 aus Band 1:

<u>Definition 9.1-1.</u> Eine Matrix A heißt

symmetrisch,	wenn	$A = A^T$,
hermitesch,	wenn	$A = A^*$,
schiefsymmetrisch,	wenn	$A = -A^T$,
schiefhermitesch,	wenn	$A = -A^*$,
orthogonal,	wenn	$A^T = A^{-1}$,
unitär,	wenn	$A^* = A^{-1}$,
normal,	wenn	$AA^* = A^*A$ gilt.

Dabei ist $A = B + iC$, $\overline{A} = B - iC$, $\overline{A}^T = B^T - iC^T = A^*$ mit reellen Matrizen B, C. Ist A reell, so gilt $C = 0$ und daher $A^* = A^T$.

<u>Satz 9.1-1.</u> Jede hermitesche bzw. reell symmetrische Matrix A ist eine diagonalähnliche Matrix. Dabei ist die Matrix T in (9.1-8) sogar unitär bzw. orthogonal,

mit der reellen Diagonalmatrix D gilt also

$$D = T^*AT \quad \text{bzw.} \quad D = T^TAT. \tag{9.1-9}$$

Zum Beweis des Satzes vergleiche man etwa [44].

Da ähnliche Matrizen die gleichen Eigenwerte besitzen, enthält wegen (9.1-9) die Diagonale von D gerade die Eigenwerte von A. Da D eine reelle Diagonalmatrix ist, sind sämtliche Eigenwerte von A reell. Hermitesche bzw. reell symmetrische Matrizen besitzen daher nur reelle Eigenwerte.

Aus (9.1-9) kann weiter die interessante Tatsache abgelesen werden, daß die Spalten von T ein unitäres bzw. orthogonales System von Eigenvektoren der Matrix A bilden. Denn sei T etwa unitär mit den Spaltenvektoren t_i, $i = 1,\ldots,n$, so folgt $t_i^* t_j = \delta_{ij}$, d.h. die Spaltenvektoren sind orthonormiert. Sie sind aber auch Eigenvektoren von A. Es gilt nämlich nach (9.1-9)

$$TD = AT,$$

also

$$\lambda_\nu t_\nu = A t_\nu.$$

Entsprechendes gilt, wenn A reell symmetrisch und somit T eine Orthogonalmatrix ist.

Eine hermitesche Matrix besitzt daher ein System von unitären, eine reell symmetrische Matrix ein System von orthogonalen Eigenvektoren.

Von besonderem Interesse für die Bestimmung der Eigenwerte einer Matrix ist auch folgender Satz, dessen Beweis man etwa in [44] findet:

<u>Satz 9.1-2.</u> Jede n × n-Matrix A läßt sich durch eine unitäre Ähnlichkeitstransformation auf Dreiecksform transformieren:

$$T^{-1}AT = C. \tag{9.1-10}$$

Dabei ist T unitär und C eine untere oder obere Dreiecksmatrix.

Gelingt es auf einfachem Wege, zu einer vorgegebenen Matrix A die Transformationsmatrix T zu bestimmen, so lassen sich die Eigenwerte sofort angeben. Es gilt dann nämlich

$$p_A(\lambda) = \det(A - \lambda I) = p_C(\lambda) = \det(C - \lambda I) = \prod_{i=1}^{n} (c_{ii} - \lambda).$$

9.1 Eigenwerte und Eigenvektoren

Denn die Determinante einer Dreiecksmatrix ist gleich dem Produkt ihrer Elemente in der Hauptdiagonalen. Daher sind $\lambda_i = c_{ii}$, $i = 1,\ldots,n$, gerade die Eigenwerte von A.

9.1.3 Eigenwerte komplexer Matrizen

Die numerische Berechnung der Eigenwerte und Eigenvektoren einer Matrix ist im allgemeinen mit großem Rechenaufwand verbunden. Insbesondere trifft dies bei komplexen Matrizen zu. Man kann ihre Bestimmung jedoch auch auf rein reellem Wege vornehmen. Im wesentlichen läuft dies darauf hinaus, die Eigenwerte einer reellen $(2n) \times (2n)$-Matrix zu berechnen. Dabei kann man wie folgt vorgehen.

Sei

$$A = B + iC \qquad (9.1-11)$$

mit den reellen $n \times n$-Matrizen B, C. Mit $x = u + iv$ und

$$Ax = (B + iC)(u + iv) = \lambda(u + iv)$$

folgt hieraus notwendig

$$Bu - Cv = \lambda u,$$

$$Cu + Bv = \lambda v,$$

also mit

$$G = \begin{bmatrix} B & -C \\ C & B \end{bmatrix}, \quad z = \begin{bmatrix} u \\ v \end{bmatrix} \qquad (9.1-12)$$

die rein reelle Eigenwertaufgabe

$$Gz = \rho z, \qquad (9.1-13)$$

wobei wir an Stelle von λ zunächst ρ setzen. Man bestätigt sofort, daß auch das konjugiert komplexe Eigenwertproblem

$$\bar{A}\bar{x} = \bar{\lambda}\bar{x} \qquad (9.1-14)$$

mit

$$\bar{A} = B - iC, \quad \bar{x} = u - iv,$$

auf das gleiche Ersatzproblem (9.1-13) führt. Die Wurzeln ρ_i, $i = 1,\ldots,2n$, des reellen Polynoms

$$p_G(\rho) = \det(G - \rho I) \tag{9.1-15}$$

haben daher folgende Eigenschaft: Ist ρ_i Wurzel, so auch die konjugiert komplexe Zahl $\bar{\rho}_i$. Daher gilt für die Wurzeln von $p_G(\rho)$ die Darstellung

$$\rho_{j1} = \alpha_j + i\gamma_j, \quad \rho_{j2} = \alpha_j - i\gamma_j, \quad j = 1,2,\ldots,n. \tag{9.1-16}$$

Die gesuchten Eigenwerte der komplexen Matrix A haben dann die Form

$$\lambda_j = \alpha_j + i\beta_j, \quad \text{mit } \beta_j = \gamma_j \text{ oder } \beta_j = -\gamma_j. \tag{9.1-17}$$

Um das Vorzeichen des Imaginärteils von λ_j festzulegen, verwenden wir das System $Gz = \lambda_j z$ oder

$$(B + iC)(u + iv) = (\alpha_j + i\beta_j)(u + iv), \quad j = 1,\ldots,n.$$

Hieraus folgt wieder notwendig

$$Bu - Cv - \alpha_j u + \beta_j v = 0,$$
$$Cu + Bv - \beta_j u - \alpha_j v = 0.$$

Da dieses System nach Voraussetzung eine nichttriviale Lösung $z = [u,v]^T$ besitzt, muß

$$\det \begin{bmatrix} B - \alpha_j I & -C + \beta_j I \\ C - \beta_j I & B - \alpha_j I \end{bmatrix} = 0 \tag{9.1-18}$$

gelten. Man hat dann zu prüfen, für welchen der beiden Werte $\beta_j = \pm \gamma_j$ die Bedingung (9.1-18) erfüllt ist.

Beispiel 9.1-1. Als sehr durchsichtiges Beispiel betrachten wir die Bestimmung der Eigenwerte der Matrix

$$A = \begin{bmatrix} 1 & 1+i \\ 0 & -2+i \end{bmatrix}.$$

Es ist

$$B = \begin{bmatrix} 1 & 1 \\ 0 & -2 \end{bmatrix}, \quad C = \begin{bmatrix} 0 & 1 \\ 0 & 1 \end{bmatrix}.$$

9.1 Eigenwerte und Eigenvektoren

Daraus ergibt sich

$$G = \begin{bmatrix} B & -C \\ C & B \end{bmatrix} = \begin{bmatrix} 1 & 1 & 0 & -1 \\ 0 & -2 & 0 & -1 \\ 0 & 1 & 1 & 1 \\ 0 & 1 & 0 & -2 \end{bmatrix},$$

$$\det(G - \rho I) = \det \begin{bmatrix} 1-\rho & 1 & 0 & -1 \\ 0 & -2-\rho & 0 & -1 \\ 0 & 1 & 1-\rho & 1 \\ 0 & 1 & 0 & -2-\rho \end{bmatrix}$$

$$= (1-\rho)^2 \{(2+\rho)^2 + 1\} = 0.$$

Es ist also

$$\rho_{11} = \rho_{12} = 1, \quad \rho_{21} = -2 + i, \quad \rho_{22} = -2 - i,$$

und $\lambda_1 = 1$. Um λ_2 festzulegen, bilden wir die Determinante (9.1-18), d.h. hier mit $\alpha_2 = -2$, $\beta_2 = 1$:

$$\det \begin{bmatrix} B+2I & -C+I \\ C-I & B+2I \end{bmatrix} = \det \begin{bmatrix} 3 & 1 & 1 & -1 \\ 0 & 0 & 0 & 0 \\ -1 & 1 & 3 & 1 \\ 0 & 0 & 0 & 0 \end{bmatrix}.$$

Da sie verschwindet, ist

$$\lambda_2 = -2 + i$$

der gesuchte 2. Eigenwert. Mit $\beta_2 = -1$ ergibt sich dagegen

$$\det \begin{bmatrix} B+2I & -C-I \\ C+I & B+2I \end{bmatrix} = \det \begin{bmatrix} 3 & 1 & -1 & -1 \\ 0 & 0 & 0 & -2 \\ 1 & 1 & 3 & 1 \\ 0 & 2 & 0 & 0 \end{bmatrix} = 40 \neq 0.$$

9.2 Beispiele für das Auftreten von Eigenwertproblemen

An zwei Beispielen wollen wir das Auftreten von Matrizen-Eigenwertproblemen bei der mathematischen Untersuchung von physikalischen und technischen Fragen erläutern.

9.2.1 Ein Schwingungsproblem

Wir betrachten zunächst eine Schwingungskette von n Massen m_i und n Federn c_i, $i = 1,\ldots,n$ (Bild 9-1).

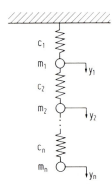

Bild 9-1. Schwingungskette

Mit y_i bezeichnen wir die Auslenkung der Masse m_i aus der Ruhelage nach unten, bei der die Feder mit der Federkonstanten c_i um z_i verlängert wird. Es gilt dann

$$\begin{aligned} z_1 &= y_1, \\ z_2 &= y_2 - y_1, \\ &\vdots \\ z_n &= y_n - y_{n-1}, \end{aligned} \qquad (9.2\text{-}1)$$

mit

$$K = \begin{bmatrix} 1 & & & & 0 \\ -1 & 1 & & & \\ & -1 & 1 & & \\ & & \ddots & \ddots & \\ 0 & & & -1 & 1 \end{bmatrix}, \quad z = \begin{bmatrix} z_1 \\ \vdots \\ z_n \end{bmatrix}$$

also

$$z = Ky. \qquad (9.2\text{-}2)$$

9.2 Beispiele für das Auftreten von Eigenwertproblemen

Zur Herleitung der Schwingungsgleichungen benutzen wir den Energieerhaltungssatz

$$U + T = \text{const},$$

wobei U die potentielle, T die kinetische Energie bedeutet. Es ist

$$U = \frac{1}{2} \sum_{i=1}^{n} c_i z_i^2 = \frac{1}{2} z^T C z, \qquad (9.2\text{-}3)$$

$$T = \frac{1}{2} \sum_{i=1}^{n} m_i \dot{y}_i^2 = \frac{1}{2} \dot{y}^T M \dot{y}, \qquad (9.2\text{-}4)$$

wobei

$$C = \begin{bmatrix} c_1 & & 0 \\ & \ddots & \\ 0 & & c_n \end{bmatrix}, \quad M = \begin{bmatrix} m_1 & & 0 \\ & \ddots & \\ 0 & & m_n \end{bmatrix}$$

gesetzt wurde. Setzt man (9.2-2) in (9.2-3) ein, so ist mit $B = K^T C K$

$$U = \frac{1}{2} y^T K^T C K y = \frac{1}{2} y^T B y,$$

und aus dem Energiesatz folgt weiter

$$\frac{1}{2} (y^T B y + \dot{y}^T M \dot{y}) = \text{const.}$$

Differenziert man diesen Ausdruck nach der Zeit, so erhält man

$$\frac{1}{2} (\dot{y}^T B y + y^T B \dot{y} + \ddot{y}^T M \dot{y} + \dot{y}^T M \ddot{y}) = 0,$$

oder, wegen der Symmetrie von B und M,

$$\dot{y}^T (B y + M \ddot{y}) = 0.$$

Da dies für jeden Geschwindigkeitsvektor $\dot{y}$ gelten muß, folgt schließlich die Bewegungsgleichung

$$B y + M \ddot{y} = 0. \qquad (9.2\text{-}5)$$

Die Lösung dieses Differentialgleichungssystems kann mit dem Ansatz

$$y = a \sin \omega t$$

erfolgen, wobei $a = [a_1, \ldots, a_n]^T$ ein willkürlicher konstanter Vektor ist. Es ergibt sich

$$\ddot{y} = -\omega^2 a \sin \omega t = -\omega^2 y = -\lambda y,$$

also mit (9.2-5) die allgemeine Eigenwertaufgabe

$$(B - \lambda M)y = 0. \tag{9.2-6}$$

Sie kann auf ein Matrizen-Eigenwertproblem zurückgeführt werden: Wegen $m_i > 0$ existiert die reelle nichtsinguläre Diagonalmatrix

$$M^{1/2} = \begin{bmatrix} m_1^{1/2} & & 0 \\ & \ddots & \\ 0 & & m_n^{1/2} \end{bmatrix}.$$

Führen wir den Vektor

$$x = M^{1/2} y$$

ein, so lautet (9.2-6)

$$(B - \lambda M^{1/2} M^{1/2}) M^{-1/2} x = 0,$$

oder nach Multiplikation mit $M^{-\frac{1}{2}}$ von links und mit $A = M^{-1/2} B M^{-1/2}$

$$(A - \lambda I)x = 0. \tag{9.2-7}$$

Dabei ist die Matrix A symmetrisch. Mit $M^{-1}B = R$ hätte man aus (9.2-6) das Eigenwertproblem

$$(R - \lambda I)x = 0$$

erhalten, wobei allerdings die Matrix R im allgemeinen nicht symmetrisch ist.

Mit Hilfe der Eigenwerte von A kann man dann die allgemeine Lösung des Differentialgleichungssystems (9.2-5) bestimmen.

9.2.2 Ein Sturm-Liouville-Eigenwertproblem und das Differenzenverfahren

Als zweites Beispiel betrachten wir das spezielle Sturm-Liouville-Problem

$$y''(x) + \lambda y(x) = 0,$$
$$y(a) = y(b) = 0. \tag{9.2-8}$$

9.2 Beispiele für das Auftreten von Eigenwertproblemen

Es handelt sich hierbei um ein Randwertproblem einer Differentialgleichung zweiter Ordnung im Intervall [a,b], das jedoch noch den Parameter λ enthält. Gesucht sind Zahlen λ, für die Lösungen $y(x) \not\equiv 0$ existieren. Man nennt auch in diesem Falle λ einen Eigenwert, $y(x)$ eine zugehörige Eigenfunktion.

Man kann in diesem einfachen Fall die Eigenwerte und Eigenfunktionen exakt bestimmen: Es gilt

$$\lambda_n = \left(\frac{n\pi}{b-a}\right)^2, \quad y_n(x) = \sin\left(\frac{n\pi}{b-a}(x-a)\right), \quad n = 1,2,\ldots, \qquad (9.2\text{-}9)$$

wie man leicht nachprüft. Mit $n = 0$ erhält man nur die triviale Lösung $y(x) \equiv 0$. Das Problem (9.2-8) besitzt also unendlich viele Eigenwerte und Eigenfunktionen.

Bei komplizierteren Eigenwertproblemen von Differentialgleichungen kann man Eigenwerte und Eigenfunktionen im allgemeinen nicht mehr exakt angeben. Man wird dann ein numerisches Verfahren, etwa ein Differenzenverfahren, zur genäherten Bestimmung einiger Eigenwerte und zugehöriger diskreter Eigenfunktionen verwenden. Wir wollen dies an dem einfachen Problem (9.2-8) demonstrieren.

Dazu unterteilen wir das Intervall [a,b] in $N + 1$ gleiche Teile der Länge h (Bild 9-2)

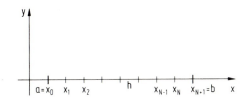

Bild 9-2. Unterteilung des Intervalls [a,b]

und setzen $x_i = a + ih$, $i = 0,1,\ldots,N+1$, $x_{N+1} = b$.

Das Problem (9.2-8) ersetzen wir dann durch das Differenzenproblem

$$\left.\begin{array}{l} \dfrac{y_{i+1} - 2y_i + y_{i-1}}{h^2} + \tilde{\lambda} y_i = 0, \quad i = 1,\ldots,N, \\[1em] y_0 = y_{N+1} = 0, \end{array}\right\} \qquad (9.2\text{-}10)$$

und lösen dieses, wobei wir hoffen, daß die sich hieraus ergebenden $\tilde{\lambda}$ bzw. $\tilde{y}_i$ Näherungen der exakten Eigenwerte bzw. der Eigenfunktionen im Punkte x_i,

$i = 1,\ldots,N$, sind. Setzt man

$$A = \frac{1}{h^2} = \begin{bmatrix} 2 & -1 & & & 0 \\ -1 & 2 & -1 & & \\ & \ddots & \ddots & \ddots & \\ & & -1 & 2 & -1 \\ 0 & & & -1 & 2 \end{bmatrix}, \quad y = \begin{bmatrix} y_1 \\ \vdots \\ y_N \end{bmatrix},$$

so lautet das System (9.2-10)

$$Ay = \tilde{\lambda} y, \tag{9.2-11}$$

wir erhalten also ein Matrizen-Eigenwertproblem.

Da A eine einfache Tridiagonalmatrix ist, lassen sich ihre Eigenwerte leicht berechnen: Man erhält

$$\tilde{\lambda}_k = \frac{4}{h^2} \sin^2\left(\frac{\pi}{2} \frac{k}{N+1}\right), \quad k = 1,\ldots,N, \tag{9.2-12}$$

und als zugehörige Werte der Eigenfunktion

$$y_l^{(k)} = \sin\left(\frac{lk\pi}{N+1}\right), \quad l = 1,\ldots,N. \tag{9.2-13}$$

Die entsprechenden exakten Werte der Eigenfunktionen sind nach (9.2-9)

$$y_k(x_l) = \sin\left(\frac{k\pi(a + lh - a)}{(N+1)h}\right) = \sin\left(\frac{lk\pi}{N+1}\right) = y_l^{(k)},$$

sie stimmen also mit den numerisch ermittelten überein.

Für die Eigenwerte gilt dies allerdings nicht, es ist mit einer Konstanten c

$$|\tilde{\lambda}_k - \lambda_k| \leq ch^2 |\lambda_k|, \quad k = 1,\ldots,N,$$

so daß für $h \to 0$, d.h. für $N \to \infty$, die genäherten Eigenwerte in die exakten übergehen.

Auf die numerische Lösung von Eigenwertproblemen bei Differentialgleichungen werden wir in Kapitel 15 eingehen.

9.3 Abschätzungen von Eigenwerten

Es sollen hier einige Abschätzungen angegeben werden, mit deren Hilfe man sich oft einen Überblick über die Größe und Lage der Eigenwerte verschaffen kann. Dabei sei A eine komplexe quadratische Matrix.

9.3 Abschätzungen von Eigenwerten

9.3.1 Die Lage der Eigenwerte

Bevor wir einen ersten Abschätzungssatz formulieren, definieren wir die Größen

$$r_i = \sum_{\substack{j=1 \\ j \neq i}}^{n} |a_{ij}|, \quad i = 1,\ldots,n, \quad s_j = \sum_{\substack{i=1 \\ i \neq j}}^{n} |a_{ij}|, \quad j = 1,\ldots,n, \tag{9.3-1}$$

und in der komplexen z-Ebene die abgeschlossenen Kreise

$$R_i = \{z : |z - a_{ii}| \leq r_i\}, \quad i = 1,\ldots,n, \tag{9.3-2}$$

$$S_j = \{z : |z - a_{jj}| \leq s_j\}, \quad j = 1,\ldots,n. \tag{9.3-3}$$

Die Größen r_i und s_j sind die i-te Zeilenbetragssumme bzw. die j-te Spaltenbetragssumme, jeweils vermindert um $|a_{ii}|$ bzw. $|a_{jj}|$. Die Kreise R_i und S_j haben als Mittelpunkt die komplexen Zahlen a_{ii} und a_{jj}. Schließlich bezeichnen wir noch die Gesamtheit der R_i bzw. S_j mit R bzw. S. Mengentheoretisch gesprochen ist R bzw. S die Vereinigung der R_i bzw. S_j, d.h.

$$R = \bigcup_{i=1}^{n} R_i, \quad S = \bigcup_{j=1}^{n} S_j. \tag{9.3-4}$$

R und S sind abgeschlossene Gebiete, die jedoch nicht zusammenhängend zu sein brauchen, wie in Bild 9-3 skizziert.

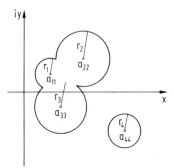

Bild 9-3. Das abgeschlossene Gebiet R

<u>Satz 9.3-1.</u> Die Gebiete R und S enthalten jeweils sämtliche Eigenwerte von A.

<u>Beweis.</u> Sei λ Eigenwert von A und x ein zugehöriger Eigenvektor, so gilt $Ax = \lambda x$ oder

$$(\lambda - a_{ii})x_i = \sum_{\substack{j=1 \\ j \neq i}}^{n} a_{ij}x_j, \quad j = 1,\ldots,n. \tag{9.3-5}$$

Sei $\mathrm{Max}_i\{|x_i|\} = \|x\|_\infty = |x_{i_0}|$, so ist $x_{i_0} \neq 0$, denn sonst wäre mit $\|x\|_\infty = 0$ auch $x = 0$ und somit kein Eigenvektor. Daher folgt mit (9.3-5)

$$(\lambda - a_{i_0 i_0}) = \sum_{\substack{j=1 \\ j \neq i_0}}^n a_{i_0 j} \frac{x_j}{x_{i_0}},$$

oder wegen $|x_j| \leq |x_{i_0}|$, $j = 1,\ldots,n$,

$$|\lambda - a_{i_0 i_0}| \leq \sum_{\substack{j=1 \\ j \neq i_0}}^n |a_{i_0 j}| = r_{i_0}. \qquad (9.3\text{-}6)$$

Somit liegt λ in R. Da A und A^T die gleichen Eigenwerte besitzen, die Spalten von A aber die Zeilen von A^T sind, liegt λ auch in S. Da λ ein beliebiger Eigenwert war, muß jeder Eigenwert von A in R und in S liegen. Damit ist der Satz bewiesen.

Aus (9.3-6) folgt noch

$$|\lambda| \leq \mathrm{Max}_i \sum_{j=1}^n |a_{ij}| = \|A\|_\infty,$$

und, da dies für jeden Eigenwert, also auch für den betragsmäßig größten, den Spektralradius, gilt,

$$\mathrm{Max}_{i=1,\ldots,n} |\lambda_i| = \rho(A) \leq \|A\|_\infty. \qquad (9.3\text{-}7)$$

Diese Relation hatten wir bereits in Band 1 verwendet.

Natürlich gilt der Satz 9.3-1 auch in dem Spezialfall, daß A eine reelle Matrix ist. Dann liegen die Mittelpunkte der Kreise R_i und S_i auf der reellen Achse.

Ergänzung. Über die Behauptung des Satzes 9.3-1 hinaus kann man noch zeigen: R bzw. S bestehe aus $p \leq n$ zusammenhängenden abgeschlossenen Gebieten $M_1,\ldots,M_p$, wobei M_i genau m_i, $\sum_{i=1}^p m_i = n$, Kreise enthält und zu den M_j, $j = 1,\ldots,p$, $j \neq i$, punktfremd ist (Bild 9-4).

9.3 Abschätzungen von Eigenwerten

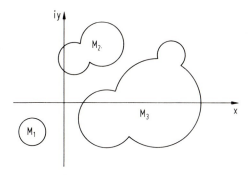

Bild 9-4. Gebiete M_1, M_2, M_3 im Fall n = 6

Dann enthält M_i genau m_i Eigenwerte, i = 1,...,p.

Zum Beweis vergleiche man etwa [21,S. 143].

Im Falle p = 1 liegt ein zusammenhängendes Gebiet vor, im Fall p = n gibt es genau n punktefremde Gebiete $M_1,...,M_n$, die daher mit den Kreisen R_i bzw. S_i, i = 1,...,n, identisch sind. Jeder dieser Kreise enthält dann genau einen Eigenwert.

Beispiel 9.3-1. (a) Wir betrachten die symmetrische Matrix

$$A = \begin{bmatrix} 2 & -1 & 0 \\ -1 & 2 & -1 \\ 0 & -1 & 2 \end{bmatrix}.$$

Nach (9.2-12) besitzt sie die reellen Eigenwerte (h = 1)

$$\lambda_1 = 4\sin^2\frac{\pi}{8} \approx 0.58579,$$

$$\lambda_2 = 4\sin^2\frac{\pi}{4} \approx 2.00000,$$

$$\lambda_3 = 4\sin^2\frac{3\pi}{8} \approx 3.41421.$$

Es ist nach (9.3-1)

$$r_1 = r_3 = s_1 = s_3 = 1, \quad r_2 = s_2 = 2,$$

und nach (9.3-2), (9.3-4) liegen alle 3 Eigenwerte $\lambda_1, \lambda_2, \lambda_3$ im Kreis

$$|z - 2| \leq 2,$$

denn dieser enthält den Kreis $|z - 2| \leq 1$. Außerdem liegen die λ_i, i = 1,2,3, auf der reellen Achse, da sie reell sind. In der Tat genügen die Eigenwerte der Ungleichung $|\lambda_i - 2| \leq 2$, $i = 1,2,3$.

(b) Wir betrachten jetzt die komplexe Matrix

$$A = \begin{bmatrix} 1+2i & 2+4i \\ 2+4i & 4+8i \end{bmatrix}$$

mit den Eigenwerten $\lambda_1 = 0$, $\lambda_2 = 5 + 10i$. Nach Satz 9.3-1 liegen sie in der Vereinigungsmenge der beiden Kreise

$$|z - (1 + 2i)| \leq \sqrt{20} \,, \quad |z - (4 + 8i)| \leq \sqrt{20} \,.$$

Dies ist in der Tat der Fall, denn wegen

$$|0 - (1 + 2i)| = \sqrt{5} < \sqrt{20}$$

liegt λ_1 im ersten, wegen

$$|5 + 10i - (4 + 8i)| = \sqrt{5} < \sqrt{20}$$

λ_2 im zweiten dieser Kreise. Nach (9.3.7) folgt außerdem

$$\rho(A) \leq \|A\|_\infty = |2 + 4i| + |4 + 8i| = \sqrt{20} + \sqrt{80} \approx 13.42.$$

Nun ist $\rho(A) = |5 + 10i| = \sqrt{125} \approx 11.18$, d.h. die Abschätzung ist recht genau. Bei größeren Matrizen ist eine entsprechende Genauigkeit im allgemeinen nicht zu erreichen.

9.3.2 Eine Fehlerabschätzung bei hermiteschen Matrizen

Eine Fehlerabschätzung für bereits näherungsweise berechnete Eigenwerte einer hermiteschen Matrix, und zwar eine sog. a-posteriori-Fehlerabschätzung, liefert der folgende

Satz 9.3-2. Es sei A eine hermitesche Matrix mit den (reellen!) Eigenwerten λ_i, $i = 1,\ldots,n$. Setzt man für eine beliebige reelle Zahl λ und einen beliebigen Vektor $x \in K^n$, $x \neq 0$,

$$Ax - \lambda x = \delta,$$

so gilt

$$\min_{1 \leq i \leq n} |\lambda - \lambda_i| \leq \frac{\|\delta\|_2}{\|x\|_2} \,. \tag{9.3-8}$$

9.3 Abschätzungen von Eigenwerten

<u>Beweis.</u> Es bedeutet, wie in Band 1 ausgeführt, $\|\cdot\|_2$ die euklidische Vektornorm. Wie wir in 9.1 gesehen haben, besitzt A als hermitesche Matrix ein System u_i, $i = 1,\ldots,n$, von orthonormierten, also linear unabhängigen, Eigenvektoren; es gilt

$$Au_i = \lambda_i u_i, \quad i = 1,\ldots,n.$$

Der Vektor $x \in K^n$ läßt sich ferner als Linearkombination der linear unabhängigen Eigenvektoren darstellen:

$$x = \sum_{i=1}^{n} c_i u_i.$$

Hieraus erhält man

$$x^*x = \sum_{i,j=1}^{n} \bar{c}_i c_j u_i^* u_j = \sum_{i,j=1}^{n} \bar{c}_i c_j \delta_{ij} = \sum_{i=1}^{n} |c_i|^2 \qquad (9.3\text{-}9)$$

und

$$u_j^* x = \sum_{i=1}^{n} c_i u_j^* u_i = \sum_{i=1}^{n} c_i \delta_{ij} = c_j. \qquad (9.3\text{-}10)$$

Dann ist

$$\delta = Ax - \lambda x = \sum_{i=1}^{n} c_i (Au_i - \lambda u_i) = \sum_{i=1}^{n} c_i (\lambda_i - \lambda) u_i,$$

und somit

$$\delta^*\delta = \sum_{i,j=1}^{n} \bar{c}_i c_j (\lambda_i - \lambda)(\lambda_j - \lambda) u_i^* u_j = \sum_{i=1}^{n} |c_i|^2 (\lambda_i - \lambda)^2. \qquad (9.3\text{-}11)$$

Mit

$$d_i = \frac{|c_i|^2}{x^*x} = \frac{|c_i|^2}{\sum_{j=1}^{n} |c_j|^2}, \quad \sum_{i=1}^{n} d_i = 1$$

folgt dann aus (9.3-11)

$$\frac{\|\delta\|_2^2}{\|x\|_2^2} = \frac{\delta^*\delta}{x^*x} = \sum_{i=1}^{n} d_i(\lambda_i - \lambda)^2 \geq \min_{1 \leq i \leq n} (\lambda_i - \lambda)^2,$$

und hieraus die Behauptung des Satzes.

Natürlich gilt der Satz entsprechend, wenn A eine reell-symmetrische Matrix ist.

Beispiel 9.3-2. Wir betrachten wieder die Matrix

$$A = \begin{bmatrix} 1+2i & 2+4i \\ 2+4i & 4+8i \end{bmatrix}$$

aus Beispiel 9.3-1 (b). Es sei mit irgendeinem Verfahren ein genäherter Eigenwert

$$\lambda = 0.2 + 0.1i$$

und dazu ein genäherter Eigenvektor

$$x = \begin{bmatrix} -2 \\ 1 \end{bmatrix}$$

berechnet worden. Dann ist

$$Ax - \lambda x = \begin{bmatrix} 0.4+0.2i \\ -0.2-0.1i \end{bmatrix} = \delta,$$

und man errechnet nacheinander

$$\|\delta\|_2^2 = \delta^*\delta = 5 \cdot (0.04 + 0.01) = 0.25,$$
$$\|x\|_2^2 = 4 + 1 = 5,$$

also nach (9.3-8)

$$\min_{1 \leq i \leq 2} |\lambda - \lambda_i| \leq \frac{\|\delta\|_2}{\|x\|_2} = \frac{\sqrt{0.25}}{\sqrt{5}} = \sqrt{0.05}.$$

Wie in Beispiel 9.3-1 berechnet, sind 0 und $5 + 10i$ die Eigenwerte von A, so daß

$$\min_{1 \leq i \leq 2} |\lambda - \lambda_i| = |0.2 + 0.1i - 0| = \sqrt{0.05}.$$

In diesem Falle ist die Abschätzung (9.3-8) sogar exakt, d.h. es gilt das Gleichheitszeichen.

Es gibt eine Reihe von weiteren Abschätzungssätzen ähnlicher Art, deren Voraussetzungen aber oft schwer zu erfüllen sind. Man vergleiche hierzu etwa [21, S. 142 ff.] und die dort angegebene Literatur.

9.4 Vektoriteration und inverse Iteration

Bei der iterativen Lösung linearer Gleichungssysteme in Band 1, Kapitel 6 benötigten wir zur Realisierung von Konvergenzkriterien und bei der Bestimmung des optimalen Relaxationsparameters häufiger Spektralradien von Matrizen. Darüber hinaus tritt auch bei anderen Anwendungen das Problem auf, den betragsgrößten Eigenwert zumindest näherungsweise zu bestimmen. Es soll hier deshalb zunächst ein Verfahren beschrieben werden, das für bestimmte Matrizen den betragsmäßig größten Eigenwert und einen zugehörigen Eigenvektor liefert.

9.4.1 Vektoriteration nach v. Mises

Es sei A eine diagonalisierbare $n \times n$-Matrix, deren Eigenwerte wir uns der Betragsgröße nach geordnet denken:

$$|\lambda_1| = \cdots = |\lambda_r| > |\lambda_{r+1}| \geq \cdots \geq |\lambda_n|, \quad 1 \leq r \leq n. \tag{9.4-1}$$

Außerdem sei

$$\lambda_1 = \lambda_2 = \cdots = \lambda_r. \tag{9.4-2}$$

Wir setzen also voraus, daß λ_1 ein r-facher Eigenwert ist. Daher ist λ_1 reell, denn mit $\lambda_1 = \alpha + i\beta$, $\beta \neq 0$, wäre sonst auch $\lambda_2 = \alpha - i\beta \neq \lambda_1$ ein Eigenwert mit gleichem maximalen Betrag.

Das zu verwendende Iterationsverfahren, in der Literatur oft als v. Mises-Verfahren bezeichnet, ist nun denkbar einfach, wenn auch unter Umständen rechnerisch recht aufwendig: Ausgehend von einem Startvektor $x^{(0)} \neq 0$ berechnen wir nach der Vorschrift

$$x^{(k+1)} = A x^{(k)}, \quad k = 0, 1, \ldots \tag{9.4-3}$$

eine Folge von Vektoren $x^{(k)} = \left[x_1^{(k)}, \ldots, x_n^{(k)}\right]^T$. Dann gilt der

<u>Satz 9.4-1.</u> Bei geeigneter Wahl von $x^{(0)}$ gibt es einen Index j, $1 \leq j \leq n$, so daß

$$\lim_{k \to \infty} \frac{x_j^{(k+1)}}{x_j^{(k)}} = \lambda_1, \tag{9.4-4}$$

$$\lim_{k \to \infty} \frac{x^{(k)}}{x_j^{(k)}} = x^* . \qquad (9.4\text{-}5)$$

Dabei ist x^* ein zu λ_1 gehöriger Eigenvektor.

<u>Beweis.</u> Als diagonalisierbare Matrix besitzt A, wie in 9.1 gezeigt, ein System von n linear unabhängigen Eigenvektoren t_i, $i = 1,\ldots,n$. Daher kann jeder Vektor $x \in K^n$ als Linearkombination dieser Eigenvektoren dargestellt werden, es gilt etwa für den Startvektor $x^{(0)}$

$$x^{(0)} = \sum_{l=1}^{n} c_l t_l, \quad c_l \in K,$$

wobei t_1 ein zum Eigenwert λ_1 gehöriger Eigenvektor sein soll. Aus (9.4-3) mit (9.4-2) folgt weiter

$$x^{(k+1)} = Ax^{(k)} = \ldots = A^{k+1} x^{(0)} = A^{k+1} \sum_{l=1}^{n} c_l t_l = \sum_{l=1}^{n} c_l \lambda_l^{k+1} t_l$$

$$= \sum_{l=1}^{r} c_l \lambda_l^{k+1} t_l + \sum_{l=r+1}^{n} c_l \lambda_l^{k+1} t_l, \quad k = 0,1,\ldots . \qquad (9.4\text{-}6)$$

Für die j-te Komponente gilt demnach

$$x_j^{(k+1)} = \left(\sum_{l=1}^{r} c_l t_{lj} \right) \lambda_1^{k+1} + \sum_{l=r+1}^{n} c_l t_{lj} \lambda_l^{k+1}, \quad k = 0,1,\ldots . \qquad (9.4\text{-}7)$$

Nun sei $x^{(0)}$ so gewählt, daß für irgendein j, $1 \leq j \leq n$,

$$\alpha_j = \sum_{l=1}^{r} c_l t_{lj} \neq 0 \qquad (9.4\text{-}8)$$

gilt. Die Gleichungen (9.4-7) liefern dann für dieses j

$$\frac{x_j^{(k+1)}}{x_j^{(k)}} = \lambda_1 \frac{\alpha_j + \sum_{l=r+1}^{n} c_l t_{lj} \left(\frac{\lambda_l}{\lambda_1}\right)^{k+1}}{\alpha_j + \sum_{l=r+1}^{n} c_l t_{lj} \left(\frac{\lambda_l}{\lambda_1}\right)^{k}} . \qquad (9.4\text{-}9)$$

9.4 Vektoriteration und inverse Iteration

Wegen $\left|\dfrac{\lambda_l}{\lambda_1}\right| < 1$, also $\lim\limits_{k\to\infty}\left(\dfrac{\lambda_l}{\lambda_1}\right)^k = 0$, folgt hieraus die Behauptung (9.4-4).

Setzen wir $x^{(k+1)}/x_j^{(k+1)} = z^{(k+1)}$, so errechnet man mit (9.4-6), (9.4-7)

$$z^{(k+1)} = \dfrac{\lambda_1^{k+1}\left(\sum\limits_{l=1}^{r} c_l t_l + \sum\limits_{l=r+1}^{n} c_l \left(\dfrac{\lambda_l}{\lambda_1}\right)^{k+1} t_l\right)}{\lambda_1^{k+1}\left(\alpha_j + \sum\limits_{l=r+1}^{n} c_l \left(\dfrac{\lambda_l}{\lambda_1}\right)^{k+1} t_{lj}\right)},$$

also

$$\lim_{k\to\infty} z^{(k+1)} = \dfrac{1}{\alpha_j}\sum_{l=1}^{r} c_l t_l = x^* \qquad (9.4\text{-}10)$$

und weiter

$$Ax^* = \dfrac{1}{\alpha_j}\sum_{l=1}^{r} c_l A t_l = \lambda_1 \dfrac{1}{\alpha_j}\sum_{l=1}^{r} c_l t_l = \lambda_1 x^*. \qquad (9.4\text{-}11)$$

Daher ist x^* ein zum Eigenwert λ_1 gehöriger Eigenvektor und aus (9.4-10) folgt die Behauptung (9.4-5) des Satzes, der damit bewiesen ist.

Das Verfahren konvergiert somit stets dann gegen λ_1 und einen zugehörigen Eigenvektor, wenn $x^{(0)}$ so gewählt wird, daß (9.4-8) gilt. Das ist jedoch keine wesentliche Einschränkung, denn nur in krassen Ausnahmefällen wird dies nicht der Fall sein. Die Konvergenzgeschwindigkeit hängt offenbar nur von dem Verhältnis

$$\left|\dfrac{\lambda_{r+1}}{\lambda_1}\right| = \left|\dfrac{\lambda_{r+1}}{\lambda_r}\right| \qquad (9.4\text{-}12)$$

ab, jedoch nicht von der Größe α_j. Selbst für den Fall, daß für einen Startvektor $x^{(0)}$ "exakt" $\alpha_j = 0$ gilt, wird praktisch doch (9.4-8) gelten, bedingt durch unvermeidbare Rundungsfehler.

Ein wesentlicher Nachteil des Verfahrens ist jedoch, daß es im allgemeinen sehr langsam konvergiert, wenn (9.4-12) nicht sehr klein ist. Zudem konvergiert es linear mit (9.4-12). Ist A jedoch eine hermitesche (oder reell symmetrische) Matrix, so kann man schnellere Konvergenz gegen λ_1 erhalten. Das System von linear unabhängigen Eigenvektoren kann dann, wie wir in 9.1 gesehen haben, als unitäres System angenommen werden, es gilt also $t_i^* t_j = \delta_{ij}$.

Nach jeder Iteration bilden wir den Quotienten

$$q_{k+1} = \frac{(x^{(k)})^* x^{(k+1)}}{(x^{(k)})^* x^{(k)}}, \quad k = 0, 1, \ldots . \qquad (9.4\text{-}13)$$

Mit

$$\sum_{i=1}^{r} |c_i|^2 = \alpha_i^2$$

erhält man nach einiger Rechnung

$$q_{k+1} = \lambda_1 \frac{\alpha_i^2 + \sum_{i=r+1}^{n} |c_i|^2 \left(\frac{\lambda_i}{\lambda_1}\right)^{2k+1}}{\alpha_i^2 + \sum_{i=r+1}^{n} |c_i|^2 \left(\frac{\lambda_i}{\lambda_1}\right)^{2k}} ,$$

also

$$\lim_{k \to \infty} q_{k+1} = \lambda_1 ,$$

wobei die Konvergenz jetzt aber fast quadratisch in (9.4-12) ist. Entsprechendes gilt für den Fall, daß A eine reell symmetrische Matrix ist.

9.4.2 Inverse Iteration

Kennt man bereits eine Näherung $\lambda_i^{(0)}$ eines Eigenwertes λ_i, so kann man diesen mit der sog. inversen Iteration verbessern.

Wir setzen hierzu

$$\rho = \frac{1}{\lambda - \lambda_i^{(0)}} \qquad (9.4\text{-}14)$$

und erhalten wegen

$$Ax = \lambda x, \quad \left(\lambda - \lambda_i^{(0)}\right) x = Ax - \lambda_i^{(0)} Ix$$

unter der Voraussetzung, daß $\lambda_i^{(0)}$ nicht bereits ein Eigenwert von A ist, das Eigenwertproblem

$$\left(A - \lambda_i^{(0)} I\right)^{-1} x = \rho x. \qquad (9.4\text{-}15)$$

Ist λ Eigenwert von A mit dem Eigenvektor x, so ist ρ Eigenwert von $\left(A - \lambda_i^{(0)} I\right)^{-1}$ mit dem gleichen Eigenvektor. Wir setzen nun

$$|\lambda_i - \lambda_i^{(0)}| \ll |\lambda_j - \lambda_i^{(0)}| \quad \text{für} \quad \lambda_i \neq \lambda_j \qquad (9.4\text{-}16)$$

9.4 Vektoriteration und inverse Iteration

voraus, d.h. wir nehmen an, daß $\lambda_i^{(0)}$ den Eigenwert λ_i wesentlich besser als alle anderen von λ_i verschiedenen Eigenwerte approximiert, wobei λ_i auch ein mehrfacher Eigenwert sein darf. Seien

$$\rho_j = \frac{1}{\lambda_j - \lambda_i^{(0)}}, \quad j = 1,\ldots,n,$$

die in ihrer Vielfachheit gezählten Eigenwerte von $\left(A - \lambda_i^{(0)} I\right)^{-1}$, so folgt aus (9.4-16)

$$|\rho_i| \gg |\rho_j| \quad \text{für} \quad \rho_i \neq \rho_j.$$

Wir können ρ_i daher mit Hilfe der oben beschriebenen Vektoriteration zumindest näherungsweise bestimmen, wenn $(A - \lambda_i^{(0)} I)^{-1}$ eine diagonalähnliche Matrix ist. Dies ist aber der Fall, wenn A selbst diagonalähnlich ist, wie man leicht ausrechnet. Wir iterieren dann, ausgehend von einem Startvektor $x^{(0)}$, entsprechend (9.4-3)

$$\left(A - \lambda_i^{(0)} I\right) x^{(k+1)} = x^{(k)}, \quad k = 0,1,\ldots. \tag{9.4-17}$$

Dann gilt wiederum entsprechend die Aussage des Satzes 9.4-1.

Durch die Vorschrift (9.4-17) wird auch die Bezeichnung "inverse Iteration" erklärt. Aus dem Beweis des Satzes 9.4-1 geht unmittelbar hervor, wann das Verfahren konvergiert.

Beispiel 9.4-1. (a) Es soll der betragsmäßig größte Eigenwert der Matrix

$$A = \begin{bmatrix} 5 & 1-i \\ 1+i & 4 \end{bmatrix}$$

bestimmt werden. Mit $x^{(0)} = [1,1]^T$ erhält man nacheinander

$$x^{(1)} = Ax^{(0)} = \begin{bmatrix} 6-i \\ 5+i \end{bmatrix}, \quad x^{(2)} = Ax^{(1)} = 9\begin{bmatrix} 4-i \\ 3+i \end{bmatrix},$$

$$x^{(3)} = Ax^{(2)} = 9\begin{bmatrix} 24-7i \\ 17+7i \end{bmatrix}, \quad x^{(4)} = Ax^{(3)} = 9\begin{bmatrix} 144-45i \\ 99+45i \end{bmatrix}.$$

Setzt man

$$\lambda_1^{(k)} = \frac{x_1^{(k+1)}}{x_1^{(k)}},$$

so ergibt sich

$$\lambda_1^{(0)} = 6 - i, \quad \lambda_1^{(1)} = 6 - \frac{3i}{6-i}, \quad \lambda_1^{(2)} = 6 - \frac{i}{4-i}, \quad \lambda_1^{(3)} = 6 - \frac{3i}{24-7i}.$$

Man vermutet $\lim_{k \to \infty} \lambda_1^{(k)} = \lambda_1 = 6$. In der Tat ist 6 der betragsmäßig größte Eigenwert von A. Der andere Eigenwert ist 3.

(b) Es soll der betragsmäßig größte Eigenwert der symmetrischen Matrix

$$A = \begin{bmatrix} -2 & 2 \\ 2 & -5 \end{bmatrix}$$

bestimmt werden. Ausgehend von $x^{(0)} = [1,-1]^T$ liefert die Vektoriteration nacheinander

$$x^{(1)} = Ax^{(0)} = \begin{bmatrix} -4 \\ 7 \end{bmatrix}, \quad x^{(2)} = Ax^{(1)} = \begin{bmatrix} 22 \\ -43 \end{bmatrix}, \quad x^{(3)} = Ax^{(2)} = \begin{bmatrix} -130 \\ 259 \end{bmatrix},$$

$$x^{(4)} = Ax^{(3)} = \begin{bmatrix} 778 \\ -1555 \end{bmatrix}.$$

Setzt man

$$\lambda_{1j}^{(k)} = \frac{x_j^{(k+1)}}{x_j^{(k)}}, \quad j = 1,2; \quad k = 0,1,\ldots,$$

so errechnet man

$$\lambda_{11}^{(0)} = \frac{-4}{1} = -4, \quad \lambda_{11}^{(1)} = \frac{22}{-4} = -5.5, \quad \lambda_{11}^{(2)} = \frac{-130}{22} \approx -5.909,$$

$$\lambda_{11}^{(3)} = \frac{778}{-130} \approx -5.985$$

$$\lambda_{12}^{(0)} = \frac{7}{-1} = -7, \quad \lambda_{12}^{(1)} = \frac{-43}{7} \approx -6.143, \quad \lambda_{12}^{(2)} = \frac{259}{-43} \approx -6.023,$$

$$\lambda_{12}^{(3)} = \frac{-1555}{259} \approx -6.004.$$

In beiden Fällen konvergiert das Verfahren offenbar gegen $\lambda_1 = -6$, den betragsgrößten Eigenwert. Da A symmetrisch ist, kann auch (9.4-13) verwendet werden. Man erhält z.B.

$$q_4 = -\frac{503885}{83981} \approx -5.9999881,$$

d.h. eine sehr gute Approximation von -6.

Mit $z^{(k)} = \dfrac{x^{(k)}}{x_2^{(k)}}$ erhält man weiter folgende Näherungen eines zugehörigen Eigenvektors:

$$z^{(1)} = \frac{x^{(1)}}{7} = \begin{bmatrix} -\frac{4}{7} \\ 1 \end{bmatrix}, \quad z^{(2)} = \frac{x^{(2)}}{-43} = \begin{bmatrix} -\frac{22}{43} \\ 1 \end{bmatrix}, \quad z^{(3)} = \frac{x^{(3)}}{259} = \begin{bmatrix} -\frac{130}{259} \\ 1 \end{bmatrix},$$

$$z^{(4)} = \frac{x^{(4)}}{-1555} = \begin{bmatrix} -\frac{778}{1555} \\ 1 \end{bmatrix}.$$

Das Verfahren konvergiert offenbar gegen

$$x = \begin{bmatrix} -\frac{1}{2} \\ 1 \end{bmatrix},$$

und dies ist ein zum Eigenwert -6 gehöriger Eigenvektor.

Schließlich wenden wir noch die inverse Iteration (9.4-17) an, um den Näherungswert -7 zu verbessern. Dazu wählen wir als Startvektor $x^{(0)}$ den Vektor $z^{(1)} = \left[-\frac{4}{7}, 1 \right]^T$ und erhalten wegen

$$A + 7I = \begin{bmatrix} 5 & 2 \\ 2 & 2 \end{bmatrix}$$

nach (9.4-17)

$$\frac{1}{\lambda^{(1)} + 7} = \frac{11}{12}, \text{ also } \lambda^{(1)} = -\frac{65}{11} \approx -5.909.$$

Wie bereits am Anfang erwähnt, ist die Literatur zur Berechnung von Eigenwerten und Eigenvektoren sehr umfangreich. Bezüglich weitergehender Ergebnisse und Ergänzungen zu 9.1, 9.3 und 9.4 vergleiche man etwa [20,34,37,42].

Aufgaben

<u>A 9-1.</u> Die Matrizen

$$A_1 = \begin{bmatrix} 4 & -1 \\ -1 & 2 \end{bmatrix}, \quad A_2 = \begin{bmatrix} 4 & 3-2i \\ 3+2i & 2 \end{bmatrix}$$

sind symmetrisch bzw. hermitesch. Man berechne die Matrix T, die für A_1 orthogonal, für A_2 unitär ist, so daß jeweils

$$T^{-1} A_i T = D_i, \quad i = 1, 2,$$

mit Diagonalmatrizen D_i gilt.

A 9-2. Man berechne die Eigenwerte der Matrix A_2 aus A 9-1 mit der in 9.1 angegebenen Methode auf rein reellem Wege.

A 9-3. Man berechne für die Matrizen A_1, A_2 aus A 9-1 die Gebiete R und S gemäß Satz 9.3-1 und bestätige dessen Aussage durch direkte Berechnung der Eigenwerte.

A 9-4. Mit $\lambda = 7$ (genäherter Eigenwert) und $x = [4.7, 3 + 2i]^T$ (zugehöriger genäherter Eigenvektor) berechne man für die Matrix A_2 aus A 9-1 nach Satz 9.3-2 eine obere Schranke für

$$\min_{1 \leq i \leq 2} |\lambda - \lambda_i|.$$

A 9-5. Ausgehend von $x^{(0)} = [4.7, 3 + 2i]^T$ berechne man für die Matrix A_2 aus A 9-1 die Vektoren $x^{(1)}$ und $x^{(2)}$ gemäß (9.4-3) und nach Satz 9.4-1 eine Näherung für den betragsmäßig größten Eigenwert λ_1 und einen zugehörigen Eigenvektor. Anschließend berechne man eine Näherung von λ_1 nach (9.4-13) und vergleiche sie mit der oben erhaltenen.

A 9-6. Man verbessere die in A 9-4 erhaltene Näherung von λ_1 mit Hilfe der inversen Iteration. Dabei verwende man den dort berechneten Vektor $x^{(2)}$ als neuen Startvektor der Iteration (9.4-17).

10 Verfahren zur Berechnung von Eigenwerten

Es sollen jetzt Verfahren untersucht werden, mit denen man im Prinzip alle Eigenwerte einer Matrix zumindest näherungsweise berechnen kann.

10.1 Das Jacobi-Verfahren

Das folgende klassische Verfahren beschreiben wir für reell symmetrische Matrizen A. Diese sind diagonalisierbar, wie wir in 9.1 gesehen haben, es gibt also gemäß (9.1-9) eine orthogonale Matrix T, so daß

$$D = T^T A T \qquad (10.1\text{-}1)$$

mit der Diagonalmatrix D gilt. Kennt man T, so können die Eigenwerte von A als Elemente von D sofort abgelesen werden.

10.1.1 Der Algorithmus

Beim Jacobi-Verfahren wird die Diagonalmatrix D iterativ bestimmt. Ausgehend von $A^{(0)} = A$ berechnet man die Matrizen

$$A^{(k+1)} = (T^{(k+1)})^T A^{(k)} T^{(k+1)}, \qquad k = 0, 1, \ldots, \qquad (10.1\text{-}2)$$

wobei $\lim_{k \to \infty} A^{(k)} = D$ gilt. Das eigentliche Verfahren besteht im wesentlichen darin, die Folge der orthogonalen Matrizen $T^{(k)}$, $k = 1, 2, \ldots$, zu konstruieren.

Bevor wir den Algorithmus allgemein formulieren, soll zunächst die Berechnung von $A^{(1)}$ vorgeführt werden. Dazu wählen wir unter den Nichtdiagonalelementen a_{ij} von A ein betragsmäßig maximales aus, etwa a_{rs}, so daß

$$|a_{rs}| \geq |a_{ij}|, \qquad i, j = 1, \ldots, n, \quad i \neq j, \qquad (10.1\text{-}3)$$

gilt. Sei etwa r < s, so bilden wir die orthogonale Matrix[1]

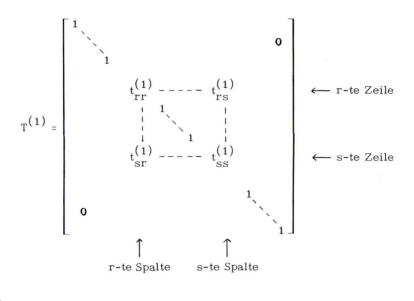

mit

$$t_{rr}^{(1)} = t_{ss}^{(1)} = \cos \varphi_1, \quad t_{rs}^{(1)} = -t_{sr}^{(1)} = \sin \varphi_1,$$

$$\varphi_1 = \begin{cases} \frac{1}{2} \arctan \left(\dfrac{2a_{rs}}{a_{ss} - a_{rr}} \right), & -\dfrac{\pi}{4} \leq \varphi_1 \leq \dfrac{\pi}{4}, \quad a_{ss} \neq a_{rr}, \\ \operatorname{sgn}(a_{rs}) \cdot \dfrac{\pi}{4}, & a_{ss} = a_{rr}. \end{cases}$$

Dann ist

$$A^{(1)} = (T^{(1)})^T A T^{(1)}, \qquad (10.1\text{-}4)$$

und diese Matrix ist für nicht zu großes n leicht zu berechnen. (siehe (10.1-5), (10.1-6)).

Wir wollen jetzt das Jacobi-Verfahren allgemein beschreiben. Dazu setzen wir $A^{(0)} = A$ und

$$A^{(k)} = \left[a_{ij}^{(k)} \right], \quad i,j = 1,\ldots,n.$$

---

[1] Die nicht aufgeführten Elemente sind sämtlich 0.

10.1 Das Jacobi-Verfahren

Ist $A^{(k)}$ für irgendein $k \geq 0$ bekannt, so lautet der Algorithmus zur Berechnung von $A^{(k+1)}$ wie folgt:

1. Man wähle unter den Nichtdiagonalelementen $a_{ij}^{(k)}$ von $A^{(k)}$ ein betragsmäßig maximales aus, etwa $a_{rs}^{(k)}$, so daß also

$$|a_{rs}^{(k)}| \geq |a_{ij}^{(k)}|, \quad i,j = 1,\ldots,n, \quad i \neq j,$$

gilt.

2. Ist $r < s$, so bilde man die orthogonale Matrix

$$T^{(k+1)} = \begin{bmatrix} 1 & & & & & & & & 0 \\ & \ddots & & & & & & & \\ & & 1 & & & & & & \\ & & & t_{rr}^{(k+1)} & \cdots & \cdots & t_{rs}^{(k+1)} & & \\ & & & \vdots & 1 & & \vdots & & \\ & & & \vdots & & \ddots & \vdots & & \\ & & & \vdots & & & 1 & \vdots & \\ & & & t_{sr}^{(k+1)} & \cdots & \cdots & t_{ss}^{(k+1)} & & \\ & & & & & & & 1 & \\ & & & & & & & & \ddots \\ 0 & & & & & & & & 1 \end{bmatrix}$$

mit

$$t_{rr}^{(k+1)} = t_{ss}^{(k+1)} = \cos \varphi_{k+1}, \quad t_{rs}^{(k+1)} = -t_{sr}^{(k+1)} = \sin \varphi_{k+1},$$

$$\varphi_{k+1} = \begin{cases} \dfrac{1}{2} \arctan \left(\dfrac{2 a_{rs}^{(k)}}{a_{ss}^{(k)} - a_{rr}^{(k)}} \right), & -\dfrac{\pi}{4} \leq \varphi_{k+1} \leq \dfrac{\pi}{4}, \quad a_{ss}^{(k)} \neq a_{rr}^{(k)}, \\[2ex] \operatorname{sgn}\left(a_{rs}^{(k)}\right) \dfrac{\pi}{4}, & a_{ss}^{(k)} = a_{rr}^{(k)}. \end{cases}$$

Für $r > s$ sind die Indizes r und s zu vertauschen.

3. Man setze

$$A^{(k+1)} = (T^{(k+1)})^T A^{(k)} T^{(k+1)} = (A^{(k+1)})^T.$$

Beim Übergang von $A^{(k)}$ zu $A^{(k+1)}$ brauchen nur die Elemente in den r-ten und s-ten Zeilen und Spalten von $A^{(k+1)}$ neu berechnet zu werden, für die übrigen gilt

$$a_{\mu\nu}^{(k+1)} = a_{\mu\nu}^{(k)}, \quad \mu \neq r, s; \quad \nu \neq r, s. \tag{10.1-5}$$

Die neu zu berechnenden Elemente von $A^{(k+1)}$ dagegen sind

$$a_{\nu r}^{(k+1)} = a_{r\nu}^{(k+1)} = a_{\nu r}^{(k)} \cos \varphi_{k+1} - a_{\nu s}^{(k)} \sin \varphi_{k+1}, \quad \nu = 1,\ldots,n; \quad \nu \neq r, s,$$

$$a_{\nu s}^{(k+1)} = a_{s\nu}^{(k+1)} = a_{\nu r}^{(k)} \sin \varphi_{k+1} + a_{\nu s}^{(k)} \cos \varphi_{k+1}, \quad \nu = 1,\ldots,n; \quad \nu \neq r, s,$$

$$a_{rr}^{(k+1)} = a_{rr}^{(k)} \cos^2 \varphi_{k+1} - a_{rs}^{(k)} \sin(2\varphi_{k+1}) + a_{ss}^{(k)} \sin^2 \varphi_{k+1}, \tag{10.1-6}$$

$$a_{ss}^{(k+1)} = a_{rr}^{(k)} \sin^2 \varphi_{k+1} + a_{rs}^{(k)} \sin(2\varphi_{k+1}) + a_{ss}^{(k)} \cos^2 \varphi_{k+1},$$

$$a_{rs}^{(k+1)} = a_{sr}^{(k+1)} = 0.$$

<u>10.1.2 Konvergenz des Verfahrens</u>

Über die Konvergenz des Jacobi-Verfahrens gilt der

<u>Satz 10.1-1.</u> Ist A eine reell symmetrische Matrix, so gilt

$$\lim_{k \to \infty} A^{(k)} = D.^2 \tag{10.1-7}$$

Beweis. Aus (10.1-6) folgt zunächst

$$\left(a_{rr}^{(k)}\right)^2 + \left(a_{ss}^{(k)}\right)^2 + 2\left(a_{rs}^{(k)}\right)^2 = \left(a_{rr}^{(k+1)}\right)^2 + \left(a_{ss}^{(k+1)}\right)^2. \tag{10.1-8}$$

Es verschwinden ferner die Außerdiagonalelemente $a_{rs}^{(k+1)}$ und $a_{sr}^{(k+1)}$ von $A^{(k+1)}$. Hieraus folgt weiter

$$\sum_{i=1}^{n} \left(a_{ii}^{(k+1)}\right)^2 = \sum_{i=1}^{n} \left(a_{ii}^{(k)}\right)^2 + 2\left(a_{rs}^{(k)}\right)^2. \tag{10.1-9}$$

---

[2] Die Konvergenz ist hierbei, wie auch im Laufe des Beweises noch klar wird, elementeweise zu verstehen.

10.1 Das Jacobi-Verfahren

In Band 1, Abschnitt 6.2.3, hatten wir für eine beliebige quadratische Matrix $B = (b_{ij})$ die Zahl

$$\text{sp } B = \sum_{i=1}^{n} b_{ii}$$

als Spur von B bezeichnet. Ist T eine orthogonale $n \times n$-Matrix und B reell, so gilt

$$\text{sp}(B^T B) = \text{sp}(T^T B^T B T). \tag{10.1-10}$$

Denn es ist nach (6.2-13), wenn λ_i^2 die Eigenwerte der symmetrischen Matrix $B^T B$ sind,

$$\text{sp}(B^T B) = \sum_{i=1}^{n} \lambda_i^2 . \tag{10.1-11}$$

Andererseits besitzen $B^T B$ und $T^T B^T B T$ wegen $T^T = T^{-1}$ und $\det(T^T B^T B T - \lambda I) = \det T^T (B^T B - \lambda I) T = \det(B^T B - \lambda I)$ die gleichen Eigenwerte, und es folgt (10.1-10).

Es gilt dann

$$\text{sp}((A^{(k+1)})^T A^{(k+1)}) = \text{sp}((T^{(k+1)})^T (A^{(k)})^T T^{(k+1)} (T^{(k+1)})^T A^{(k)} T^{(k+1)})$$

$$= \text{sp}((T^{(k+1)})^T (A^{(k)})^T A^{(k)} T^{(k+1)}) = \text{sp}((A^{(k)})^T A^{(k)}),$$

$$k = 0, 1, \ldots .$$

Wegen

$$\text{sp}(B^T B) = \sum_{i,j=1}^{n} b_{ij}^2$$

folgt hieraus

$$\sum_{i,j=1}^{n} \left(a_{ij}^{(k+1)}\right)^2 = \sum_{i,j=1}^{n} \left(a_{ij}^{(k)}\right)^2. \tag{10.1-12}$$

Setzen wir für $l = 0, 1, \ldots$

$$p_l = \sum_{\substack{i,j=1 \\ i \neq j}}^{n} \left(a_{ij}^{(l)}\right)^2 ,$$

so gilt mit (10-1.9), (10.1-12)

$$p_{k+1} = \sum_{i,j=1}^{n} \left(a_{ij}^{(k+1)}\right)^2 - \sum_{i=1}^{n} \left(a_{ii}^{(k+1)}\right)^2 = \sum_{i,j=1}^{n} \left(a_{ij}^{(k)}\right)^2 - \sum_{i=1}^{n} \left(a_{ii}^{(k)}\right)^2 - 2\left(a_{rs}^{(k)}\right)^2$$

$$= p_k - 2\left(a_{rs}^{(k)}\right)^2.$$

(10.1-13)

Da $a_{rs}^{(k)}$ betragsmäßig maximales Element außerhalb der Hauptdiagonalen ist und es genau $n^2 - n$ Nichtdiagonalelemente gibt, folgt ferner

$$p_k \leq (n^2 - n)\left(a_{rs}^{(k)}\right)^2, \qquad (10.1-14)$$

d.h.

$$-2\left(a_{rs}^{(k)}\right)^2 \leq -\frac{2p_k}{n^2 - n}.$$

Daher hat man mit (10.1-13)

$$p_{k+1} \leq p_k - \frac{2}{n^2 - n} p_k = \frac{n^2 - n - 2}{n^2 - n} p_k = \alpha(n) p_k \qquad (10.1-15)$$

mit $\alpha(n) < 1$. Hieraus folgt schließlich

$$p_{k+1} \leq [\alpha(n)]^{k+1} p_0$$

oder ausführlich

$$\sum_{\substack{i,j=1 \\ i \neq j}}^{n} \left(a_{ij}^{(k+1)}\right)^2 \leq [\alpha(n)]^{k+1} \sum_{\substack{i,j=1 \\ i \neq j}}^{n} a_{ij}^2$$

und somit

$$\lim_{k \to \infty} \sum_{\substack{i,j=1 \\ i \neq j}}^{n} \left(a_{ij}^{(k+1)}\right)^2 = 0.$$

Daher konvergiert die Folge $\{A^{(k)}\}$ gegen eine Diagonalmatrix, welche, wie man aufgrund der Konstruktionsvorschrift sieht, in der Hauptdiagonalen genau die Eigenwerte von A enthält, d.h. mit der Matrix D übereinstimmt. Damit ist der Satz bewiesen.

10.1 Das Jacobi-Verfahren

Nach (10.1-6) gilt $a_{rs}^{(k+1)} = a_{sr}^{(k+1)} = 0$. Dies bedeutet im allgemeinen jedoch nicht, daß auch

$$a_{rs}^{(l)} = a_{sr}^{(l)} = 0, \quad l > k+1,$$

gilt, denn sonst würde in endlich vielen Schritten die Diagonalisierung durchgeführt sein. Die Folge der Zahlen p_k, deren Größe ja ein Maß für die Abweichung der Matrix $A^{(k)}$ von der Diagonalform ist, nimmt jedoch stets monoton ab, und zwar in der Regel um so langsamer, je größer $\alpha(n)$, d.h. je größer n ist. Zumindest bei großen Matrizen A ist das Verfahren daher oft recht aufwendig. Infolge der sehr groben Abschätzung (10.1-14) ist die Konvergenzgeschwindigkeit in der Praxis jedoch höher als nach diesen theoretischen Überlegungen erwartet werden kann.

Beispiel 10.1-1. (a) Wir erläutern das Jacobi-Verfahren zunächst am Beispiel der Matrix

$$A = A^{(0)} = \begin{bmatrix} 2 & -1 \\ -1 & 2 \end{bmatrix},$$

mit den Eigenwerten 1 und 3. Trivialerweise liefert hier der Algorithmus uns schon nach einem Schritt die Diagonalmatrix.

Wir wählen $a_{rs} = a_{21} = -1$, d.h. $r > s$, und erhalten wegen $a_{ss} = a_{rr} = 2$

$$\varphi_1 = \text{sgn}(a_{rs}) \frac{\pi}{4} = \text{sgn}(-1) \frac{\pi}{4} = -\frac{\pi}{4}$$

und - es sind ja die Indizes r und s zu vertauschen -

$$t_{22}^{(1)} = t_{11}^{(1)} = \cos \varphi_1 = \cos\left(-\frac{\pi}{4}\right) = \cos \frac{\pi}{4},$$

$$t_{21}^{(1)} = -t_{12}^{(1)} = \sin \varphi_1 = \sin\left(-\frac{\pi}{4}\right) = -\sin \frac{\pi}{4},$$

somit

$$T^{(1)} = \begin{bmatrix} \cos \frac{\pi}{4} & \sin \frac{\pi}{4} \\ -\sin \frac{\pi}{4} & \cos \frac{\pi}{4} \end{bmatrix}.$$

Dann ist

$$A^{(1)} = \begin{bmatrix} \cos \frac{\pi}{4} & -\sin \frac{\pi}{4} \\ \sin \frac{\pi}{4} & \cos \frac{\pi}{4} \end{bmatrix} \begin{bmatrix} 2 & -1 \\ -1 & 2 \end{bmatrix} \begin{bmatrix} \cos \frac{\pi}{4} & \sin \frac{\pi}{4} \\ -\sin \frac{\pi}{4} & \cos \frac{\pi}{4} \end{bmatrix} = \begin{bmatrix} 3 & 0 \\ 0 & 1 \end{bmatrix},$$

d.h. $A^{(1)}$ hat Diagonalform und A die Eigenwerte 1 und 3.

(b) Wir betrachten die Matrix

$$A = A^{(0)} = \begin{bmatrix} 2 & -1 & 0 \\ -1 & 2 & -1 \\ 0 & -1 & 2 \end{bmatrix}$$

mit den Eigenwerten $2, 2-\sqrt{2}, 2+\sqrt{2}$. Wir wollen die erste Iterierte $A^{(1)}$ berechnen und wählen etwa $a_{rs} = a_{12} = -1$. Dann ist

$$\varphi_1 = \text{sgn}(a_{12}) \frac{\pi}{4} = \text{sgn}(-1) \frac{\pi}{4} = -\frac{\pi}{4}$$

und

$$t_{11}^{(1)} = t_{22}^{(1)} = \cos\left(-\frac{\pi}{4}\right) = \cos\frac{\pi}{4}, \quad t_{12}^{(1)} = -t_{21}^{(1)} = \sin\left(-\frac{\pi}{4}\right) = -\sin\frac{\pi}{4},$$

so daß

$$T^{(1)} = \begin{bmatrix} \cos\frac{\pi}{4} & -\sin\frac{\pi}{4} & 0 \\ \sin\frac{\pi}{4} & \cos\frac{\pi}{4} & 0 \\ 0 & 0 & 1 \end{bmatrix}$$

und

$$A^{(1)} = (T^{(1)})^T A^{(0)} T^{(1)} = \begin{bmatrix} 1 & 0 & -\sin\frac{\pi}{4} \\ 0 & 3 & -\cos\frac{\pi}{4} \\ -\sin\frac{\pi}{4} & -\cos\frac{\pi}{4} & 2 \end{bmatrix}$$

gilt. Um $A^{(2)}$ zu berechnen, kann man etwa

$$a_{rs}^{(1)} = a_{13}^{(1)} = -\sin\frac{\pi}{4}$$

wählen.

Abschließend sei über das Jacobi-Verfahren noch bemerkt:

(a) Es läßt sich auf Hermitesche Matrizen direkt übertragen. Man vergleiche hierzu etwa [37, S. 30 ff.].

(b) Für nichtsymmetrische (bzw. nichthermitesche) Matrizen gibt es ein ähnliches Verfahren. Man vergl. hierzu etwa [42].

Bei den hier betrachteten reell symmetrischen Matrizen kann natürlich stets $r < s$ gewählt werden. Wendet man das Jacobi-Verfahren aber auf nichtsymmetrische Verfahren an, so muß das Vorzeichen von $s - r$ berücksichtigt werden. Man vergleiche etwa [42].

10.2 Das Verfahren von Givens

10.2.1 Die Verfahrensvorschrift

Auch das jetzt zu untersuchende Verfahren basiert auf dem Prinzip, die vorgelegte Matrix durch orthogonale Transformationen zunächst auf eine einfachere zu reduzieren. Es ist auf eine beliebige reelle Matrix A anwendbar und reduziert diese durch endlich viele Transformationen auf die Form einer "Hessenberg-Matrix"

$$B = \begin{bmatrix} b_{11} & b_{12} & & & & 0 \\ b_{21} & b_{22} & b_{23} & & & \\ & \ddots & \ddots & \ddots & & \\ & & & & & b_{n-1,n} \\ b_{n1} & \text{-} & \text{-} & \text{-} & \text{-} & b_{nn} \end{bmatrix}. \qquad (10.2\text{-}1)$$

Die Eigenwerte dieser Matrix sind dann wesentlich einfacher zu berechnen als die von A, worauf wir später noch eingehen werden.

Es wird sich zeigen, daß das Verfahren nach höchstens $\frac{(n-2)(n-1)}{2}$ Transformationen zur Matrix B führt. Wir numerieren diejenigen Elemente von A, deren Bild in B die Null ist, wie folgt:

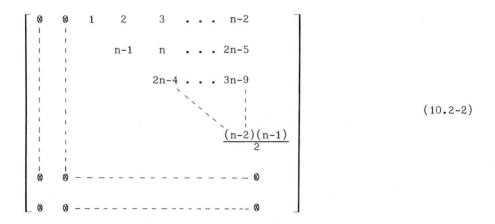

$$(10.2\text{-}2)$$

Dabei bedeuten die ∅ irgendwelche Elemente. Es müssen daher $\frac{(n-2)(n-1)}{2}$ Elemente in die Null transformiert werden und zwar soll dies in der angegebenen Reihenfolge geschehen. Allgemein lautet dann der Algorithmus:

1. Man setze $A^{(1)} = A$.

2. Sei $A^{(k)}$, $k \geq 1$, mit den Elementen $a_{ij}^{(k)}$ bereits berechnet, so hat sie die Gestalt

$$A^{(k)} = \begin{bmatrix} a_{11}^{(k)} & a_{12}^{(k)} & & & & & & 0 \\ & \ddots & & a_{r-1,r}^{(k)} & 0 \cdots 0 & a_{r-1,s}^{(k)} & \cdots & a_{r-1,n}^{(k)} \\ & & & & & & & \vdots \\ & & & & & & & a_{n-1,n}^{(k)} \\ a_{n1}^{(k)} & a_{n2}^{(k)} & & \multicolumn{4}{c}{\text{------}} & a_{nn}^{(k)} \end{bmatrix} \qquad (10.2\text{-}3)$$

mit eindeutig bestimmten Zahlen r, s. Man bilde dann die orthogonale Matrix

$$T^{(k+1)} = \begin{bmatrix} 1 & & & & & & & 0 \\ & \ddots & & & & & & \\ & & 1 & & & & & \\ & & & t_{rr}^{(k+1)} & \cdots & t_{rs}^{(k+1)} & & \\ & & & \vdots & 1 & \vdots & & \\ & & & t_{sr}^{(k+1)} & \cdots & t_{ss}^{(k+1)} & & \\ & & & & & & 1 & \\ 0 & & & & & & & \ddots \\ & & & & & & & & 1 \end{bmatrix} \qquad (10.2\text{-}4)$$

$$\left. \begin{array}{l} t_{rr}^{(k+1)} = t_{ss}^{(k+1)} = \begin{cases} \dfrac{a_{r-1,r}^{(k)}}{\sqrt{(a_{r-1,r}^{(k)})^2 + (a_{r-1,s}^{(k)})^2}}, & a_{r-1,s}^{(k)} \neq 0, \\ 1, & a_{r-1,s}^{(k)} = 0, \end{cases} \\[4ex] -t_{rs}^{(k+1)} = t_{sr}^{(k+1)} = \begin{cases} \dfrac{a_{r-1,s}^{(k)}}{\sqrt{(a_{r-1,r}^{(k)})^2 + (a_{r-1,s}^{(k)})^2}}, & a_{r-1,s}^{(k)} \neq 0, \\ 0, & a_{r-1,s}^{(k)} = 0, \end{cases} \end{array} \right\} \qquad (10.2\text{-}5)$$

10.2 Das Verfahren von Givens

3. Man setze

$$A^{(k+1)} = (T^{(k+1)})^T A^{(k)} T^{(k+1)}, \quad k = 1, 2, \ldots, \frac{(n-2)(n-1)}{2}, \quad (10.2\text{-}6)$$

4. Man setze

$$B = A^{(1/2)(n-2)(n-1)+1}. \quad (10.2\text{-}7)$$

10.2.2 Eigenschaften des Verfahrens

Im Falle $a_{r-1,s}^{(k)} = 0$ ist $T^{(k+1)} = I$, d.h. $A^{(k+1)} = A^{(k)}$. Man braucht dann keine Transformation durchzuführen, die Zahl der benötigten echten Transformationen zur Bestimmung von B ist daher höchstens $\frac{(n-2)(n-1)}{2}$. Ist A symmetrisch, so auch B, d.h. B ist eine symmetrische Tridiagonalmatrix. Aus (10.2-6) folgt weiter

$$a_{r-1,s}^{(k+1)} = \sum_{j,l=1}^{n} t_{j,r-1}^{(k+1)} a_{jl}^{(k)} t_{ls}^{(k+1)}, \quad (10.2\text{-}8)$$

wobei die $t_{ij}^{(k+1)}$, $i,j = 1,\ldots,n$, im Moment die Elemente der Matrix $T^{(k+1)}$ bezeichnen sollen. Wegen (10.2-4) ist

$$t_{j,r-1}^{(k+1)} = \begin{cases} 1, & j = r-1, \\ 0, & \text{sonst.} \end{cases}$$

Daher folgt aus (10.2-8) und wegen $t_{ls}^{(k+1)} = 0$, $l \neq r, s$,

$$a_{r-1,s}^{(k+1)} = \sum_{l=1}^{n} a_{r-1,l}^{(k)} t_{ls}^{(k+1)} = a_{r-1,r}^{(k)} t_{rs}^{(k+1)} + a_{r-1,s}^{(k)} t_{ss}^{(k+1)}.$$

Setzt man jetzt für $t_{rs}^{(k+1)}$ und $t_{ss}^{(k+1)}$ die rechten Seiten von (10.2-5) ein, so ergibt sich

$$a_{r-1,s}^{(k+1)} = 0. \quad (10.2\text{-}9)$$

Auf analoge Weise rechnet man aus, daß

$$a_{ij}^{(k+1)} = 0, \quad i = 1,\ldots,r-2,\ i \leq j-2;\ i = r-1,\ j = r+1,\ldots,s-1.$$

Diejenigen Elemente, die bereits in $A^{(k)}$ zum Verschwinden gebracht wurden, verschwinden also auch in $A^{(k+1)}$. Dies bestätigt noch einmal die Aussage, daß das Verfahren in der Tat nach höchstens $\frac{(n-2)(n-1)}{2}$ Transformationen zum Ziel führt.

Beispiel 10.2-1. Es soll die symmetrische Matrix

$$A^{(1)} = A = \begin{bmatrix} 4 & 1 & -1 \\ 1 & 2 & 1 \\ -1 & 1 & 6 \end{bmatrix}$$

auf Hessenberg-Form reduziert werden. Wegen

$$a^{(1)}_{r-1,s} = a^{(1)}_{13} = -1, \quad a^{(1)}_{r-1,r} = a^{(1)}_{12} = 1$$

folgt nach (10.2-5)

$$t^{(2)}_{22} = t^{(2)}_{33} = \frac{1}{\sqrt{2}}, \quad -t^{(2)}_{23} = t^{(2)}_{32} = -\frac{1}{\sqrt{2}},$$

und nach (10.2-4)

$$T^{(2)} = \frac{1}{\sqrt{2}} \begin{bmatrix} \sqrt{2} & 0 & 0 \\ 0 & 1 & 1 \\ 0 & -1 & 1 \end{bmatrix}.$$

Mit (10.2-6) errechnet man dann

$$B = A^{(2)} = \frac{1}{2} \begin{bmatrix} \sqrt{2} & 0 & 0 \\ 0 & 1 & -1 \\ 0 & 1 & 1 \end{bmatrix} \begin{bmatrix} 4 & 1 & -1 \\ 1 & 2 & 1 \\ -1 & 1 & 6 \end{bmatrix} \begin{bmatrix} \sqrt{2} & 0 & 0 \\ 0 & 1 & 1 \\ 0 & -1 & 1 \end{bmatrix} = \begin{bmatrix} 4 & \sqrt{2} & 0 \\ \sqrt{2} & 3 & -2 \\ 0 & -2 & 5 \end{bmatrix}.$$

B ist eine symmetrische Tridiagonalmatrix.

10.3 Berechnung der Eigenwerte einer Hessenberg-Matrix

10.3.1 Berechnung des charakteristischen Polynoms

Zur Berechnung der Eigenwerte einer Hessenberg-Matrix kann man das zugehörige charakteristische Polynom bilden und dessen Nullstellen bestimmen. Ist n nicht groß, so ist dies oft ein durchaus brauchbares Verfahren, zumal sich das charakteristische Polynom $p_B(\lambda) = \det(B - \lambda I)$ leicht aufstellen läßt, wie wir gleich sehen werden. Zur Berechnung der Nullstellen von $p_B(\lambda)$ kann man etwa die in den Kapiteln 2 und 3 des Bandes 1 beschriebenen Verfahren verwenden. Bei Anwendung des Newtonschen Verfahrens benötigt man dabei noch die Ableitung $p'_B(\lambda)$.

Setzen wir

$$b_{i,i+1} \neq 0, \quad i = 1, \ldots, n-1, \tag{10.3-1}$$

10.3 Berechnung der Eigenwerte einer Hessenberg-Matrix

voraus, so können für festes λ Zahlen $x_2, \ldots, x_n$, $p(\lambda)$ so bestimmt werden, daß $x = [1, x_2, \ldots, x_n]^T$ Lösung des Gleichungssystems

$$(B - \lambda I)x = p(\lambda) e_n \qquad (10.3\text{-}2)$$

mit

$$e_n = [0, \ldots, 0, 1]^T$$

ist. Um dies zu zeigen, schreiben wir (10.3-2) ausführlich:

$$\begin{aligned}
(b_{11} - \lambda)x_1 + b_{12}x_2 & = 0 \\
&\vdots \\
b_{n-1,1}x_1 + b_{n-1,2}x_2 + \cdots + (b_{n-1,n-1} - \lambda)x_{n-1} + b_{n-1,n}x_n &= 0 \\
b_{n1}x_1 + b_{n2}x_2 + \cdots + b_{n,n-1}x_{n-1} + (b_{nn} - \lambda)x_n &= p(\lambda).
\end{aligned} \qquad (10.3\text{-}3)$$

Wegen $x_1 = 1$ und (10.3-1) kann dieses System rekursiv aufgelöst werden und man erhält eindeutig

$$x_1 = 1$$

$$x_{i+1} = -\frac{1}{b_{i,i+1}} \{ b_{i1}x_1 + b_{i2}x_2 + \cdots + b_{i,i-1}x_{i-1} + (b_{ii} - \lambda)x_i \},$$

$$i = 1, 2, \ldots, n-1; \qquad (10.3\text{-}4)$$

$$p(\lambda) = b_{n1}x_1 + b_{n2}x_2 + \cdots + b_{n,n-1}x_{n-1} + (b_{nn} - \lambda)x_n.$$

Für ein beliebiges Gleichungssystem $Ax = b$ mit $A = [a_{ij}]$, $i,j = 1, \ldots, n$, $b = [b_1, \ldots, b_n]^T$, $x = [x_1, \ldots, x_n]^T$ und $\det A \neq 0$ gilt nun bekanntlich nach der (numerisch in der Regel nicht brauchbaren) Cramerschen Regel

$$x_i = \frac{\det \begin{bmatrix} a_{11} & \cdots & a_{1,i-1} & b_1 & a_{1,i+1} & \cdots & a_{1n} \\ \vdots & & \vdots & \vdots & \vdots & & \vdots \\ a_{n1} & \cdots & a_{n,i-1} & b_n & a_{n,i+1} & \cdots & a_{nn} \end{bmatrix}}{\det A}, \quad i = 1, \ldots, n.$$

Wendet man diese für $i = 1$ auf das Gleichungssystem (10.3-2) bzw. (10.3-3) an, so ergibt sich für $p_B(\lambda) = \det(B - \lambda I) \neq 0$

$$x_1 = 1 = \frac{\det\begin{bmatrix} 0 & b_{12} & \cdots & \cdots & 0 \\ \vdots & & & & \vdots \\ 0 & b_{n-1,1} & \cdots & \cdots & b_{n-1,n} \\ p(\lambda) & b_{n,2} & \cdots & \cdots & (b_{nn}-\lambda) \end{bmatrix}}{\det(B-\lambda I)}$$

$$= \frac{(-1)^{n+1} p(\lambda) b_{12} b_{23} \cdots b_{n-1,n}}{\det(B-\lambda I)}$$

und somit wegen $\det(B - \lambda I) = p_B(\lambda)$

$$p_B(\lambda) = (-1)^{n+1} b_{12} b_{23} \cdots b_{n-1,n} p(\lambda). \tag{10.3-5}$$

Damit ist das charakteristische Polynom aufgestellt, überdies hat $p_B(\lambda)$ die gleichen Nullstellen wie $p(\lambda)$.

10.3.2 Berechnung der ersten Ableitung des charakteristischen Polynoms

Wie bereits erwähnt, benötigt man bei einigen Algorithmen zur Bestimmung der Nullstellen von $p(\lambda)$ auch die Ableitung $p'(\lambda)$. Insbesondere ist dies beim Newtonschen Verfahren der Fall. Differenziert man gemäß (10.3-4) $p(\lambda)$ nach λ, so folgt wegen $x_1 = 1$, $x_1' = 0$

$$p'(\lambda) = b_{n2} x_2' + \cdots + b_{n,n-1} x_{n-1}' + (b_{nn} - \lambda) x_n' - x_n. \tag{10.3-6}$$

Die x_{i+1}', $i = 1, \ldots, n-1$, lassen sich wieder leicht rekursiv bestimmen. Differenziert man nämlich jede der Gleichungen (10.3-3) nach λ, so erhält man wegen $x_1' = 0$ das System

$$\begin{aligned}
b_{12} x_2' &&&&&= 1 \\
(b_{22} - \lambda) x_2' + b_{23} x_3' &&&&&= x_2 \\
&\vdots&&&&\vdots \\
b_{n-1,2} x_2' + b_{n-1,3} x_3' + \cdots + (b_{n-1,n-1} - \lambda) x_{n-1}' + b_{n-1,n} x_n' &&&&&= x_{n-1} \\
b_{n2} x_2' + b_{n3} x_3' + \cdots + b_{n,n-1} x_{n-1}' + (b_{nn} - \lambda) x_n' &&&&&= x_n + p'(\lambda)
\end{aligned} \tag{10.3-7}$$

Aus den ersten n-1 Gleichungen dieses Systems erhält man rekursiv

10.3 Berechnung der Eigenwerte einer Hessenberg-Matrix

$$x'_{i+1} = -\frac{1}{b_{i,i+1}}(-x_i + b_{i2}x'_2 + \cdots + b_{i,i-1}x'_{i-1} + (b_{ii} - \lambda)x'_i),$$

$$i = 1, 2, \ldots, n - 1, \tag{10.3-8}$$

und aus der letzten dann unmittelbar (10.3-6), also $p'(\lambda)$.

10.3.3 Der Fall einer symmetrischen Matrix

Ist A und damit auch B symmetrisch, so vereinfachen sich (10.3-4) und (10.3-8), (10.3-6) wegen $b_{ij} = 0$, $j \neq i - 1, i, i + 1$, wie folgt:

$$\left.\begin{array}{l} x_1 = 1 \\ x_{i+1} = -\dfrac{1}{b_{i,i+1}}\{b_{i,i-1}x_{i-1} + (b_{ii} - \lambda)x_i\}, \quad i = 1, 2, \ldots, n - 1, \\ p(\lambda) = b_{n,n-1}x_{n-1} + (b_{nn} - \lambda)x_n, \end{array}\right\} \tag{10.3-9}$$

$$\left.\begin{array}{l} x'_{i+1} = -\dfrac{1}{b_{i,i+1}}(-x_i + b_{i,i-1}x'_{i-1} + (b_{ii} - \lambda)x'_i), \quad i = 1, 2, \ldots, n - 1, \\ p'(\lambda) = b_{n,n-1}x'_{n-1} + (b_{nn} - \lambda)x'_n - x_n. \end{array}\right\} \tag{10.3-10}$$

Beispiel 10.3-1. Es sollen die Eigenwerte der symmetrischen Tridiagonalmatrix

$$B = \begin{bmatrix} 2 & -1 & 0 & 0 & 0 \\ -1 & 2 & -1 & 0 & 0 \\ 0 & -1 & 2 & -1 & 0 \\ 0 & 0 & -1 & 2 & -1 \\ 0 & 0 & 0 & -1 & 2 \end{bmatrix}$$

bestimmt werden. Man errechnet wegen $b_{i,i+1} = b_{i,i-1} = -1$, $b_{ii} = 2$

$$x_1 = 1$$
$$x_2 = -\frac{1}{-1}(2 - \lambda) = 2 - \lambda$$
$$x_3 = -\frac{1}{-1}(-1 + (2 - \lambda)x_2) = -1 + (2 - \lambda)^2$$
$$x_4 = -\frac{1}{-1}(-x_2 + (2 - \lambda)x_3) = -2(2 - \lambda) + (2 - \lambda)^3$$
$$x_5 = -\frac{1}{-1}(-x_3 + (2 - \lambda)x_4) = 1 - 3(2 - \lambda)^2 + (2 - \lambda)^4$$

und hieraus

$$p(\lambda) = -x_4 + (2 - \lambda)x_5 = 3(2 - \lambda) - 4(2 - \lambda)^3 + (2 - \lambda)^5.$$

Die Nullstellen dieses Polynoms sind leicht zu erraten bzw. zu berechnen, es sind die Zahlen $2 - \sqrt{3}$, 1, 2, 3, $2 + \sqrt{3}$, und dies sind auch die Eigenwerte der Matrix B, die allgemein durch

$$\lambda_i = 2\left(1 - \cos \frac{i\pi}{6}\right), \quad i = 1,\ldots,5,$$

bestimmt sind.

10.4 Das LR-Verfahren

10.4.1 Der Algorithmus

Das jetzt zu untersuchende, von H. Rutishauser in [32] vorgeschlagene Verfahren ist wieder eine iterative Methode und anwendbar auf Matrizen A, die eine sog. Dreieckszerlegung besitzen. Darunter verstehen wir eine Zerlegung der Gestalt

$$A = L \cdot R \tag{10.4-1}$$

mit

$$L = \begin{bmatrix} 1 & & & 0 \\ c_{21} & \ddots & & \\ \vdots & & \ddots & \\ \vdots & & & \ddots \\ c_{n1} & \cdots & c_{n,n-1} & 1 \end{bmatrix}, \quad R = \begin{bmatrix} b_{11} & \cdots & b_{1n} \\ & \ddots & \vdots \\ 0 & & b_{nn} \end{bmatrix}. \tag{10.4-2}$$

A zerfällt also in ein Produkt von zwei Dreiecksmatrizen, wobei die Hauptdiagonalelemente von L sämtlich 1 sind. Nicht jede quadratische Matrix besitzt eine solche Zerlegung. In Band 1, Satz 4.1-2, werden z.B. hinreichende Bedingungen für die Existenz einer Dreieckszerlegung angegeben. Praktisch herstellen läßt sie sich mit Hilfe des in 4.1 beschriebenen Gaußschen Algorithmus.

Wir setzen voraus, daß A eine Dreieckszerlegung besitzt. Dann wird mit dem LR-Verfahren wie folgt eine Folge von Matrizen $A^{(k)}$, $k = 1,2,\ldots$, konstruiert:

1. Man setze $A^{(1)} = A$.

2. Ist $A^{(k)}$ für irgendein $k \geqslant 1$ bereits berechnet, so zerlege man $A^{(k)}$ mit Hilfe des Gaußschen Algorithmus in ein Produkt von Dreiecksmatrizen

$$A^{(k)} = L^{(k)} R^{(k)}[3] \tag{10.4-3}$$

---
[3] Durch diese Zerlegung wird auch der Name „LR-Verfahren" erklärt.

10.4 Das LR-Verfahren

mit

$$L^{(k)} = \begin{bmatrix} 1 & & & 0 \\ \otimes & \ddots & & \\ \vdots & & \ddots & \\ \vdots & & & \\ \otimes & \cdots & \otimes & 1 \end{bmatrix}, \quad R^{(k)} = \begin{bmatrix} \otimes & \cdots & \cdots & \otimes \\ & \ddots & & \vdots \\ & & \ddots & \vdots \\ 0 & & & \otimes \end{bmatrix}, \qquad (10.4\text{-}4)$$

wobei die $\otimes$ bestimmte Elemente von $L^{(k)}$ und $R^{(k)}$ bezeichnen.

3. Man setze

$$A^{(k+1)} = R^{(k)} L^{(k)}. \qquad (10.4\text{-}5)$$

Der Algorithmus ist natürlich nur dann ausführbar, wenn mit $A = A^{(1)}$ auch alle anderen iterierten Matrizen $A^{(k)}$, $k = 2,3,\ldots$, eine Dreieckszerlegung besitzen. Dies ist ein wesentlicher Nachteil des Verfahrens, zumal sich die Möglichkeit der Dreieckszerlegung der $A^{(k)}$ im allgemeinen nicht aus den Eigenschaften von A ablesen läßt.

10.4.2 Eigenschaften des Algorithmus

Man sieht zunächst leicht ein, daß die Folge $\{A^{(k)}\}$ folgende Eigenschaften besitzt:

$$A^{(k+1)} = (L^{(k)})^{-1} A^{(k)} L^{(k)} = (L^{(1)} \cdots L^{(k)})^{-1} A^{(1)} (L^{(1)} \cdots L^{(k)}), \qquad (10.4\text{-}6)$$

$$A^m = T^{(m)} U^{(m)}, \quad m = 1,2,\ldots, \qquad (10.4\text{-}7)$$

mit

$$T^{(m)} = L^{(1)} \cdots L^{(m)}, \quad U^{(m)} = R^{(m)} \cdots R^{(1)}.$$

Denn die $L^{(k)}$ sind wegen $\det L^{(k)} = 1$ sämtlich nichtsingulär, aus (10.4-3) folgt somit $R^{(k)} = (L^{(k)})^{-1} A^{(k)}$ und mit (10.4-5) die erste Gleichung (10.4-6). Setzt man in diese nacheinander

$$A^{(l)} = (L^{(l-1)})^{-1} A^{(l-1)} L^{(l-1)}, \quad l = k, k-1, \ldots, 2, \qquad (10.4\text{-}8)$$

ein, so folgt auch die zweite Gleichung (10.4-6). Schließlich ist

$$T^{(m)} U^{(m)} = L^{(1)} \cdots L^{(m-1)} (L^{(m)} R^{(m)}) R^{(m-1)} \cdots R^{(1)}$$
$$= (L^{(1)} \cdots L^{(m-1)}) A^{(m)} (R^{(m-1)} \cdots R^{(1)}). \qquad (10.4\text{-}9)$$

Aus (10.4-6) schließt man

$$(L^{(1)} \ldots L^{(m-1)})A^{(m)} = A^{(1)}(L^{(1)} \ldots L^{(m-1)}) = A(L^{(1)} \ldots L^{(m-1)}),$$

so daß sich aus (10.4-9)

$$T^{(m)}U^{(m)} = A(L^{(1)} \ldots L^{(m-1)})(R^{(m-1)} \ldots R^{(1)}) = AT^{(m-1)}U^{(m-1)} = \ldots$$

$$\ldots = A^{m-1}T^{(1)}U^{(1)} = A^{m-1}L^{(1)}R^{(1)} = A^m,$$

d.h. (10.4-7), ergibt.

Aus (10.4-6) folgt wegen det $L^{(i)} = 1$, $i = 1, 2, \ldots$:

$$\det(A^{(k+1)} - \lambda I) = \det[(L^{(1)} \ldots L^{(k)})^{-1}]\det(A^{(1)} - \lambda I)\det(L^{(1)} \ldots L^{(k)})$$

$$= \det(A - \lambda I).$$

A und alle Matrizen $A^{(k)}$, $k = 2, 3, \ldots$, besitzen also die gleichen Eigenwerte. Unter gewissen Voraussetzungen konvergiert nun die Folge $A^{(k)}$ gegen eine obere Dreiecksmatrix, und deren Eigenwerte sind gerade die Elemente in der Hauptdiagonalen, also unmittelbar ablesbar. Bevor wir einen Satz über diese Konvergenz formulieren, sei daran erinnert, daß die zu A gehörige Jordan-Matrix J (vgl. Band 1, Abschnitt 6.1.4) eine Diagonalmatrix

$$D = \begin{bmatrix} \lambda_1 & & 0 \\ & \ddots & \\ 0 & & \lambda_n \end{bmatrix} \quad (10.4\text{-}10)$$

ist, wenn alle Eigenwerte von A einfach sind. Es gibt dann nach (6.1-15) eine nichtsinguläre Matrix P, so daß

$$A = PDP^{-1} \quad (10.4\text{-}11)$$

gilt.

Satz 10.4-1. A besitze betragsmäßig verschiedene Eigenwerte, für die etwa

$$|\lambda_1| > |\lambda_2| > \ldots > |\lambda_n| > 0 \quad (10.4\text{-}12)$$

gilt, und der LR-Algorithmus sei durchführbar. Bei der dann existierenden Darstellung $A = PDP^{-1}$ mit der Diagonalmatrix D mögen P und P^{-1} Dreieckszerlegungen der Art (10.4-1), (10.4-2) besitzen. Dann konvergieren die Folgen $\{A^{(k)}\}$, $\{R^{(k)}\}$, $\{L^{(k)}\}$, und es gilt

$$\lim_{k \to \infty} A^{(k)} = \lim_{k \to \infty} R^{(k)} = \begin{bmatrix} \lambda_1 & \otimes & \cdots & \otimes \\ & \ddots & & \otimes \\ & & \ddots & \\ 0 & & & \lambda_n \end{bmatrix}, \quad \lim_{k \to \infty} L^{(k)} = I. \quad (10.4\text{-}13)$$

Dabei sind die ⊗ bestimmte Zahlen.

Zum Beweis dieses Satzes vergleiche man etwa [37, S. 55 ff.].

Unter der Voraussetzung des Satzes 10.4-1 konvergiert die Folge der $A^{(k)}$ also in der Tat gegen eine obere Dreiecksmatrix, allerdings sind diese Voraussetzungen recht einschneidend. Insbesondere ist (10.4-12) nicht erfüllt bei Matrizen mit mehrfachen oder komplexen Eigenwerten, also auch bei einer großen Klasse von reellen und sogar symmetrischen Matrizen. Im allgemeinen läßt sich die Eigenschaft (10.4-12) bei einer vorgelegten Matrix auch nicht ablesen. Man kann (10.4-12) zwar abschwächen und auch betragsmäßig gleiche Eigenwerte zulassen, muß dann aber zusätzliche Schwierigkeiten in Kauf nehmen (vgl. etwa [37, S. 58 f.]). Außerdem konvergiert das LR-Verfahren sehr langsam, wenngleich man schnellere Konvergenz durch spezielle Techniken erreichen kann (vgl. etwa [37, S. 60 ff.]).

In der Regel wird man das Verfahren daher nur auf bereits reduzierte Matrizen anwenden. Mit dem in 10.2 beschriebenen Verfahren wird A zunächst auf Hessenberg- oder Tridiagonalform reduziert und dann das LR-Verfahren angewendet. Mit A haben nämlich, wie man nachprüfen kann, auch alle $A^{(k)}$, k = 2,3,..., diese reduzierten Formen, sie sind also gegenüber der LR-Transformation invariant.

Bezüglich weiterer Verfahren und Literaturhinweise zur Berechnung von Eigenwerten bei Matrizen vergleiche man etwa [34, 37, 41, 44].

10.5 FORTRAN-Unterprogramme

10.5.1 Das Jacobi-Verfahren
Iterationsverfahren zur Berechnung der Eigenwerte symmetrischer Matrizen.

Aufruf und Parameter
CALL JACOBI (A,N,EPS)

Eingabe

A: N × N-Koeffizientenmatrix
N: Ordnung der Matrix A
EPS: Genauigkeitsschranke ε

Ausgabe

A: Die berechneten (genäherten) Eigenwerte stehen im Speicher in der Hauptdiagonalen von A.

```
            SUBROUTINE JACOBI(A,N,EPS)
            DIMENSION A(N,N)
            DO      1      K=1,5000
    C       BETRAGMAESSIG GROESSTEST ELEMENT SUCHEN
            AMAX=0.
            N1=N-1
            DO     10      I=1,N1
            II=I+1
            DO     10      J=II,N
            IF(I.EQ.J)      GOTO 10
            IF(AMAX.GT.ABS(A(I,J)))      GOTO 10
            AMAX=ABS(A(I,J))
            IR=I
            IS=J
     10     CONTINUE
            IF(AMAX.LT.EPS)      GOTO 9
    C       Abbruchkriterium
            IF(ABS(A(IR,IS)-A(IR,IR)).LT.EPS.AND.ABS(A(IR,IS)-A(IS,IS))
           1       .LT.EPS)      GOTO 9
    C       WINKEL PHI BESTIMMEN
            IF(A(IS,IS).NE.A(IR,IR))      GOTO 16
            PHI=3.1415/4.*SIGN(A(IR,IS),A(IR,IS))
            GOTO 17
     16     ARG=2.*A(IR,IS)/(A(IS,IS)-A(IR,IR))
            PHI=0.5*ATAN(ARG)
    C       MATRIXELEMENTE AENDERN
     17     DO     20      IV=1,N
            IF(IV.EQ.IR.OR.IV.EQ.IS)      GOTO 20
            AIVIR=A(IV,IR).
            A(IV,IR)=A(IV,IR)*COS(PHI)-A(IV,IS)*SIN(PHI)
            A(IR,IV)=A(IV,IR)
            A(IV,IS)=AIVIR*SIN(PHI)+A(IV,IS)*COS(PHI)
            A(IS,IV)=A(IV,IS)
     20     CONTINUE
            AIRIR=A(IR,IR)
            AISIS=A(IS,IS)
            AIRIS=A(IR,IS)
            A(IR,IS)=0.
            A(IS,IR)=0.
            A(IR,IR)=AIRIR*COS(PHI)**2-AIRIS*SIN(2.*PHI)+
           1       AISIS*SIN(PHI)**2
            A(IS,IS)=AIRIR*SIN(PHI)**2+AIRIS*SIN(2.*PHI)+
           1       AISIS*COS(PHI)**2
      1     CONTINUE
      9     RETURN
            END
```

10.5.2 Das Verfahren von Givens

Verfahren zur Reduktion einer beliebigen Matrix auf die Form einer unteren Hessenberg-Matrix.

10.5 FORTRAN-Unterprogramme

Aufruf und Parameter
CALL GIVENS (A,T,V,N)

Eingabe

A: N × N-Koeffizientenmatrix

N: Ordnung der Matrix A

Ausgabe

A: Die untere Hessenberg-Form

Hilfsgrößen

T: N × N-Hilfsmatrix

V: N-komponentiger Hilfsvektor

T und V müssen im rufenden Programm dimensioniert sein.

```fortran
      SUBROUTINE GIVENS(A,T,V,N)
      DIMENSION A(N,N),T(N,N),V(N)
      N2=N-2
      DO      100      I=1,N2
      JJ=I+2
      IF(JJ.GT.N)      GOTO 100
      DO      100      J=JJ,N
      IF(ABS(A(I,J)).LT.1.E-5)      GOTO 100
C     BILDEN DER ORTHOGONALEN TRANSFORMATIONSMATRIX T
      DO      10       I1=1,N
      DO      10       J1=1,N
      T(I1,J1)=0.
      IF(I1.EQ.J1)     T(I1,J1)=1.
   10 CONTINUE
      FAK=SQRT(A(I,I+1)**2+A(I,J)**2)
      T(I+1,I+1)=A(I,I+1)/FAK
      T(J,J)=T(I+1,I+1)
      T(J,I+1)=A(I,J)/FAK
      T(I+1,J)=-T(J,I+1)
C     MATRIZENMULTIPLIKATION
      DO      40       M=1,N
      DO      20       K=1,N
      V(K)=0.
      DO      20       L=1,N
   20 V(K)=V(K)+T(L,K)*A(L,M)
      DO      30       K=1,N
   30 A(K,M)=V(K)
   40 CONTINUE
      DO      70       M=1,N
      DO      50       K=1,N
      V(K)=0.
      DO      50       L=1,N
   50 V(K)=V(K)+A(M,L)*T(L,K)
      DO      60       K=1,N
   60 A(M,K)=V(K)
   70 CONTINUE
  100 CONTINUE
      RETURN
      END
```

Aufgaben

A 10-1. Mit dem Jacobi-Verfahren berechne man Näherungen der Eigenwerte von

$$A = \begin{bmatrix} 4 & -1 & -1 & 0 \\ -1 & 4 & 0 & -1 \\ -1 & 0 & 4 & -1 \\ 0 & -1 & -1 & 4 \end{bmatrix}$$

A 10-2. Mit dem Verfahren von Givens reduziere man die Matrix aus A 10-1 auf eine Hessenberg-Matrix, stelle nach 10.3 das charakteristische Polynom auf und berechne daraus Näherungen der Eigenwerte.

A 10-3. Mit dem LR-Verfahren berechne man näherungsweise die Eigenwerte der Matrix

$$A = \begin{bmatrix} 0 & -1 & 0 \\ -1 & 2 & 0 \\ 0 & 1 & 3 \end{bmatrix} .$$

Man untersuche nach der Rechnung, ob die Voraussetzungen für die Konvergenz des Verfahrens gemäß Satz 10.4-1 erfüllt sind.

Teil V

**Interpolation,
Approximation und numerische Integration**

Die Aufgabe, eine empirische oder formelmäßig gegebene Funktion durch eine andere einfach zu handhabende Funktion zu approximieren, kann mit den Methoden der numerischen Approximation gelöst werden. Dieser Aufgabe steht man z.B. oft bei der Auswertung von Experimenten gegenüber, wenngleich sie hier vor allem bei größeren Versuchen infolge der Entwicklung der Datenverarbeitung bei weitem nicht mehr die frühere Bedeutung hat. Die numerische Interpolation und Approximation ist jedoch auch Grundlage für die meisten Verfahren der numerischen Integration, und dies ist für die Praxis von besonderer Bedeutung. Da nur wenige Integrale exakt ausgewertet werden können, ist man in der Regel beim Auftreten von bestimmten Integralen auf numerische Verfahren angewiesen.

11 Interpolation und Approximation

11.1 Interpolation durch Polynome

11.1.1 Das Lagrangesche Interpolationspolynom

Wir betrachten hier die "Interpolation im engeren Sinne". Darunter versteht man eine Vorschrift, nach der eine Funktion $f(x)$ aus vorgegebenen Funktionswerten $f(x_i)$ rekonstruiert wird. Entsprechend lautet die Aufgabe bei Funktionen in mehreren Veränderlichen.

Nun kann man natürlich im allgemeinen aus endlich vielen vorgegebenen Funktionswerten die Funktion selbst nicht eindeutig bestimmen. Aus diesem Grunde berechnet man als Interpolierende eine Näherung $\tilde{f}(x)$ dieser Funktion, was auf verschiedene Art geschehen kann. Wir wollen hier die Interpolation durch Polynome beschreiben.

Wenn über die Funktion $f(x)$ nichts Näheres bekannt ist, wird man zur Interpolation oft ein Polynom verwenden. Dies umso mehr, als man nach dem Approximationssatz von Weierstraß jede stetige Funktion $f(x)$ durch ein Polynom beliebig genau approximieren kann. Genau sagt dieser Satz aus: Sei $f(x) \in C^0([a,b])$ und $\varepsilon > 0$ beliebig (klein) vorgegeben. Dann gibt es eine natürliche Zahl n und ein Polynom n-ten Grades $P_n(x)$, so daß für jedes $x \in [a,b]$ die Ungleichung

$$|f(x) - P_n(x)| < \varepsilon$$

gilt.

Es ist daher auch sinnvoll, $f(x)$ durch Polynome zu approximieren. Allerdings werden die im folgenden zu konstruierenden Interpolationspolynome in der Regel für entsprechendes n nicht mit dem optimalen Polynom des Weierstraß'schen Satzes übereinstimmen.

Wir betrachten das Intervall $I = [a,b]$ und $n + 1$ Punkte $x_0, x_1, \ldots, x_n$, $x_i \in I$, die wir als Stützstellen bezeichnen. Wir denken uns diese der Größe nach angeordnet: $x_0 < x_1 < \cdots < x_n$. In der Regel wird man $a = x_0$, $b = x_n$ wählen, jedoch ist dies nicht notwendig. An den Stützstellen seien die Funktionswerte $f(x_i) = f_i$ vorgegeben.

Als Interpolationspolynom wählen wir das eindeutig bestimmte Polynom n-ten Grades $P_n(x)$ mit der Eigenschaft

$$P_n(x_i) = f(x_i), \quad i = 0, 1, \ldots, n. \tag{11.1-1}$$

Daß dieses Polynom in der Tat eindeutig ist, erkennt man so: Mit

$$P_n(x) = a_0 + a_1 x + \ldots + a_n x^n \tag{11.1-2}$$

gilt nach (11.1-1)

$$P_n(x_i) = a_0 + a_1 x_i + \ldots + a_n x_i^n = f_i, \quad i = 0, 1, \ldots, n,$$

und dies ist ein lineares Gleichungssystem mit $n + 1$ Gleichungen in den $n + 1$ Unbekannten $a_0, a_1, \ldots, a_n$. Die Matrix dieses Systems lautet

$$V(x_0, x_1, \ldots, x_n) = \begin{bmatrix} 1 & x_0 & x_0^2 & \cdots & x_0^n \\ 1 & x_1 & x_1^2 & \cdots & x_1^n \\ \vdots & \vdots & \vdots & & \vdots \\ 1 & x_n & x_n^2 & \cdots & x_n^n \end{bmatrix}. \tag{11.1-3}$$

Sie heißt "Vandermondesche Matrix" und ist für paarweise verschiedene x_i, wie hier vorausgesetzt, stets nichtsingulär, denn man errechnet

$$\det V = \prod_{0 \leq i < j \leq n} (x_j - x_i) \neq 0. \tag{11.1-4}$$

Daher sind die a_k, $k = 0, 1, \ldots, n$, und somit auch das Polynom $P_n(x)$ eindeutig bestimmt.

Es ist nun weder erforderlich noch im allgemeinen zweckmäßig, das Interpolationspolynom auf die eben beschriebene Art zu berechnen. Vielmehr gibt es eine Reihe von Verfahren, die das Interpolationspolynom in einer dem Problem angepaßten Gestalt liefern. Als erstes betrachten wir das "Lagrangesche Interpolationspolynom"

$$P_n(x) = \sum_{k=0}^{n} f_k L_k(x), \quad L_k(x) = \prod_{\substack{l=0 \\ l \neq k}}^{n} \frac{x - x_l}{x_k - x_l}. \tag{11.1-5}$$

$P_n(x)$ ist das gesuchte eindeutig bestimmte Interpolationspolynom. Da nämlich die Lagrangeschen Polynome $L_k(x)$ von n-ten Grad sind, gilt dies auch für $P_n(x)$.

11.1 Interpolation durch Polynome

Weiter ist

$$L_k(x_i) = \prod_{\substack{l=0 \\ l \neq k}}^{n} \frac{x_i - x_l}{x_k - x_l} = 0, \quad i \neq k,$$

$$L_k(x_k) = \prod_{\substack{m=0 \\ m \neq k}}^{n} \frac{x_k - x_m}{x_k - x_m} = 1,$$

also

$$L_k(x_i) = \delta_{ik}. \quad (11.1\text{-}6)$$

Mit (11.1-5) ist somit

$$P_n(x_i) = \sum_{k=0}^{n} f_k L_k(x_i) = \sum_{k=0}^{n} f_k \delta_{ik} = f_i, \quad i = 0, 1, \ldots, n. \quad (11.1\text{-}7)$$

Das Polynom n-ten Grades (11.1-5) hat daher die Eigenschaft (11.1-1) und ist somit das eindeutig bestimmte Interpolationspolynom.

Für n = 1 spricht man auch von linearer, für n = 2 von quadratischer, usw., Interpolation. Man kann Interpolationspolynome auch dazu verwenden, aus Funktionentafeln Zwischenwerte zu errechnen. In früheren Zeiten kam dieser Aufgabe größere Bedeutung zu, da mangels Rechenkapazität die Funktionswerte nur für relativ große Abszissenabstände angegeben wurden. Ist etwa $f(\bar{x})$ mit $x_i < \bar{x} < x_{i+1}$ gesucht, so ersetzt man diesen Wert durch den Wert $P_n(\bar{x})$ eines passend gewählten Interpolationspolynoms.

Beispiel 11.1-1. Es ist zu folgender empirisch gegebener Funktion das Lagrangesche Interpolationspolynom zu bestimmen:

i	x_i	f_i
0	0.5	0.606531
1	1.0	0.367879
2	5.0	0.006738

Nach (11.1-5) berechnet man

$$L_0(x) = \frac{(x-x_1)(x-x_2)}{(x_0-x_1)(x_0-x_2)} = \frac{(x-1)(x-5)}{2.25}, \quad L_1(x) = \frac{(x-x_0)(x-x_2)}{(x_1-x_0)(x_1-x_2)} = \frac{(x-0.5)(x-5)}{-2},$$

$$L_2(x) = \frac{(x-x_0)(x-x_1)}{(x_2-x_0)(x_2-x_1)} = \frac{(x-0.5)(x-1)}{18}.$$

Das Lagrangesche Interpolationspolynom lautet daher

$$P_2(x) = 0.269569(x - 1)(x - 5) - 0.183939(x - 0.5)(x - 5)$$
$$+ 0.000374(x - 0.5)(x - 1) .$$

11.1.2 Das Restglied bei der Lagrange-Interpolation

Wir wollen jetzt die Frage der Genauigkeit der Interpolation erörtern und insbesondere den Fehler

$$f(x) - P_n(x)$$

für beliebiges $x \in I$ untersuchen. Hohe Grade des Interpolationspolynoms führen fast immer zu einer starken "Welligkeit" von $P_n(x)$, so daß die Genauigkeit zwischen den Stützstellen recht niedrig sein kann. Dies gilt verstärkt, wenn die Stützstellen weit auseinander liegen, d.h. wenn I groß ist. Wir werden später in der Spline-Approximation ein Verfahren kennenlernen, das die hier geschilderten Nachteile vermeidet.

Zunächst wollen wir einen geschlossenen Ausdruck für den Fehler angeben, es gilt der

<u>Satz 11.1-1.</u> Sei $f \in C^{n+1}(I)$, dann gibt es zu jedem $x \in I$ einen Punkt $\xi_x \in [\alpha, \beta]$ mit $\alpha = \mathrm{Min}(x_0, x)$, $\beta = \mathrm{Max}(x_n, x)$, so daß

$$f(x) - P_n(x) = \frac{1}{(n+1)!} L(x) f^{(n+1)}(\xi_x) \qquad (11.1-8)$$

mit

$$L(x) = \prod_{i=0}^{n} (x - x_i) \qquad (11.1-9)$$

gilt.

<u>Beweis.</u> Wir betrachten irgendein festes $x \in I$. Ist $x = x_i$, $i = 0, 1, \ldots, n$, so folgt wegen $L(x_i) = 0$ sofort die Behauptung (11.1-8). Wir setzen daher $x \neq x_i$ voraus und definieren die Hilfsfunktion

$$F(t) = f(t) - P_n(t) - cL(t) \qquad (11.1-10)$$

mit der (wegen der fest gewählten Stelle x) konstanten Zahl

$$c = \frac{f(x) - P_n(x)}{L(x)} .$$

Dann ist

$$F(x_i) = f(x_i) - P_n(x_i) - cL(x_i) = 0, \quad i = 0, 1, \ldots, n,$$

11.1 Interpolation durch Polynome

und

$$F(x) = f(x) - P_n(x) - \frac{f(x) - P_n(x)}{L(x)} L(x) = 0.$$

Die Hilfsfunktion $F(t)$ hat daher in I mindestens die $n+2$ Nullstellen $x_0, x_1, \ldots, x_n, x$. Wegen $F(t) \in C^{n+1}(I)$ besitzt ihre $(n+1)$-te Ableitung in $[\alpha, \beta]$ mindestens eine Nullstelle ξ_x, und nach (11.1-10) ist

$$F^{(n+1)}(t) = f^{(n+1)}(t) - P_n^{(n+1)}(t) - cL^{(n+1)}(t). \qquad (11.1\text{-}11)$$

$L(t)$ ist ein Polynom $(n+1)$-ten Grades, wobei 1 der Koeffizient von t^{n+1} ist. Daher gilt $L^{(n+1)}(t) = (n+1)!$. $P_n(t)$ ist ein Polynom n-ten Grades; so daß $P_n^{(n+1)}(t) \equiv 0$. Wegen $F^{(n+1)}(\xi_x) = 0$ folgt endlich

$$0 = F^{(n+1)}(\xi_x) = f^{(n+1)}(\xi_x) - c(n+1)!,$$

d.h.

$$c = \frac{f^{(n+1)}(\xi_x)}{(n+1)!} = \frac{f(x) - P_n(x)}{L(x)},$$

und somit die Behauptung.

Die Gleichung (11.1-8) gilt für jedes $x \in I$ unter den Voraussetzungen des Satzes. Eine Fehlerabschätzung erhält man aus hieraus mit

$$\underset{\xi \in [\alpha,\beta]}{\text{Max}} |f^{(n+1)}(\xi)| = M$$

zu

$$|f(x) - P_n(x)| \leq \frac{M}{(n+1)!} |L(x)|. \qquad (11.1\text{-}12)$$

Die Aussagen (11.1-8) und (11.1-12) gelten auch für andere Formen des Interpolationspolynoms, das ja stets eindeutig bestimmt ist.

Da man ξ_x, außer in trivialen Fällen, nicht kennt, wird man die Fehlerabschätzung (11.1-12) verwenden. Die Güte dieser Abschätzung hängt entscheidend von der Größe der Differenz

$$d(f) = \underset{z \in [\alpha,\beta]}{\text{Max}} |f^{(n+1)}(z)| - \underset{z \in [\alpha,\beta]}{\text{Min}} |f^{(n+1)}(z)|$$

ab. Ist diese klein, variiert $f^{(n+1)}$ in $[\alpha, \beta]$ also nur wenig, so liefert (11.1-12) gute Resultate. Man kann dies oft durch die Wahl eines hinreichend kleinen Intervalls I erreichen.

Beispiel 11.1-2. Die in Beispiel 11.1-1 angegebenen Funktionswerte sind Näherungen der Werte von $f(x) = e^{-x}$ an den angegebenen Stützstellen x_i. Wählen wir etwa I = [0.5,5], so wird

$$d(f) = |e^{-0.5}| - |e^{-5}| = 0.599793,$$

$$M = |e^{-0.5}| = 0.606531.$$

Dann ist z.B. nach (11.1-12)

$$|f(3) - P_2(3)| \leq \frac{0.606531}{6} \cdot 10 = 1.01089.$$

Andererseits rechnet man in diesem Fall $|f(3) - P_2(3)| = 0.206438$ aus, d.h. die Fehlerabschätzung liefert eine rund 5-fache Überschätzung.

11.1.3 Das Newtonsche Interpolationspolynom

Das Lagrangesche Interpolationspolynom ist numerisch recht unhandlich. So erfordert z.B. die Auswertung der Formel, wie man sich überlegen kann, bei gegebenem x einen zu n^2 proportionalen Rechenaufwand. Ein weiterer gravierender Nachteil ist der: Hat man $P_n(x)$ für die n + 1 Stützstellen $x_0,\ldots,x_n$ berechnet und fügt eine weitere Stützstelle x_{n+1} hinzu, so muß das dann eindeutig bestimmte Lagrangesche Interpolationspolynom $P_{n+1}(x)$ praktisch neu berechnet werden. Zumindest diesen Nachteil vermeidet man bei der folgenden Konstruktion.

Wir wählen für das Interpolationspolynom den Ansatz

$$P_n(x) = \gamma_0 + \gamma_1(x - x_0) + \gamma_2(x - x_0)(x - x_1) + \cdots + \gamma_n(x - x_0)\cdots(x - x_{n-1})$$

$$= \sum_{i=0}^{n} \gamma_i \prod_{j=0}^{i-1} (x - x_j). \tag{11.1-13}$$

Wegen $P_n(x_k) = f(x_k) = f_k$, $k = 0,1,\ldots,n$, folgt hieraus das lineare Gleichungssystem

$$f_k = \sum_{i=0}^{k} \gamma_i \prod_{j=0}^{i-1} (x_k - x_j), \quad k = 0,1,\ldots,n \tag{11.1-14}$$

mit der Matrix

$$\begin{bmatrix} 1 & & & & & 0 \\ 1 & x_1-x_0 & & & & \\ \vdots & \vdots & & & & \\ \vdots & \vdots & & & & \\ 1 & x_n-x_0 & \cdots & (x_n-x_0)(x_n-x_1) & \cdots & (x_n-x_{n-1}) \end{bmatrix},$$

11.1 Interpolation durch Polynome

deren Determinante wegen $x_i \neq x_k$, $i \neq k$, den Wert

$$D = 1 \cdot [(x_1-x_0)] \cdot [(x_2-x_0)(x_2-x_1)] \ldots [(x_n-x_0)(x_n-x_1) \ldots (x_n-x_{n-1})] \neq 0$$

hat. Daher sind die γ_i, $i = 0,\ldots,n$, durch (11.1-14) eindeutig bestimmt.

Um sie bequem darstellen zu können, führen wir rekursiv die "dividierten Differenzen" ein: Für beliebige ganze i ist

die 0. dividierte Differenz durch $[x_i] = f_i$,

die 1. dividierte Differenz durch $[x_{i+1}x_i] = \dfrac{f_{i+1} - f_i}{x_{i+1} - x_i} = \dfrac{[x_{i+1}] - [x_i]}{x_{i+1} - x_i}$

und allgemein die k. dividierte Differenz durch

$$[x_{i+k}x_{i+k-1} \cdots x_i] = \frac{[x_{i+k}x_{i+k-1} \cdots x_{i+1}] - [x_{i+k-1}x_{i+k-2} \cdots x_i]}{x_{i+k} - x_i} ,$$
(11.1-15)
$$k = 1,2,\ldots,$$

definiert. Die dividierte Differenz ist eine symmetrische Funktion ihrer Argumente in dem Sinne, daß diese beliebig permutiert werden können, ohne daß der Wert der Funktion sich ändert.

Mit Hilfe dieser dividierten Differenzen lassen sich die Koeffizienten des Interpolationspolynoms (11.1-13) nun bequem aufschreiben, man erhält

$$\gamma_j = [x_j x_{j-1} \cdots x_1 x_0], \quad j = 0,1,\ldots,n. \tag{11.1-16}$$

Zu ihrer Berechnung kann man folgendes Schema verwenden:

i	x_i	$[x_i] = f_i$	$[x_{i+1}x_i]$	$[x_{i+2} \cdots x_i]$	$[x_{i+3} \cdots x_i]$	$\cdots$
0	x_0	$[x_0]$				
1	x_1	$[x_1]$	$[x_1 x_0]$			
2	x_2	$[x_2]$	$[x_2 x_1]$	$[x_2 x_1 x_0]$		
3	x_3	$[x_3]$	$[x_3 x_2]$	$[x_3 x_2 x_1]$	$[x_3 x_2 x_1 x_0]$	
.	.	.	.	.	.	.
.	.	.	.	.	.	.
.	.	.	.	.	.	.

Dabei sind die unterstrichenen Größen von links oben nach rechts unten gemäß (11.1-16) gerade die $\gamma_0, \gamma_1, \gamma_2, \gamma_3, \ldots$.

Setzt man in (11.1-13) für die γ_j die entsprechenden dividierten Differenzen ein, so erhält man das "Newtonsche Interpolationspolynom"

$$P_n(x) = [x_0] + [x_1 x_0](x - x_0) + [x_2 x_1 x_0](x - x_0)(x - x_1) + \ldots$$
$$+ [x_n x_{n-1} \ldots x_0](x - x_0) \ldots (x - x_{n-1}), \qquad (11.1-17)$$

oder

$$P_n(x) = \sum_{i=0}^{n} [x_i x_{i-1} \ldots x_1 x_0] \prod_{j=0}^{i-1} (x - x_j). \qquad (11.1-18)$$

Für den Fehler $f(x) - P_n(x)$ gilt natürlich wieder (11.1-8) sowie die Abschätzung (11.1-12).

Nimmt man zu den $x_0, x_1, \ldots, x_n$ die Stützstelle x_{n+1} hinzu, so ist das Newtonsche Interpolationspolynom $P_{n+1}(x)$ aus dem Polynom $P_n(x)$ leicht zu berechnen. Nach (11.1.19) gilt

$$P_{n+1}(x) = P_n(x) + [x_{n+1} x_n \ldots x_0](x - x_0) \ldots (x - x_{n-1})(x - x_n). \qquad (11.1-19)$$

Man braucht also nur das obige Schema zu ergänzen und daraus $\gamma_{n+1} = [x_{n+1} x_n \ldots x_0]$ zu entnehmen. Das Newtonsche Interpolationspolynom hat daher nicht den oben aufgezeigten Mangel des Lagrangeschen.

Beispiel 11.1.3 Es soll das Newtonsche Interpolationspolynom aus folgenden Daten der Funktion $f(x) = e^{-x}$ berechnet werden:

x_i	0	0.4	1.0	2.5	5.0
$f(x_i)$	1.000000	0.670320	0.367879	0.082085	0.006738

Das Rechenschema lautet:

i	x_i	$[x_i]$	$[x_{i+1} x_i]$	$[x_{i+2} \ldots x_i]$	$[x_{i+3} \ldots x_i]$	$[x_{i+4} \ldots x_i]$
0	0	1.000000				
1	0.4	0.670320	-0.824200			
2	1.0	0.367879	-0.504068	0.320132		
3	2.5	0.082085	-0.190529	0.149304	-0.068331	
4	5.0	0.006738	-0.030139	0.040098	-0.023740	0.008918

11.2 Gleichabständige Stützwerte. Interpolation in zwei Variablen

Das gesuchte Polynom ist dann

$$P_4(x) = 1.000000 - 0.824200x + 0.320132x(x - 0.4)$$
$$- 0.068331x(x - 0.4)(x - 1.0)$$
$$+ 0.008918x(x - 0.4)(x - 1.0)(x - 2.5).$$

Wegen M = 1 errechnet man nach (11.1-12) für den Fehler

$$|f(x) - P_4(x)| \leq \frac{1}{120}|x(x - 0.4)(x - 1)(x - 2.5)(x - 5.0)|.$$

So ist z.B.

$$|f(3) - P_4(3)| \leq \frac{15.6}{120} = 0.13.$$

Für die automatische Rechnung sind besondere Interpolationsformeln entwickelt worden (vgl. etwa [6 und die dort angegebene Literatur]). Da größere Interpolationsprobleme der bisher betrachteten Art in der Praxis heute kaum noch vorkommen, verzichten wir auf eine Darstellung.

11.2 Gleichabständige Stützwerte. Interpolation in zwei Variablen

Wir betrachten jetzt den Fall, daß $x_i = x_0 + ih$, $i = 0, 1, \ldots, n$, gilt, d.h. alle Stützstellen voneinander den gleichen Abstand h haben. Das Newtonsche Interpolationspolynom vereinfacht sich dann beträchtlich.

11.2.1 Das Newtonsche Interpolationspolynom

Zuerst berechnen wir die dividierten Differenzen und setzen für beliebige i

$$\Delta^0 f_i = f_i,$$
$$\Delta^1 f_i = f_{i+1} - f_i, \quad (11.2-1)$$
$$\Delta^2 f_i = f_{i+2} - 2f_{i+1} + f_i,$$

und allgemein

$$\Delta^{k+1} f_i = \Delta^k f_{i+1} - \Delta^k f_i, \quad k = 0, 1, \ldots \ .$$

Dann wird nach (11.1-15) mit $\Delta^0 f_i = [x_i] = f_i$, wie man durch vollständige Induktion zeigen kann, wegen $x_{i+j} - x_i = jh$

$$[x_{i+k} x_{i+k-1} \cdots x_i] = \frac{\Delta^k f_i}{k! h^k}, \quad k = 0, 1, \ldots \ . \quad (11.2-2)$$

Insbesondere folgt hieraus

$$[x_{i+1}x_i] = \frac{\Delta f_i}{h}, \quad [x_{i+2}x_{i+1}x_i] = \frac{\Delta^2 f_i}{2!h^2}. \qquad (11.2\text{-}3)$$

Nach (11.1-16) haben die Koeffizienten des Interpolationspolynoms dann die einfache Gestalt

$$\gamma_j = \frac{\Delta^j f_0}{j!h^j}, \quad j = 0,1,\ldots,n. \qquad (11.2\text{-}4)$$

$P_n(x)$ kann durch Einführung der neuen Variablen

$$t = \frac{x - x_0}{h} \qquad (11.2\text{-}5)$$

noch weiter vereinfacht werden. Es ist dann

$$x - x_r = x_0 + th - x_0 - rh = (t - r)h, \quad r = 0,1,\ldots,n-1,$$

und

$$(x - x_0)(x - x_1) \cdots (x - x_{k-1}) = h^k t(t-1) \cdots (t - (k-1)) = h^k \binom{t}{k} k! \qquad (11.2\text{-}6)$$

Mit $P_n(x) = P_n(x_0 + th) = Q_n(t)$ gilt dann nach (11.1.17)

$$P_n(x) = Q_n(t) = \sum_{i=0}^{n} \frac{\Delta^i f_0}{i!h^i} h^i \binom{t}{i} i! ,$$

also

$$P_n(x) = Q_n(t) = \sum_{i=0}^{n} \binom{t}{i} \Delta^i f_0 . \qquad (11.2\text{-}7)$$

11.2.2 Darstellung des Fehlers

Auch für den Fehler ergibt sich eine einfachere Darstellung: Nach (11.1-8), (11.1-9) ist mit $f(x) = f(x_0 + th) = \varphi(t)$ wegen (11.2-6)

$$\varphi(t) - Q_n(t) = \frac{1}{(n+1)!} h^{n+1} \binom{t}{n+1} (n+1)! f^{(n+1)}(\xi_x) .$$

Wegen $h^k f^{(k)}(x) = \varphi^{(k)}(t)$ und mit

$$\tau_t = \frac{\xi_x - x_0}{h}$$

11.2 Gleichabständige Stützwerte. Interpolation in zwei Variablen

ergibt sich somit

$$f(x) - P_n(x) = \varphi(t) - Q_n(t) = \binom{t}{n+1} \varphi^{(n+1)}(\tau_t), \quad \tau_t \in [\gamma, \delta], \quad (11.2\text{-}8)$$

$$\gamma = \text{Min}(t, 0), \quad \delta = \text{Max}(t, n),$$

und daraus wieder mit

$$\underset{\tau \in [\gamma, \delta]}{\text{Max}} |\varphi^{(n+1)}(\tau)| = h^{n+1} \underset{\xi \in [\alpha, \beta]}{\text{Max}} |f^{(n+1)}(\xi)| = h^{n+1} M$$

die Abschätzung

$$|f(x) - P_n(x)| = |\varphi(t) - Q_n(t)| \leq M \left| \binom{t}{n+1} \right| h^{n+1}$$

$$= \frac{Mh^{n+1}}{(n+1)!} |t(t-1) \cdots (t-n)|. \quad (11.2\text{-}9)$$

Die Berechnung der $\Delta^i f_j$ kann wieder nach folgendem Schema durchgeführt werden, wobei weniger Rechenarbeit zu leisten ist als beim oben angegebenen Schema für beliebig verteilte Stützstellen, da der Algorithmus jetzt divisionsfrei ist.

i	f_i	Δf_i	$\Delta^2 f_i$	$\Delta^3 f_i$	......
0	f_0				
1	f_1	Δf_0			
2	f_2	Δf_1	$\Delta^2 f_0$		
3	f_3	Δf_2	$\Delta^2 f_1$	$\Delta^3 f_0$	
.	.	.	.	.	.
.	.	.	.	.	.
.	.	.	.	.	.

Beispiel 11.2-1. Wir betrachten wieder $f(x) = e^{-x}$, jetzt aber an den äquidistanten Stützstellen 0, 0.5, 1.0, 1.5, 2.0. Das ergibt folgendes Schema:

i	f_i	Δf_i	$\Delta^2 f_i$	$\Delta^3 f_i$	$\Delta^4 f_i$
0	1.000000				
1	0.606531	-0.393469			
2	0.367879	-0.238652	0.154817		
3	0.223130	-0.144749	0.093903	-0.060914	
4	0.135335	-0.087795	0.056954	-0.036949	0.023965

Das Interpolationspolynom $Q_4(t)$ lautet dann nach (11.2-7)

$$Q_4(t) = 1.000000 - 0.393469t + \frac{0.154817}{2!} t(t-1)$$

$$- \frac{0.060914}{3!} t(t-1)(t-2) + \frac{0.023965}{4!} t(t-1)(t-2)(t-3).$$

Wegen M = 1 und h = 0.5 erhält man nach (11.2-9) die Fehlerabschätzung

$$|\varphi(t) - Q_4(t)| \leq \frac{1}{120} |t(t-1)(t-2)(t-3)(t-4)(0.5)^5|.$$

Will man etwa den Fehler an der Stelle x = 1.2 abschätzen, so bestimmt man zunächst das zugehörige

$$t = \frac{x - x_0}{h} = \frac{1.2 - 0}{0.5} = 2.4$$

und erhält dann

$$|f(1.2) - P_n(1.2)| = |\varphi(2.4) - Q_n(2.4)|$$

$$\leq \frac{|2.4(2.4-1)(2.4-2)(2.4-3)(2.4-4)|}{120 \cdot 32} = 0.000336.$$

Aus den Interpolationspolynomen kann man im Prinzip die Werte $P_n(x)$ bzw. $Q_n(t)$ für beliebige x und t entnehmen. Es liegt auf der Hand, daß diese die entsprechenden Funktionswerte der empirisch oder in geschlossener Form gegebenen Funktion f(x) nicht oder nur sehr ungenau approximieren, wenn x außerhalb des Intervalls $[x_0, x_n]$ liegt. Man wird daher stets $x \in [x_0, x_n]$ bzw. $t \in [0, n]$ wählen. Nur dann kann man von einer Interpolation sprechen, andernfalls handelt es sich um eine "Extrapolation".

Neben der Newtonschen Interpolationsformel mit "aufsteigenden Differenzen" $\Delta^k f_0$ gibt es andere Formen von $Q_n(t)$, die z.T. für bestimmte Interpolationsprobleme besondere Vorteile bieten. Es seien hier nur die Formeln von Gauß, Bessel, Everett und Stirling genannt. Man vergleiche hierzu etwa [6, S. 257 ff. und die dort angegebene Literatur].

11.2.3 Interpolation bei Funktionen von zwei unabhängigen Veränderlichen

Schließlich sei noch kurz auf die Interpolation bei Funktionen von zwei unabhängigen Veränderlichen eingegangen. Die allgemeine Interpolationsaufgabe lautet hier: In der x-y-Ebene sind n + 1 Punkte (x_k, y_k) mit zugehörigen Funktionswerten $z_k = f(x_k, y_k)$ gegeben. Man konstruiere ein Polynom

$$P(x, y) = \sum_{i,j} a_{ij} x^i y^j,$$

11.2 Gleichabständige Stützwerte. Interpolation in zwei Variablen

so daß

$$P(x_k, y_k) = f(x_k, y_k), \quad k = 0, 1, \ldots, n,$$

gilt.

Im Gegensatz zum eindimensionalen Fall ist die Lösbarkeit dieser Aufgabe im allgemeinen keineswegs gesichert, wie man an folgendem Beispiel erkennt: Man bestimme

$$P(x,y) = a + bx + cy + dxy$$

aus

$$f(1,0) = 0, f(3,1) = -1, \quad f(4,0) = 1, \quad f(5,0) = -1.$$

Zur Bestimmung der Koeffizienten a, b, c, d des Interpolationspolynoms erhält man das lineare Gleichungssystem

$$\begin{aligned} a + b &= 0 \\ a + 3b + c + 3d &= -1 \\ a + 4b &= 1 \\ a + 5b &= -1 \end{aligned} \qquad (11.2\text{-}10)$$

Der Rang der Matrix dieses Systems ist 3, der der erweiterten Matrix aber 4, so daß (11.2-10) keine Lösungen besitzt und die Interpolationsaufgabe nicht lösbar ist. Die Stützstellen dürfen daher in der Regel nicht beliebig gewählt werden.

Man kann Bedingungen bezüglich der Lage der Stützstellen und der Gestalt des Polynoms für die Lösbarkeit der Interpolationsaufgabe angeben, jedoch sind diese recht kompliziert. Wir beschränken uns daher auf den Fall, daß die Stützstellen (x_k, y_l) ein rechteckiges Tableau ausfüllen, daß also $k = 0, 1, \ldots, m$, $l = 0, 1, \ldots, n$ gilt. Das Polynom schreiben wir dann in der Gestalt

$$P_{mn}(x,y) = \sum_{i=0}^{m} \sum_{j=0}^{n} a_{ij} x^i y^j. \qquad (11.2\text{-}11)$$

Man kann zeigen, daß die Interpolationsaufgabe

$$P_{mn}(x_k, y_l) = f(x_k, y_l) = f_{kl} \qquad (11.2\text{-}12)$$

eindeutig lösbar ist, indem man nachprüft, daß die Determinante des aus (11.2-11) und (11.2-12) resultierenden linearen Gleichungssystems für paarweise verschiedene Stützstellen nicht verschwindet.

Wir betrachten hier nur das "Lagrangesche Interpolationspolynom". Bezeichnet man entsprechend (11.1-5)

$$L_k^1(x) = \prod_{\substack{l=0 \\ l \neq k}}^{m} \frac{x - x_l}{x_k - x_l} \; , \quad L_k^2(y) = \prod_{\substack{l=0 \\ l \neq k}}^{n} \frac{y - y_l}{y_k - y_l} \; , \qquad (11.2\text{-}13)$$

so lautet es

$$P_{mn}(x,y) = \sum_{i=0}^{m} \sum_{j=0}^{n} L_i^1(x) L_j^2(y) f(x_i, y_j) . \qquad (11.2\text{-}14)$$

Setzt man weiter entsprechend (11.1-9)

$$L^1(x) = \prod_{i=0}^{m} (x - x_0), \quad L^2(y) = \sum_{i=0}^{n} (y - y_i), \qquad (11.2\text{-}15)$$

so erhält man für den Fehler, wie wir ohne Beweis anmerken wollen,

$$f(x,y) - P_{mn}(x,y) = \frac{1}{(m+1)!} L^1(x) \left(\frac{\partial^{m+1} f}{\partial x^{m+1}} \right) (\xi_x^1, y)$$

$$+ \frac{1}{(n+1)!} L^2(y) \left(\frac{\partial^{n+1} f}{\partial y^{n+1}} \right) (x, \eta_y^1) \qquad (11.2\text{-}16)$$

$$- \frac{1}{(m+1)!} \frac{1}{(n+1)!} L^1(x) \cdot L^2(y) \left(\frac{\partial^{m+n+2} f}{\partial x^{m+1} \partial y^{n+1}} \right) (\xi_x^2, \eta_y^2) .$$

Dabei bedeutet die Schreibweise

$$\left(\frac{\partial^{m+1} f}{\partial x^{m+1}} \right) (\xi_x^1, y)$$

die (n+1). Ableitung von f nach x an der Stelle (ξ_x^1, y). Entsprechend sind die anderen Ableitungen zu lesen.

Die ξ_x^1, η_y^1, ξ_x^2, η_y^2 in (11.2-16) sind wie im eindimensionalen Fall Zwischenwerte, es gilt

$$\xi_x^1, \xi_x^2 \in [\alpha_x, \beta_x], \quad \eta_y^1, \eta_y^2 \in [\alpha_y, \beta_y]$$

mit

$$\alpha_x = \text{Min}(x, x_0), \quad \beta_x = \text{Max}(x, x_m),$$
$$\alpha_y = \text{Min}(y, y_0), \quad \beta_y = \text{Max}(y, y_n).$$

11.3 Hermite-Interpolation

Bei beliebiger Lage der Stützwerte wird man im allgemeinen versuchen, über das resultierende lineare Gleichungssystem ein Interpolationspolynom zu konstruieren.

Man kann auch für Funktionen von zwei (und mehr) Veränderlichen andere Formen des Interpolationspolynoms angeben, etwa solche, die dem Newtonschen entsprechen. Wegen der geringen Bedeutung dieser Fragen für die Praxis wollen wir hierauf jedoch nicht eingehen und verweisen auf die Literatur, etwa auf [6].

11.3 Hermite-Interpolation

Bei der bisherigen Interpolation haben wir nur verlangt, daß an gewissen Stützstellen die zu interpolierende Funktion $f(x)$ mit dem Interpolationspolynom $P_n(x)$ übereinstimmt. Eine weitergehende aber naheliegende Forderung ist die, daß auch noch Ableitungen bis zu einer bestimmten Ordnung in den Stützstellen übereinstimmen, und diese wird durch die Hermite-Interpolation erfüllt.

11.3.1 Eine spezielle Interpolationsaufgabe

Vorerst betrachten wir folgende Interpolationsaufgabe: Gesucht wird ein Polynom $H_{2n+1}(x)$ vom Höchstgrad $2n+1$ mit den Eigenschaften

$$H_{2n+1}(x_j) = f(x_j) = f_j$$
$$H'_{2n+1}(x_j) = f'(x_j) = f'_j \qquad j = 0, 1, \ldots, n. \qquad (11.3\text{-}1)$$

Für $H_{2n+1}(x)$ verwenden wir den Ansatz

$$H_{2n+1}(x) = \sum_{i=0}^{n} \{f_i L_{i0}(x) + f'_i L_{i1}(x)\}, \qquad (11.3\text{-}2)$$

wobei die $L_{ij}(x)$ Polynome höchstens vom Grad $2n+1$ sind und den Bedingungen

$$L_{i0}(x_k) = \delta_{ik}, \qquad L_{i1}(x_k) = 0,$$
$$\qquad\qquad i, k = 0, 1, \ldots, n, \qquad (11.3\text{-}3)$$
$$L'_{i0}(x_k) = 0, \qquad L'_{i1}(x_k) = \delta_{ik}$$

genügen. Man errechnet dann nach (11.3-2) mit (11.3-3)

$$H_{2n+1}(x_k) = \sum_{i=0}^{n} \{f_i L_{i0}(x_k) + f_i' L_{i1}(x_k)\} = \sum_{i=0}^{n} f_i \delta_{ik} = f_k, \quad k = 0,1,\ldots,n,$$

$$H_{2n+1}'(x_k) = \sum_{i=0}^{n} \{f_i L_{i0}'(x_k) + f_i' L_{i1}'(x_k)\} = \sum_{i=0}^{n} f_i' \delta_{ik} = f_k', \quad k = 0,1,\ldots,n.$$

Das Polynom (11.3-2) besitzt daher bereits die geforderten Eigenschaften.

Wir wollen eine explizite Darstellung der Polynome $L_{i0}(x)$, $L_{i1}(x)$ angeben und zeigen, daß $H_{2n+1}(x)$ unter den angegebenen Voraussetzungen eindeutig bestimmt ist.

Satz 11.3-1. Die Polynome $L_{i0}(x)$, $L_{i1}(x)$ haben die Gestalt

$$L_{i0}(x) = \prod_{\substack{j=0 \\ j \neq i}}^{n} \left(\frac{x - x_j}{x_i - x_j}\right)^2 \left\{1 - 2(x - x_i) \sum_{\substack{l=0 \\ l \neq i}}^{n} \frac{1}{x_i - x_l}\right\}, \qquad (11.3\text{-}4)$$

$$L_{i1}(x) = (x - x_i) \prod_{\substack{j=0 \\ j \neq i}}^{n} \left(\frac{x - x_j}{x_i - x_j}\right)^2, \quad i = 0,1,\ldots,n. \qquad (11.3\text{-}5)$$

Mit ihnen ist auch das "Hermitesche Interpolationspolynom" $H_{2n+1}(x)$ eindeutig bestimmt.

Beweis. $L_{i0}(x)$ und $L_{i1}(x)$ sind Polynome $(2n+1)$. Grades und aus (11.3-4), (11.3-5) entnimmt man unmittelbar

$$L_{i0}(x_k) = \delta_{ik}, \quad L_{i1}(x_k) = 0, \quad i,k = 0,1,\ldots,n.$$

Weiter errechnet man

$$L_{i0}'(x) = 2 \prod_{\substack{j=0 \\ j \neq i}}^{n} \left(\frac{x - x_j}{x_i - x_j}\right)^2 \left\{\left(\sum_{\substack{l=0 \\ l \neq i}}^{n} \frac{1}{x - x_l}\right)\left(1 - 2(x - x_i) \sum_{\substack{l=0 \\ l \neq i}}^{n} \frac{1}{x_i - x_l}\right) - \right.$$

$$\left. - \sum_{\substack{l=0 \\ l \neq i}}^{n} \frac{1}{x_i - x_l}\right\},$$

also

$$L_{i0}'(x_i) = 0, \quad L_{i0}'(x_k) = 0, \quad k \neq i.$$

11.3 Hermite-Interpolation

Schließlich ist

$$L'_{i1}(x) = \prod_{\substack{j=0 \\ j \neq i}}^{n} \left(\frac{x - x_j}{x_i - x_j}\right)^2 + 2(x - x_i) \prod_{\substack{j=0 \\ j \neq i}}^{n} \left(\frac{x - x_j}{x_i - x_j}\right)^2 \sum_{\substack{l=0 \\ l \neq i}}^{n} \frac{1}{x - x_l},$$

und somit

$$L'_{i1}(x_i) = 1, \quad L'_{i1}(x_k) = 0, \quad k \neq i.$$

Die beiden Polynome (11.3-4) und (11.3-5) sind aber auch eindeutig bestimmt. Denn nehmen wir an, daß es neben $L_{i0}(x)$ noch ein weiteres Polynom $\tilde{L}_{i0}(x)$ mit den Eigenschaften (11.3-3) gibt, so ist die Differenz

$$P_{2n+1}(x) = L_{i0}(x) - \tilde{L}_{i0}(x)$$

ein Polynom von höchstens $(2n + 1)$. Grad mit den Eigenschaften

$$P_{2n+1}(x_j) = 0, \quad P'_{2n+1}(x_j) = 0, \quad j = 0, 1, \ldots, n.$$

Wie in Band 1, Abschnitt 3.1.1, dargelegt wurde, folgt hieraus, daß die n+1 Nullstellen x_j, $j = 0, 1, \ldots, n$, von $P_{2n+1}(x)$ mindestens doppelt sind, daß also $P_{2n+1}(x)$ mindestens 2n+2 Nullstellen besitzt. Das kann aber nur für $P_{2n+1}(x) \equiv 0$, d.h. für $L_{i0}(x) \equiv \tilde{L}_{i0}(x)$ gelten. Daher ist $L_{i0}(x)$ eindeutig bestimmt. Die gleiche Argumentation führt zum Beweis der Eindeutigkeit von $L_{i1}(x)$ und damit von $H_{2n+1}(x)$, womit der Satz bewiesen ist.

Ganz ähnlich wie den Satz 11.1-1 beweist man den

<u>Satz 11.3-2.</u> Es sei $I = [a,b]$ ein abgeschlossenes Intervall mit $[x_0, x_n] \subset [a,b]$, und es gelte $f(x) \in C^{2n+2}(I)$. Dann gibt es zu jedem $x \in I$ einen Punkt $\xi_x \in [\alpha, \beta]$ mit

$$\alpha = \text{Min}(x, x_0), \quad \beta = \text{Max}(x, x_n),$$

so daß

$$f(x) - H_{2n+1}(x) = \frac{(L(x))^2}{(2n+2)!} f^{(2n+2)}(\xi_x) \tag{11.3-6}$$

mit

$$L(x) = \prod_{i=0}^{n} (x - x_i) \tag{11.3-7}$$

gilt.

Setzen wir

$$M = \max_{\xi \in [\alpha,\beta]} |f^{(2n+2)}(\xi)|, \tag{11.3-8}$$

so folgt aus (11.3-6) wieder die Fehlerabschätzung

$$|f(x) - H_{2n+1}(x)| \leq \frac{M}{(2n+2)!} (L(x))^2. \tag{11.3-9}$$

Beispiel 11.3-1. Es soll zu folgenden Daten ($f(x) = e^{-x}$) das Hermitesche Interpolationspolynom gebildet werden:

i	x_i	f_i	f_i'
0	0.5	0.606531	-0.606531
1	1.0	0.367879	-0.367879
2	5.0	0.006738	-0.006738

Hier ist $f_i' = -f_i$, $i = 0,1,2$ und (11.3-2) erhält mit $n = 2$ die Form

$$H_5(x) = \sum_{i=0}^{n} \{f_i(L_{i0}(x) - L_{i1}(x))\}. \tag{11.3-10}$$

Nach (11.3-4), (11.3-5) gilt dabei

$$L_{i0}(x) - L_{i1}(x) = \prod_{\substack{j=0 \\ j \neq i}}^{2} \left(\frac{x - x_j}{x_i - x_j}\right)^2 \left[\left\{1 - 2(x - x_i)\sum_{\substack{l=0 \\ l \neq i}}^{2} \frac{1}{x_i - x_l}\right\} - (x - x_i)\right].$$

Für $x = 3$ erhält man z.B.

$$L_{00}(3) - L_{01}(3) = \left(\frac{4}{2.25}\right)^2 \left[\left\{1 - 5\left(-2 - \frac{1}{4.5}\right)\right\} - 2.5\right] = 30.375857,$$

$$L_{10}(3) - L_{11}(3) = \left(\frac{5}{2}\right)^2 \left[\left\{1 - 4\left(2 - \frac{1}{4}\right)\right\} - 2\right] = -50.000000,$$

$$L_{20}(3) - L_{21}(3) = \left(\frac{5}{18}\right)^2 \left[\left\{1 + 4\left(\frac{1}{4.5} + \frac{1}{4}\right)\right\} + 2\right] = 0.377229.$$

Aus (11.3-10) folgt damit

$$H_5(3) = 0.032490.$$

11.3 Hermite-Interpolation

Weiter ist $f(x) = e^{-x}$, d.h. $f^{(2n+2)} = f^{(6)}(x) = e^{-x}$, und somit

$$M = \max_{\xi \in [0.5, 5]} |e^{-\xi}| = e^{-0.5} = 0.606531 .$$

Daher folgt aus (11.3-9) die Fehlerabschätzung

$$|f(3) - H_5(3)| \leq \frac{0.606531}{6!} \cdot 2.5^2 \cdot 2^2 \cdot 2^2 = 0.084240.$$

Da andererseits $|f(3) - H_5(3)| = 0.017297$ gilt, wie man in diesem Fall natürlich sofort ausrechnen kann, ergibt sich eine ungefähr fünffache Überschätzung, ähnlich wie bei Beispiel 11.1-2.

11.3.2 Das allgemeine Hermitesche Interpolationspolynom

Wie anfangs erwähnt, kann die Hermitesche Interpolationsaufgabe auch wesentlich allgemeiner formuliert werden: Es seien n + 1 Stützstellen $x_0, x_1, \ldots, x_n$ festgelegt und in x_i der Funktionswert f_i sowie die Ableitungen $f_i^{(k)}$ bis zur Ordnung $(l_i - 1)$ vorgegeben. Die höchste Ableitungsordnung kann also von Stützstelle zu Stützstelle verschieden sein. Wir haben daher vorgegeben in

$$\left. \begin{array}{ll} x_0 & \text{die Werte} \quad f_0, f_0', \ldots, f_0^{(l_0-1)}, \\ x_1 & \text{die Werte} \quad f_1, f_1', \ldots, f_1^{(l_1-1)}, \\ \vdots & \\ x_n & \text{die Werte} \quad f_n, f_n', \ldots, f_n^{(l_n-1)}, \end{array} \right\} \quad (11.3\text{-}11)$$

wobei $l_i \geq 1$, $i = 0, 1, \ldots, n$, vorausgesetzt wird. Gesucht ist das Hermitesche Interpolationspolynom $H(x)$ vom Grad $m = l_0 + l_1 + \ldots + l_n - 1$ mit den Eigenschaften

$$H^{(k_i)}(x_i) = f^{(k_i)}(x_i), \quad k_i = 0, 1, \ldots, l_i - 1; \; i = 0, 1, \ldots, n. \quad (11.3\text{-}12)$$

Das Polynom soll also im Punkt x_i mitsamt seinen Ableitungen bis zur $(l_i - 1)$-ten Ordnung mit f_i und seinen entsprechenden Ableitungen übereinstimmen. Man kann zeigen, daß diese Interpolationsaufgabe eindeutig durch das Hermitesche Interpolationspolynom

$$H(x) = \sum_{i=0}^{n} \sum_{j=0}^{l_i-1} L_{ij}(x) f_i^{(j)} \quad (11.3\text{-}13)$$

gelöst wird. Dabei sind die Polynome $L_{ij}(x)$ durch

$$L_{ij}(x) = \frac{1}{j!} \frac{L(x)}{(x-x_i)^{l_i-j}} \sum_{k=0}^{l_i-j-1} \frac{1}{k!} \frac{d^k}{dx^k} \left[\frac{(x-x_i)^{l_i}}{L(x)} \right]_{(x_i)} (x-x_i)^k$$

mit

$$L(x) = (x-x_0)^{l_0} (x-x_1)^{l_1} \ldots (x-x_n)^{l_n}$$

bestimmt, und es bedeutet

$$\frac{d^k}{dx^k} \left[\frac{(x-x_i)^{l_i}}{L(x)} \right]_{(x_i)}$$

die k-te Ableitung des in eckigen Klammern stehenden Ausdrucks an der Stelle x_i. Schließlich kann man den Fehler noch in der Form

$$f(x) - H(x) = \frac{L(x)}{(m+1)!} f^{(m+1)}(\xi_x), \quad \xi_x \in [\alpha, \beta],$$

mit

$$\alpha = \text{Min}(x, x_0), \quad \beta = \text{Max}(x, x_n)$$

darstellen.

Für $l_i = 2$, $i = 0, 1, \ldots, n$ erhält man als Spezialfall das Polynom $H_{2n+1}(x)$ mit den oben beschriebenen Eigenschaften.

Die Hermite-Interpolation ist im allgemeinen wesentlich aufwendiger als die einfache Polynominterpolation, liefert allerdings auch entsprechend genauere Werte zwischen den Stützstellen. In vielen Fällen wird durch die Festlegung der Ableitungen in den Stützstellen auch die "Welligkeit" des Interpolationspolynoms geringer. Ist eine empirische Funktion nur durch ihre Werte an Stützstellen gegeben, so kann die Hermite-Interpolation natürlich nicht verwendet werden.

Die Hermite-Interpolation kann auch bei Funktionen in mehreren Veränderlichen durchgeführt werden.

11.4 Approximation durch Polynome

In den vorangehenden Ziffern haben wir zu einer gegebenen Funktion ein Näherungspolynom konstruiert, indem wir die Übereinstimmung von Funktion und Näherung und eventuell deren Ableitungen an gewissen Stützstellen forderten. Wir wollen diese

11.4 Approximation durch Polynome

Forderung der Interpolation jetzt fallenlassen und statt dessen verlangen, daß das Näherungspolynom die gegebene Funktion über ein endliches Intervall möglichst gut approximiert. Dabei muß natürlich noch definiert werden, was unter "möglichst gut" verstanden werden soll.

Nun ist es keineswegs immer ratsam, eine gegebene Funktion $f(x)$ durch ein Polynom zu approximieren. Ist die Funktion etwa periodisch, so wird man auch periodische Funktionen zur Approximation verwenden. Wo es auf hohe Genauigkeit ankommt, wird man spezielle Eigenschaften von $f(x)$ bei der Approximation berücksichtigen müssen.

11.4.1 Das allgemeine Approximationsproblem

Man kann das Approximationsproblem allgemeiner wie folgt beschreiben: Im Intervall $I = [\alpha,\beta]$ soll eine gegebene Funktion $f(x)$ durch eine Funktion $\Phi_n(x;a_0,a_1,\ldots,a_n)$ approximiert werden. Dabei sind die Parameter a_i, $i = 0,1,\ldots,n$, so zu bestimmen, daß die Approximation möglichst gut, d.h. der "Abstand" zwischen f und Φ_n in $[\alpha,\beta]$ möglichst klein wird. Als Abstand kann man etwa das mittlere Fehlerquadrat zwischen f und Φ_n über $[\alpha,\beta]$ wählen, also die Zahl

$$\|f - \Phi_n\|_2 = \left[\int_\alpha^\beta (f(x) - \Phi_n(x;a_0,\ldots,a_n))^2 dx\right]^{1/2}, \qquad (11.4-1)$$

und die Forderung, daß dieser Abstand möglichst klein werden soll, führt zu

$$\|f - \Phi_n\|_2^2 = \int_\alpha^\beta (f(x) - \Phi_n(x;a_0,\ldots,a_n))^2 dx = \text{Min.} \qquad (11.4-2)$$

Man kann auch andere Abstände wählen, etwa in Verallgemeinerung von (11.4-1) mit $p \geqslant 1$

$$\|f - \Phi_n\|_p = \left[\int_\alpha^\beta (f(x) - \Phi_n(x;a_0,\ldots,a_n))^p dx\right]^{1/p}, \qquad (11.4-3)$$

wobei die Existenz der Integrale für alle genannten p vorausgesetzt wird. Für $p \to \infty$ entsteht hieraus die sogenannte Maximumnorm: Setzen wir etwa die Funktion $f - \Phi_n$ als stetig bezüglich x in $[\alpha,\beta]$ voraus, so lautet sie

$$\|f - \Phi_n\|_\infty = \underset{x \in [\alpha,\beta]}{\text{Max}} |f(x) - \Phi_n(x;a_0,\ldots,a_n)|. \qquad (11.4-4)$$

Wir verwenden hier jedoch ausschließlich den Abstand (11.4-1), der in den Anwendungen die weitaus größte Bedeutung hat.

11.4.2 Die Polynomapproximation

In dieser Ziffer nehmen wir nun an, daß Φ_n ein Polynom $P_n(x)$ der Gestalt

$$\Phi_n(x;a_0,\ldots,a_n) = P_n(x) = a_0 + a_1 x + \ldots + a_n x^n \qquad (11.4\text{-}5)$$

ist. Die Minimalforderung (11.4-2) lautet dann

$$Q(a_0,\ldots,a_n) = \int_\alpha^\beta \left[f(x) - \left(a_0 + a_1 x + \ldots + a_n x^n\right)\right]^2 dx = \text{Min.} \qquad (11.4\text{-}6)$$

Wir setzen weiter voraus, daß $f(x)$ und $(f(x))^2$ über $[\alpha,\beta]$ integrierbar sind. Das ist z.B. der Fall, wenn $f(x)$ stetig oder stetig mit Ausnahme endlich vieler Stellen und beschränkt in $[\alpha,\beta]$ ist. Man kann dann zeigen, daß es zu jeder Funktion dieser Art ein eindeutig bestimmtes Approximationspolynom vom Höchstgrad n gibt, so daß das mittlere Fehlerquadrat (11.4-1) minimal wird, (vgl. etwa [21, S. 203]). Diejenigen Parameter a_i, für die das Minimum angenommen wird, müssen dann notwendig den Bedingungen

$$\frac{1}{2}\frac{\partial Q}{\partial a_i} = \int_\alpha^\beta \left[f(x) - \left(a_0 + a_1 x + \cdots + a_n x^n\right)\right] x^i dx = 0, \quad i = 0,\ldots,n, \qquad (11.4\text{-}7)$$

genügen, und dieses lineare Gleichungssystem kann auch in der Form

$$\sum_{j=0}^n \left(\int_\alpha^\beta x^{i+j} dx \right) a_j = \int_\alpha^\beta x^i f(x) dx, \quad i = 0,1,\ldots,n, \qquad (11.4\text{-}8)$$

geschrieben werden. Die Matrix des Systems ist

$$A = [A_{ij}] = \left[\int_\alpha^\beta x^{i+j} dx \right] = \left[\frac{1}{i+j+1}[\beta^{i+j+1} - \alpha^{i+j+1}] \right], \qquad (11.4\text{-}9)$$

und es gilt der

<u>Satz 11.4-1.</u> Die Matrix (11.4-9) ist für alle $n \geq 1$ symmetrisch und positiv definit, also auch nichtsingulär.

11.4 Approximation durch Polynome

Beweis. Wegen $A_{ij} = A_{ji}$ ist A symmetrisch. Weiter gilt mit den reellen Zahlen p_k, $k = 0,\ldots,n$,

$$\sum_{i,j=0}^{n} A_{ij}p_ip_j = \int_{\alpha}^{\beta} \left(\sum_{i,j=0}^{n} p_ip_jx^{i+j}\right) dx = \int_{\alpha}^{\beta} \left(\sum_{i=0}^{n} p_ix^i\right)^2 dx \geq 0. \qquad (11.4\text{-}10)$$

Das Gleichheitszeichen gilt genau dann, wenn $p_0 = p_1 = \ldots = p_n = 0$ ist. Daher folgt für beliebige $p_0,\ldots,p_n \neq 0,\ldots,0$

$$\sum_{i,j=0}^{n} A_{ij}p_ip_j > 0 \;,$$

d.h. A ist positiv definit und det $A \neq 0$.

Setzt man $p_i = a_i$, so folgt aus (11.4-10) die Gleichung

$$\sum_{i,j=0}^{n} A_{ij}a_ia_j = \int_{\alpha}^{\beta} (P_n(x))^2 dx = \|P_n\|_2^2 \;. \qquad (11.4\text{-}11)$$

Ist insbesondere $[\alpha,\beta] = [0,1]$, nach (11.4-9) also

$$A_{ij} = \frac{1}{i+j+1} \;,$$

so ist A eine "Hilbert-Matrix"

$$H_n = \begin{bmatrix} 1 & \frac{1}{2} & \cdots & \frac{1}{n+1} \\ \frac{1}{2} & \frac{1}{3} & \cdots & \frac{1}{n+2} \\ \vdots & \vdots & & \vdots \\ \frac{1}{n+1} & \frac{1}{n+2} & \cdots & \frac{1}{2n+1} \end{bmatrix}. \qquad (11.4\text{-}12)$$

Sie ist für große n extrem schlecht konditioniert (siehe Band 1, Abschnitte 1.8.2 und 4.4), so daß für größere n bei der Auflösung des zugehörigen Gleichungssystems Fehler infolge von Rundungen auftreten können. In 11.5 werden wir untersuchen, wie dies durch eine andere Wahl der Approximation vermieden werden kann.

Eine Schwierigkeit bei der Auflösung des linearen Gleichungssystems (11.4-8) stellt im allgemeinen auch die Berechnung der Integrale auf der rechten Seite dar. Da f(x) als komplizierte Funktion angenommen werden muß - sonst wird man sie in der Regel nicht approximieren - müssen zu ihrer Auswertung oft numerische Verfahren herangezogen werden. Die wichtigsten unter ihnen werden wir in Kapitel 13 kennenlernen.

<u>Beispiel 11.4-1.</u> Die Funktion $f(x) = e^x$ soll über $[0,1]$ durch ein Polynom vom Höchstgrad 2 approximiert werden. Mit der Hilbert-Matrix (11.4-12) für $n = 2$ lautet das Gleichungssystem (11.4-8)

$$a_0 + \frac{1}{2} a_1 + \frac{1}{3} a_2 = \int_0^1 e^x dx,$$

$$\frac{1}{2} a_0 + \frac{1}{3} a_1 + \frac{1}{4} a_2 = \int_0^1 x e^x dx,$$

$$\frac{1}{3} a_0 + \frac{1}{4} a_1 + \frac{1}{5} a_2 = \int_0^1 x^2 e^x dx.$$

Wegen $\int_0^1 e^x dx = e - 1 = 1.718282$, $\int_0^1 x e^x dx = 1.000000$,

$$\int_0^1 x^2 e^x dx = e - 2 = 0.718282$$

lautet die Lösung dieses Gleichungssystems

$$a_0^* = 1.012998, \quad a_1^* = 0.851088, \quad a_2^* = 0.839220.$$

Es ist dann

$$P_2(x) = 1.012998 + 0.851088x + 0.839220x^2.$$

11.5 Approximation durch allgemeinere Funktionen

11.5.1 Approximation durch eine Linearkombination von Funktionen

Es seien $g_1(x)$, $g_2(x)$ zwei beliebige stetige, über $[\alpha,\beta]$ mitsamt ihren Quadraten integrierbare Funktionen. Dann können wir das "skalare Produkt"

$$(g_1, g_2) = \int_\alpha^\beta g_1(x) g_2(x) dx$$

11.5 Approximation durch allgemeine Funktionen

definieren. Insbesondere ist

$$(g_1, g_1) = \|g_1\|_2^2 = \int_\alpha^\beta [g_1(x)]^2 dx, \quad \text{d.h.} \quad \|g_1\|_2 = \sqrt{(g_1, g_1)}.$$

Entsprechendes gilt für g_2. Man prüft leicht nach, daß das so definierte skalare Produkt folgende Eigenschaften hat:

1. $(cg_1, g_2) = c(g_1, g_2)$ für jede reelle Zahl c,

2. $(g_1 + g_2, g_3) = (g_1, g_3) + (g_2, g_3)$, wobei $g_3(x)$ eine weitere Funktion mit den Eigenschaften von g_1, g_2 ist,

3. $(g_1, g_2) = (g_2, g_1)$,

4. $(g_1, g_1) \geq 0$ und $(g_1, g_1) = 0$ genau dann, wenn $g_1(x) \equiv 0$ in $[\alpha, \beta]$.

Durch $\|g_1\| = \sqrt{(g_1, g_1)}$ ist dann eine "Norm" von g_1 definiert.

Aus 1. bis 4. kann man noch eine Reihe weiterer Eigenschaften des skalaren Produkts herleiten, als wichtigste die sogenannte "Schwarzsche Ungleichung"

$$|(g_1, g_2)| \leq \|g_1\| \, \|g_2\|$$

und die "Dreiecksungleichung"

$$\|g_1 + g_2\| \leq \|g_1\| + \|g_2\|.$$

Auf $[\alpha, \beta]$ seien nun die Funktionen $\varphi_0(x), \varphi_1(x), \ldots, \varphi_n(x)$ vorgegeben, und wir wählen als Approximierende von $f(x)$ jetzt

$$\Phi_n(x; a_0, a_1, \ldots, a_n) = \sum_{j=0}^n a_j \varphi_j(x). \tag{11.5-1}$$

Dann lautet die Minimalforderung (11.4-1)

$$Q(a_0, \ldots, a_n) = \|f - \Phi_n\|_2^2 = \int_\alpha^\beta \left(f(x) - \sum_{j=0}^n a_j \varphi_j(x) \right)^2 dx = \text{Min}, \tag{11.5-2}$$

die Parameter a_i, $i = 0, 1, \ldots, n$, müssen daher dem linearen Gleichungssystem

$$\frac{1}{2} \frac{\partial Q}{\partial a_i} = \int_\alpha^\beta \left(f(x) - \sum_{j=0}^n a_j \varphi_j(x) \right) \varphi_i(x) dx$$

$$= (f, \varphi_i) - \sum_{j=0}^n (\varphi_i, \varphi_j) a_j = 0, \quad i = 0, 1, \ldots, n, \tag{11.5-3}$$

genügen. Ist die Matrix

$$A = [A_{ij}] = [(\varphi_i, \varphi_j)] \tag{11.5-4}$$

dieses Systems nichtsingulär, so können die a_j, $j = 0,1,\ldots,n$, aus (11.5-3) eindeutig berechnet werden, so daß auch die Approximierende Φ_n eindeutig bestimmt ist.

Wie man zeigen kann, ist A genau dann nichtsingulär, wenn die Funktionen $\varphi_i(x)$ auf $[\alpha,\beta]$ linear unabhängig sind. Das ist wiederum genau dann der Fall, wie wir in Erinnerung rufen, wenn aus

$$\sum_{i=0}^{n} c_i \varphi_i(x) \equiv 0 \text{ in } [\alpha,\beta]$$

notwendig $c_i = 0$, $i = 0,1,\ldots,n$, folgt. (Gibt es dagegen von x unabhängige Konstante c_i, die nicht sämtlich verschwinden, so heißen die φ_i linear abhängig).

Nach (11.5-2) gilt

$$Q = (f - \Phi_n, f - \Phi_n) = (f,f) - 2(f, \Phi_n) + (\Phi_n, \Phi_n). \tag{11.5-5}$$

Wir nehmen an, daß die φ_i linear unabhängig sind und die beste Approximation im Sinne von (11.5-2) für die Parameterwerte $a_i = a_i^*$ erreicht wird. Wegen (11.5-1) kann dann (11.5-5) wie folgt geschrieben werden:

$$\begin{aligned}
Q &= (f,f) - 2\left(f, \sum_{j=0}^{n} a_j^* \varphi_j\right) + \left(\sum_{j=0}^{n} a_j^* \varphi_j, \sum_{k=0}^{n} a_k^* \varphi_k\right) \\
&= (f,f) - 2 \sum_{j=0}^{n} a_j^* (f, \varphi_j) + \sum_{j,k=0}^{n} a_j^* a_k^* (\varphi_j, \varphi_k).
\end{aligned} \tag{11.5-6}$$

Setzt man hierin die aus (11.5-3) resultierende Gleichung

$$(f, \varphi_j) = \sum_{k=0}^{n} (\varphi_j, \varphi_k) a_k^*$$

ein, so folgt

$$Q = (f,f) - \sum_{j,k=0}^{n} a_j^* a_k^* (\varphi_j, \varphi_k), \tag{11.5-7}$$

11.5 Approximation durch allgemeinere Funktionen

und wegen $Q \geq 0$

$$\sum_{j,k=0}^{n} a_j^* a_k^* (\varphi_j, \varphi_k) \leq (f,f). \qquad (11.5-8)$$

11.5.2 Approximation durch eine Linearkombination von Orthogonalfunktionen

Ist die Matrix A eine Diagonalmatrix mit nichtverschwindenden Diagonalelementen, so erhält man wegen $(\varphi_i, \varphi_j) = 0$, $i \neq j$, aus (11.5-3) sofort die Auflösung

$$a_k^* = \frac{(f, \varphi_k)}{(\varphi_k, \varphi_k)}, \quad k = 0, 1, \ldots, n, \qquad (11.5-9)$$

d.h. man erspart sich die Auflösung eines Gleichungssystems.

<u>Definition 11.5-1.</u> Die Funktionen φ_i, $i = 0, 1, \ldots, n$, heißen orthogonal, wenn

$$(\varphi_i, \varphi_j) = \begin{cases} 0, & i \neq j \\ \neq 0, & i = j, \end{cases} \qquad (11.5-10)$$

sie heißen orthonormal, wenn

$$(\varphi_i, \varphi_j) = \delta_{ij}$$

gilt. Man sagt dann, daß die φ_i, $i = 0, \ldots, n$, ein Orthogonal- bzw. Orthonormalsystem bilden.

Sind die Funktionen φ_i orthogonal, so sind die

$$\psi_i(x) = \frac{\varphi_i(x)}{\sqrt{(\varphi_i, \varphi_i)}}, \quad i = 0, \ldots, n,$$

orthonormal, denn es gilt für $i \neq j$

$$(\psi_i, \psi_j) = \int_\alpha^\beta \frac{\varphi_i(x)\varphi_j(x)}{\sqrt{\int_\alpha^\beta \varphi_i(t)\varphi_i(t)dt} \sqrt{\int_\alpha^\beta \varphi_j(s)\varphi_j(s)ds}} dx = \frac{(\varphi_i, \varphi_j)}{\sqrt{(\varphi_i, \varphi_i)} \sqrt{(\varphi_j, \varphi_j)}} = 0,$$

und

$$(\psi_i, \psi_i) = \frac{(\varphi_i, \varphi_i)}{(\varphi_i, \varphi_i)} = 1.$$

Mit einem Orthogonalsystem der beschriebenen Art kennt man also auch stets ein Orthonormalsystem. Die Matrix A ist dann eine Diagonalmatrix und für orthonormale φ_i sogar die Einheitsmatrix. Aus (11.5-7) folgt weiter

$$Q = (f,f) - \sum_{j=0}^{n} (a_j^*)^2 (\varphi_j, \varphi_j), \quad \varphi_j \text{ orthogonal}, \qquad (11.5\text{-}11)$$

$$Q = (f,f) - \sum_{j=0}^{n} (a_j^*)^2, \quad \varphi_j \text{ orthonormal}. \qquad (11.5\text{-}12)$$

11.6 Approximation mit Orthogonalpolynomen

11.6.1 Approximationsgenauigkeit

Wir nehmen jetzt an, daß die Funktionen $\varphi_i(x)$ Polynome $p_i(x)$, $i = 0,\ldots,n$, genau vom Grad i sind. Dann ist die Funktion Φ_n aus (11.5.1) ein Polynom höchstens n-ten Grades der Gestalt

$$P_n(x) = a_0 p_0(x) + a_1 p_1(x) + \cdots + a_n p_n(x). \qquad (11.6\text{-}1)$$

Weiter setzen wir die $p_i(x)$ als orthogonal bzw. orthonormal voraus. Dann gilt nach (11.5-9)

$$a_k^* = \frac{(f, p_k)}{(p_k, p_k)}, \quad k = 0, 1, \ldots, n, \qquad (11.6\text{-}2)$$

wobei die a_k^* wieder diejenigen Parameterwerte sind, die zur besten Approximation im Sinne von (11.5-2) gehören.

Wir werden weiter unten ein Orthogonal- bzw. Orthonormalsystem von Polynomen konstruieren. Hat man ein solches gefunden, so erhebt sich die Frage, wie genau das Polynom $P_n(x)$ die Funktion $f(x)$ approximiert, und weiter, welchen Wert schließlich

$$\lim_{n \to \infty} \sqrt{(f - P_n, f - P_n)} = \lim_{n \to \infty} \|f - P_n\|_2 \qquad (11.6\text{-}3)$$

annimmt.

Die erste Frage kann leicht beantwortet werden. Setzen wir die $p_i(x)$ als orthonormal voraus, so gilt wegen (11.6-1) und (11.6-2)

$$f(x) - P_n(x) = f(x) - \sum_{j=0}^{n} (p_j, f) p_j(x) = f(x) - \int_{\alpha}^{\beta} \sum_{j=0}^{n} p_j(\xi) f(\xi) p_j(x) d\xi.$$

11.6 Approximation mit Orthogonalpolynomen

Mit der Schreibweise

$$\sum_{j=0}^{n} p_j(\xi) p_j(x) = F_n(x,\xi), \qquad (11.6-4)$$

folgt weiter

$$f(x) - P_n(x) = f(x) - \int_{\alpha}^{\beta} F_n(x,\xi) f(\xi) d\xi.$$

Die Polynome $p_i(x)$ sind orthonormal und vom Grad i, insbesondere ist $p_0(x)$ eine Konstante, etwa $p_0(x) = c$. Wegen

$$(p_0, p_0) = \int_{\alpha}^{\beta} c^2 dx = c^2(\beta - \alpha) = 1$$

folgt $c = 1/\sqrt{\beta - \alpha}$. Man erhält dann

$$\int_{\alpha}^{\beta} F_n(x,\xi) d\xi = \sum_{j=0}^{n} p_j(x) \int_{\alpha}^{\beta} p_j(\xi) \frac{1}{\sqrt{\beta-\alpha}} \cdot \sqrt{\beta-\alpha}\, d\xi = \sum_{j=0}^{n} \sqrt{\beta-\alpha}\, p_j(x) \cdot (p_j, p_0)$$

$$= \sum_{j=0}^{n} \sqrt{\beta-\alpha}\, p_j(x) \delta_{0j} = \sqrt{\beta-\alpha} \cdot p_0(x) = 1,$$

so daß der Fehler schließlich die Gestalt

$$f(x) - P_n(x) = \int_{\alpha}^{\beta} F_n(x,\xi)(f(x) - f(\xi)) d\xi \qquad (11.6-5)$$

hat, die für die praktische Rechnung allerdings nicht besonders geeignet ist. Man kann aus ihr offensichtlich Abschätzungen erhalten, jedoch soll darauf im Moment nicht weiter eingegangen werden.

Bezüglich des Grenzwertes (11.6-3) gilt folgender

<u>Satz 11.6-1.</u> Die $p_i(x)$ seien orthonormal, $f \in C^0[\alpha,\beta]$ und $P_n(x)$ approximiere $f(x)$ im Sinne von (11.5-2) am besten. Dann gilt

1. $\lim_{n \to \infty} \|f - P_n\|_2^2 = \lim_{n \to \infty} \int_\alpha^\beta [f(x) - P_n(x)]^2 dx = 0,$ (11.6-6)

2. $(f,f) = \|f\|_2^2 = \int_\alpha^\beta [f(x)]^2 dx = \sum_{i=0}^\infty (a_i^*)^2.$ (11.6-6a)

Dabei sind die a_i^* wieder diejenigen Parameterwerte, für die $\|f - P_n\|_2$, $n \to \infty$, minimal wird.

Zum Beweis dieses Satzes vergleiche man etwa [21, S. 207 ff.]. Die Gleichung (11.6-6a) wird in der Literatur entweder als Besselsche- oder als Parsevalsche-Gleichung bezeichnet.

11.6.2 Das E. Schmidtsche Orthogonalisierungsverfahren

Der Satz 11.6-1 sagt zwar aus, daß man $f(x)$ durch ein Polynom $P_n(x)$ der beschriebenen Art beliebig genau approximieren kann, liefert jedoch keinen Hinweis dafür, daß es die Orthogonalpolynome $p_i(x)$ überhaupt gibt und wie sie gegebenenfalls konstruiert werden können.

Dieser Frage wollen wir uns jetzt zuwenden, und zwar sollen die $p_i(x)$ so gewählt werden, daß sie ein Orthogonalsystem bilden. Dies geschieht mit dem E. Schmidtschen Orthogonalisierungsverfahren. Dazu benötigen wir u.a. die Polynome

$$g_i(x) = x^i, \quad i = 0,\ldots,n,$$ (11.6-7)

die ein linear unabhängiges Funktionensystem bilden. Denn sonst müßte es Konstante c_i, $i = 0,\ldots,n$, geben, die nicht von x abhängen und nicht sämtlich verschwinden, so daß für jedes $x \in [\alpha,\beta]$

$$\sum_{i=0}^n c_i x^i = 0$$ (11.6-8)

gilt. Setzt man nacheinander die Zahlen

$$\frac{\beta - \alpha}{n + 1}, \quad 2\frac{\beta - \alpha}{n + 1}, \quad \ldots, \quad \beta - \alpha$$

ein, so erhält man ein lineares Gleichungssystem für die c_i mit einer nichtsingulären Matrix. Daher folgt notwendig $c_0 = \cdots = c_n = 0$, d.h. die Polynome (11.6-7) sind linear unabhängig.

11.6 Approximation mit Orthogonalpolynomen

Wir berechnen nun die $p_i(x)$, $i = 0,1,\ldots,n$, rekursiv nach der folgenden Vorschrift:

$$p_0(x) = \alpha_0 g_0(x),$$

$$p_i(x) = \alpha_i \left[g_i(x) - \sum_{j=0}^{i-1} (g_i,p_j) p_j(x) \right], \quad i = 1,\ldots,n, \qquad (11.6\text{-}9)$$

wobei die α_i später so gewählt werden sollen, daß

$$\|p_i\|_2^2 = \int_\alpha^\beta [p_i(x)]^2 dx = 1, \quad i = 0,1,\ldots,n, \qquad (11.6\text{-}10)$$

gilt.

Wir zeigen zunächst die Orthogonalität der $p_i(x)$. Wegen $p_i(x) \not\equiv 0$ kann durch passende Wahl der α_i dann in der Tat die Bedingung (11.6-10) erfüllt werden.

Angenommen, es gilt bereits

$$(p_r,p_s) = \begin{cases} 0, & r \neq s \\ \neq 0, & r = s \end{cases}, \quad r,s = 0,1,\ldots,i-1. \qquad (11.6\text{-}11)$$

Dann ist für alle $k = 0,1,\ldots,i-1$ nach (11.6-9)

$$(p_i,p_k) = \alpha_i \left[(g_i,p_k) - \sum_{j=0}^{i-1} (g_i,p_j)(p_j,p_k) \right]$$

$$= \alpha_i \left[(g_i,p_k) - \sum_{j=0}^{i-1} (g_i,p_j) \delta_{jk} \right] \qquad (11.6\text{-}12)$$

$$= \alpha_i [(g_i,p_k) - (g_i,p_k)] = 0,$$

ferner

$$(p_i,p_i) = \alpha_i^2 \left(g_i(x) - \sum_{j=0}^{i-1} (g_i,p_j) p_j(x), g_i(x) - \sum_{k=0}^{i-1} (g_i,p_k) p_k(x) \right). \qquad (11.6\text{-}13)$$

Die Zahl $(p_i,p_i) = \|p_i\|_2^2$ ist genau dann gleich Null, wenn $p_i(x) \equiv 0$, d.h. nach (11.6-9), wenn

$$g_i(x) \equiv x^i \equiv \sum_{j=0}^{i-1} (g_i,p_j) p_j(x), \quad i = 1,2,\ldots, \qquad (11.6\text{-}14)$$

gilt. Auf der linken Seite dieser Gleichung steht ein Polynom i-ten Grades, auf der rechten ein solches (i-1)-ten Grades, es ist also $p_i(x) \not\equiv 0$. Für i = 0 gilt nach (11.6-9)

$$(p_0,p_0) = \alpha_0^2 (g_0,g_0) = \alpha_0^2 \int_\alpha^\beta dx = \alpha_0^2 (\beta - \alpha). \tag{11.6-15}$$

Daher ist (11.6-11) auch richtig für r, s = 0,1,...,i, wegen (11.6-15) nach dem Prinzip der vollständigen Induktion also für alle r, s = 0,...,n. Die $p_j(x)$ bilden daher ein Orthogonalsystem.

Aus diesem kann wie folgt ein Orthonormalsystem gewonnen werden:

Die Forderung $(p_0,p_0) = 1$ liefert wegen (11.6-15) zunächst $\alpha_0^2 = 1/(\beta - \alpha)$ und damit $\alpha_0 = 1/\sqrt{\beta - \alpha}$, wenn wir die α_i positiv wählen. Somit ist

$$p_0(x) = \frac{1}{\sqrt{\beta - \alpha}} . \tag{11.6-16}$$

Weiter errechnet man aus (11.6-13) allgemein für $i \geq 1$

$$(p_i,p_i) = \alpha_i^2 \left\{ (g_i,g_i) - \sum_{j=0}^{i-1} (g_i,p_j)^2 \right\}$$

$$= \alpha_i^2 \left\{ \int_\alpha^\beta x^{2i} dx - \sum_{j=0}^{i-1} \left[\int_\alpha^\beta x^i p_j(x) dx \right]^2 \right\} . \tag{11.6-17}$$

Daraus ergibt sich mit (11.6-16) insbesondere für i = 1

$$(p_1,p_1) = \alpha_1^2 \left\{ \int_\alpha^\beta x^2 dx - \left[\int_\alpha^\beta \frac{x}{\sqrt{\beta - \alpha}} dx \right]^2 \right\} = \alpha_1^2 \frac{(\beta - \alpha)^3}{12} ,$$

und aus der Forderung $(p_1,p_1) = 1$ folgt

$$\alpha_1 = 2\sqrt{3} (\beta - \alpha)^{-3/2} .$$

Mit Hilfe von (11.6-9) errechnet man dann

$$p_1(x) = 2\sqrt{3} (\beta - \alpha)^{-3/2} \left(x - \frac{\beta + \alpha}{2} \right) . \tag{11.6-18}$$

Durch Fortsetzung dieses Verfahrens kann man beliebig viele orthonormale Polynome $p_i(x)$, i = 0,1,..., konstruieren.

11.6 Approximation mit Orthogonalpolynomen

11.6.3 Legendresche Polynome

Wir bezeichnen jetzt die über das Intervall $[\alpha,\beta]$ orthonormalen Polynome $p_i(x)$ mit

$$P_i(x;\alpha,\beta), \quad i = 0,1,\ldots \quad . \tag{11.6-19}$$

Insbesondere sind also $P_i(z;-1,1)$, $i = 0,1,\ldots$, die über $[-1,1]$ orthonormalen Polynome in der Variablen z. Man errechnet dann mit Hilfe von (11.6-9) die Relationen

$$P_i(x;\alpha,\beta) = \sqrt{\frac{2}{\beta-\alpha}} \; P_i\left(\frac{2x-(\alpha+\beta)}{\beta-\alpha}; -1, 1\right), \tag{11.6-20}$$

d.h. bei der Konstruktion orthonormaler Polynome kann man sich auf solche über das Intervall $[-1,1]$ beschränken. Man zeigt weiter, daß diese die Darstellung

$$P_i(z;-1,1) = \left(i + \frac{1}{2}\right)^{1/2} \frac{1}{i!2^i} \frac{d^i}{dz^i}[(z^2-1)^i] \tag{11.6-21}$$

besitzen. Die Polynome

$$L_i(x) = \frac{1}{i!2^i} \frac{d^i}{dx^i}[(x^2-1)^i] \tag{11.6-22}$$

heißen "Legendresche Polynome". Sie sind über $[-1,1]$ orthogonal, denn es gilt wegen der Orthonormalität der $P_i(x;-1,1)$ und

$$L_i(x) = \left(i + \frac{1}{2}\right)^{-1/2} P_i(x;-1,1) \tag{11.6-23}$$

offenbar

$$\int_{-1}^{1} L_i(x)L_j(x)dx = 0, \quad \int_{-1}^{1}[L_i(x)]^2 dx = \frac{2}{2i+1} \int_{-1}^{1}[P_i(x;-1,1)]^2 dx = \frac{2}{2i+1}.$$

Auf einige Eigenschaften der Legendreschen Polynome werden wir später bei der Beschreibung von Verfahren der numerischen Integration zurückkommen.

Beispiel 11.6-1. Die Funktion $f(x) = e^x$ soll über $[0,1]$ durch ein Polynom 2. Grades der Gestalt (11.6-1) approximiert werden (vgl. Beispiel 11.4-1). Die im Sinne von (11.5-2) beste Approximation lautet dann mit (11.6-2) und wegen $(p_k,p_k) = 1$

$$P_2(x) = (f,p_0)p_0(x) + (f,p_1)p_1(x) + (f,p_2)p_2(x),$$

wobei wir

$$p_i(x) \equiv P_i(x;0,1), \quad i = 0,1,2,$$

setzen.

Die Polynome $p_0(x)$ und $p_1(x)$ sind oben bereits explizit berechnet worden, nach (11.6-16) und (11.6-18) ist

$$p_0(x) = 1, \quad p_1(x) = 2\sqrt{3}\left(x - \frac{1}{2}\right) = 3.464102x - 1.732051.$$

Zur Berechnung von $p_2(x)$ verwenden wir (11.6-21): Es ist

$$P_2(z;-1,1) = \sqrt{\frac{5}{2}} \, \frac{1}{2^3} \, \frac{d^2}{dz^2}[(z^2-1)^2] = \sqrt{\frac{5}{2}} \, \frac{1}{2} \, (3z^2 - 1),$$

somit

$$P_2(2x-1;-1,1) = \sqrt{\frac{5}{2}} \, \frac{1}{2} \, [3(2x-1)^2 - 1] = \sqrt{\frac{5}{2}} \, (6x^2 - 6x + 1),$$

und weiter

$$p_2(x) \equiv P_2(x;0,1) = \sqrt{2} \, \sqrt{\frac{5}{2}} \, (6x^2 - 6x + 1) = \sqrt{5} \, (6x^2 - 6x + 1).$$

Die Koeffizienten in $P_2(x)$ sind

$$(f,p_0) = \int_0^1 e^x dx = e - 1 = 1.718282,$$

$$(f,p_1) = \int_0^1 e^x \left[2\sqrt{3}\left(x - \frac{1}{2}\right)\right] dx = \sqrt{3}\,(3-e) = 0.487950,$$

$$(f,p_2) = \int_0^1 e^x [\sqrt{5}\,(6x^2 - 6x + 1)] dx = \sqrt{5}\,(7e - 19) = 0.062549.$$

Daher ist

$$P_2(x) = 1.718282\, p_0(x) + 0.487950\, p_1(x) + 0.062549\, p_2(x)$$

$$= 1.718282 + 0.487950(3.464102x - 1.732051)$$

$$+ 0.062549(13.416408x^2 - 13.416408x + 2.236068).$$

Ordnet man dieses Polynom nach Potenzen von x, so erhält man natürlich (eventuell durch Rundungsfehler etwas verfälscht) wieder das Approximationspolynom des Beispiels 11.4-1, denn die beste Approximation im Sinne von (11.5-2) ist ja eindeutig bestimmt.

11.6 Approximation mit Orthogonalpolynomen

11.6.4 Orthogonalpolynome bezüglich einer Gewichtsfunktion

In 11.5 haben wir das skalare Produkt

$$(g_1, g_2) = \int_\alpha^\beta g_1(x) g_2(x) dx$$

eingeführt, jedoch ist dies nicht die einzige Möglichkeit, ein solches Produkt zu definieren. Sei etwa $w(x)$ eine über $[\alpha, \beta]$ integrierbare und nichtnegative Funktion mit der Eigenschaft

$$\int_\alpha^\beta w(x) dx > 0,$$

so ist

$$(g_1, g_2)_w = \int_\alpha^\beta g_1(x) g_2(x) w(x) dx$$

ebenfalls ein skalares Produkt mit den in 11.5 angegebenen Eigenschaften. Man nennt $w(x)$ dabei "Gewichts-" oder "Belegungs-Funktion". In Analogie zur Definition 11.5-1 nennt man die Funktionen φ_i, $i = 0, 1, \ldots, n$, bezüglich der Gewichtsfunktion $w(x)$ orthogonal, wenn

$$(\varphi_i, \varphi_j)_w = \begin{cases} 0, & i \neq j \\ \neq 0, & i = j \end{cases}, \quad (11.6\text{-}24)$$

bezüglich der Gewichtsfunktion $w(x)$ orthonormal, wenn

$$(\varphi_i, \varphi_j)_w = \delta_{ij} \quad (11.6\text{-}25)$$

gilt. In diesem Falle lauten die Koeffizienten des nach (11.6-1) konstruierten Approximationspolynoms

$$a_k^* = (f, p_k)_w, \quad k = 0, 1, \ldots, n. \quad (11.6\text{-}26)$$

Wichtige Orthogonalpolynome dieser Art sind u.a.

1. In $[-1, 1]$ die Tschebyscheff-Polynome 1. Art

$$T_i(x) = \frac{(-1)^i 2^i i!}{(2i)!} (1 - x^2)^{1/2} \frac{d^i}{dx^i} [(1 - x^2)^{i-1/2}] \quad (11.6\text{-}27)$$

mit der Gewichtsfunktion $w(x) = (1 - x^2)^{-1/2}$.

2. In $(-\infty, \infty)$ die Hermite-Polynome

$$H_i(x) = (-1)^i e^{\frac{x^2}{2}} \frac{d^i}{dx^i} \left(e^{-\frac{x^2}{2}} \right) \qquad (11.6-28)$$

mit der Gewichtsfunktion $e^{-\frac{x^2}{2}}$.

3. In $[0, \infty)$ die Laguerre-Polynome

$$L_i^{(\alpha)}(x) = \frac{1}{i!} e^x x^{-\alpha} \frac{d^i}{dx^i} (e^{-x} x^{\alpha+i}) \qquad (11.6-29)$$

mit der Gewichtsfunktion $w(x) = x^\alpha e^{-x}$, $\alpha > -1$.

Bezüglich anderer Orthogonalpolynome, die vor allem in der klassischen Mathematischen Physik von Bedeutung sind, aber auch bei den hier untersuchten Approximationsfragen Anwendung finden, vergleiche man etwa [33, S. 175 ff.].

11.7 Trigonometrische Approximation

Eine periodische Funktion mit der Periode 2π kann unter wenig einschränkenden Voraussetzungen in eine konvergente Fourier-Reihe entwickelt werden. Es ist daher zu erwarten, daß eine solche Funktion unter bestimmten Voraussetzungen durch eine endliche Fourier-Reihe, die wir als "trigonometrisches Polynom" bezeichnen wollen, hinreichend genau approximiert werden kann.

Als trigonometrisches Polynom oder "Fourier-Polynom" bezeichnet man den Ausdruck

$$S_n(x) = \frac{1}{2} a_0 + \sum_{k=1}^{n} (a_k \cos kx + b_k \sin kx), \qquad (11.7-1)$$

wobei a_0, a_k, b_k, $k = 1, \ldots, n$ die "Fourierkoeffizienten" genannt werden. Wegen $S_n(x) = S_n(x + 2\pi)$ ist das Fourier-Polynom periodisch mit der Periode 2π.

Wir wollen mit solchen Polynomen 2π-periodische Funktionen $f(x)$ approximieren. Ist allgemeiner $f(x)$ eine $2p$-periodische Funktion, so ist $g(t) = f(\frac{p}{\pi} t)$ 2π-periodisch. Bei der Approximation periodischer Funktionen kann man sich daher auf 2π-periodische beschränken.

11.7 Trigonometrische Approximation

Dann gilt zunächst der

Satz 11.7-1. Die Funktion f(x) sei periodisch mit der Periode 2π und über $[-\pi, \pi]$ quadratisch integrierbar. Ist dann $S_n(x)$ im Sinne von (11.5-2) Bestapproximation von f(x) auf $[-\pi, \pi]$, so gilt

$$a_0 = \frac{1}{\pi} \int_{-\pi}^{\pi} f(x)dx, \quad a_j = \frac{1}{\pi} \int_{-\pi}^{\pi} f(x)\cos jx\, dx, \quad b_j = \frac{1}{\pi} \int_{-\pi}^{\pi} f(x)\sin jx\, dx, \quad (11.7\text{-}2)$$

$$j = 1, \ldots, n.$$

Beweis. Es ist

$$Q(a_0, a_1, \ldots, a_n, b_1, \ldots, b_n) = \|f - S_n\|_2^2 = \int_{-\pi}^{\pi} (f(x) - S_n(x))^2 dx \quad (11.7\text{-}3)$$

$$= \int_{-\pi}^{\pi} [f(x)]^2 dx - 2\int_{-\pi}^{\pi} f(x)S_n(x)dx + \int_{-\pi}^{\pi} [S_n(x)]^2 dx.$$

Aus der Forderung Q = Min folgt notwendig

$$\frac{1}{2}\frac{\partial Q}{\partial a_j} = -\int_{-\pi}^{\pi} f(x)\frac{\partial S_n(x)}{\partial a_j} dx + \int_{-\pi}^{\pi} S_n(x)\frac{\partial S_n(x)}{\partial a_j} dx = 0, \quad j = 0, \ldots, n, \quad (11.7\text{-}4)$$

sowie ein entsprechender Ausdruck für $\partial Q/\partial b_j = 0, \ j = 1, \ldots, n$. Nun ist

$$\frac{\partial S_n(x)}{\partial a_0} = \frac{1}{2}, \quad \frac{\partial S_n(x)}{\partial a_j} = \cos jx, \quad \frac{\partial S_n(x)}{\partial b_j} = \sin jx, \quad j = 1, \ldots, n, \quad (11.7\text{-}5)$$

so daß nach (11.7-4) folgt

$$\frac{1}{2}\frac{\partial Q}{\partial a_0} = -\frac{1}{2}\int_{-\pi}^{\pi} f(x)dx + \frac{1}{4}a_0 \int_{-\pi}^{\pi} dx$$

$$+ \frac{1}{2}\sum_{k=1}^{n}\left(a_k \int_{-\pi}^{\pi} \cos kx\, dx + b_k \int_{-\pi}^{\pi} \sin kx\, dx\right) = 0,$$

$$\frac{1}{2}\frac{\partial Q}{\partial a_j} = -\int_{-\pi}^{\pi} f(x)\cos jx\, dx + \frac{1}{2}a_0 \int_{-\pi}^{\pi} \cos jx\, dx$$

$$+ \sum_{k=1}^{n}\left(a_k \int_{-\pi}^{\pi} \cos kx \cos jx\, dx + b_k \int_{-\pi}^{\pi} \sin kx \cos jx\, dx\right) = 0, j = 1, \ldots, n,$$

$$\frac{1}{2}\frac{\partial Q}{\partial b_j} = -\int_{-\pi}^{\pi} f(x)\sin jx\,dx + \frac{1}{2}a_0\int_{-\pi}^{\pi}\sin jx\,dx$$

$$+ \sum_{k=1}^{n}\left(a_k\int_{-\pi}^{\pi}\cos kx\sin jx\,dx + b_k\int_{-\pi}^{\pi}\sin kx\sin jx\,dx\right) = 0, \quad j=1,\ldots,n.$$

Weiter ist für ganze l, m

$$\int_{-\pi}^{\pi}\sin lx\cos mx\,dx = 0,$$

$$\int_{-\pi}^{\pi}\cos lx\cos mx\,dx = \begin{cases} 0, & l \neq m, \\ \pi, & l = m \neq 0, \end{cases}$$

$$\int_{-\pi}^{\pi}\sin lx\sin mx\,dx = \begin{cases} 0, & l \neq m, \\ \pi, & l = m \neq 0. \end{cases}$$

Daher erhält man aus obigen Gleichungen

$$\frac{1}{4}a_0 2\pi = \frac{1}{2}\int_{-\pi}^{\pi} f(x)\,dx,$$

$$\pi a_j = \int_{-\pi}^{\pi} f(x)\cos jx\,dx, \quad \pi b_j = \int_{-\pi}^{\pi} f(x)\sin jx\,dx, \quad j=1,\ldots,n,$$

d.h. die Behauptung (11.7-2).

Läßt sich $f(x)$ in eine konvergente Fourierreihe entwickeln, gilt also

$$f(x) = \frac{1}{2}a_0 + \sum_{k=1}^{\infty}(a_k\cos kx + b_k\sin kx), \tag{11.7-6}$$

so sind (11.7-2), wie aus der Analysis bekannt, für $k = 1,\ldots,$ gerade die Fourierkoeffizienten von $f(x)$. Wir können also auch sagen: Der Ausdruck $\|f - S_n\|_2^2$ erreicht sein Minimum, wenn für $a_0, a_1, \ldots, a_n; b_1, \ldots, b_n$ die Fourierkoeffizienten der Funktion $f(x)$ eingesetzt werden. Damit haben wir eine Minimaleigenschaft der Fourierkoeffizienten nachgewiesen.

Im allgemeinen wird man die $a_0, a_k, b_k, k = 1,\ldots,n$, nach (11.7-2) nicht exakt berechnen können, sondern ein geeignetes numerisches Integrationsverfahren verwenden müssen. Auf diese Fragen gehen wir in Kapitel 13 ein.

11.8 Approximation empirischer Funktionen

11.8.1 Die Methode der kleinsten Fehlerquadratsumme

Zu den paarweise verschiedenen Abszissen $x_0, x_1, \ldots, x_N$ seien die Werte $f_0, f_1, \ldots, f_N$ gegeben. Eine solche Situation hat man z.B. bei Messungen, wo die f_i die zu x_i gehörigen Meßwerte sind. Wir sprechen dann, wie schon bei der Interpolation, von einer durch den Datensatz $(x_0, f_0), \ldots, (x_N, f_N)$ gegebenen empirischen Funktion $f(x)$. Diese ist natürlich durch den Datensatz nicht eindeutig bestimmt, wir nehmen jedoch an, daß es eine solche eindeutig bestimmte Funktion gibt, der bei genauer Messung die Daten genügen. Mit Hilfe der gegebenen Daten soll die empirische Funktion durch eine vorgegebene, noch $n+1$ freie Parameter enthaltende Funktion $\Phi_n(x; a_0, \ldots, a_n)$ möglichst gut approximiert werden.

Dazu fordern wir

$$Q(a_0, \ldots, a_n) = \sum_{i=0}^{N} (\Phi_n(x_i; a_0, \ldots, a_n) - f_i)^2 = \text{Min}, \qquad (11.8\text{-}1)$$

d.h. das diskrete mittlere Fehlerquadrat soll minimal werden. Deshalb nennt man das Verfahren auch "Methode der kleinsten Fehlerquadratsumme". Sei Φ_n nach allen Parametern stetig differenzierbar, so genügen diejenigen Parameterwerte a_j, für die das Minimum angenommen wird, den Bedingungen

$$\frac{1}{2}\frac{\partial Q}{\partial a_k} = \sum_{i=0}^{N} (\Phi_n(x_i; a_0, \ldots, a_n) - f_i)\left(\frac{\partial \Phi_n}{\partial a_k}\right)(x_i; a_0, \ldots, a_n) = 0, \qquad (11.8\text{-}2)$$

$$k = 0, 1, \ldots, n.$$

Dies ist ein (im allgemeinen nichtlineares) Gleichungssystem zur Bestimmung der a_j. Wählt man wieder den Ansatz (11.5-1), d.h.

$$\Phi_n(x; a_0, \ldots, a_n) = \sum_{j=0}^{n} a_j \varphi_j(x)$$

mit vorgegebenen Funktionen φ_j, so ist das System (11.8-2) linear und lautet

$$\frac{1}{2}\frac{\partial Q}{\partial a_k} = \sum_{i=0}^{N} \left(\sum_{j=0}^{n} a_j \varphi_j(x_i) - f_i\right) \varphi_k(x_i) = 0, \quad k = 0, 1, \ldots, n. \qquad (11.8\text{-}3)$$

Mit

$$\sum_{i=0}^{N} \varphi_k(x_i)\varphi_j(x_i) = [\varphi_k \varphi_j], \quad \sum_{i=0}^{N} f_i \varphi_k(x_i) = [f\varphi_k], \quad j,k = 0,1,\ldots,n, \quad (11.8\text{-}4)$$

lautet es

$$\sum_{j=0}^{n} [\varphi_k \varphi_j] a_j = [f\varphi_k], \quad k = 0,1,\ldots,n. \quad (11.8\text{-}5)$$

Setzt man schließlich

$$A = [A_{kj}] = [A_{jk}] = [[\varphi_k \varphi_j]], \, a = [a_0,\ldots,a_n]^T, \, c = \left[[f\varphi_0],\ldots,[f\varphi_n]\right]^T,$$

so hat das Gleichungssystem die Gestalt

$$Aa = c. \quad (11.8\text{-}6)$$

Offenbar ist die Matrix A symmetrisch. Ist sie auch noch positiv definit, so kann (11.8-6) eindeutig nach a aufgelöst und damit Φ_n eindeutig bestimmt werden.

Es gilt aber der

Satz 11.8-1. Die Funktionen $\varphi_0(x),\ldots,\varphi_n(x)$ seien in den x_i, $i = 0,\ldots,N$, punktweise linear unabhängig. Dann ist A positiv definit und somit nichtsingulär.

Beweis. Mit den reellen Zahlen p_k gilt

$$\begin{aligned}
\sum_{i,j=0}^{n} A_{ij} p_i p_j &= \sum_{i,j=0}^{n} \left(\sum_{k=0}^{N} \varphi_i(x_k)\varphi_j(x_k) \right) p_i p_j \\
&= \sum_{k=0}^{N} \left(\sum_{i,j=0}^{n} (\varphi_i(x_k)p_i)(\varphi_j(x_k)p_j) \right) \quad (11.8\text{-}7) \\
&= \sum_{k=0}^{N} \left(\sum_{i=0}^{n} \varphi_i(x_k)p_i \right)^2 \geq 0.
\end{aligned}$$

Dabei gilt in der letzten Gleichung das Gleichheitszeichen genau dann, wenn

$$\sum_{i=0}^{n} p_i \varphi_i(x_k) = 0, \quad k = 0,1,\ldots,n, \quad (11.8\text{-}8)$$

11.8 Approximation empirischer Funktionen

ist. Wir zeigen, daß hieraus notwendig $p_0 = p_1 = \ldots = p_n = 0$ folgt, womit dann die positive Definitheit von A nachgewiesen ist.

Angenommen, das lineare Gleichungssystem (11.8-8) in den p_k besäße eine nichttriviale Lösung. Dann müßte

$$\det[\varphi_i(x_k)] = 0$$

sein, es ließe sich also mindestens eine Zeile der Matrix $[\varphi_i(x_k)]$, etwa die r-te, als Linearkombination der anderen darstellen:

$$\varphi_r(x_k) = \alpha_0 \varphi_0(x_k) + \ldots + \alpha_{r-1}\varphi_{r-1}(x_k) + \alpha_{r+1}\varphi_{r+1}(x_k) + \ldots + \alpha_n \varphi_n(x_k).$$

Dies ist ein Widerspruch zur punktweisen linearen Unabhängigkeit der φ_k. Daher gilt

$$\sum_{i,j=0}^{n} A_{ij} p_i p_j > 0 \text{ für } p_0, \ldots, p_n \neq 0, \ldots, 0,$$

d.h. A ist positiv definit.

11.8.2 Approximation durch Polynome

Wenn über die empirische Funktion $f(x)$ nichts weiter bekannt ist, wird man zur Approximation in der Regel ein Polynom n-ten Grades verwenden. Es ist dann

$$\varphi_i(x) = x^i, \quad i = 0, 1, \ldots, n, \tag{11.8-9}$$

und das lineare Gleichungssystem (11.9-5) lautet

$$\sum_{j=0}^{n} [x^k x^j] a_j = [fx^k], \quad k = 0, 1, \ldots, n. \tag{11.8-10}$$

Beispiel 11.8-1. Es sei der Datensatz

$$(x_0, f_0) = (0, 1.000000), \quad (x_1, f_1) = 0.500000, 1.648721)$$
$$(x_2, f_2) = (0.750000, 2.117000), \quad (x_3, f_3) = (1.000000, 2.718282)$$

gegeben. Die empirische Funktion f soll durch ein Polynom von höchstens 2-tem Grad approximiert werden.

Man errechnet

$$[x^0x^0] = 4.000000, \quad [x^1x^0] = 2.250000, \quad [x^2x^0] = 1.812500$$
$$[x^3x^0] = 1.546875, \quad [x^4x^0] = 1.378906$$
$$[fx^0] = 7.484003, \quad [fx^1] = 5.130393, \quad [fx^2] = 4.321275.$$

Wegen $[x^{k+j}x^0] = [x^kx^j]$ lautet dann das lineare Gleichungssystem (11.8.10)

$$4.000000 a_0 + 2.250000 a_1 + 1.812500 a_2 = 7.484003$$
$$2.250000 a_0 + 1.812500 a_1 + 1.546875 a_2 = 5.130393$$
$$1.812500 a_0 + 1.546875 a_1 + 1.378906 a_2 = 4.321275 \,.$$

Es hat die Lösung

$$a_0 = 1.001011, \quad a_1 = 0.852346, \quad a_2 = 0.861893\,.$$

Nun stammen die anfangs gegebenen Daten von der Funktion $f(x) = e^x$, für die also das Approximationspolynom lautet

$$P_2(x) = 1.001011 + 0.852346 x + 0.861893 x^2.$$

Dieses Polynom unterscheidet sich nicht wesentlich von dem in Beispiel 11.4-1.

11.8.3 Approximation periodischer Funktionen

Ist die empirisch gegebene Funktion periodisch mit der Periode 2π (evtl. nach geeigneter Koordinatentransformation), so kann man sie durch ein trigonometrisches Polynom der Gestalt

$$s_n(x) = \frac{a_0}{2} + \sum_{k=1}^{n} (a_k \cos kx + b_k \sin kx) \qquad (11.8\text{-}11)$$

approximieren. Dabei verwendet man zweckmäßig die Stützstellen

$$x_i = i\,\frac{2\pi}{2M} = i\,\frac{\pi}{M}\,, \quad i = 0,1,\ldots,2M. \qquad (11.8\text{-}12)$$

An diesen Stellen sind die Funktionswerte $f(x_i) = f_i$ vorgegeben, wobei wegen $f(2\pi) = f(0) = f_{2M}$ nur 2M Vorgaben erforderlich sind. Die Koeffizienten errechnen sich wieder aus einem linearen Gleichungssystem, man erhält für $n \leq M$ die einfachen Darstellungen

$$a_0 = \frac{1}{M}\sum_{i=1}^{2M} f_i\,,\quad a_k = \frac{1}{M}\sum_{i=1}^{2M} f_i \cos\!\left(ki\,\frac{\pi}{M}\right),\quad b_k = \frac{1}{M}\sum_{i=1}^{2M} f_i \sin\!\left(ki\,\frac{\pi}{M}\right), \qquad (11.8\text{-}13)$$
$$k = 1,\ldots,n.$$

Dabei ändern sich diese Koeffizienten nicht, wenn n erhöht wird, d.h. man kann bei notwendig werdender höherer Approximationsordnung die bereits berechneten Koeffizienten weiter verwenden. Dies ergibt sich aus gewissen Orthogonalitätseigenschaften in Analogie zu denen in 11.6. Für n = M erhält man das eindeutig bestimmte trigonometrische Interpolationspolynom. Man errechnet hierbei die Koeffizienten a_0 und a_k, b_k, k = 1,...,M - 1, nach (11.8-12) und

$$a_M = \frac{1}{M} \sum_{i=1}^{2M} f_i \cos\left(Mi \frac{\pi}{M}\right) = \frac{1}{M} \sum_{i=1}^{2M} (-1)^i f_i ,$$

$$b_M = \frac{1}{M} \sum_{i=1}^{2M} f_i \sin\left(Mi \frac{\pi}{M}\right) = 0 .$$

(11.8-14)

Aufgaben

A 11-1. Man berechne das Newtonsche Interpolationspolynom aus folgenden Daten der Funktion f(x) = sin x:

x_i	0	$\pi/16$	$\pi/6$	$3\pi/8$	$\pi/2$
$f(x_i)$	0.000000	0.195090	0.500000	0.923880	1.000000

Mit Hilfe von (11.1-12) errechne man Fehlerschranken an den Stellen $x = \pi/10$, $\pi/5$.

A 11-2. Mit den Daten

y_j \ x_i	0	1/4	1/2
0	0	0	0
$\pi/10$	0.309017	0.240663	0.187428

der Funktion $f(x,y) = e^{-x} \sin y$ berechne man das zugehörige zweidimensionale Interpolationspolynom und gebe eine Fehlerabschätzung für die Stelle $(3/8, \pi/20)$ an.

A 11-3. Zu folgenden Daten der Funktion f(x) = sin x bestimme man das Hermitesche Interpolationspolynom:

x_i	0	$\pi/4$	$\pi/2$
$f(x_i)$	0.000000	0.707107	1.000000
$f'(x_i)$	1.000000	0.707107	0.000000

Man gebe eine obere Schranke für den Fehler im Intervall $0 < x < \frac{\pi}{2}$ an.

<u>A 11-4.</u> Man approximiere die Funktion $f(x) = \sin x$ im Intervall $[0, \pi/2]$ durch Polynome 2. und 3. Grades und vergleiche beide Näherungen miteinander.

<u>A 11-5.</u> Man berechne in $[0, \pi/2]$ Approximationen $P_2(x)$ und $P_3(x)$ der Funktion $f(x) = \sin x$ mit Orthogonalpolynomen gemäß (11.6-1) und vergleiche die Näherungen jeweils mit denen aus A 11-4.

<u>A 11-6.</u> Man bestimme zur Funktion

$$f(x) = \begin{cases} x, & 0 \leqslant x < \pi \\ -x, & -\pi < x \leqslant 0 \\ 0, & x = \pm \pi \end{cases}$$

und $f(x) = f(x + 2\pi)$, $x \in (-\infty, \infty)$, die Fourier-Polynome $S_2(x)$, $S_4(x)$, $S_6(x)$ und untersuche deren Verhalten in der Umgebung von $x = \pm \pi$.

<u>A 11-7.</u> Es sei die Meßreihe

x_i	-3	-2	-1	0	1	2	3
f_i	0.050	0.135	0.368	1.000	2.718	7.389	20.086

vorgelegt. Man approximiere die hierdurch gegebene empirische Funktion durch ein Polynom 4. Grades.

12 Spline-Interpolation

Mit den in 11.1 bis 11.3 beschriebenen Interpolations-Methoden wurde die Funktion $y = f(x)$ über ein Intervall $[a,b]$ approximiert, das unter Umständen recht groß ist. Zur Erzielung hinreichender Genauigkeit muß der Grad des Interpolationspolynoms dann oft entsprechend hoch gewählt werden. Dies führt aber, wie bereits früher erwähnt, in der Regel zu einer starken "Welligkeit" dieses Polynoms zwischen den Stützstellen, so daß die Approximationseigenschaften dort ausgesprochen schlecht sein können.

Aus diesem Grunde kann man versuchen, die Funktion $f(x)$ nicht über $[a,b]$ durch ein einziges Polynom, sondern über Teilintervallen stückweise durch Polynome zu approximieren. Wenn die Teilintervalle hinreichend klein sind, wird man dabei auch den Grad dieser Polynome niedrig wählen können. Außerdem wird man darauf achten, daß die Polynome an den Enden der Teilintervalle zumindest stetig ineinander übergehen und daß die Welligkeit der gesamten Approximation möglichst gering ist. Diese Gedanken führen zur Spline-Interpolation.

12.1 Interpolation durch stückweise lineare Funktionen

12.1.1 Die Konstruktion des Polygonzuges

Wir unterteilen das Intervall $I = [a,b]$ in n Teilintervalle mit Stützstellen $a = x_0$, $x_1, \ldots, x_n = b$ und nennen

$$\Delta = \{a = x_0 < x_1 < \cdots < x_n = b\} \tag{12.1-1}$$

eine Unterteilung von I. In den Stützstellen x_i, $i = 0, 1, \ldots, n$, seien die Werte $f_i = f(x_i)$ einer gegebenen Funktion $f(x)$, die auch eine durch Meßwerte gegebene empirische Funktion sein kann, vorgegeben. Auf I soll $f(x)$ durch stückweise Polynome im Sinne der Interpolation approximiert werden.

Besonders einfach, aber in der Regel recht grob, kann man die Funktion durch stückweise lineare Funktionen, also durch stückweise Geraden, approximieren. Dabei ersetzt man $f(x)$ in $[x_i, x_{i+1}]$, $i = 0, 1, \ldots, n-1$, durch die Gerade

$$y = \frac{f_{i+1} - f_i}{x_{i+1} - x_i} (x - x_i) + f_i, \qquad (12.1\text{-}2)$$

die also in den Punkten x_i, x_{i+1} die Werte f_i, f_{i+1} annimmt. Dann wird $f(x)$ über $[a,b]$ durch einen Polygonzug $S_\Delta(x)$ approximiert, und zwar gilt für $i = 0, 1, \ldots, n-1$

$$S_\Delta(x) = \frac{f_{i+1} - f_i}{x_{i+1} - x_i} (x - x_i) + f_i, \qquad x \in [x_i, x_{i+1}]. \qquad (12.1\text{-}3)$$

Wegen $S_\Delta(x_k) = f_k$, $k = 0, 1, \ldots, n$, ist S_Δ ein stetiges Interpolationspolynom, das an den Stellen x_i im allgemeinen nicht mehr differenzierbar ist (Bild 12-1).

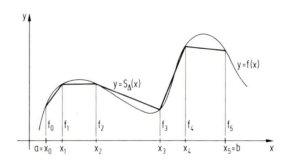

Bild 12-1. Verlauf von $S_\Delta(x)$

Der Polygonzug $S_\Delta(x)$ erfüllt trivialerweise die Forderung minimaler Welligkeit.

Wir setzen jetzt

$$h_{i+1} = x_{i+1} - x_i, \quad h = \underset{i}{\text{Max}}(x_{i+1} - x_i), \quad i = 0, 1, \ldots, n-1. \qquad (12.1\text{-}4)$$

Satz 12.1-1. Es sei $f \in C^2([a,b])$. Dann gibt es eine Konstante $L \geq 0$, so daß für jedes $x \in [a,b]$

$$|S_\Delta(x) - f(x)| \leq Lh^2, \quad |S_\Delta'(x) - f'(x)| \leq 2Lh, \quad x \neq x_i, \qquad (12.1\text{-}5)$$

gilt.

Beweis. Für $x \in [x_i, x_{i+1}]$ ist mit $0 \leq \vartheta \leq 1$ nach dem Taylorschen Satz

12.1 Interpolation durch stückweise lineare Funktionen

$$S_\Delta(x) - f(x) = f(x_i) + \frac{f(x_{i+1}) - f(x_i)}{h_{i+1}} (x - x_i) \qquad (12.1\text{-}6)$$

$$- f(x_i) - f'(x_i)(x - x_i) - \frac{1}{2} f''(x_i + \vartheta(x - x_i))(x - x_i)^2.$$

Mit $0 \leq \vartheta_i \leq 1$ und wegen $f \in C^2([a,b])$ gilt weiter

$$\frac{f(x_{i+1}) - f(x_i)}{h_{i+1}} = f'(x_i) + \frac{1}{2} f''(x_i + \vartheta_i h_{i+1}) h_{i+1}.$$

Aus (12.1-6) erhält man hiermit für $x \in [x_i, x_{i+1}]$

$$S_\Delta(x) - f(x) = \frac{1}{2} \left\{ f''(x_i + \vartheta_i h_{i+1})(x - x_i) h_{i+1} - f''(x_i + \vartheta(x - x_i))(x - x_i)^2 \right\}.$$

$$(12.1\text{-}7)$$

Da f'' im abgeschlossenen Intervall $[a,b]$ stetig und damit beschränkt ist, gibt es eine Konstante L, so daß

$$\underset{x \in [a,b]}{\text{Max}} |f''(x)| \leq L. \qquad (12.1\text{-}8)$$

Daher ist nach (12.1-7)

$$|S_\Delta(x) - f(x)| \leq Lh^2.$$

Da die rechte Seite dieser Ungleichung nicht mehr von x und i abhängt, gilt sie für alle $x \in [a,b]$, womit die erste Aussage des Satzes bewiesen ist.

Weiter ist für $x \in (x_i, x_{i+1})$

$$S'_\Delta(x) - f'(x) = \frac{f(x_{i+1}) - f(x_i)}{h_{i+1}} - f'(x)$$

$$= f'(x_i + \eta_i h_{i+1}) - f'(x)$$

$$= f'(x + x_i - x + \eta_i h_{i+1}) - f'(x)$$

$$= f''(x + \rho_i(x_i - x + \eta_i h_{i+1}))(x_i - x + \eta_i h_{i+1}),$$

$$0 \leq \rho_i, \eta_i \leq 1.$$

Wegen $|x_i - x| \leq h$, $h_{i+1} \leq h$ und (12.1-8) folgt hieraus die Abschätzung

$$|S'_\Delta(x) - f'(x)| \leq 2Lh.$$

Auch hier hängt die rechte Seite nicht mehr von x und i ab, die Ungleichung gilt für alle $x \in [a,b]$ mit Ausnahme der Stützstellen. Damit ist der Satz bewiesen.

<u>Beispiel 12.1-1.</u> Die Funktion $y = \sin x$ soll in $[0, \pi/2]$ durch stückweise lineare Funktionen approximiert werden, und zwar bei Unterteilung des Intervalls in 4 gleiche Teile. Es ist dann

i	x_i	f_i	$f_i - f_{i-1}$	$f_i - 2f_{i-1} + f_{i-2}$
0	0	0.000000		
1	$\pi/8$	0.382683	0.382683	
2	$\pi/4$	0.707107	0.324424	-0.058259
3	$3\pi/8$	0.923880	0.216773	-0.107651
4	$\pi/2$	1.000000	0.076120	-0.140653

Wegen $h = x_{i+1} - x_i = \pi/8$ lautet die Approximierende im Teilintervall $[x_i, x_{i+1}]$, $i = 0,1,2,3$

$$S_\Delta(x) = f_i + \frac{f_{i+1} - f_i}{\pi/8}(x - x_i), \quad x_i = i\pi/8, \quad i = 0,1,2,3.$$

Das ergibt

$$S_\Delta(x) = \begin{cases} 0.974494x, & 0 \leq x \leq \pi/8 \\ 0.826139x + 0.058259, & \pi/8 \leq x \leq \pi/4 \\ 0.552008x + 0.273561, & \pi/4 \leq x \leq 3\pi/8 \\ 0.193838x + 0.695520, & 3\pi/8 \leq x \leq \pi/2 \end{cases}.$$

12.1.2 Darstellung mit Hilfe von Basisfunktionen

Wir betrachten den Fall gleichabständiger Stützstellen

$$x_{i+1} - x_i = h, \quad i = 0,1,\ldots,n-1,$$

und wollen die Funktionen $S_\Delta(x)$ für das genannte Intervall $[a,b]$ in geschlossener Form darstellen. Dazu definieren wir die "Basisfunktionen" (Bild 12-2)

$$\varphi_i(x) = \begin{cases} \frac{x-a}{h} - i + 1, & x_{i-1} \leq x \leq x_i \\ -\frac{x-a}{h} + i + 1, & x_i \leq x \leq x_{i+1} \\ 0, & \text{sonst} \end{cases} \quad (12.1\text{-}9)$$

$$i = 1,2,\ldots,n-1,$$

12.2 Definition der kubischen Splines

ferner

$$\varphi_0(x) = -\frac{x-a}{h} + 1, \quad x_0 \leq x \leq x_1, \qquad (12.1\text{-}9a)$$

$$\varphi_n(x) = \frac{x-a}{h} - n + 1, \quad x_{n-1} \leq x \leq x_n. \qquad (12.1\text{-}9b)$$

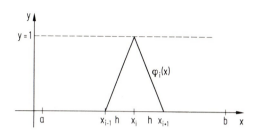

Bild 12-2. Die Basisfunktion $\varphi_i(x)$

Es gilt

$$\varphi_i(x_j) = \delta_{ij}, \quad i,j = 0,1,\ldots,n. \qquad (12.1\text{-}10)$$

Die Funktion $S_\Delta(x)$ hat dann in $[a,b]$ die Gestalt

$$S_\Delta(x) = \sum_{i=0}^{n} f_i \varphi_i(x) \qquad (12.1\text{-}11)$$

mit

$$S_\Delta(x_j) = \sum_{i=0}^{n} f_i \varphi_i(x_j) = \sum_{i=0}^{n} f_i \delta_{ij} = f_j, \quad j = 0,1,\ldots,n.$$

Für theoretische Untersuchungen ist die Gestalt (12.1-11) nützlich, für die praktische Rechnung hat sie weniger Bedeutung.

12.2 Definition der kubischen Splines

12.2.1 Eigenschaften der Spline-Funktion

Eine gegebene Funktion kann man im Prinzip durch stückweise Polynome beliebigen Grades approximieren. Es zeigt sich aber, daß hierbei aus mehreren Gründen Polynome ungerades Grades vorzuziehen sind. Besondere Vorteile bietet die Approximation durch stückweise Polynome dritten Grades, der wir uns jetzt zuwenden wollen. Sie wird bei praktischen Berechnungen häufig verwendet und stellt die eigentliche klassische Spline-Interpolation dar. Der Name stammt von der Bezeichnung eines alten Bootsbauer-Werkzeuges. Es diente dazu, den Verlauf der Außenplanken eines

Bootes bei vorgegebenen Spanten zu zeichnen bzw. zu berechnen: Dazu seien die Außenplanken jeweils homogene isotrope Stäbe mit rechteckigem Querschnitt. Der Verlauf der Planke wird dann durch den Verlauf ihrer Biegelinie (elastische Linie) bestimmt. Sie möge die Darstellung $y = S(x)$ haben. Diese Biegelinie kann dann angenähert durch eine dünne elastische Latte, den Spline, dargestellt werden. Er wird durch Lager, die nur Kräfte senkrecht zur Biegelinie aufnehmen können, in den Punkten (x_i, f_i), $i = 0, \ldots, n$, mit $x_0 = a$, $x_n = b$, festgehalten.

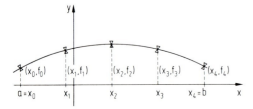

Bild 12-3. Der Spline

12.2.2 Die mathematische Definition des Splines

Die Lage des Splines ist dadurch bestimmt, daß in diesen Punkten Querkräfte, in keinem Punkt aber äußere Längskräfte oder äußere Biegemomente wirksam sind. Die Gleichung der Biegelinie, also des Splines, ist bekanntlich

$$\frac{S''(x)}{[1 + (S'(x))^2]^{3/2}} = \alpha M(x), \qquad (12.2\text{-}1)$$

wobei $M(x)$ das Biegemoment im Punkte x ist, das aus den Querkräften resultiert, und α eine passende Konstante bedeutet. Bei geringer Steigung ist $(S'(x))^2 \ll 1$, und man erhält mit $(S'(x))^2 \approx 0$ die in der Mechanik oft verwendete linearisierte Gleichung

$$S''(x) = \alpha M(x). \qquad (12.2\text{-}2)$$

Da $M(x)$ zwischen zwei Stützstellen, also für $x_i < x < x_{i+1}$, $i = 0, 1, \ldots, n-1$, eine lineare Funktion von x ist, gilt

$$S^{(4)}(x) \equiv 0, \quad x \neq x_i, \quad i = 0, \ldots, n. \qquad (12.2\text{-}3)$$

Daher ist $S(x)$ ein stückweise kubisches Polynom. Da der Spline nicht knicken soll, ist $S \in C^2([a,b])$, nach der beschriebenen Konstruktion gilt außerdem $S(x_i) = f_i$, $i = 0, 1, \ldots, n$. Ferner wird der Spline nach links über a und nach rechts über b als gerades Stück hinausragen, da dort keine äußeren Kräfte mehr angreifen. Dies bedeutet

$$S''(a) = S''(b) = 0. \qquad (12.2\text{-}4)$$

12.2 Definition der kubischen Splines

Um den ursprünglich geraden Spline in die Endlage zu verbiegen, ist eine Biegeenergie

$$\gamma \int_a^b (S''(x))^2 dx \qquad (12.2\text{-}5)$$

mit einer bestimmten Konstanten γ aufzuwenden. Die Endlage des Splines kann aber dadurch gefunden werden, daß man das Variationsproblem

$$I[\Phi] = \int_a^b (\Phi''(x))^2 dx = \text{Min} \qquad (12.2\text{-}6)$$

unter den Nebenbedingungen

$$\Phi \in C^2([a,b]), \quad \Phi''(a) = \Phi''(b) = 0, \quad \Phi(x_i) = f_i, \quad i = 0,1,\ldots,n, \qquad (12.2\text{-}7)$$

löst. Die eindeutige Lösung ist dann gerade $\Phi(x) = S(x)$, wie wir weiter unten noch sehen werden, d.h. unter allen möglichen Funktionen, welche den angegebenen Nebenbedingungen genügen, wird $I[\Phi]$ minimal für $\Phi = S$. Schließlich ist $I[\Phi]$ bei kleinem $(\Phi')^2$ ein Maß für die Gesamtkrümmung und damit für die Welligkeit der Funktion $\Phi(x)$ über das Intervall $[a,b]$. Dieses Maß ist daher minimal für $\Phi = S$.

Funktionen mit den Eigenschaften eines Splines heißen Spline-Funktionen.

Definition 12.2-1. Durch

$$\Delta = \{a = x_0 < x_1 < \cdots < x_n = b\} \qquad (12.2\text{-}8)$$

(vgl. (12.1-1)) sei eine Unterteilung von $I = [a,b]$ definiert. Die Funktion $S_\Delta(x)$ heißt dann eine zu Δ gehörige Spline-Funktion, wenn sie folgende Eigenschaften besitzt:

1. $S_\Delta \in C^2[a,b]$.
2. Auf $[x_i, x_{i+1}]$, $i = 0,1,\ldots,n-1$, stimmt S_Δ mit einem Polynom 3. Grades überein.

Nach dieser Definition sind die Werte von S_Δ an der Stellen x_i noch nicht festgelegt. Es wird jedoch gefordert, daß die Spline-Funktion an diesen Stellen zweimal stetig differenzierbar ist.

12.3 Der kubische Interpolationsspline

12.3.1 Berechnung des Splines

In den Stützstellen x_i, $i = 0, 1, \ldots, n$, von Δ seien die Werte $f_i = f(x_i)$ einer gegebenen Funktion $f(x)$, die auch eine durch Messungen gegebene empirische Funktion sein kann, gegeben. Diese Funktion soll auf $[a,b]$ durch eine interpolierende Spline-Funktion approximiert werden. Dazu fordern wir, daß diese in den Punkten von Δ mit den Werten f_i übereinstimmt. Eine solche Spline-Funktion nennen wir Interpolationsspline $S_\Delta(f;x)$.

Definition 12.3-1. Eine kubische Spline-Funktion $S_\Delta(f;x)$ heißt kubischer Interpolationsspline der Funktion $f(x)$ bezüglich Δ, wenn

$$S_\Delta(f;x_i) = f_i, \quad i = 0, 1, \ldots, n. \tag{12.3-1}$$

Einen solchen Interpolationsspline wollen wir jetzt berechnen und setzen dazu wieder

$$h_{i+1} = x_{i+1} - x_i, \quad i = 0, 1, \ldots, n-1.$$

Für $x \in [x_i, x_{i+1}]$ ist $S_\Delta(f;x)$ ein kubisches Polynom, $S_\Delta''(f;x)$ also eine lineare Funktion, die wir in der Gestalt

$$S_\Delta''(f;x) = a_i \frac{x_{i+1} - x}{h_{i+1}} + a_{i+1} \frac{x - x_i}{h_{i+1}} \tag{12.3-2}$$

annehmen können. Hieraus folgt unmittelbar

$$a_i = S''(f;x_i), \quad a_{i+1} = S''(f;x_{i+1}),$$

also generell

$$a_i = S''(f;x_i), \quad i = 0, 1, \ldots, n. \tag{12.3-3}$$

Durch Integration von (12.3-2) und passende Wahl der Integrationskonstanten folgt

$$S_\Delta'(f;x) = -a_i \frac{(x_{i+1} - x)^2}{2h_{i+1}} + a_{i+1} \frac{(x - x_i)^2}{2h_{i+1}} + b_i, \tag{12.3-4}$$

$$S_\Delta(f;x) = a_i \frac{(x_{i+1} - x)^3}{6h_{i+1}} + a_{i+1} \frac{(x - x_i)^3}{6h_{i+1}} + b_i(x - x_i) + c_i. \tag{12.3-5}$$

Wegen $S_\Delta(f;x_j) = f_j$, $j = 0, 1, \ldots, n$, ergibt sich hieraus weiter

12.3 Der kubische Interpolationsspline

$$S_\Delta(f;x_i) = a_i \frac{h_{i+1}^2}{6} + c_i = f_i,$$

$$S_\Delta(f;x_{i+1}) = a_{i+1} \frac{h_{i+1}^2}{6} + b_i h_{i+1} + c_i = f_{i+1},$$

und somit für $i = 0, 1, \ldots, n - 1$

$$c_i = f_i - a_i \frac{h_{i+1}^2}{6}, \quad b_i = \frac{f_{i+1} - f_i}{h_{i+1}} - \frac{h_{i+1}}{6}(a_{i+1} - a_i). \tag{12.3-6}$$

Zur Berechnung der a_i, $i = 0, 1, \ldots, n$, nutzen wir zunächst die Stetigkeit von $S'_\Delta(f;x)$ an den Stellen x_i, $i = 1, 2, \ldots, n - 1$, aus. Setzt man den Ausdruck für b_i nach (12.3-6) in (12.3-4) ein, so folgt für $x \in [x_i, x_{i+1}]$

$$S'_\Delta(f;x) = -a_i \frac{(x_{i+1}-x)^2}{2h_{i+1}} + a_{i+1} \frac{(x-x_i)^2}{2h_{i+1}} + \frac{f_{i+1}-f_i}{h_{i+1}} - \frac{h_{i+1}}{6}(a_{i+1}-a_i) \tag{12.3-7}$$

und entsprechend für $x \in [x_{i-1}, x_i]$

$$S'_\Delta(f;x) = -a_{i-1} \frac{(x_i-x)^2}{2h_i} + a_i \frac{(x-x_{i-1})^2}{2h_i} + \frac{f_i-f_{i-1}}{h_i} - \frac{h_i}{6}(a_i-a_{i-1}). \tag{12.3-8}$$

Aus (12.3-7) errechnet man

$$S'_\Delta(f;x_i) = -a_i \frac{h_{i+1}}{2} + \frac{f_{i+1}-f_i}{h_{i+1}} - \frac{h_{i+1}}{6}(a_{i+1} - a_i),$$

entsprechend aus (12.3-8)

$$S'_\Delta(f;x_i) = a_i \frac{h_i}{2} + \frac{f_i - f_{i-1}}{h_i} - \frac{h_i}{6}(a_i - a_{i-1}).$$

Da wegen der Stetigkeit von $S'_\Delta(f;x)$ im Punkt $x = x_i$ die rechten Seiten einander gleich sein müssen, folgt hieraus nach einfacher Rechnung

$$\frac{h_i}{6} a_{i-1} + \frac{h_i + h_{i+1}}{3} a_i + \frac{h_{i+1}}{6} a_{i+1}$$

$$= \frac{f_{i+1} - f_i}{h_{i+1}} - \frac{f_i - f_{i-1}}{h_i}, \quad i = 1, 2, \ldots, n - 1. \tag{12.3-9}$$

Das ist ein lineares Gleichungssystem von $n-1$ Gleichungen in den $n + 1$ Unbekannten $a_0, a_1, \ldots, a_n$. Zwei weitere Bedingungen erhält man, wenn die Forderung (12.2-4) realisiert wird. Sie besagt in unserem Fall

$$a_0 = S''_\Delta(f;a) = 0, \quad a_n = S''_\Delta(f;b) = 0.$$

Setzen wir für $i = 1, 2, \ldots, n-1$ noch

$$\frac{h_i}{h_i + h_{i+1}} = p_i, \quad \frac{h_{i+1}}{h_i + h_{i+1}} = 1 - p_i = q_i,$$

$$g_i = \frac{6}{h_i + h_{i+1}} \left(\frac{f_{i+1} - f_i}{h_{i+1}} - \frac{f_i - f_{i-1}}{h_i} \right), \qquad (12.3\text{-}10)$$

so kann das Gleichungssystem (12.3-9) in folgender Form geschrieben werden:

$$\begin{aligned}
2a_1 + q_1 a_2 &= g_1 \\
p_2 a_1 + 2a_2 + q_2 a_3 &= g_2 \\
&\vdots \\
p_{n-2} a_{n-3} + 2a_{n-2} + q_{n-2} a_{n-1} &= g_{n-2} \\
p_{n-1} a_{n-2} + 2a_{n-1} &= g_{n-1}
\end{aligned} \qquad (12.3\text{-}11)$$

Die Matrix des Systems ist die Tridiagonalmatrix

$$\begin{bmatrix} 2 & q_1 & & & 0 \\ p_2 & 2 & q_2 & & \\ & \ddots & \ddots & \ddots & \\ & & p_{n-2} & 2 & q_{n-2} \\ 0 & & & p_{n-1} & 2 \end{bmatrix} . \qquad (12.3\text{-}12)$$

Sie ist wegen $|p_i| + |q_i| = 1$ strikt diagonaldominant (vgl. Band 1, Abschnitt 1.3) und daher nichtsingulär. Es gilt somit der

<u>Satz 12.3-1.</u> Das lineare Gleichungssystem (12.3-11) ist für jede Unterteilung Δ eindeutig lösbar.

Ist Δ eine gleichabständige Unterteilung, gilt also $h_i = h$, $i = 1, 2, \ldots, n$, so folgt aus (12.3-10)

$$p_i = q_i = \frac{1}{2}, \quad g_i = \frac{3}{h^2} (f_{i+1} - 2f_i + f_{i-1}), \quad i = 1, 2, \ldots, n-1, \qquad (12.3\text{-}13)$$

12.3 Der kubische Interpolationsspline

die Matrix (12.3-12) ist zusätzlich symmetrisch und lautet

(12.3-14)

12.3.2 Der Algorithmus

Wir fassen den gesamten Algorithmus noch einmal zusammen:

1. Man berechnet p_i, q_i, g_i, $i = 1,\ldots,n-1$, nach (12.3-10).
2. Man bestimmt aus dem linearen Gleichungssystem (12.3-11) die $a_1,\ldots,a_{n-1}$ und setzt $a_0 = a_n = 0$.
3. Man berechnet b_i, c_i, $i = 0,1,\ldots,n-1$, nach (12.3-6) und erhält den Spline (12.3-5) jeweils für $x \in [x_i, x_{i+1}]$.

Man kann den Spline für $x \in [x_i, x_{i+1}]$ auch nach Potenzen von $x - x_i$ entwickeln:

$$S_\Delta(f;x) = \alpha_i + \beta_i(x - x_i) + \gamma_i(x - x_i)^2 + \delta_i(x - x_i)^3. \qquad (12.3\text{-}15)$$

Wegen

$$\alpha_i = S_\Delta(f;x_i), \qquad \beta_i = S'_\Delta(f;x_i),$$
$$\gamma_i = \frac{1}{2} S''_\Delta(f;x_i), \qquad \delta_i = \frac{1}{6} S'''_\Delta(f;x_i) \qquad (12.3\text{-}16)$$

errechnet man nach (12.3-1), (12.3-7), (12.3-3) und (12.3-2)

$$\alpha_i = f_i, \qquad \beta_i = \frac{f_{i+1} - f_i}{h_{i+1}} - \frac{2a_i + a_{i+1}}{6} h_{i+1}$$
$$\gamma_i = \frac{a_i}{2}, \qquad \delta_i = \frac{a_{i+1} - a_i}{6h_{i+1}}. \qquad (12.3\text{-}17)$$

<u>Beispiel 12.3-1.</u> Wir betrachten wieder wie in Beispiel 12.1-1 die Funktion $y = \sin x$ und wollen diese in $[0, \pi/2]$ durch den kubischen Interpolationsspline approximieren. Die Unterteilung erfolge wie dort in 4 gleiche Teile mit $h = \pi/8$. Unter Verwendung der Tabelle des Beispiels 12.1-1 errechnet man

1. $p_i = q_i = \frac{1}{2}$, $i = 1,2,3$

$$g_1 = \frac{192}{\pi^2}(f_2 - 2f_1 + f_0) = -1.133372$$

$$g_2 = \frac{192}{\pi^2}(f_3 - 2f_2 + f_1) = -2.094199$$

$$g_3 = \frac{192}{\pi^2}(f_4 - 2f_3 + f_2) = -2.736203$$

2. Das Gleichungssystem zur Bestimmung der a_1, a_2, a_3 lautet

$$2a_1 + \tfrac{1}{2}a_2 = -1.133372$$

$$\tfrac{1}{2}a_1 + 2a_2 + \tfrac{1}{2}a_3 = -2.094199$$

$$\tfrac{1}{2}a_2 + 2a_3 = -2.736203$$

Hieraus ergibt sich

$$a_1 = -0.405714, \quad a_2 = -0.643889, \quad a_3 = -1.207129$$

3. Nach (12.3-6) ist wegen $a_0 = a_4 = 0$

$$b_0 = \frac{8}{\pi}(f_1 - f_0) - \frac{\pi}{48}(a_1 - a_0) = 1.001049$$

$$b_1 = \frac{8}{\pi}(f_2 - f_1) - \frac{\pi}{48}(a_2 - a_1) = 0.841726$$

$$b_2 = \frac{8}{\pi}(f_3 - f_2) - \frac{\pi}{48}(a_3 - a_2) = 0.588871$$

$$b_3 = \frac{8}{\pi}(f_4 - f_3) - \frac{\pi}{48}(a_4 - a_3) = 0.114833$$

und weiter

$$c_0 = f_0 = 0, \quad c_1 = f_1 - \frac{\pi^2}{384}a_1 = 0.393111,$$

$$c_2 = f_2 - \frac{\pi^2}{384}a_2 = 0.723656, \quad c_3 = f_3 - \frac{\pi^2}{384}a_3 = 0.954905 \ .$$

Der Spline kann jetzt nach (12.3-5) ohne Schwierigkeiten für die einzelnen Intervalle $[x_i, x_{i+1}]$, $i = 0,1,2,3$, hingeschrieben werden, worauf wir hier jedoch verzichten wollen.

An die Stelle der Bedingungen (12.3-9) können andere treten, die ebenfalls die eindeutige Bestimmtheit des Splines sichern. Man vergleiche hierzu etwa [4, 36]. So verlangt man z.B. häufig

$$S'_\Delta(f;a) = f'(a), \quad S'_\Delta(f;b) = f'(b). \tag{12.3-18}$$

Schließlich hatten wir in 12.2 bemerkt, daß der Spline auch durch die Variationsaufgabe (12.2-6) unter den Nebenbedingungen (12.2-7) eindeutig bestimmt ist. Um dies einzusehen, betrachten wir eine Funktion $y = y(x)$, die in jedem Teilintervall (x_i, x_{i+1}) viermal differenzierbar ist, den Bedingungen (12.2-7) genügt und das Integral (12.2-6) minimiert. Es gilt dann $I[y] \leq I[\Phi]$ für alle Funktionen Φ mit den Differenzierbarkeitseigenschaften von y, die (12.2-7) genügen. Aus der Variationsrechnung ist bekannt, daß y notwendig in jedem Teilintervall (x_i, x_{i+1}), $i = 0, 1, \ldots, n-1$, der zu (12.2-6) gehörigen Eulerschen Differentialgleichung genügen muß. Diese lautet hier einfach

$$y^{(4)} = 0.$$

Da dies für alle $x \in (x_i, x_{i+1})$ gelten muß, ist $y(x)$ in jedem Teilintervall notwendig ein Polynom 3. Grades. Diese Forderung kann daher auch durch die Minimalforderung (12.2-6) ersetzt werden.

12.4 Fehlerbetrachtungen

Wir wollen jetzt den Fehler abschätzen, der bei der Approximation der Funktion $f(x)$ durch den zugehörigen kubischen Interpolationsspline entsteht. Dabei fragen wir insbesondere, ob auch noch Ableitungen der Funktion durch entsprechende Ableitungen des Splines approximiert werden und welcher Fehler dabei auftritt. Alle Fehler hängen natürlich von der Wahl der Unterteilung Δ des Intervalls $[a,b]$ ab. Verfeinert man dieses, verringert also die Abstände zwischen den Stützstellen, so darf man auch eine höhere Approximationsgenauigkeit des Splines erwarten. Bei fortlaufender Verfeinerung der Unterteilung, also bei fortlaufender Verringerung der Abstände der Stützstellen, wird man sogar vermuten, daß der Spline und einige seiner Ableitungen gegen $f(x)$ und ihre entsprechenden Ableitungen konvergieren. Man nennt ihn dann einen konvergenten Spline.

Wir betrachten eine Folge von Unterteilungen

$$\Delta^{(k)} = \left\{ a = x_0^{(k)} < x_1^{(k)} < \cdots < x_{n_k}^{(k)} = b \right\}, \quad k = 1, 2, \ldots. \tag{12.4-1}$$

Weiter setzen wir

$$\varepsilon_k = \underset{j}{\text{Max}} \left(x_{j+1}^{(k)} - x_j^{(k)} \right). \tag{12.4-2}$$

Dann gilt der

Satz 12.4-1. Es sei $f \in C^4([a,b])$ mit $|f^{(4)}(x)| \leq L$ und für die Folge von Unterteilungen (12.4-1) gelte mit der Konstanten N

$$\varepsilon_k \leq N \left(x_{j+1}^{(k)} - x_j^{(k)} \right), \quad j = 0, 1, \ldots, n_k - 1; \quad k = 1, 2, \ldots . \tag{12.4-3}$$

Dann gibt es von ε_k unabhängige Konstante $M_i \leq 2$, so daß für $x \in [a,b]$

$$\left| f^{(i)}(x) - S_{\Delta(k)}^{(i)}(f;x) \right| \leq M_i N L \, \varepsilon_k^{4-i}, \quad i = 0, 1, 2, 3, \tag{12.4-4}$$

gilt.

Auf den <u>Beweis</u> dieses Satzes, der einige Schwierigkeiten bereitet, wollen wir nicht eingehen. Man vergleiche hierzu etwa [4, 36].

Der Satz 12.4-1 beantwortet die oben gestellten Fragen und bestätigt die Vermutungen über die Konvergenz des Splines. Vorausgesetzt wird dabei allerdings, daß $f(x) \in C^4([a,b])$, weshalb die Aussage für empirisch gegebene Funktionen, über deren Verlauf keine weiteren Informationen vorliegen, nicht gelten muß. Da die Fehler

$$f^{(i)}(x) - S_{\Delta(k)}^{(i)}(f;x)$$

bei fortlaufender Verfeinerung der Unterteilung, d.h. für $k \to \infty$, wie ε_k^{4-i} gegen Null streben, so sagt man, die Approximation $S_{\Delta(k)}^{(i)}(f;x)$ konvergiere von der Ordnung $4 - i$ gegen $f^{(i)}(x)$. Obwohl die dritten Ableitungen des Splines in den Stützstellen x_j im allgemeinen nicht mehr stetig sind, gilt im gesamten Intervall $[a,b]$

$$\left| f'''(x) - S_{\Delta(k)}'''(f;x) \right| \leq M_3 N L \, \varepsilon_k. \tag{12.4-5}$$

Hierbei ist zu beachten, daß $S_{\Delta(k)}'''(f;x)$ in jedem Teilintervall $\left[x_j^{(k)}, x_{j+1}^{(k)} \right]$ gleich einer Konstanten $\delta_j^{(k)}$ ist. In den Punkten $x_j^{(k)}$ sind dann jeweils die links- und rechtsseitigen Grenzwerte, d.h. die konstanten Werte von $S_{\Delta(k)}'''(f;x)$ links und rechts von $x_j^{(k)}$, zu nehmen.

Gilt

$$x_{j+1}^{(k)} - x_j^{(k)} = \varepsilon_k, \quad j = 0, 1, \ldots, n_k - 1, \tag{12.4-6}$$

sind die Stützstellen jeder Unterteilung also jeweils äquidistant, so ist nach (12.4-3) $N = 1$. Wegen $M_i \leq 2$ gilt dann nach (12.4-4) die Abschätzung

$$\left| f^{(i)}(x) - S_{\Delta(k)}^{(i)}(f;x) \right| \leq 2L \, \varepsilon_k^{4-i}, \quad i = 0, 1, 2, 3. \tag{12.4-7}$$

12.5 FORTRAN-Programm

Sie hängt nur von der Größe ε_k und der Schranke L für die Funktion $|f^{(4)}(x)|$ in [a,b], nicht vom Spline selbst ab, ist also eine a-priori-Fehlerabschätzung.

Will man den Fehler der Spline-Interpolation bei einer festen vorgegebenen Unterteilung

$$\Delta = \{a = x_0 < x_1 < \cdots < x_n = b\}$$

mit

$$h = \max_j (x_{j+1} - x_j), \quad j = 0, 1, \ldots, n-1, \tag{12.4-8}$$

abschätzen, so erhält man aus (12.4-4) und (12.4-7)

$$\left|f^{(i)}(x) - S_\Delta^{(i)}(f;x)\right| \leq M_i N L h^{4-i} \tag{12.4-9}$$

und

$$\left|f^{(i)}(x) - S_\Delta^{(i)}(f;x)\right| \leq 2Lh^{4-i}. \tag{12.4-10}$$

<u>Beispiel 12.4-1.</u> Wie in Beispiel (12.3-1) betrachten wir wieder $f(x) = \sin x$ mit $h = \pi/8$. Es gilt $f^{(4)}(x) = \sin x$, also $|f^{(4)}(x)| \leq L = 1$. Nach (12.4-10) erhalten wir dann z.B. die a-priori-Fehlerabschätzung

$$|f(x) - S_\Delta(f;x)| \leq 2\left(\frac{\pi}{8}\right)^4 \approx 0.0476.$$

Wir haben uns hier auf die Darstellung der für die Anwendungen wichtigen linearen und kubischen Splines beschränkt. Allgemeiner kann man Polynomsplines vom Grad $2m - 1$, $m = 1, 2, \ldots$, betrachten und sie durch entsprechende Forderungen eindeutig bestimmen. Die hieraus resultierende allgemeine Theorie ist recht kompliziert und erfordert weitergehende mathematische Hilfsmittel. Eine Darstellung findet sich in [4].

Die Spline-Interpolation findet auch Anwendung bei der numerischen Lösung von Randwertproblemen gewöhnlicher Differentialgleichungen. Wir werden darauf in Kapitel 15 eingehen. Dort werden wir auch (12.1-9) entsprechende Basisfunktionen für kubische Splines angeben.

12.5 FORTRAN-Programm

Berechnung des kubischen Interpolationsspline.
Das Unterprogramm SPLKOF liefert zu vorgegebenen (X_i, Y_i) die Koeffizienten A_i, B_i, C_i, D_i. Der Spline hat dann die Gestalt (12.3.15), d.h. hier

$$S_\Delta(f;X) = A_i + B_i(X - X_i) + C_i(X - X_i)^2 + D_i(X - X_i)^3, \quad X \in [X_i, X_{i+1}].$$

Aufruf und Parameter

CALL SPLKOF (A,B,C,D,X,Y,N)

Eingabe

X: Vektor mit N + 1 Komponenten. Enthält die Stützstellen X_i.

Y: Vektor mit N + 1 Komponenten. Enthält die zu den Stützstellen X_i gehörigen Funktionswerte Y_i, i = 0,1,...,N.

N: Festlegung der Anzahl der Stützstellen.

Ausgabe

A,B,C,D: Vektoren mit N Komponenten. Sie enthalten jeweils die Koeffizienten A_i, B_i, C_i, D_i, i = 0,1,...,N - 1.

```
      SUBROUTINE SPLKOF(A,B,C,D,X,Y,N)
      DIMENSION A(1),B(1),C(1),D(1),X(1),Y(1)
      M2=N-1
      S=0.
      DO      10      I=1,M2
      D(I)=X(I+1)-X(I)
      R=(Y(I+1)-Y(I))/D(I)
      C(I)=R-S
   10 S=R
      S=0.
      R=0.
      C(1)=0.
      C(N)=0.
      DO      20      I=2,M2
      C(I)=C(I)+R*C(I-1)
      B(I)=(X(I-1)-X(I+1))*2.-R*S
      S=D(I)
   20 R=S/B(I)
      DO      30      II=2,M2
      I=(M2+2)-II
   30 C(I)=(D(I)*C(I+1)-C(I))/B(I)
      DO      40      I=1,M2
      S=D(I)
      R=C(I+1)-C(I)
      D(I)=R/S
      C(I)=C(I)*3.
      B(I)=(Y(I+1)-Y(I))/S-(C(I)+R)*S
   40 A(I)=Y(I)
      RETURN
      END
```

12.6 Beispiel

Die Funktion $y = f(x) = e^{x^2} \cos x$ soll in $[0,\pi]$ mit $h = \pi/20$ durch ihren kubischen Spline approximiert werden. Unter Verwendung des Programms aus 12.5 errechnet man für die Parameter α_i, β_i, γ_i, δ_i, $i = 0,\ldots,19$, durch die nach (12.3-15) der Spline eindeutig bestimmt ist, folgende Werte:

i	α_i	β_i	γ_i	δ_i
0	$0.10000 \cdot 10^1$	0.45238	0.00000	$0.13558 \cdot 10^1$
1	$0.10124 \cdot 10^1$	0.14559	0.63889	-0.33135
2	$0.10497 \cdot 10^1$	0.32178	0.48275	0.10104
3	$0.11126 \cdot 10^1$	0.48092	0.53036	-0.14291
4	$0.12006 \cdot 10^1$	0.63696	0.46301	-0.46023
5	$0.13103 \cdot 10^1$	0.74835	0.24613	$-0.13156 \cdot 10^1$
6	$0.14289 \cdot 10^1$	0.72829	-0.37382	$-0.33695 \cdot 10^1$
7	$0.15210 \cdot 10^1$	0.36144	$-0.19617 \cdot 10^1$	$-0.78362 \cdot 10^1$
8	$0.14990 \cdot 10^1$	-0.83488	$-0.56544 \cdot 10^1$	$-0.19100 \cdot 10^2$
9	$0.11543 \cdot 10^1$	$-0.40250 \cdot 10^1$	$-0.14655 \cdot 10^2$	$-0.41388 \cdot 10^2$
10	$0.37439 \cdot 10^{-4}$	$-0.11693 \cdot 10^2$	$-0.34159 \cdot 10^2$	$-0.10771 \cdot 10^3$
11	$-0.30969 \cdot 10^1$	$-0.30396 \cdot 10^2$	$-0.84914 \cdot 10^2$	$-0.21257 \cdot 10^3$
12	$-0.10790 \cdot 10^2$	$-0.72807 \cdot 10^2$	$-0.18508 \cdot 10^3$	$-0.66642 \cdot 10^3$
13	$-0.29376 \cdot 10^2$	$-0.18028 \cdot 10^3$	$-0.49912 \cdot 10^3$	$-0.10411 \cdot 10^4$
14	$-0.74045 \cdot 10^2$	$-0.41415 \cdot 10^3$	$-0.98972 \cdot 10^3$	$-0.48168 \cdot 10^4$
15	$-0.18219 \cdot 10^3$	$-0.10816 \cdot 10^4$	$-0.32596 \cdot 10^4$	$-0.39694 \cdot 10^4$
16	$-0.44790 \cdot 10^3$	$-0.23995 \cdot 10^4$	$-0.51301 \cdot 10^4$	$-0.41849 \cdot 10^5$
17	$-0.11136 \cdot 10^4$	$-0.71088 \cdot 10^4$	$-0.24851 \cdot 10^5$	$0.62946 \cdot 10^4$
18	$-0.28190 \cdot 10^4$	$-0.14450 \cdot 10^5$	$-0.21885 \cdot 10^5$	$-0.42976 \cdot 10^6$
19	$-0.72944 \cdot 10^4$	$-0.53136 \cdot 10^5$	$-0.22440 \cdot 10^6$	$0.47620 \cdot 10^6$

Die Approximation der Funktion $y = e^{x^2} \cos x$ im Intervall $[0,\pi]$ bereitet naturgemäß vor allem am Ende dieses Intervalls Schwierigkeiten, da die Funktionswerte dort extreme Größenunterschiede aufweisen (Man beachte, daß $\alpha_i = y(x_i)$ gilt). Daher liefert bei diesem Beispiel die Wahl von $h = \pi/20$ noch eine recht grobe Spline-Approximation. Der relative Fehler an der Stelle $x = 39\pi/40$ beträgt z.B. rund 6,6%.

Aufgaben

A 12-1. Die Funktion $f(x) = a_0 + a_1 x + a_2 x^2$ werde durch ihren linearen Spline approximiert. Man berechne nach (12.1-6) den Wert $f(x) - S_\Delta(x)$ in $[x_i, x_{i+1}]$.

A 12-2. Im Intervall $[0,\pi]$ mit $h_{i+1} = x_{i+1} - x_i = h = \pi/5$, $i = 0, 1, \ldots, 4$, berechne man den linearen Spline der Funktion $f(x) = e^{x^2} \cos x$ und vergleiche das Ergebnis mit dem entsprechenden des Beispiels 12.6.

A 12-3. Man schreibe mit Hilfe von (12.3-17) den in Beispiel 12.3-1 berechneten Spline in der Gestalt (12.3-15) und vergleiche ihn mit der entsprechenden Taylorformel der Funktion $y = \sin x$.

A 12-4. Für $f(x) = e^{x^2} \cos x$ und $h = \pi/5$, $h = \pi/10$, $h = \pi/20$ berechne man in $[0,\pi]$ nach (12.4-10) eine Schranke für den Fehler $|f(x) - S_\Delta(f;x)|$. Man stelle mit Hilfe der Ergebnisse des Beispiels 12.6 fest, ob die erhaltenen Fehlerabschätzungen realistisch sind.

13 Numerische Integration

Unter numerischer Integration versteht man die genäherte Berechnung von bestimmten einfachen und mehrfachen eigentlichen oder uneigentlichen Integralen. Da es nur wenige Funktionen gibt, deren bestimmtes Integral in geschlossener Form "exakt" angegeben werden kann, kommt der numerischen Integration eine besondere Bedeutung zu. In der Tat ist sie eine der ältesten Disziplinen der Numerischen Mathematik und entsprechend groß die damit befaßte Literatur. Wir werden uns jedoch nur mit den bekannteren und bei größeren Klassen von Integralen anwendbaren Verfahren befassen. Diese können zum Teil auch dazu verwendet werden, das bestimmte Integral über eine durch Messungen gegebene empirische Funktion genähert zu berechnen.

13.1 Quadraturformeln vom Newton-Cotes-Typ

13.1.1 Interpolations-Quadraturformeln

Eine Formel zur numerischen Integration des bestimmten einfachen Riemannschen Integrals

$$I = \int_a^b f(x)\,dx \qquad (13.1\text{-}1)$$

mit integrierbarer Funktion $f(x)$ nennt man "numerische Quadraturformel" oder auch kurz "Quadraturformel". Eine solche Formel kann etwa so konstruiert werden, daß man $f(x)$ im Intervall $[a,b]$ durch ein Interpolationspolynom ersetzt und dieses dann integriert. Auf diese Art erhält man die "Interpolations-Quadraturformeln".

Zu ihrer Herleitung unterteilen wir das (zunächst als klein angenommene) Intervall $[a,b]$ wie in 11.1 durch n Teilintervalle mit den Stützstellen

$$a = x_0 < x_1 < \cdots < x_n = b. \qquad (13.1\text{-}2)$$

An den Stützstellen sind dann die Funktionswerte $f_i = f(x_i)$ bekannt, wobei die f_i auch Meßwerte sein können. Nach (11.1-5) ist

$$P_n(x) = \sum_{k=0}^{n} f_k L_k(x), \quad L_k(x) = \prod_{\substack{l=0 \\ l \neq k}}^{n} \frac{x - x_l}{x_k - x_l} \tag{13.1-3}$$

das eindeutig bestimmte Lagrangesche Interpolationspolynom der Funktion $f(x)$ mit der Eigenschaft

$$P_n(x_i) = f_i, \quad i = 0, 1, \ldots, n. \tag{13.1-4}$$

Es ist von höchstens n-tem Grad. Ist $f(x)$ ein Polynom m-ten Grades, $m \leq n$, so ist $P_n(x)$ mit diesem identisch. Mit

$$h = \max_{i=0,\ldots,n-1} \{x_{i+1} - x_i\}$$

berechnen wir dann das Integral

$$T(h) = \int_a^b P_n(x) dx = \sum_{k=0}^{n} f_k \int_a^b L_k(x) dx. \tag{13.1-5}$$

Definieren wir die nur von n und der Lage der Stützstellen, aber nicht von der Funktion $f(x)$ abhängenden "Gewichte"

$$\beta_k = \int_a^b L_k(x) dx, \quad k = 0, 1, \ldots, n, \tag{13.1-6}$$

so erhalten wir die Interpolations-Quadraturformel

$$T(h) = \sum_{k=0}^{n} \beta_k f_k. \tag{13.1-7}$$

13.1.2 Die Newton-Cotes-Formeln

Wir betrachten jetzt gleichabständige Stützstellen

$$x_i = x_0 + ih, \quad i = 0, 1, \ldots, n, \quad h = \frac{b-a}{n}. \tag{13.1-8}$$

Mit $x = a + ht$ wird nach (13.1-6)

$$\beta_k = \int_a^b L_k(x) dx = \int_a^b \prod_{\substack{l=0 \\ l \neq k}}^{n} \frac{x - x_l}{x_k - x_l} dx = h \int_0^n \prod_{\substack{l=0 \\ l \neq k}}^{n} \frac{t - l}{k - l} dt = h\bar{\alpha}_k.$$

13.1 Quadraturformeln vom Newton-Cotes-Typ

Aus (13.1-7) erhält man dann die "Newton-Cotes-Formel"

$$T(h) = T_n = h \sum_{k=0}^{n} \bar{\alpha}_k f_k \qquad (13.1-9)$$

mit

$$\bar{\alpha}_k = \int_0^n \prod_{\substack{l=0 \\ l \neq k}}^{n} \frac{t-l}{k-l} \, dt, \quad k = 0, 1, \ldots, n. \qquad (13.1-10)$$

Genauer bezeichnet man (13.1-9) mit den Gewichten (13.1-10) häufig als "Newton-Cotes-Formel vom abgeschlossenen Typ", weil die Intervallenden a, b selbst Stützwerte sind. Andernfalls spricht man von Formeln vom offenen Typ; mit ihnen werden wir uns jedoch nicht befassen.

Zur Formel (13.1-9) kann man noch auf andere Art gelangen. Mit zunächst unbestimmten α_k, $k = 0, 1, \ldots, n$ und dem "Restglied" $r_{n+1}(h)$ setzen wir

$$I = \int_a^b f(x)\,dx = h \sum_{k=0}^{n} \alpha_k f_k + r_{n+1}. \qquad (13.1-11)$$

Die α_k sollen so bestimmt werden, daß $r_{n+1} = 0$, wenn $f(x)$ ein Polynom von höchstens n-tem Grad ist. Mit $f \in C^{n+1}([a,b])$ ist

$$f(x) = \sum_{j=0}^{n} \frac{f^{(j)}(x_0)}{j!} (x - x_0)^j + R_{n+1}(x), \qquad (13.1-12)$$

$$R_{n+1}(x) = \frac{(x - x_0)^{n+1}}{(n+1)!} f^{(n+1)}(x_0 + \vartheta(x - x_0)), \quad 0 \leq \vartheta \leq 1. \qquad (13.1-13)$$

Aus (13.1-12) erhält man auch eine Darstellung für $f_k = f(x_k)$, $k = 0, 1, \ldots, n$. Setzt man dies und (13.1-12) in (13.1-11) ein, so folgt nach leichter Rechnung

$$\sum_{j=0}^{n} \frac{f^{(j)}(x_0)}{j!} \left[\int_a^b (x - x_0)^j dx - h \sum_{k=0}^{n} \alpha_k (x_k - x_0)^j \right]$$

$$= r_{n+1} - \int_a^b R_{n+1}(x)\,dx + h \sum_{k=0}^{n} \alpha_k R_{n+1}(x_k) = S_{n+1}. \qquad (13.1-14)$$

Ist $f(x)$ ein Polynom von höchstens n-tem Grad, so gilt wegen der Eindeutigkeit der Taylor-Entwicklung $R_{n+1}(x) \equiv 0$, also auch $R_{n+1}(x_k) = 0$, $k = 0, 1, \ldots, n$. Aus der Forderung $r_{n+1} = 0$ folgt aus (13.1-14) $S_{n+1} = 0$ und somit

$$h \sum_{k=0}^{n} \alpha_k (x_k - x_0)^j = \int_a^b (x - x_0)^j dx, \quad j = 0, 1, \ldots, n. \qquad (13.1\text{-}15)$$

Setzen wir wie oben $x = x_0 + ht$, so ist zunächst

$$h^{j+1} \sum_{k=0}^{n} k^j \alpha_k = h^{j+1} \int_0^n t^j dt = h^{j+1} \frac{n^{j+1}}{j+1}. \qquad (13.1\text{-}16)$$

Die Gewichte α_k müssen daher dem linearen Gleichungssystem

$$\sum_{k=0}^{n} k^j \alpha_k = \frac{n^{j+1}}{j+1}, \quad j = 0, 1, \ldots, n \qquad (13.1\text{-}17)$$

mit der Matrix

$$A_n = \begin{bmatrix} 1 & 1 & 1 & \cdots & 1 \\ 0 & 1 & 2 & \cdots & n \\ \cdot & \cdot & \cdot & & \cdot \\ \cdot & \cdot & \cdot & & \cdot \\ \cdot & \cdot & \cdot & & \cdot \\ 0 & 1 & 2^n & \cdots & n^n \end{bmatrix} \qquad (13.1\text{-}18)$$

genügen. Offenbar ist A_n identisch mit der Vandermondeschen Matrix $V(0, 1, \ldots, n)^T$ (vgl. 11.1-3) und damit nach (11.1-4) nichtsingulär. Das System (13.1-17) ist also eindeutig nach den α_k, $k = 0, 1, \ldots, n$, auflösbar. Für $j = 0$ ergibt sich insbesondere

$$\sum_{k=0}^{n} \alpha_k = n.$$

Für $n = 2$ z.B. lautet das Gleichungssystem (13.1-17)

$$\alpha_0 + \alpha_1 + \alpha_2 = 2 \quad (j = 0)$$

$$\alpha_1 + 2\alpha_2 = 2 \quad (j = 1)$$

$$\alpha_1 + 4\alpha_2 = \frac{8}{3} \quad (j = 2)$$

Als Lösung erhält man $\alpha_0 = \alpha_2 = \frac{1}{3}$, $\alpha_1 = \frac{4}{3}$.

13.1 Quadraturformeln vom Newton-Cotes-Typ

Es ist nun noch zu zeigen, daß die zuletzt durch das Gleichungssystem (13.1-17) eindeutig bestimmten Gewichte mit den Gewichten (13.1.10) übereinstimmen. Ist $f(x)$ ein Polynom von höchstens n-tem Grad, so gilt eindeutig $f(x) = P_n(x)$, d.h. $f(x)$ ist mit dem zu $f(x)$ gehörigen Interpolationspolynom identisch, wobei die Darstellung (13.1-3) gilt. Mit (13.1-5) und (13.1-9) ist dann

$$I = \int_a^b P_n(x)dx = h \sum_{k=0}^n \bar{\alpha}_k f_k.$$

Wegen $r_{n+1} = 0$ und der Eindeutigkeit der Taylorentwicklung (13.1-12) folgt aus (13.1-11)

$$I = h \sum_{k=0}^n \alpha_k f_k ,$$

also

$$\sum_{k=0}^n (\alpha_k - \bar{\alpha}_k) f_k = 0.$$

Da dies für alle Werte $f_k = f(x_k)$ gelten muß, bei denen $f \in C^{n+1}([a,b])$ erreicht werden kann, folgt notwendig

$$\bar{\alpha}_k = \alpha_k, \quad k = 0,1,\ldots,n. \tag{13.1-19}$$

Für $n = 1,\ldots,6$ errechnet man folgende Gewichte:

Tabelle 13-1

n	α_0	α_1	α_2	α_3	α_4	α_5	α_6
1	$\frac{1}{2}$	$\frac{1}{2}$					
2	$\frac{1}{3}$	$\frac{4}{3}$	$\frac{1}{3}$				
3	$\frac{3}{8}$	$\frac{9}{8}$	$\frac{9}{8}$	$\frac{3}{8}$			
4	$\frac{14}{45}$	$\frac{64}{45}$	$\frac{24}{45}$	$\frac{64}{45}$	$\frac{14}{45}$		
5	$\frac{95}{288}$	$\frac{375}{288}$	$\frac{250}{288}$	$\frac{250}{288}$	$\frac{375}{288}$	$\frac{95}{288}$	
6	$\frac{41}{140}$	$\frac{216}{140}$	$\frac{27}{140}$	$\frac{272}{140}$	$\frac{27}{140}$	$\frac{216}{140}$	$\frac{41}{140}$

Es ist im allgemeinen nicht sinnvoll, Formeln für noch größere n zu verwenden. Für $n \geq 8$ treten zudem auch negative Gewichte auf, wodurch die entsprechenden Quadraturverfahren in der Regel unbrauchbar werden. Wenn über größere Intervalle integriert werden soll, verwendet man besser sogenannte summierte Formeln, mit denen wir uns in 13.2 befassen werden.

Abschließend wollen wir noch einen Ausdruck für das Restglied r_{n+1} angeben, der die Größenordnung des Fehlers zeigt und in einigen Fällen sogar eine Abschätzung zuläßt.

<u>Satz 13.1-1.</u> Es sei $f \in C^{n+1}([a,b])$ bzw. $\in C^{n+2}([a,b])$, wenn n ungerade bzw. gerade ist, und

$$K_{n+1} = \int_0^n \left\{ \prod_{i=0}^n (t-i) \right\} dt, \quad L_{n+1} = \int_0^n \left\{ t \prod_{i=0}^n (t-i) \right\} dt. \quad (13.1-20)$$

Dann gilt

$$r_{n+1} = \frac{K_{n+1}}{(n+1)!} h^{n+2} f^{(n+1)}(\xi), \quad a \leq \xi \leq b, \quad n \text{ ungerade},$$
$$r_{n+1} = \frac{L_{n+1}}{(n+2)!} h^{n+3} f^{(n+2)}(\xi), \quad a \leq \xi \leq b, \quad n \text{ gerade}. \quad (13.1-21)$$

Dabei hängt ξ noch von n ab.

Der Satz sagt aus, daß die Formeln für gerades n um eine Potenz von h genauer sind als die für ungerades n. Ist $f(x)$ ein Polynom vom Grad n + 1, so ist wegen $f^{(n+2)}(x) \equiv P_{n+1}^{(n+2)}(x) \equiv 0$ für gerades n stets $r_{n+1} = 0$, für ungerades n aber im allgemeinen $r_{n+1} \neq 0$. Mit den Newton-Cotes-Formeln für gerades n werden daher auch noch Polynome vom Grad n + 1 exakt integriert, obwohl $f(x)$ nur durch ein Polynom vom n-ten Grad ersetzt wird. Die Formeln für gerades n sind im allgemeinen also vorzuziehen.

Für n = 1,...,6 errechnet man nach (13.1-21) mit (13.1-20) folgende Restglieder:

Tabelle 13-2

n	r_{n+1} $\quad h = \frac{b-a}{n}$
1	$-\frac{h^3}{12} f^{(2)}(\xi)$
2	$-\frac{h^5}{90} f^{(4)}(\xi)$
3	$-\frac{3h^5}{80} f^{(4)}(\xi)$
4	$-\frac{8h^7}{945} f^{(6)}(\xi)$
5	$-\frac{275h^7}{12096} f^{(6)}(\xi)$
6	$-\frac{9h^9}{1400} f^{(8)}(\xi)$

13.1 Quadraturformeln vom Newton-Cotes-Typ

Auf den Beweis des Satzes 13.1-1, der im allgemeinen Fall etwas beschwerlich und lang ist, wollen wir verzichten.

Einige Newton-Cotes-Formeln sind auch unter anderen Bezeichnungen in der Literatur zu finden, so z.B. als

(a) Sehnen-Trapezregel (n = 1):

$$\int_a^b f(x)dx = \frac{h}{2}(f(a) + f(b)) - \frac{h^3}{12} f^{(2)}(\xi), \qquad (13.1\text{-}22)$$

(b) Simpson-Regel (n = 2):

$$\int_a^b f(x)dx = \frac{h}{3}\left(f(a) + 4f\left(\frac{a+b}{2}\right) + f(b)\right) - \frac{h^5}{90} f^{(4)}(\xi), \qquad (13.1\text{-}23)$$

(c) Milne-Regel (n = 4):

$$\int_a^b f(x)dx = \frac{h}{45}\left(14[f(a) + f(b)] + 64\left[f\left(a + \frac{b-a}{4}\right) + f\left(a + 3\frac{b-a}{4}\right)\right]\right.$$
$$\left. + 24 f\left(\frac{a+b}{2}\right)\right) - \frac{8}{945} h^7 f^{(6)}(\xi). \qquad (13.1\text{-}24)$$

Beispiel 13.1-1. Wir zeigen die Genauigkeit der Newton-Cotes-Formeln für n = 2, 3 am Beispiel

$$I = \int_0^1 e^x dx = e - 1 = 1.718282$$

$$n = 2: h = \frac{b-a}{n} = \frac{1}{2}$$

$$I = T_2 + r_3 = \frac{1}{6}(1.000000 + 4 \cdot 1.648721 + 2.718282)$$

$$- \frac{\left(\frac{1}{2}\right)^5}{90} e^{\bar{\xi}} = 1.718861 - \frac{e^{\bar{\xi}}}{2880}.$$

$$n = 3: h = \frac{1}{3}$$

$$I = T_3 + r_4 = \frac{1}{8}(1.000000 + 3 \cdot 1.395612 + 3 \cdot 1.947734 + 2.718282)$$

$$- \frac{3\left(\frac{1}{3}\right)^5}{80} e^{\bar{\bar{\xi}}} = 1.718540 - \frac{1}{6480} e^{\bar{\bar{\xi}}}.$$

Es gilt $I - T_2 = -579 \cdot 10^{-6}$, $I - T_3 = -262 \cdot 10^{-6}$ und weiter

$$\frac{r_4}{r_3} = \frac{I - T_3}{I - T_2} = 0.452504, \quad \frac{e^{\xi} r_4}{e^{\bar{\xi}} r_3} = 0.444444.$$

Die Mittelwerte $\bar{\xi}$, $\bar{\bar{\xi}}$ unterscheiden sich daher nur sehr wenig, man errechnet im Rahmen der Rechengenauigkeit

$$\bar{\xi} = 0.511337, \quad \bar{\bar{\xi}} = 0.529310 .$$

Im Vergleich zur Newton-Cotes Formel für n = 1 (Sehnen-Trapezregel) erhält man übrigens

$$\frac{I - T_2}{I - T_1} = 4.110 \cdot 10^{-3}.$$

Es gilt somit

$$r_3 \approx 4 \cdot 10^{-3} r_2,$$
$$r_4 \approx 5 \cdot 10^{-1} r_3 \approx 2 \cdot 10^{-3} r_2.$$

Die Newton-Cotes-Formel für n = 2 ist daher wesentlich genauer als die für n = 1, während die Formeln für n = 2, 3 relativ geringe Genauigkeitsunterschiede aufweisen. Dies entspricht auch den obigen Feststellungen, daß die Formeln für gerades n im allgemeinen genauer sind und daher bevorzugt werden können.

13.2 Summierte Quadraturformeln

13.2.1 Das Verfahren

Ist das Intervall [a,b] im Gegensatz zur bisherigen Annahme groß, so wird man es zunächst in kleine Teilintervalle unterteilen, auf diese jeweils das Quadraturverfahren anwenden und die erhaltenen Näherungen addieren. Man verwendet also "summierte Quadraturformeln", zu denen man wie folgt gelangen kann:

Es ist zunächst

$$I = \int_a^b f(x)dx = \sum_{i=0}^{N-1} \int_{a_i}^{a_{i+1}} f(x)dx \qquad (13.2-1)$$

mit

$$a_i < a_{i+1}, \quad i = 0, 1, \ldots, N-1, \quad a_0 = a, \quad a_N = b.$$

13.2 Summierte Quadraturformeln

Sei

$$a_i = x_{i0} < x_{i1} < \cdots < x_{in_i} = a_{i+1}, \quad i = 0, 1, \ldots, N-1,$$

eine (13.1-2) entsprechende Unterteilung von $[a_i, a_{i+1}]$ mit den Stützstellen x_{ij}, $j = 0, 1, \ldots, n_i$, so ersetzen wir das Integral

$$I_i = \int_{a_i}^{a_{i+1}} f(x)\,dx \tag{13.2-2}$$

entsprechend (13.1-7) etwa durch

$$T_i(h) = \sum_{k=0}^{n_i} \beta_{ik} f(x_{ik}). \tag{13.2-3}$$

Dabei ist mit

$$L_{ik}(x) = \sum_{\substack{l=0 \\ l \neq k}}^{n_i} \frac{x - x_{il}}{x_{ik} - x_{il}}$$

$$\beta_{ik} = \int_{a_i}^{a_{i+1}} L_{ik}(x)\,dx, \quad k = 0, 1, \ldots, n_i, \tag{13.2-4}$$

zu setzen. Die summierte Quadraturformel lautet dann

$$T(h) = \sum_{i=0}^{N-1} T_i(h). \tag{13.2-5}$$

Im allgemeinen werden solche Formeln jedoch kompliziert, wenn man ungleichabständige x_{ij} zuläßt. Bei der praktischen Rechnung verwendet man daher möglichst gleichabständige Stützstellen mit

$$n_i = n, \quad a_{i+1} - a_i = H, \quad i = 0, 1, \ldots, N-1, \quad nh = H,$$
$$x_{ij} = a_i + jh, \quad j = 0, 1, \ldots, n. \tag{13.2-6}$$

Mit der Bezeichnung (13.2-2) ist dann nach (13.1-11)

$$I_i = h \sum_{k=0}^{n} \alpha_k f(a_i + kh) + r_{n+1}^{(i)}$$

und somit nach (13.2-1) weiter

$$I = h \sum_{i=0}^{N-1} \sum_{k=0}^{n} \alpha_k f(a_i + kh) + \sum_{i=0}^{N-1} r_{n+1}^{(i)} .$$ (13.2-7)

13.2.2 Das Restglied summierter Quadraturformeln

Nach (13.1-21) haben die Restglieder $r_{n+1}^{(i)}$ in jedem Falle die Gestalt

$$r_{n+1}^{(i)} = \rho_{n+1} h^{n+p+1} f^{(n+p)}(\xi_i), \quad a_i \leq \xi_i \leq a_i + H,$$

wobei p = 1 für ungerades, p = 2 für gerades n gilt. Es ist somit

$$r_{n+1} = \sum_{i=0}^{N-1} r_{n+1}^{(i)} = \rho_{n+1} h^{n+p+1} \sum_{i=0}^{N-1} f^{(n+p)}(\xi_i).$$

Sei

$$\operatorname*{Max}_{a \leq x \leq b} \left| f^{(n+p)}(x) \right| = M,$$

so folgt hieraus die Abschätzung

$$\left| r_{n+1} \right| \leq \left| \rho_{n+1} \right| h^{n+p+1} MN = \left| \rho_{n+1} \right| h^{n+p+1} M \frac{b-a}{nh} ,$$

also

$$\left| r_{n+1} \right| \leq M \frac{b-a}{n} \left| \rho_{n+1} \right| h^{n+p} .$$ (13.2-8)

Dabei ist gemäß (13.1-21)

$$\rho_{n+1} = \begin{cases} \dfrac{K_{n+1}}{(n+1)!} , & \text{n ungerade,} \\[2ex] \dfrac{L_{n+1}}{(n+2)!} , & \text{n gerade ,} \end{cases}$$

und die Konstanten K_{n+1}, L_{n+1} sind durch (13.1-20) gegeben.

Der Fehler der summierten Formel ist proportional zu h^{n+p}, während der Fehler der ursprünglichen Quadraturformel proportional zu h^{n+p+1} war. Durch die Summation wird der Fehler der entstehenden Formel um den Faktor h^{-1} vergrößert.

Es sollen jetzt die summierten Newton-Cotes-Formeln für n = 1,2,4 berechnet werden. Wir können uns dabei auf (13.1-22) bis (13.1-24) stützen.

13.2 Summierte Quadraturformeln

(a) Zunächst soll für n = 1 die summierte Sehnen-Trapezregel bestimmt werden. Hier ist $\alpha_0 = \alpha_1 = \frac{1}{2}$, nach (13.2-7) folgt somit wegen h = H

$$I = h \sum_{i=0}^{N-1} \frac{1}{2} (f(a_i) + f(a_{i+1})) + r_2$$

$$= h \left[\frac{1}{2}(f(a) + f(b)) + \sum_{i=1}^{N-1} f(a_i) \right] + r_2 \qquad (13.2\text{-}9)$$

mit

$$|r_2| \leq \frac{M(b-a)}{12} h^2 . \qquad (13.2\text{-}10)$$

(b) Bei der summierten Simpson-Regel für n = 2 ist

$$\alpha_0 = \frac{1}{3}, \; \alpha_1 = \frac{4}{3}, \; \alpha_2 = \frac{1}{3}, \; 2h = H.$$

Nach (13.2-7) erhält man somit

$$I = \frac{h}{3} \sum_{i=0}^{N-1} (f(a_i) + 4f(a_i + h) + f(a_{i+1})) + r_3$$

$$= \frac{h}{3} \left(f(a) + f(b) + 2 \sum_{i=1}^{N-1} f(a_i) + 4 \sum_{i=0}^{N-1} f(a_i + h) \right) + r_3 . \qquad (13.2\text{-}11)$$

Nun ist $h = \frac{H}{2} = \frac{a_{i+1} - a_i}{2}$, $a_i + h = \frac{a_i + a_{i+1}}{2}$.

Daher kann die Regel auch in folgender Form geschrieben werden:

$$I = \frac{h}{3} \left(f(a) + f(b) + 2 \sum_{i=1}^{N-1} f(a_i) + 4 \sum_{i=0}^{N-1} f\left(\frac{a_i + a_{i+1}}{2}\right) \right) + r_3 . \qquad (13.2\text{-}11a)$$

Für den Fehler erhält man wegen $\rho_3 = -\frac{1}{90}$ die Abschätzung

$$|r_3| \leq \frac{M(b-a)}{180} h^4 = \frac{M(b-a)}{2880} H^4. \qquad (13.2\text{-}12)$$

(c) Schließlich berechnen wir noch für n = 4 die summierte Milne-Regel, wobei

$$\alpha_0 = \frac{14}{45}, \; \alpha_1 = \frac{64}{45}, \; \alpha_2 = \frac{24}{45}, \; \alpha_3 = \frac{64}{45}, \; \alpha_4 = \frac{14}{45}$$

und 4h = H gilt. Man erhält aus (13.1-24) unmittelbar

$$I = \frac{h}{45} \sum_{i=0}^{N-1} (14[f(a_i) + f(a_{i+1})] + 64[f(a_i + h) + f(a_i + 3h)] \\ + 24f(a_i + 2h)) + r_5 \qquad (13.2\text{-}13)$$

mit

$$|r_5| \leq \frac{2M(b-a)}{945} h^6 = \frac{M(b-a)}{1935360} H^6 . \qquad (13.2\text{-}14)$$

13.3 Romberg-Integration

13.3.1 Das Prinzip

Es sei T(h) eine Näherung für das Integral I und es gelte

$$T(h) = I + \sum_{i=1}^{m} p_i h^{\alpha_i} + q_{m+1}(h) h^{\alpha_{m+1}}, \qquad (13.3\text{-}1)$$

wobei die p_i, $i = 1, \ldots, m$, und $\alpha_j > 0$, $j = 1, \ldots, m+1$, von h unabhängige Konstante bedeuten. Es sei ferner $p_1 \neq 0$ und $0 < \alpha_1 < \alpha_2 < \cdots < \alpha_{m+1}$. Nehmen wir noch an, daß

$$|q_{m+1}(h)| \leq M < \infty, \quad M \text{ konstant},$$

für alle hinreichend kleinen h ist, dann folgt aus (13.3-1)

$$T(h) - I = O(h^{\alpha_1}). \qquad (13.3\text{-}2)$$

Rechnet man mit der Schrittweite γh, wobei $\gamma < 1$ eine feste Konstante ist, so gilt entsprechend (13.3-1)

$$T(\gamma h) = I + \sum_{i=1}^{m} p_i (\gamma h)^{\alpha_i} + q_{m+1}(\gamma h)(\gamma h)^{\alpha_{m+1}}, \qquad (13.3\text{-}3)$$

also unter den gleichen Voraussetzungen wie oben ebenfalls

$$T(\gamma h) - I = O(h^{\alpha_1}). \qquad (13.3\text{-}4)$$

13.3 Romberg-Integration

Die Linearkombination

$$T_1(h) = \frac{\gamma^{-\alpha_1} T(\gamma h) - T(h)}{\gamma^{-\alpha_1} - 1} = I + \frac{\sum_{i=2}^{m}(\gamma^{\alpha_i - \alpha_1} - 1)p_i h^{\alpha_i}}{\gamma^{-\alpha_1} - 1}$$
$$+ \frac{\gamma^{-\alpha_1} q_{m+1}(\gamma h) - q_{m+1}(h)}{\gamma^{-\alpha_1} - 1} h^{\alpha_{m+1}} , \quad (13.3-5)$$

ist dann eine genauere Integrationsformel, denn es gilt unter den genannten Voraussetzungen

$$T_1(h) - I = O(h^{\alpha_2}) . \quad (13.3-6)$$

13.3.2 Der Algorithmus

Bei der Romberg-Integration [31] wählt man als numerische Integrationsformel die summierte Sehnen-Trapezregel (13.2-9), also

$$T(h) = h\left[\frac{1}{2}(f(a) + f(b)) + \sum_{j=1}^{N-1} f(a + jh)\right] . \quad (13.3-7)$$

Das oben beschriebene Verfahren ist durchführbar, wenn $T(h)$ eine Entwicklung der Form (13.3-1) besitzt. Hierüber gilt der

Satz 13.3-1. Es sei

$$I = \int_a^b f(x)dx$$

mit $f \in C^{2m+2}([a,b])$. Dann gilt

$$T(h) = I + \sum_{i=1}^{m} p_i h^{2i} + q_{m+1}(h) h^{2m+2} \quad (13.3-8)$$

mit von h unabhängigen Konstanten p_i, und es ist

$$|q_{m+1}(h)| \leq M = \text{const} \quad (13.3-9)$$

für alle $h = \frac{b-a}{n}$, $n \geq 1$, ganz.

Zum Beweis dieses Satzes, der recht kompliziert ist, vergleiche man etwa [36, S. 104 ff.].

Wir bestimmen nun zu der Folge der Schrittweiten

$$h_i = \frac{b-a}{n_i}, \quad i = 0,1,\ldots,m \tag{13.3-10}$$

mit den ganzen Zahlen n_i,

$$n_0 < n_1 < \cdots < n_m,$$

die Ausdrücke

$$T_{i0} = T(h_i) - q_{m+1}(h_i)h_i^{2m+2} = I + \sum_{k=1}^{m} p_k h_i^{2k}, \quad i = 0,1,\ldots,m, \tag{13.3-11}$$

und weiter

$$T_{ik} = T_{i,k-1} + \frac{T_{i,k-1} - T_{i-1,k-1}}{\left(\frac{h_{i-k}}{h_i}\right)^2 I - 1}$$

$$\begin{aligned} i &= 1,\ldots,m, \\ k &= 1,\ldots,i, \end{aligned} \tag{13.3-12}$$

$$= \frac{\left(\frac{h_{i-k}}{h_i}\right)^2 T_{i,k-1} - T_{i-1,k-1}}{\left(\frac{h_{i-k}}{h_i}\right)^2 - 1}.$$

Dies kann mit Hilfe des folgenden Schemas erfolgen:

$$\begin{array}{c|cccccc} h_0 & T_{00} & & & & & \\ h_1 & T_{10} & T_{11} & & & & \\ h_2 & T_{20} & T_{21} & T_{22} & & & \\ \cdot & \cdot & \cdot & \cdot & \cdot & & \\ \cdot & \cdot & \cdot & \cdot & \cdot & & \\ \cdot & \cdot & \cdot & \cdot & \cdot & & \\ h_m & T_{m0} & T_{m1} & T_{m2} & \cdots & T_{mm} \end{array} \tag{13.3-13}$$

Bei der Wahl der Folge h_i hat man noch weitgehende Freiheit. Von W. Romberg [31] wurde die Folge

13.3 Romberg-Integration

$$h_i = \frac{b-a}{2^i}, \quad i = 0, 1, \ldots, m, \quad \text{also} \quad n_i = 2^i,$$

vorgeschlagen. Dann lauten (13.3-11), (13.3-12) wegen (13.3-7):

$$T_{i0} = h_i \left[\frac{1}{2}(f(a) + f(b)) + \sum_{j=1}^{2^i-1} f(a + jh_i) \right], \tag{13.3-14}$$

und

$$T_{ik} = \frac{2^{2k} T_{i,k-1} - T_{i-1,k-1}}{2^{2k} - 1}, \tag{13.3-15}$$

$i = 1, 2, \ldots, m; \quad k = 1, 2, \ldots, i.$

Daher ist z.B.

$$T_{00} = (b-a) \left[\frac{1}{2}(f(a) + f(b)) \right],$$

$$T_{10} = \frac{b-a}{2} \left[\frac{1}{2}(f(a) + f(b)) + f\left(\frac{a+b}{2}\right) \right],$$

$$T_{20} = \frac{b-a}{4} \left[\frac{1}{2}(f(a) + f(b)) + f\left(\frac{a+b}{4}\right) + f\left(\frac{a+b}{2}\right) + f\left(\frac{3(a+b)}{4}\right) \right].$$

T_{00} ist der Wert der Sehnentrapezformel über das Intervall $[a,b]$, T_{i0} ist der Wert der summierten Sehnentrapezformel (13.2-9) mit $H_i = h_i = (b-a)/2^i$, wobei die Restglieder zu vernachlässigen sind. Man erhält also die Folge $\{T_{i0}\}$, indem man mit $h_i = (b-a)/2^i$, d.h. bei fortgesetzter Halbierung der Teilintervalle, jeweils die Werte der summierten Sehnentrapezregel berechnet. (Bild 13-1.)

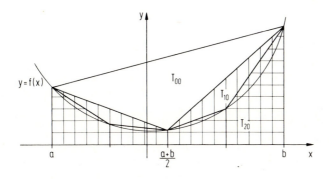

Bild 13-1. Berechnung der T_{i0}

Es ergibt sich dann weiter nach (13.3-15)

$$T_{11} = \frac{4T_{10} - T_{00}}{3} = \frac{b-a}{6}\left[f(a) + 4f\left(\frac{a+b}{2}\right) + f(b)\right].$$

Setzt man hier $b - a = 2h$, so erhält man unter Vernachlässigung des Restgliedes gerade die Simpson-Regel (13.1-23). Allgemein errechnet man mit $h_i = \frac{b-a}{2^i}$

$$T_{i1} = \frac{4T_{i0} - T_{i-1,0}}{3}$$

$$= \frac{h_i}{3}\left[f(a) + f(b) + 2\sum_{j=1}^{2^{i-1}-1} f(a+2jh_i) + 4\sum_{j=0}^{2^{i-1}-1} f(a+(2j+1)h_i)\right]$$

$$= \frac{h_i}{3}\sum_{j=0}^{2^{i-1}-1} (f(a+2jh_i) + 4f(a+(2j+1)h_i) + f(a+(2j+2)h_i)),$$

und dies ist gerade die summierte Simpson-Regel.

Natürlich kann man die Folge der h_i noch auf mehrere Arten sinnvoll wählen. Von R. Bulirsch [5] z.B. stammt der Vorschlag

$$h_0 = b-a, \quad h_1 = \frac{b-a}{2}, \quad h_2 = \frac{b-a}{3}, \quad h_3 = \frac{b-a}{4}, \quad h_4 = \frac{b-a}{6}, \quad h_5 = \frac{b-a}{8}, \quad h_6 = \frac{b-a}{12}, \ldots$$

Im Nenner erscheinen dabei alle Potenzen von 2 und das dreifache hiervon. Der Rechenaufwand ist bei vergleichbarer Genauigkeit geringer als bei der Romberg-Folge.

13.3.3 Der Fehler bei der Romberg-Integration

Schließlich wollen wir noch für beliebige Wahl der Folge $\{h_i\}$ einen Ausdruck für den Fehler

$$\varepsilon_{ik} = T_{ik} - I$$

angeben. Dazu benötigen wir die "Bernoulli-Zahlen" B_n, die als Koeffizienten der Reihenentwicklung von

$$f(z) = \frac{z}{e^z - 1}, \quad |z| < 2\pi,$$

mit der komplexen Veränderlichen z definiert werden können:

$$\frac{z}{e^z - 1} = 1 + \sum_{n=1}^{\infty} \frac{B_n}{n!} z^n, \quad |z| < 2\pi.$$

13.3 Romberg-Integration

Die B_n sind für alle n reell, man errechnet insbesondere

$$B_{2k+1} = 0, \quad k > 0,$$

und

$$B_1 = -\tfrac{1}{2}, \quad B_2 = \tfrac{1}{6}, \quad B_4 = -\tfrac{1}{30}, \quad B_6 = \tfrac{1}{42}, \quad B_8 = -\tfrac{1}{30}, \quad B_{10} = \tfrac{5}{66}.$$

Eine ausführliche Darstellung der Bernoulli-Zahlen findet man z.B. in [24].

Es gilt dann der

Satz 13.3-2. Unter den angegebenen Voraussetzungen ist für $i = 0,1,\ldots,m$; $k = 0,1,\ldots,i$

$$\varepsilon_{ik} = T_{ik} - I = \frac{|B_{2k+2}|}{(2k+2)!}(b-a)f^{(2k+2)}(\xi)\prod_{j=0}^{k} h_{i-j}^2, \quad a \leq \xi \leq b. \qquad (13.3\text{-}16)$$

Auch den Beweis dieses Satzes entnehme man etwa [12, S. 111 ff.].

Für die Romberg-Folge mit $h_i = \dfrac{b-a}{2^i}$ ist

$$(b-a)\prod_{j=0}^{k} h_{i-j}^2 = h_i^{2k+3} \cdot 2^{k(k+1)+i}.$$

Daher lautet in diesem Falle (13.3-16)

$$\varepsilon_{ik} = \frac{|B_{2k+2}|}{(2k+2)!} \, 2^{k(k+1)+i} h_i^{2k+3} f^{(2k+2)}(\xi), \qquad (13.3\text{-}17)$$

insbesondere gilt

$$\varepsilon_{ii} = \frac{|B_{2i+2}|}{(2i+2)!} \, 2^{i(i+2)} h_i^{2i+3} f^{(2i+2)}(\xi). \qquad (13.3\text{-}18)$$

Speziell folgt hieraus für $i = 0$

$$\varepsilon_{00} = \frac{h_0^3}{12} f^{(2)}(\xi),$$

für $i = 1$

$$\varepsilon_{11} = \frac{h_1^5}{90} f^{(4)}(\xi).$$

Diese Ausdrücke stimmen natürlich mit (13.1-22) und (13.1-23) überein.

Aus (13.3-16) folgt, daß die T_{ik} um so bessere Näherungen des Integrals I sind, je weiter sie im Schema (13.3-13) "unten" und "rechts" stehen. Als endgültige Näherung wird man T_{mm} wählen.

Beispiel 13.3-1. Wir betrachten wieder wie in Beispiel 13.1-1 das Testintegral

$$I = \int_0^1 e^x dx = e - 1 = 1.718282.$$

Dann ist $h_0 = 1$, $h_1 = \frac{1}{2}$, $h_2 = \frac{1}{4}$,

und nach (13.3-14) errechnet man

$$T_{00} = \frac{e+1}{2} = 1.859141,$$

$$T_{10} = \frac{1}{2}\left[\frac{1}{2}(e+1) + e^{0.5}\right] = 1.753931,$$

$$T_{20} = \frac{1}{4}\left[\frac{1}{2}(e+1) + e^{0.25} + e^{0.5} + e^{0.75}\right] = 1.727222,$$

$$T_{11} = \frac{4T_{10} - T_{00}}{3} = 1.718861,$$

$$T_{21} = \frac{4T_{20} - T_{10}}{3} = 1.718319,$$

$$T_{22} = \frac{16T_{21} - T_{11}}{15} = 1.718283.$$

Das Schema (13.3-13) hat hier also die Form

1	1.859141		
$\frac{1}{2}$	1.753931	1.718861	
$\frac{1}{4}$	1.727222	1.718319	1.718283

T_{22} liefert den Integralwert bereits bis auf 5 Stellen hinter dem Komma genau. In der Tat ist der zugehörige Fehler nach (13.3-18)

$$\varepsilon_{22} = \frac{\frac{1}{42} 2^8 \left(\frac{1}{4}\right)^7 e^\xi}{6!} = \frac{e^\xi}{42 \cdot 2^6 \cdot 6!} = 5.166997 \cdot 10^{-7} e^\xi.$$

Daraus folgt die Fehlereinschließung

$$5.166997 \cdot 10^{-7} \cdot e^0 \leq \varepsilon_{22} \leq 5.166997 \cdot 10^{-7} \cdot e^1,$$

also

$$5.166997 \cdot 10^{-7} \leq \varepsilon_{22} \leq 1.404536 \cdot 10^{-6}.$$

13.4 Das Gaußsche Quadraturverfahren

13.4.1 Eine Optimalitätsforderung

Bei der numerischen Berechnung des Integrals

$$I = \int_a^b f(x)\,dx$$

haben wir bisher die Stützwerte x_i bei der Unterteilung des Intervalls $[a,b]$ fest vorgegeben. Im allgemeinen werden sie gleichabständig gewählt mit

$$x_i = x_0 + ih, \quad i = 0,1,\ldots,n, \quad h = \frac{b-a}{n},$$

und $x_0 = a$, $x_n = b$. Es gelang dann, die α_k, $k = 0,1,\ldots,n$, der Interpolations-Quadraturformel

$$T(h) = h \sum_{k=0}^n \alpha_k f(x_k)$$

so zu bestimmen, daß jedes reelle Polynom von höchstens n-tem Grade exakt integriert wird. Bei Verwendung von n+1 Stützstellen gelangt man also zu Quadraturformeln, die jedes Polynom n-ten Grades exakt integrieren.

So erhebt sich die Frage, ob nicht durch günstigere Wahl der Stützstellen Quadraturformeln konstruiert werden können, die Polynome von höherem als n-tem Grad noch exakt integrieren. Optimal in diesem Sinne wären Quadraturformeln, die bei Verwendung von n+1 Stützstellen und n+1 Gewichten jedes Polynom von höchstens (2n+1)-tem Grade (mit 2(n+1) Koeffizienten) exakt integrieren. Solche Formeln gibt es, wie wir zeigen wollen; sie heißen "Gaußsche Quadraturformeln".

Um solche Formeln zu entwickeln betrachten wir allgemeiner das Integral

$$I(f) = \int_a^b f(x)\rho(x)\,dx \qquad (13.4\text{-}1)$$

mit der positiven Gewichtsfunktion $\rho(x) \in C^0([a,b])$. Dieses Integral soll durch eine endliche Summe

$$T_n(f) = (b-a) \sum_{k=0}^n \gamma_k f(x_k) \qquad (13.4\text{-}2)$$

mit den Gewichten γ_k und den Stützstellen x_k so approximiert werden, daß der Fehler

$$\varepsilon_n(f) = T_n(f) - I(f) \tag{13.4-3}$$

verschwindet, wenn f ein Polynom von höchstens $(2n+1)$-tem Grad ist, d.h. wenn $T_n(f)$ eine Gaußsche Quadraturformel ist. Dies ist offenbar genau dann der Fall, wenn die γ_k, x_k, $k = 0,1,\ldots,n$, dem nichtlinearen Gleichungssystem

$$\int_a^b x^i \rho(x)\,dx = (b-a) \sum_{k=0}^n \gamma_k x_k^i, \quad i = 0,1,\ldots,2n+1, \tag{13.4-4}$$

genügen. Die Berechnung der Gewichte und Stützstellen erfolgt jedoch nicht durch Auflösung dieses Gleichungssystems, sondern durch eine Methode, die in vereinfachter Form zuerst von Gauß vorgeschlagen wurde.

13.4.2 Berechnung der Stützstellen und Gewichte

In 11.5 haben wir die Orthogonalpolynome definiert und einige von ihnen in 11.6 zur Approximation von Funktionen herangezogen. Dort wurde auch ein Orthonormalsystem konstruiert. In ähnlicher Weise verwenden wir jetzt ein Orthogonalsystem.

Wie in 11.6 definieren wir für je zwei stetige Funktionen $f(x)$, $g(x)$ das skalare Produkt

$$(f,g) = \int_a^b f(x)g(x)\rho(x)\,dx \tag{13.4-5}$$

mit

$$(f,f) = \|f\|^2 = \int_a^b (f(x))^2 \rho(x)\,dx. \tag{13.4-6}$$

Dabei ist $\rho(x)$ die gleiche Gewichtsfunktion wie in (13.4-1). Die folgenden Polynome bilden dann, wie man durch Rechnung bestätigt, eine Folge orthogonaler Polynome:

$$p_0(x) = 1 \tag{13.4-7}$$

$$p_j(x) = x^j - \sum_{k=0}^{j-1} \frac{(x^j, p_k)}{\|p_k\|^2} p_k(x), \quad j = 1,2,\ldots$$

Es gilt

$$(p_i, p_j) = 0, \quad i \neq j, \quad (p_i, p_i) > 0. \tag{13.4-8}$$

13.4 Das Gaußsche Quadraturverfahren

Man kann mit Hilfe von Aussagen über orthogonale Polynome zeigen, daß $p_m(x)$ genau die m reellen und paarweise verschiedenen Nullstellen

$$x_j = \frac{(xL_j, L_j)}{\|L_j\|^2} = \frac{\int_a^b x(L_j(x))^2 \rho(x)dx}{\int_a^b (L_j(x))^2 \rho(x)dx}, \quad j = 0, 1, \ldots, m-1, \qquad (13.4\text{-}9)$$

besitzt, wobei $L_j(x)$ das durch (11.1-5) (oder 13.1-3) definierte Lagrange-Polynom ist. Man vergleiche hierzu etwa [39, S. 86 und S. 138 ff.].

Es gilt dann der

Satz 13.4-1. Die Quadraturformel

$$T_n(f) = (b-a) \sum_{k=0}^{n} \gamma_k f(x_k) \qquad (13.4\text{-}10)$$

ist genau dann eine Gaußsche Quadraturformel für das Integral

$$I(f) = \int_a^b f(x)\rho(x)dx, \qquad (13.4\text{-}11)$$

wenn als Gewichte die Zahlen

$$\gamma_k = \frac{1}{b-a} \int_a^b L_k(x)\rho(x)dx \qquad (13.4\text{-}12)$$

und als Stützstellen die Nullstellen (13.4-9) des orthogonalen Polynoms $p_{n+1}(x)$ gewählt werden. Mit $f \in C^{(2n+2)}([a,b])$ gilt weiter

$$\varepsilon_n(f) = T_n(f) - I(f) = -\frac{f^{(2n+2)}(\xi)}{(2n+2)!} \int_a^b (p_{n+1}(x))^2 \rho(x)dx, \qquad (13.4\text{-}13)$$

$$a \leq \xi \leq b.$$

Zum Beweis dieses Satzes vergleiche man etwa [39, S. 86 f sowie 138 ff.].

Setzen wir $(b-a)\gamma_k = \beta_k$, so lautet die Gaußsche Quadraturformel (13.4-10)

$$T_n(f) = \sum_{k=0}^{n} \beta_k f(x_k).$$

Sie stimmt jetzt formal mit (13.1-7) überein, für $\rho(x) \equiv 1$ sind ihre Gewichte überdies durch (13.1-6) gegeben, stimmen also mit denen der Interpolations-Quadraturformel bei n + 1 Stützstellen überein. Dies ist auch der ursprünglich von Gauß untersuchte Fall, wobei a = -1, b = 1 gewählt wurde, was wegen

$$\int_a^b f(x)dx = \frac{b-a}{2} \int_{-1}^{1} f\left(\frac{b-a}{2} t + \frac{b+a}{2}\right) dt = \frac{b-a}{2} \int_{-1}^{1} \varphi(t) dt \qquad (13.4\text{-}14)$$

keine Einschränkung der Allgemeinheit ist. Aus (13.4-7) ergeben sich dann die Legendreschen Polynome (vgl. 11.6)

$$p_0(x) = 1, \quad p_1(x) = x - \frac{\int_{-1}^{1} x\,dx}{\int_{-1}^{1} dx} = x$$

$$p_2(x) = x^2 - \frac{\int_{-1}^{1} x^2 dx}{\int_{-1}^{1} dx} - \frac{\int_{-1}^{1} x^3 dx}{\int_{-1}^{1} x^2 dx} x = x^2 - \frac{1}{3},$$

und weiter

$$p_3(x) = x^3 - \frac{3}{5} x, \quad p_4(x) = x^4 - \frac{6}{7} x^2 + \frac{3}{35}.$$

Die Wurzeln dieser Polynome lassen sich noch leicht direkt berechnen, man erhält als Nullstellen von

$$p_1(x) : x_0 = 0,$$

$$p_2(x) : x_0 = -x_1 = -\frac{1}{\sqrt{3}},$$

$$p_3(x) : x_0 = -x_2 = -\sqrt{\frac{3}{5}}, \quad x_1 = 0,$$

$$p_4(x) : x_0 = -x_3 = -\sqrt{\frac{3 + \sqrt{4.8}}{7}}, \quad x_1 = -x_2 = -\sqrt{\frac{3 - \sqrt{4.8}}{7}}.$$

Diese Nullstellen sind im allgemeinen irrationale Zahlen, die bei der Rechnung durch endliche Dezimalbrüche hinreichend genau approximiert werden müssen.

In der folgenden Tabelle sind die Stützstellen x_k und Gewichte $\beta_k = (b-a)\gamma_k = 2\gamma_k$, k = 0, 1, ..., n, bis einschließlich n = 5 auf 12 Stellen hinter dem Komma genau berechnet.

13.4 Das Gaußsche Quadraturverfahren

Tabelle 13-3

n+1	x_k	β_k
1	$x_0 = 0$	$\beta_0 = 2$
2	$x_1 = -x_0 = 0.577350269190$	$\beta_1 = \beta_0 = 1$
3	$x_2 = -x_0 = 0.774596669241$ $x_1 = 0$	$\beta_2 = \beta_0 = 0.555555555556$ $\beta_1 = 0.888888888889$
4	$x_3 = -x_0 = 0.861136311594$ $x_2 = -x_1 = 0.339981043585$	$\beta_3 = \beta_0 = 0.347854845137$ $\beta_2 = \beta_1 = 0.652145154863$
5	$x_4 = -x_0 = 0.906179845939$ $x_3 = -x_1 = 0.538469310106$ $x_2 = 0$	$\beta_4 = \beta_0 = 0.236926885056$ $\beta_3 = \beta_1 = 0.478628670499$ $\beta_2 = 0.568888888889$
6	$x_5 = -x_0 = 0.932469514203$ $x_4 = -x_1 = 0.661209386466$ $x_3 = -x_2 = 0.238619186083$	$\beta_5 = \beta_0 = 0.171324492379$ $\beta_4 = \beta_1 = 0.360761573048$ $\beta_3 = \beta_2 = 0.467913934573$

<u>Beispiel 13.4-1.</u> Wir betrachten wieder unser Testintegral

$$I = \int_0^1 e^x dx = e - 1 = 1.718282$$

und rechnen durchweg mit 6 Stellen hinter dem Komma genau. Dann ist

$$I = \int_0^1 e^x dx = \frac{1}{2} \int_{-1}^1 e^{\frac{t+1}{2}} dt = \frac{1}{2} e^{\frac{1}{2}} \int_{-1}^1 e^{\frac{t}{2}} dt = 0.824361 \int_{-1}^1 e^{\frac{t}{2}} dt.$$

Das Gaußsche Verfahren mit $\rho(x) \equiv 1$ liefert dann mit den auf 6 Stellen hinter dem Komma gerundeten Werten aus Tabelle 13-3 die Näherungen:

$$n = 0 : T_0 = 0.824361 \cdot 2 \cdot 1 = 1.648721,$$

$$n = 1 : T_1 = 0.824361 \left(e^{\frac{1}{2} \cdot 0.577350} + e^{-\frac{1}{2} \cdot 0.577350} \right) = 1.717897,$$

$$n = 2 : T_2 = 0.824361 \left(0.555556 \left[e^{\frac{1}{2} \cdot 0.774597} + e^{-\frac{1}{2} \cdot 0.774597} \right] + 0.888889 \right)$$

$$= 1.718282.$$

Im Rahmen der Rechengenauigkeit ist dies schon der exakte Integralwert.

<u>13.4.3 Ergänzungen</u>
Die Transformation (13.4-14) braucht nicht explizit durchgeführt zu werden. Nach (13.4-13) und (13.4-14) ist

$$\int_a^b f(x)dx = \frac{b-a}{2} \int_{-1}^1 \varphi(t)dt = \frac{b-a}{2} \sum_{k=0}^n \beta_k \varphi(x_k)$$

$$+ \frac{b-a}{2} \frac{\varphi^{(2n+2)}(\eta)}{(2n+2)!} \int_{-1}^1 (p_{n+1}(x))^2 dx, \quad -1 \leq \eta \leq 1,$$

(13.4-15)

wobei $p_{n+1}(x)$ das Legendre-Polynom vom Grad n+1 ist. Nun gilt

$$\int_{-1}^1 (p_{n+1}(x))^2 dx = \frac{2^{2n+3}[(n+1)!]^4}{(2n+3) \cdot [(2n+2)!]^2} ,$$

(13.4-16)

wie aus Eigenschaften der Legendre-Polynome folgt, ferner

$$\varphi^{(2n+2)}(t) = \left(\frac{b-a}{2}\right)^{2n+2} f^{(2n+2)}(x), \quad x = \frac{b-a}{2} t + \frac{b+a}{2} .$$

(13.4-17)

Daher ergibt sich nach (13.4-15) schließlich

$$\int_a^b f(x)dx = \frac{b-a}{2} \sum_{k=0}^n \beta_k f\left(\frac{b-a}{2} x_k + \frac{b+a}{2}\right)$$

$$+ f^{(2n+2)}(\xi) \frac{(b-a)^{2n+3}[(n+1)!]^4}{(2n+3) \cdot [(2n+2)!]^3}, \quad a \leq \xi \leq b.$$

(13.4-18)

Insbesondere ist also

$$\varepsilon_0(f) = T_0(f) - I(f) = -\frac{(b-a)^3}{24} f^{(2)}(\xi),$$

$$\varepsilon_1(f) = T_1(f) - I(f) = -\frac{(b-a)^5}{4320} f^{(4)}(\xi),$$

$$\varepsilon_2(f) = T_2(f) - I(f) = -\frac{(b-a)^7}{2016000} f^{(6)}(\xi).$$

(13.4-19)

Beispiel 13.4-2. Wir wenden (13.4-19) auf die Ergebnisse von Beispiel 13.4-1 an. Dort war

$$\varepsilon_1(f) = 1.717897 - 1.718282 = -3.850000 \cdot 10^{-4}$$

$$\varepsilon_2(f) = 0.000000 \,.$$

Wegen $f^{(k)}(\xi) \leq e = 2.718282$, $b-a = 1$, folgen aus (13.4-19) die Abschätzungen

$$\varepsilon_1(f) \geq -\frac{2.718282}{4320} = -6.292319 \cdot 10^{-4},$$

$$\varepsilon_2(f) \geq -\frac{2.718282}{2016000} = -1.348354 \cdot 10^{-5}.$$

Je nach Wahl der Gewichtsfunktion $\rho(x)$ erhält man für bestimmte Integrationsgrenzen a, b orthogonale Polynome $p_{n+1}(x)$, $n = 0, 1, \ldots$. Man wird jedoch nur in wenigen Fällen $\rho(x) \not\equiv 1$ setzen, etwa dann, wenn das zu berechnende Integral bereits in der Form

$$\int_a^b f(x)\rho(x)dx, \quad \rho(x) > 0 \text{ in } [a,b],$$

gegeben ist. Das Verfahren ist allerdings nur für wenige Gewichtsfunktionen $\rho(x)$ praktikabel, u.a. für

$$\rho(x) = \ln \frac{1}{x} \quad , \quad a = 0, \quad b = 1$$

$$\rho(x) = x^k \quad , \quad a = 0, \quad b = 1, \quad k = 0, \ldots, 5,$$

$$\rho(x) = e^{-x} \quad , \quad a = 0, \quad b = \infty,$$

$$\rho(x) = e^{-x^2} \quad , \quad a = -\infty, \quad b = \infty,$$

$$\rho(x) = (1-x^2)^{\frac{1}{2}} \quad , \quad a = -1, \quad b = 1.$$

Bezüglich einer ausführlichen Darstellung, für die hier der Platz fehlt, vergleiche man etwa [11, 24, 39].

13.5 Numerische Kubatur

13.5.1 Interpolations-Kubaturformeln

Eine schwierige Aufgabe ist die numerische Berechnung mehrfacher bestimmter Integrale

$$I = \int \cdots \int_B f(x_1, \ldots, x_n) dx_1 \cdots dx_n, \qquad (13.5\text{-}1)$$

wobei B ein Bereich des R^n bedeutet und $f(x_1,\ldots,x_n)$ eine dort definierte integrierbare Funktion ist. Dies gilt namentlich für krummflächig berandete Bereiche B. Wir wollen uns daher - und das noch relativ kurz - nur mit dem Fall n = 2, der "numerischen Kubatur", befassen. Bezüglich einer allgemeineren Beschreibung der Verfahren für beliebiges n muß auf die Speziallitertur verwiesen werden, etwa auf [38].

Anstelle von x_1, x_2 schreiben wir x, y, betrachten jetzt also das Integral

$$I = \iint_B f(x,y)\,dx\,dy \qquad (13.5\text{-}2)$$

und wollen es durch eine endliche Summe der Gestalt

$$T_{mn} = \sum_{i=0}^{m} \sum_{j=0}^{n} \beta_{ij}^{mn} f(x_i, y_j) \qquad (13.5\text{-}3)$$

approximieren, wobei die $(m+1)(n+1)$ verschiedenen Punkte $(x_i, y_j) \in B$, $i = 0,\ldots,m$, $j = 0,\ldots,n$, festgelegt werden und die β_{ij}^{mn} reelle Gewichte sind. Zu einer Kubaturformel (15.5-3) kann man wie folgt gelangen:

Es sei $x_i \ne x_k$, $y_j \ne y_l$, $i \ne k$, $j \ne l$. Dann bilden die Punkte (x_i, y_j), $i = 0,1,\ldots,m$, $j = 0,1,\ldots,n$, ein rechteckiges Schema. Wir suchen weiter das Polynom

$$P_{mn}(x,y) = \sum_{i=0}^{m} \sum_{j=0}^{n} a_{ij} x^i y^j, \qquad (13.5\text{-}4)$$

das den Bedingungen

$$P_{mn}(x_i, y_j) = f(x_i, y_j), \quad i = 0,\ldots,m;\ j = 0,1,\ldots,n, \qquad (13.5\text{-}5)$$

genügt. Durch diese $(m+1)(n+1)$ Gleichungen sind die a_{ij} in (13.5-4) und damit das Polynom $P_{mn}(x,y)$ eindeutig bestimmt. Es ist in x von höchstens m-tem, in y von höchstens n-tem Grad, mit

$$L_{mi}(x) = \prod_{\substack{l=0 \\ l \ne i}}^{m} \frac{x - x_l}{x_i - x_l},$$

$$L_{nj}(y) = \prod_{\substack{k=0 \\ k \ne j}}^{n} \frac{y - y_k}{y_j - y_k} \qquad (13.5\text{-}6)$$

13.5 Numerische Kubatur

hat es die Form

$$P_{mn}(x,y) = \sum_{i=0}^{m} \sum_{j=0}^{n} L_{mi}(x) L_{nj}(y) f(x_i, y_j), \qquad (13.5\text{-}7)$$

wie man auch durch einfache Rechnung bestätigt. Dieses Interpolationspolynom entspricht dem Lagrangeschen Interpolationspolynom bei einer Veränderlichen. Dann ist

$$\iint_B P_{mn}(x,y) \, dx \, dy = \sum_{i=0}^{m} \sum_{j=0}^{n} \beta_{ij}^{mn} f(x_i, y_j) \qquad (13.5\text{-}8)$$

mit den Gewichten

$$\beta_{ij}^{mn} = \iint_B L_{mi}(x) L_{nj}(y) \, dx \, dy. \qquad (13.5\text{-}9)$$

Diese Integrale lassen sich aber (im Gegensatz zum eindimensionalen Fall) nur in Ausnahmefällen exakt berechnen. Eine solche Ausnahme liegt vor, wenn B ein Rechteck ist:

$$B: a \leq x \leq b, \quad c \leq y \leq d.$$

Dann gilt offenbar

$$\beta_{ij}^{mn} = \int_a^b L_{mi}(x) \, dx \cdot \int_c^d L_{nj}(y) \, dy. \qquad (13.5\text{-}10)$$

Die Gewichte sind somit die Produkte der entsprechenden Gewichte (13.1-6) im eindimensionalen Fall.

Nun gilt allgemein für $(x,y) \in B$, wobei jetzt B nicht notwendig ein Rechteck ist,

$$f(x,y) = P_{mn}(x,y) + R_{mn}(x,y)$$

mit dem Restglied $R_{mn}(x,y)$. Daher ist

$$I = \iint_B f(x,y) \, dx \, dy = \sum_{i=0}^{m} \sum_{j=0}^{n} \beta_{ij}^{mn} f(x_i, y_j) - \varepsilon_{mn}(f), \qquad (13.5\text{-}11)$$

$$\varepsilon_{mn}(f) = T_{mn} - I = -\iint_B R_{mn}(x,y) \, dx \, dy. \qquad (13.5\text{-}12)$$

Für $\varepsilon_{mn}(f)$ läßt sich zwar eine explizite Darstellung angeben, die jedoch kaum zur Abschätzung des Fehlers geeignet ist.

Ist B das oben definierte Rechteck und sind die Punkte (x_i, y_j) gleichabständig in dem Sinne, daß

$$\left.\begin{array}{l} x_i = x_0 + ih, \; i = 0,1,\ldots,m, \; x_0 = a, \; x_m = b, \; h = \frac{b-a}{m}, \\[6pt] y_j = y_0 + jk, \; j = 0,1,\ldots,n, \; y_0 = c, \; y_n = d, \; k = \frac{d-c}{n}, \end{array}\right\} \qquad (13.5\text{-}13)$$

so setzen wir

$$x = a + hu, \quad y = c + kv \qquad (13.5\text{-}14)$$

mit den neuen Veränderlichen u, v. Nach (13.5-10) ist dann (man vergl. (13.1-8) bis (13.1-10))

$$\beta_{ij}^{mn} = \left\{ h \int_0^m \left(\prod_{\substack{l=0 \\ l \neq i}}^m \frac{u-l}{i-l} \right) du \right\} \left\{ k \int_0^n \left(\prod_{\substack{l=0 \\ l \neq j}}^n \frac{v-l}{j-l} \right) dv \right\}. \qquad (13.5\text{-}15)$$

Setzen wir für eine beliebige ganze Zahl r

$$\int_0^r \left(\prod_{\substack{l=0 \\ l \neq s}}^r \frac{t-l}{s-l} \right) dt = \alpha_s^r, \qquad (13.5\text{-}16)$$

so ergibt (13.5-15)

$$\beta_{ij}^{mn} = hk\alpha_i^m \alpha_j^n, \qquad (13.5\text{-}17)$$

und die Kubaturformel (13.5-3) lautet

$$T_{mn} = hk \sum_{i=0}^m \sum_{j=0}^n \alpha_i^m \alpha_j^n f(x_i, y_j). \qquad (13.5\text{-}18)$$

Die α_s^n, $s = 0,1,\ldots,n$, stimmen mit den α_s für das jeweilige n in Tabelle 13-1 überein.

Jede Formel (13.5-18) mit $m \geqslant 0$, $n \geqslant 0$ integriert ein Polynom nullten Grades, d.h. eine Konstante, exakt. Daher folgt mit $f(x,y) \equiv 1$

13.5 Numerische Kubatur

$$I = \int_a^b \int_c^d dxdy = (b-a)(d-c) = hk \sum_{i=0}^m \sum_{j=0}^n \alpha_i^m \alpha_j^n,$$

und somit wegen $hk = \frac{b-a}{m} \frac{d-c}{n}$

$$\sum_{i=0}^m \sum_{j=0}^n \alpha_i^m \alpha_j^n = m \cdot n. \tag{13.5-19}$$

Für $m = n$ erhält man insbesondere

$$T_{11} = \frac{hk}{4}(f(a,c) + f(b,c) + f(a,d) + f(b,d)), \tag{13.5-20}$$

$$T_{22} = \frac{hk}{9}\Big\{ f(a,c) + f(b,c) + f(a,d) + f(b,d)$$
$$+ 4\Big[f\Big(\frac{a+b}{2},c\Big) + f\Big(\frac{a+b}{2},d\Big) + f\Big(a,\frac{c+d}{2}\Big) + f\Big(b,\frac{c+d}{2}\Big)\Big] \tag{13.5-21}$$
$$+ 16\, f\Big(\frac{a+b}{2},\frac{c+d}{2}\Big)\Big\}.$$

<u>Beispiel 13.5-1.</u> Wir betrachten das Testintegral

$$I = \int_0^1 \int_0^1 e^{x+y} dy = (e-1)^2 = 2.952492$$

und berechnen es näherungsweise nach (13.5-20) und (13.5-21):

$$T_{11} = \frac{1}{4}(1 + 2 \cdot 2.718282 + 7.389056) = 3.456405,$$

$$T_{22} = \frac{1}{36}(4T_{11} + 8[1.684721 + 4.481689] + 16 \cdot 2.718282) = 2.954484.$$

Wegen $h = k = \frac{1}{2}$ ist hier auch T_{22} noch recht ungenau.

13.5.2 Ein einfaches summiertes Kubaturverfahren

Ist der Bereich B nicht klein, so wird man ihn in Teilbereiche zerlegen, auf diese jeweils eine Kubaturformel anwenden und die erhaltenen Werte aufsummieren. Man erhält somit summierte Kubaturformeln. Dabei ist es im allgemeinen zweckmäßig, B sehr fein zu unterteilen, jedoch eine einfache Kubaturformel zu verwenden.

Im folgenden soll ein spezielles Verfahren beschrieben werden, das hinreichend einfach ist, in den meisten Fällen aber die Genauigkeitsforderungen bei technischen Problemen erfüllt. Es hat sich in der Praxis gut bewährt.

Wir zerlegen B in Teilbereiche B_i, $i = 1,\ldots,N$, so daß

$$I = \iint_B f(x,y)dxdy = \sum_{i=1}^{N} \iint_{B_i} f(x,y)dxdy. \tag{13.5-22}$$

Die B_i seien so gewählt, daß ihre Schwerpunkte bekannt sind oder doch leicht bestimmt werden können. Sei (p_i,q_i) der Schwerpunkt von B_i und $f \in C^2(B)$, so gilt

$$f(x,y) = f(p_i,q_i) + f_x(p_i,q_i)(x - p_i) + f_y(p_i,q_i)(y - q_i) + R(x,y).$$

Integriert man beide Seiten über B_i, so erhält man wegen

$$p_i = \frac{1}{F_i} \iint_{B_i} x\,dxdy, \quad q_i = \frac{1}{F_i} \iint_{B_i} y\,dxdy,$$

wobei F_i der Inhalt von B_i bedeutet,

$$\iint_{B_i} f(x,y)dxdy = F_i \cdot f(p_i,q_i) + \iint_{B_i} R(x,y)dxdy. \tag{13.5-23}$$

Sei h_i der Maximalabstand aller Punktepaare aus B_i, d.h.

$$h_i = \underset{(x,y),(\bar{x},\bar{y}) \in B_i}{\text{Max}} \left\{ \sqrt{(x - \bar{x})^2 + (y - \bar{y})^2} \right\}, \tag{13.5-24}$$

so gilt für $(x,y) \in B_i$ sicher

$$(x - p_i)^2, \; |(x - p_i)(y - q_i)|, \; (y - q_i)^2 \leq h_i^2.$$

Im Restglied $R(x,y)$ treten aber gerade $(x - p_i)^2$, $(x - p_i)(y - q_i)$ und $(y - q_i)^2$ linear auf, daher gilt

$$\iint_{B_i} R(x,y)dydx = O(h_i^4). \tag{13.5-25}$$

Somit folgt mit $h = \underset{i=1,\ldots,N}{\text{Max}} \{h_i\}$ und aus der Tatsache, daß Nh^2 eine Konstante K ist, die eine obere Schranke für den Inhalt von B darstellt,

$$\iint_B f(x,y)dxdy = \sum_{i=1}^{N} F_i \cdot f(p_i,q_i) + O(h^2). \tag{13.5-26}$$

Läßt man nun das Restglied fort, so hat man in

$$\widetilde{I} = \sum_{i=1}^{N} F_i \cdot f(p_i, q_i) \qquad (13.5\text{-}27)$$

einen Näherungswert für das Integral I.

Ist der Rand von B ein geschlossener Polygonzug, so kann B trianguliert, d.h. durch eine Vereinigung von Dreiecken B_i ausgeschöpft werden. Dabei sollen verschiedene Dreiecke höchstens auf ihrem Rand gemeinsame Punkte haben (Bild 13-2).

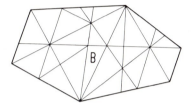

Bild 13-2. Triangulierung von B

Ist der Rand von B kein geschlossener Polygonzug, so kann dennoch B in vielen Fällen durch einen polygonal berandeten Bereich hinreichend genau approximiert werden. Man verfährt dann wie oben. Sind (x_{ij}, y_{ij}), $j = 1, 2, 3$, die Koordinaten der Ecken des i-ten Teildreieckes B_i, so sind die Koordinaten des Schwerpunkts von B_i bekanntlich

$$p_i = \frac{1}{3}(x_{i1} + x_{i2} + x_{i3}), \quad q_i = \frac{1}{3}(y_{i1} + y_{i2} + y_{i3}). \qquad (13.5\text{-}28)$$

13.6 Ergänzungen

13.6.1 Numerische Berechnung uneigentlicher Integrale

Bisher haben wir vorausgesetzt, daß die numerisch zu berechnenden bestimmten Integrale über eigentliche Integrale hinreichend oft differenzierbare Funktionen sind. In den Anwendungen treten jedoch auch uneigentliche Integrale und Integrale mit Singularitäten auf. Mit ihrer numerischen Berechnung wollen wir uns hier kurz befassen.

Zunächst betrachten wir das - natürlich als konvergent vorausgesetzte - uneigentliche Integral

$$I = \int_0^{\infty} f(x)\,dx. \qquad (13.6\text{-}1)$$

Man kann versuchen, durch Einführung einer neuen unabhängigen Veränderlichen t das Integral in ein solches mit endlichen Grenzen umzuschreiben. Setzt man etwa

$$t = e^{-x}, \text{ d.h. } x = -\ln t,$$

so folgt

$$I = \int_0^\infty f(x)\,dx = -\int_1^0 \frac{f(-\ln t)}{t}\,dt = \int_0^1 \frac{f(-\ln t)}{t}\,dt = \int_0^1 \frac{g(t)}{t}\,dt. \qquad (13.6\text{-}2)$$

Ist $g(t)/t$ in der Umgebung von $t = 0$ beschränkt, so steht auf der rechten Seite von (13.6-2) ein eigentliches bestimmtes Integral, das mit den bisherigen Methoden berechnet werden kann. Andernfalls versagt die Methode.

Eine weitere Möglichkeit, I näherungsweise zu berechnen, bietet folgendes Vorgehen: Da I existiert, gibt es bei vorgegebenem beliebigen $\varepsilon > 0$ stets ein $x_0 \geq 0$, so daß für alle $x_1, x_2 \geq x_0$ die Abschätzung

$$\left| \int_{x_1}^{x_2} f(x)\,dx \right| < \varepsilon \qquad (13.6\text{-}3)$$

gilt. Man kann dann Zahlen

$$0 < a_1 < a_2 < \cdots < a_n < \cdots$$

wählen und erhält

$$I = \int_0^\infty f(x)\,dx = \int_0^{a_1} f(x)\,dx + \sum_{i=1}^\infty \int_{a_i}^{a_{i+1}} f(x)\,dx = I_0 + \sum_{i=1}^\infty I_i. \qquad (13.6\text{-}4)$$

Die Integrale auf der rechten Seite sind eigentliche Integrale, sie können mit den Methoden aus 13.1 bis 13.4 numerisch berechnet werden. Die Rechnung wird nach n Teilintegralen abgebrochen, wenn der Betrag von I_n hinreichend klein ist. Damit ist natürlich noch nicht sichergestellt, daß auch

$$\int_{a_n}^\infty f(x)\,dx$$

betragsmäßig hinreichend klein ist. Dies läßt sich jedoch oft durch zusätzliche theoretische Untersuchungen oder geeignete Experimente abklären. Man vergleiche dazu etwa [11, 21]. Dort findet sich auch die Beschreibung weiterer Methoden zur genäherten Berechnung uneigentlicher Integrale.

13.6.2 Numerische Berechnung von Integralen mit Singularitäten

Wir wenden uns nun der numerischen Berechnung von bestimmten Integralen mit Singularitäten, d.h. Integralen, deren Integrand oder seine ersten Ableitungen Unstetigkeitsstellen oder Unendlichkeitsstellen in [a,b] besitzt, zu. Dann gelten im allgemeinen nicht mehr die in 13.1 bis 13.4 gegebenen Ausdrücke für den Quadraturfehler, da hierbei stets vorausgesetzt werden mußte, daß f(x) in [a,b] stetige Ableitungen bis zu einer bestimmten Ordnung besitzt.

Zunächst nehmen wir an, daß f(x) selbst an den Stellen

$$x_1 < x_2 < \cdots < x_n$$

mit $a \leq x_1$, $x_n \leq b$ endliche Unstetigkeiten besitzt. Es gibt also eine positive Zahl ρ, so daß (in der üblichen Schreibweise)

$$\left| \lim_{x \to x_i - 0} f(x) - \lim_{x \to x_i + 0} f(x) \right| \leq \rho, \quad i = 1, 2, \ldots, n,$$

gilt. Dann schreibt man

$$I = \int_a^b f(x)dx = \int_a^{x_1} f(x)dx + \sum_{i=1}^{n-1} \int_{x_i}^{x_{i+1}} f(x)dx + \int_{x_n}^b f(x)dx \qquad (13.6\text{-}5)$$

und berechnet die rechts stehenden Integrale mit jeweils stetigen Integranden nach den bekannten Vorschriften aus 13.1 bis 13.4.

Ähnlich verfährt man, wenn Ableitungen von f(x) endliche Unstetigkeiten besitzen. Dazu nehmen wir jetzt allgemeiner an, daß die Funktion f(x) in den Teilintervallen

$$[a, x_1], [x_1, x_2], \ldots, [x_{n-1}, x_n], [x_n, b]$$

so oft stetig differenzierbar ist, wie es das jeweilige Verfahren erfordert. Dabei definieren wir in $[x_i, x_{i+1}]$ die Werte und Ableitungen von f(x) in x_i als rechtsseitigen, in x_{i+1} als linksseitigen Grenzwert. In der Form (13.6-5) kann I dann wieder mit den beschriebenen Quadraturverfahren numerisch berechnet werden.

Schwieriger ist oft die numerische Berechnung solcher Integrale, bei denen der Integrand Unendlichkeitsstellen besitzt. Wir betrachten daher nur den Spezialfall, daß

$$\lim_{x \to a} f(x) = \pm \infty \qquad (13.6\text{-}6)$$

gilt und das Integral die Gestalt

$$I = \int_a^b f(x)dx = \int_a^b \frac{g(x)}{(x-a)^\tau} dx, \quad 0 < \tau < 1, \tag{13.6-7}$$

besitzt. Dabei ist $g \in C^{m+1}([a,b])$, wobei m so groß wie nötig sein soll.

Eine erste Methode basiert auf der Variablensubstitution

$$x = a + t^{\frac{L}{1-\tau}} \tag{13.6-8}$$

mit der natürlichen Zahl L. Dann ist

$$dx = \frac{L}{1-\tau} t^{\frac{L}{1-\tau} - 1} dt$$

und das Integral (13.6-7) geht über in

$$I = \frac{L}{1-\tau} \int_0^{(b-a)^{\frac{1-\tau}{L}}} g\left(a + t^{\frac{L}{1-\tau}}\right) t^{L-1} dt. \tag{13.6-9}$$

Wegen $L \geq 1$ und den Voraussetzungen über die Funktion g ist hierbei der Integrand für t = 0 stetig. Wählt man L hinreichend groß, so ist der Integrand sogar so oft stetig differenzierbar wie die Funktion g selbst. Man kann also wieder die bekannten Quadraturverfahren auf (13.6-9) anwenden.

Eine weitere Methode zur Berechnung des Integrals (13.6-7) benutzt die Taylorentwicklung

$$g(x) = g_m(x) + \frac{(x-a)^{m+1}}{(m+1)!} g^{(m+1)}(\xi_x) \tag{13.6-10}$$

mit

$$g_m(x) = \sum_{k=0}^{m} \frac{g^{(k)}(a)}{k!} (x-a)^k. \tag{13.6-11}$$

Dann gilt

$$I = \int_a^b \frac{g(x)}{(x-a)^\tau} dx = \int_a^b \frac{g(x) - g_m(x)}{(x-a)^\tau} dx + \int_a^b \frac{g_m(x)}{(x-a)^\tau} dx. \tag{13.6-12}$$

Das zweite Integral auf der rechten Seite ist exakt berechenbar, der Integrand des ersten ist an der Stelle x = a mitsamt seinen Ableitungen bis zur m-ten Ordnung endlich. Man kann somit wieder die Verfahren aus 13.1 bis 13.4 anwenden.

13.7 FORTRAN-Unterprogramm

Das Verfahren von Romberg zur numerischen Berechnung des Integrals

$$I = \int_a^b f(x)dx.$$

<u>Aufruf und Parameter</u>
CALL ROMB (A,B,N,ERG,FUNK)

<u>Eingabe</u>
A: Untere Integrationsgrenze
B: Obere Integrationsgrenze
N: Konstante zur Festlegung von $H_i = (B - A)/2^i$, $i = 0,1,\ldots,N$
FUNK: <u>Name</u> des vom Benutzer zu schreibenden Unterprogramms, das den Integranden $f(x)$ definiert. Muß im rufenden Programm mit EXTERNAL vereinbart werden.

<u>Ausgabe</u>
ERG: Ergebnis der Romberg-Integration: T_{NN}

```
      SUBROUTINE ROMB(A,B,N,ERG,F)
      DIMENSION T(10)
      H=B-A
      N1=N+1
      DO    20     I=1,N1
      K=2**(I-1)-1
      T(I)=H*(0.5*(F(A)+F(B)))
      IF(K.EQ.0)      GOTO 20
      DO    10     J=1,K
   10 T(I)=T(I)+F(A+J*H)+H
   20 H=H/2.
      DO    40     K=2,N1
      TKK=0.
      DO    30     I=K,N1
      TK = (4**(K-1)*T(I)-T(I-1))/(4**(K-1)-1.)
      T(I-1)=TKK
   30 TKK=TK
      T(N1)=TK
   40 CONTINUE
      ERG=T(N1)
      RETURN
      END
```

Aufgaben

A 13-1. Das Integral

$$I = \int_0^1 \frac{\sin x}{x}\, dx$$

soll mit einer Newton-Cotes-Formel näherungsweise berechnet werden.

(a) Wie groß muß nach Tabelle 13-2 die Zahl n mindestens gewählt werden, damit der Quadraturfehler r_{n+1} betragsmäßig kleiner als 10^{-4} ist?

(b) Man berechne I näherungsweise mit dem entsprechenden Verfahren.

A 13-2. Das Integral I aus Aufgabe 13-1 soll mit der summierten Sehnen-Trapez-Regel (13.2-9) näherungsweise berechnet werden.

(a) Wie klein muß h = H mindestens gewählt werden, damit der Quadraturfehler r_2 betragsmäßig kleiner als 10^{-4} ist.

(b) Man führe die Berechnung durch und vergleiche das Ergebnis mit dem aus Aufgabe 13-1.

A 13-3. Man berechne mit dem Romberg-Verfahren die Näherung T_{22} des Integrals

$$I = \int_0^1 e^{-x^2}\, dx$$

und schätze den Fehler ab. Mit welcher Stellenzahl müssen die Rechnungen mindestens durchgeführt werden.

A 13-4. Mit dem Gaußschen Quadraturverfahren berechne man die Näherungen $T_0(f), T_1(f), T_2(f)$ des Integrals

$$I = \int_{-1}^{1} \frac{dx}{\sqrt{1+x^4}} \ .$$

A 13-5. Für n = 0 ist das Gleichungssystem (13.4-4) linear. Man leite daraus für $\rho(x) \equiv 1$ direkt die Gaußsche Quadraturformel $T_0(f)$ her.

A 13-6. Es sei B die durch $x^2 + y^2 \leq 1$ gegebene Kreisscheibe. Man berechne das Integral

$$I = \iint_B e^{x^2+y^2}\, dy\, dx$$

Aufgaben   151

näherungsweise wie folgt: B wird durch ein regelmäßiges einbeschriebenes 16-Eck ersetzt, dieses wiederum in 16 gleichmäßige Dreiecke zerlegt und dann die summierte Kubaturformel (13.5-27) mit N = 16 angewendet. Anschließend vergleiche man den berechneten Näherungswert mit dem in diesem Fall leicht zu ermittelnden exakten Integralwert.

<u>A 13-7.</u> Man berechne mit einer der in 13.6 beschriebenen Methode näherungsweise das uneigentliche Integral

$$I = \int_0^\infty \frac{\sin x}{x}\, dx$$

und vergleiche das Ergebnis mit dem exakten Wert $I = \frac{\pi}{2}$.

Teil VI

Numerische Lösung von gewöhnlichen Differentialgleichungen

Differentialgleichungsprobleme treten in allen technischen Diziplinen besonders häufig auf, in der Regel als Anfangswert-, Randwert-, und Eigenwertprobleme. Da sie nur in Ausnahmefällen "exakt" gelöst werden können, kommt dem Gebiet der numerischen Lösung von Differentialgleichungen innerhalb der Numerischen Mathematik eine überragende Bedeutung zu. Entsprechend umfangreich ist die Literatur über dieses Gebiet, so daß im Rahmen dieses Buches nur auf grundlegende und einfache Verfahren eingegangen werden kann.

Die meisten Differentialgleichungsprobleme aus den technischen Anwendungen sind naturgemäß partielle Differentialgleichungsprobleme. Auf deren numerische Behandlung werden wir ausführlicher in Teil VII eingehen.

Bei der numerischen Lösung von Anfangswertproblemen gewöhnlicher Differentialgleichungen in Kapitel 14 beschränken wir uns auf sog. Diskretisierungsverfahren für Differentialgleichungen im Reellen und unter diesen wiederum auf Einschritt-Differenzenverfahren. Diese sind bei der praktischen Rechnung einfach zu handhaben, ihre Theorie, soweit sie für die numerische Rechnung Bedeutung hat, ist relativ einfach. Auch bei der numerischen Lösung von Rand- und Eigenwertproblemen in Kapitel 15 werden wir nur auf einfache, aber effiziente Verfahren eingehen.

14 Anfangswertprobleme gewöhnlicher Differentialgleichungen

14.1 Einfache Einschritt-Verfahren

14.1.1 Systeme gewöhnlicher Differentialgleichungen 1. Ordnung

Das System

$$y_1' = f_1(x, y_1, \ldots, y_n),$$
$$\vdots \qquad\qquad\qquad\qquad\qquad\qquad (14.1-1)$$
$$y_n' = f_n(x, y_1, \ldots, y_n),$$

heißt "System von gewöhnlichen Differentialgleichungen 1. Ordnung in n gesuchten Funktionen". Für n = 1 erhält man eine Einzeldifferentialgleichung 1. Ordnung. Jedes System von Funktionen $y_1 = y_1(x), \ldots, y_n = y_n(x)$ mit $y_i \in C^1((a,b))$, i = 1,...,n, das (14.1-1) im Intervall (a,b) identisch erfüllt, heißt Lösungssystem oder kürzer Lösung von (14.1-1).

Wir betrachten nun folgendes Anfangswertproblem:

$$y_i' = f_i(x, y_1, \ldots, y_n), \quad y_i(a) = y_a^i, \quad i = 1, 2, \ldots, n. \qquad (14.1-2)$$

Gesucht ist dabei eine Lösung des Systems (14.1-1), die an der Stelle x = a stetig in die vorgegebenen Anfangswerte y_a^i übergeht. Die Frage der Existenz und Eindeutigkeit einer solchen Lösung soll hier nicht erörtert werden, sie wird in der Theorie gewöhnlicher Differentialgleichungen beantwortet. Wir wollen im folgenden stets voraussetzen, daß das Problem (14.1-2) im Intervall (a,b) genau eine hinreichend oft differenzierbare Lösung besitzt, wobei b = ∞ zugelassen ist.

Für die weiteren Untersuchungen ist es nützlich, eine kürzere Schreibweise einzuführen. Setzen wir

$$y = \begin{bmatrix} y_1 \\ \cdot \\ \cdot \\ \cdot \\ y_n \end{bmatrix}, \quad y_a = \begin{bmatrix} y_a^1 \\ \cdot \\ \cdot \\ \cdot \\ y_a^n \end{bmatrix}, \quad f(x,y) = \begin{bmatrix} f_1(x,y_1,\ldots,y_n) \\ \cdot \\ \cdot \\ \cdot \\ f_n(x,y_1,\ldots,y_n) \end{bmatrix} = \begin{bmatrix} f_1(x,y) \\ \cdot \\ \cdot \\ \cdot \\ f_n(x,y) \end{bmatrix},$$

(14.1-3)

so lautet (14.1-2)

$$y' = f(x,y), \quad y(a) = y_a. \tag{14.1-4}$$

Jedes Anfangswertproblem einer Einzeldifferentialgleichung n-ter Ordnung

$$y^{(n)} = f(x,y,y',\ldots,y^{(n-1)}), \quad y^{(j)}(a) = y_a^{(j)}, \quad j = 0,1,\ldots,n-1, \tag{14.1-5}$$

läßt sich auf ein Anfangswertproblem der Form (14.1-2) oder (14.1-4) zurückführen. Dazu setzen wir

$$y^{(j)} = y_{j+1}, \quad j = 0,1,\ldots,n-1, \tag{14.1-6}$$

und erhalten somit zusammen mit (14.1-5) das Anfangswertproblem

$$\begin{aligned} y_1' &= y_2 \\ y_2' &= y_3 \\ &\vdots \\ y_{n-1}' &= y_n \\ y_n' &= f(x,y_1,\ldots,y_n) \end{aligned} \tag{14.1-7}$$

Beispiel 14.1-1. Das Anfangswertproblem

$$y^{(4)} = 4y'' - y + e^x, \quad y(0) = y'(0) = y''(0) = 0, \quad y'''(0) = 1,$$

läßt sich auf folgendes Anfangswertproblem zurückführen:

$$\begin{aligned} y_1' &= y_2 & y_1(0) &= 0 \\ y_2' &= y_3 & y_2(0) &= 0 \\ y_3' &= y_4 & y_3(0) &= 0 \\ y_4' &= 4y_3 - y_1 + e^x & y_4(0) &= 1 \end{aligned}$$

14.1 Einfache Einschritt-Verfahren

14.1.2 Explizite Einschritt-Verfahren

Das Intervall [a,b] unterteilen wir - wie in Kapitel 13 bei der numerischen Quadratur - in N hinreichend kleine Teilintervalle der Länge

$$h = \frac{b-a}{N} > 0 \qquad (14.1-8)$$

und nennen h die Schrittweite. Die Punkte

$$x_i = a + ih, \quad i = 0,1,\ldots,N, \qquad (14.1-9)$$

heißen Gitterpunkte, ihre Gesamtheit für jeweils festes $h > 0$ heißt Gitter G_h. Es sollen dann in den Gitterpunkten x_i Näherungen

$$y_i^h = \left[y_{1i}^h,\ldots,y_{ni}^h\right]^T \qquad (14.1-10)$$

der exakten Lösungsvektoren

$$y(x_i) = [y_1(x_i),\ldots,y_n(x_i)]^T \qquad (14.1-11)$$

berechnet werden. Dazu verwenden wir "explizite Einschrittverfahren". Sie gestatten die Berechnung von y_{i+1}^h, wenn nur y_i^h bei festem h bekannt ist. Mit einer vorgegebenen Vektorfunktion $\Phi = [\Phi_1,\ldots,\Phi_n]^T$ haben sie allgemein die Gestalt

$$y_{i+1}^h = y_i^h + h\Phi\left(x_i, y_i^h; h\right), \quad y_0^h = y_a, \qquad (14.1-12)$$

oder ausführlich

$$\begin{aligned} y_{1,i+1}^h &= y_{1i}^h + h\Phi_1\left(x_i, y_{1i}^h,\ldots,y_{ni}^h; h\right), \\ &\vdots \\ y_{n,i+1}^h &= y_{ni}^h + h\Phi_n\left(x_i, y_{1i}^h,\ldots,y_{ni}^h; h\right). \end{aligned} \qquad y_{k0}^h = y_a^k, \quad k=1,\ldots,n. \qquad (14.1-13)$$

Durch (14.1-12) oder (14.1-13) wird dann (bei vorgegebener Vektorfunktion Φ) ein numerisches Verfahren definiert, mit dem man aus dem vorgegebenen Anfangsvektor $y_0^h = y_a$ nacheinander die Vektoren $y_1^h,\ldots,y_N^h$ berechnen kann. Die Vektorfunktion Φ ist so zu wählen, daß die berechneten y_i^h tatsächlich in einem noch zu erklärenden Sinne Näherungen von $y(x_i)$ sind. Wie dies erreicht werden kann, soll anschließend erörtert werden.

Ein System der Gestalt (14.1-12) nennt man ein "System von Differenzengleichungen", zusammen mit den vorgegebenen Anfangswerten stellt es ein Anfangswertproblem eines Systems von Differenzengleichungen dar. Im einfachsten Fall, den wir gleich betrachten werden, entsteht es aus dem vorgelegten System von Differentialgleichungen dadurch, daß man alle Ableitungen durch entsprechende Differenzenquotienten ersetzt. Man nennt daher das durch (14.1-12) gegebene numerische Verfahren "Einschritt-Differenzenverfahren".

14.1.3 Das Polygonzugverfahren

Um zu Konstruktionsvorschriften für die Funktion Φ zu gelangen, betrachten wir zunächst den Fall n = 1, d.h. den Modellfall einer Einzeldifferentialgleichung 1. Ordnung

$$y' = f(x,y). \qquad (14.1-14)$$

Ist $y = y(x)$ eine hinreichend oft differenzierbare Lösung dieser Gleichung, so gilt die Taylor-Formel

$$y(x + h) = \sum_{k=0}^{m} \frac{h^k}{k!} y^{(k)}(x) + \frac{h^{m+1}}{(m+1)!} y^{(m+1)}(x + \vartheta h), \quad 0 \leq \vartheta \leq 1. \qquad (14.1-15)$$

Setzt man hierbei $x = x_i$, so kann man allein aus dem Wert $y(x_i)$ den Wert $y(x_i + h)$ berechnen, wenn man einmal das Restglied außer Betracht läßt. Denn es gilt, wenn wir die Argumente x_i, $y(x_i)$ fortlassen,

$$y' = f, \quad y'' = f_x + ff_y, \quad y''' = f_{xx} + 2f_{xy}f + f_{yy}f^2 + f_x f_y + ff_y^2, \qquad (14.1-16)$$

usw. Man sieht jedoch ein, daß dieses Verfahren für größere m wegen der stark wachsenden Kompliziertheit der entstehenden Ausdrücke nicht praktikabel ist. Für m = 1 erhält man dagegen nach (14.1-15) mit $x = x_i$

$$y(x_i + h) = y(x_i) + hf(x_i, y(x_i)) + \frac{h^2}{2!} y''(x_i + \vartheta h).$$

Läßt man das Restglied fort, so erhält man aus

$$y_{i+1}^h = y_i^h + hf\left(x_i, y_i^h\right), \quad i = 0, 1, \ldots, N - 1, \qquad (14.1-17)$$

bei vorgegebener Zahl $y_0^h = y_a$ nacheinander die Werte $y_1^h, y_2^h, \ldots, y_N^h$, von denen wir hoffen, daß sie die exakten Lösungswerte $y(x_1), y(x_2), \ldots, y(x_N)$ approximieren. Wann dies der Fall ist und wie gut gegebenenfalls die Approximation ausfällt, soll in 14.3 untersucht werden. Das durch (14.1-17) gegebene Verfahren ist ein Einschrittverfahren, es gilt

$$\Phi(x,y;h) = f(x,y), \qquad (14.1-18)$$

d.h. die Funktion Φ hängt in diesem einfachsten Fall nicht von h ab.

14.1 Einfache Einschritt-Verfahren

Wir betrachten jetzt wieder das System (14.1-4) mit $n > 1$. Sei $y(x)$ ein zweimal stetig differenzierbarer Lösungsvektor dieses Systems, so gilt

$$y_k(x+h) = y_k(x) + hy_k'(x) + \frac{h^2}{2} y_k''(x + \vartheta_k h), \quad 0 \leq \vartheta_k \leq 1, \quad k = 1,\ldots,n. \tag{14.1-19}$$

Nun ist

$$y_k'(x) = f_k(x, y_1(x), \ldots, y_n(x)), \quad k = 1,\ldots,n, \tag{14.1-20}$$

und somit

$$\left.\begin{array}{l} y_k''(x) = (f_k)_x(x, y_1(x), \ldots, y_n(x)) \\ \quad + \displaystyle\sum_{j=1}^n (f_k)_{y_j}(x, y_1(x), \ldots, y_n(x)) f_j(x, y_1(x), \ldots, y_n(x)), \\ \quad k = 1,\ldots,n. \end{array}\right\} \tag{14.1-21}$$

Bezeichnen wir mit A die Matrix $[A_{ij}] = \left[\dfrac{\partial f_i}{\partial y_j}\right]$, so kann das System (14.1-21) in der folgenden kürzeren vektoriellen Form geschrieben werden:

$$y''(x) = f_x(x, y_1(x), \ldots, y_n(x)) + A(x, y_1(x), \ldots, y_n(x)) f(x, y_1(x), \ldots, y_n(x)).$$

Daraus ergibt sich der in das Restglied $\frac{h^2}{2} y_k''(x + \vartheta_k h)$ von (14.1-19) einzusetzende Wert. Setzt man jetzt $x = x_i$ und vernachlässigt in (14.1-19) das Restglied, so erhält man aus

$$\left.\begin{array}{l} y_{1,i+1}^h = y_{1i}^h + hf_1\!\left(x_i, y_{1i}^h, \ldots, y_{ni}^h\right), \\ \quad \vdots \\ y_{n,i+1}^h = y_{ni}^h + hf_n\!\left(x_i, y_{1i}^h, \ldots, y_{ni}^h\right), \end{array}\right\} \quad i = 0, 1, \ldots, N-1, \tag{14.1-22}$$

oder kürzer aus

$$y_{i+1}^h = y_i^h + hf\!\left(x_i, y_i^h\right), \quad i = 0, 1, \ldots, N-1, \tag{14.1-23}$$

bei vorgegebenem Anfangsvektor $y_0^h = y_a$ nacheinander die Vektoren $y_1^h, \ldots, y_N^h$, welche unter gewissen Voraussetzungen, die in 14.3 erörtert werden, die Vektoren $y(x_1), \ldots, y(x_N)$ approximieren. Das durch (14.1-23) gegebene Verfahren ist ein Einschrittverfahren mit

$$\Phi(x, y; h) = f(x, y). \tag{14.1-24}$$

Unter einer Gitterfunktion, die auch eine Vektorfunktion sein kann, wollen wir eine Funktion verstehen, die nur in den (diskreten) Punkten eines Gitters definiert ist. Daher wird durch die Vektoren $y_0^h, y_1^h, \ldots, y_N^h$ auf dem Gitter G_h eine Gitterfunktion bestimmt. Man kann sich die Verfahrensvorschrift (14.1-23) auch wie folgt entstanden denken: Im System $y'(x_i) = f(x_i, y(x_i))$ werden der Vektor $y'(x_i)$ durch den Differenzenquotienten

$$\frac{1}{h}\left(y_{i+1}^h - y_i^h\right)$$

und $f(x_i, y(x_i))$ durch $f\left(x_i, y_i^h\right)$ ersetzt, wobei die y_k^h noch zunächst unbekannte Komponenten einer (vektoriellen) Gitterfunktion auf G_h sind. Diese werden dann aus dem System

$$\frac{1}{h}\left(y_{i+1}^h - y_i^h\right) = f\left(x_i, y_i^h\right), \quad y_0^h = y_a, \quad i = 0, 1, \ldots, N-1,$$

d.h. aus (14.1-23) bestimmt. Grob gesprochen gelangt man also zu dem durch (14.1-23) gegebenen Einschrittverfahren, wenn man im Differentialgleichungssystem die Differentialquotienten durch Differenzenquotienten, und zwar durch vorwärts genommene, ersetzt.

Das durch (14.1-23) gegebene Verfahren heißt "Euler-Cauchy-Verfahren" oder auch "Polygonzugverfahren". Dieser Name resultiert aus der Tatsache, daß die exakte Lösung des Differentialgleichungsproblems in jedem Teilintervall durch ein Geradenstück, zwischen $x = a$ und $x = b$ also insgesamt durch ein Polygon approximiert wird.

14.1.4 Verbesserte Polygonzugverfahren

Weitere einfache Einschritt-Verfahren, die sich gegenüber dem Polygonzugverfahren jedoch durch höhere Genauigkeit auszeichnen, werden durch die Vorschrift

$$\Phi(x, y; h) = (1-c)f(x, y) + cf\left(x + \frac{h}{2c}, y + \frac{h}{2c}f(x, y)\right) \qquad (14.1-25)$$

mit reellem $c \neq 0$ gegeben. Die Komponenten von (14.1-25) sind, ausführlich geschrieben,

$$\left.\begin{aligned}
\Phi_i(x, y_1, \ldots, y_n; h) &= (1-c)f_i(x, y_1, \ldots, y_n) \\
&\quad + cf_i\Big(x + \frac{h}{2c}, y_1 + \frac{h}{2c}f_1(x, y_1, \ldots, y_n), \ldots \\
&\quad y_n + \frac{h}{2c}f_n(x, y_1, \ldots, y_n)\Big), \quad i = 1, 2, \ldots, n.
\end{aligned}\right\} \quad (14.1-26)$$

14.1 Einfache Einschritt-Verfahren

Gemäß (14.1-12) erhält man für c = 1/2 das "verbesserte Polygonzugverfahren"

$$y_{i+1}^h = y_i^h + \frac{h}{2}\left\{f(x_i, y_i^h) + f(x_{i+1}, y_i^h + hf(x_i, y_i^h))\right\}, \qquad (14.1-27)$$

für c = 1 das "modifizierte Polygonzugverfahren"

$$y_{i+1}^h = y_i^h + hf\left(x_i + \frac{h}{2}, y_i^h + \frac{h}{2}f(x_i, y_i^h)\right). \qquad (14.1-28)$$

Beispiel 14.1-2. Wir betrachten für n = 1 das Anfangswertproblem

$$y' = y^2, \quad y(0) = -4, \quad 0 \leqslant x \leqslant 0.3.$$

Wie man in diesem einfachen Falle natürlich leicht ausrechnet, ist die exakte Lösung

$$y = -\frac{1}{x + \frac{1}{4}}.$$

Mit h = 0.1 lauten dann nacheinander die Vorschriften (14.1-23), (14.1-27), (14.1-28)

$$y_{i+1}^h = y_i^h + 0.1\left(y_i^h\right)^2,$$

$$y_{i+1}^h = y_i^h + 0.05\left\{\left(y_i^h\right)^2 + \left(y_i^h + 0.1\left(y_i^h\right)^2\right)^2\right\},$$

$$y_{i+1}^h = y_i^h + 0.1\left(y_i^h + 0.05\left(y_i^h\right)^2\right)^2.$$

Daraus ergeben sich folgende Werte:

x_i	exakte Lösung	Polygonzug-verfahren	verb. Polygonzug-verfahren	mod. Polygonzug-verfahren
0	-4.000000	-4.000000	-4.000000	-4.000000
0.1	-2.857143	-2.400000	-2.912000	-2.976000
0.2	-2.222222	-1.824000	-2.275003	-2.334304
0.3	-1.818182	-1.491302	-1.861791	-1.909179

Man erkennt, daß das verbesserte und auch noch das modifizierte Polygonzugverfahren zwar bessere Näherungen liefern als das Polygonzugverfahren selbst, alle Näherungen aber immer noch recht ungenau sind. Der Grund hierfür liegt in der recht groß gewählten Schrittweite h = 0.1.

Wir wollen die Genauigkeitsunterschiede bei den Näherungswerten dieses Beispiels noch näher untersuchen. Wegen $y' = y^2$ gilt für die exakte Lösung $y'' = 2yy' = 2y^3$, usw., allgemein

$$y^{(k)} = k! \, y^{k+1}, \quad k = 0, 1, \ldots,$$

wie man durch Induktionsschluß leicht bestätigt. Mit $h = 0.1$ ist dann für die exakte Lösung des betrachteten Anfangswertproblems

$$y(x_{i+1}) = y(x_i) + 0.1 \sum_{k=1}^{\infty} (0.1^{k-1}) y(x_i)^{k+1}$$

$$= y(x_i) + 0.1 y(x_i)^2 + 0.01 y(x_i)^3 + 0.001 y(x_i)^4 + \ldots \, .$$

Die Rechenvorschriften der verwendeten Verfahren (14.1-23), (14.1-27) und (14.1-28) können auch wie folgt geschrieben werden:

$$y_{i+1}^h = y_i^h + 0.1 \left(y_i^h \right)^2,$$

$$y_{i+1}^h = y_i^h + 0.1 \left(y_i^h \right)^2 + 0.01 \left(y_i^h \right)^3 + 0.0005 \left(y_i^h \right)^4,$$

$$y_{i+1}^h = y_i^h + 0.1 \left(y_i^h \right)^2 + 0.01 \left(y_i^h \right)^3 + 0.00025 \left(y_i^h \right)^4.$$

Setzt man hierin anstelle der Näherungen y_i^h, y_{i+1}^h die exakten Werte $y(x_i)$, $y(x_{i+1})$ ein, so stimmt die rechte Seite bei dem Polygonzugverfahren bis zur zweiten, beim verbesserten bzw. modifizierten Polygonzugverfahren dagegen bis zur dritten Potenz von $y(x_i)$ mit der obigen Reihenentwicklung überein. Daraus ergeben sich die Genauigkeitsunterschiede, die wir weiter unten in allgemeiner Form untersuchen werden.

14.2 Runge-Kutta-Verfahren

14.2.1 Verfahren von Heun

Im Prinzip kann man beliebig genaue Einschrittverfahren konstruieren, der stark anwachsende Rechenaufwand setzt dabei jedoch Grenzen. Einen Kompromiß zwischen minimalem Aufwand und hoher Genauigkeit bieten die Runge-Kutta-Verfahren, denen wir uns jetzt zuwenden wollen.

Wir betrachten zunächst den Fall $n = 1$, also das Anfangswertproblem einer Einzeldifferentialgleichung 1. Ordnung. Zwei in der Literatur oft als "Verfahren von Heun" bezeichnete Vorschriften erhält man, wenn in (14.1-12)

14.2 Runge-Kutta-Verfahren

$$\Phi\left(x_i, y_i^h; h\right) = \frac{1}{6}\left(k_1^{(i)} + 4k_2^{(i)} + k_3^{(i)}\right), \quad \begin{aligned} k_1^{(i)} &= f\left(x_i, y_i^h\right) \\ k_2^{(i)} &= f\left(x_i + \frac{h}{2}, y_i^h + \frac{h}{2}k_1^{(i)}\right) \\ k_3^{(i)} &= f\left(x_{i+1}, y_i^h + 2hk_2^{(i)} - hk_1^{(i)}\right) \end{aligned} \right\}$$

(14.2-1)

bzw.

$$\Phi\left(x_i, y_i^h; h\right) = \frac{1}{4} k_1^{(i)} + \frac{3}{4} k_3^{(i)} \quad \begin{aligned} k_1^{(i)} &= f\left(x_i, y_i^h\right) \\ k_2^{(i)} &= f\left(x_i + \frac{h}{3}, y_i^h + \frac{h}{3}k_1^{(i)}\right) \\ k_3^{(i)} &= f\left(x_i + \frac{2h}{3}, y_i^h + \frac{2h}{3}k_2^{(i)}\right) \end{aligned} \right\}$$

(14.2-2)

gesetzt wird.

14.2.2 Das klassiche Runge-Kutta-Verfahren

Das klassische Runge-Kutta-Verfahren (vgl. etwa [17, 19]) ergibt sich aus (14.1-12), wenn dort

$$\Phi\left(x_i, y_i^h; h\right) = \frac{1}{6}\left(k_1^{(i)} + 2k_2^{(i)} + 2k_3^{(i)} + k_4^{(i)}\right) \quad (14.2-3)$$

mit

$$\begin{aligned} k_1^{(i)} &= f\left(x_i, y_i^h\right), \\ k_2^{(i)} &= f\left(x_i + \frac{h}{2}, y_i^h + \frac{h}{2}k_1^{(i)}\right), \\ k_3^{(i)} &= f\left(x_i + \frac{h}{2}, y_i^h + \frac{h}{2}k_2^{(i)}\right), \\ k_4^{(i)} &= f\left(x_{i+1}, y_i^h + hk_3^{(i)}\right). \end{aligned} \right\}$$

(14.2-4)

gesetzt wird.

<u>Beispiel 14.2-1.</u> Wir betrachten wieder das Anfangswertproblem aus Beispiel 14.1-2:

$$y' = y^2, \quad y(0) = -4, \quad 0 \leq x \leq 0.3,$$

und lösen es numerisch mit dem Runge-Kutta-Verfahren. Mit (14.1-12), (14.2-3) und (14.2-4) lautet die Rechenvorschrift, wenn wieder $h = 0.1$ gewählt wird

$$y_{i+1}^h = y_i^h + \frac{1}{60}\left(k_1^{(i)} + 2k_2^{(i)} + 2k_3^{(i)} + k_4^{(i)}\right), \quad i = 0,1,2,$$

$$k_1^{(i)} = \left(y_i^h\right)^2,$$

$$k_2^{(i)} = \left(y_i^h + \frac{1}{20} k_1^{(i)}\right)^2,$$

$$k_3^{(i)} = \left(y_i^h + \frac{1}{20} k_2^{(i)}\right)^2,$$

$$k_4^{(i)} = \left(y_i^h + \frac{1}{10} k_3^{(i)}\right)^2.$$

Daraus ergeben sich folgende Näherungen, wobei wir zum Vergleich die Werte der exakten Lösung angeben:

x_i	exakte Lösung	Runge Kutta-Verf.
0	- 4.000000	- 4.000000
0.1	- 2.857143	- 2.857341
0.2	- 2.222222	- 2.222404
0.3	- 1.818182	- 1.818323

Man erkennt, daß das Runge-Kutta-Verfahren wesentlich bessere Näherungen liefert als die bei der Rechnung in Beispiel 14.1-2 herangezogenen Verfahren. Wir werden hierfür später die Begründung geben.

14.2.3 Runge Kutta-Verfahren für Systeme von Differentialgleichungen

Entsprechende Verfahren kann man auch im Fall $n > 1$, d.h. für Anfangswertprobleme von Systemen gewöhnlicher Differentialgleichungen, konstruieren. Ihre Anwendung wird erheblich einfacher, wenn man das System vorher als autonomes Differentialgleichungssystem schreibt, was leicht durchführbar ist. In den Anwendungen treten sogar vorwiegend autonome Systeme auf. Man setzt dazu $x = y_0$ und betrachtet y_0 als zusätzliche gesuchte Funktion. Aus dem Anfangswertproblem

$$y_k' = f_k(x, y_1, \ldots, y_n), \quad k = 1, 2, \ldots, n, \quad y_k(a) = y_a^k,$$

wird dann das "autonome System"

$$\left.\begin{array}{l} y_0' = 1, \quad\quad\quad\quad y_0(a) = a, \\ y_k' = f_k(y_0, y_1, \ldots, y_n), \quad y_k(a) = y_a^k, \quad k = 1, 2, \ldots, n. \end{array}\right\} \quad (14.2\text{-}5)$$

14.2 Runge-Kutta-Verfahren

Setzt man jetzt

$$y = [y_0, y_1, \ldots, y_n]^T, \quad f = [1, f_1, \ldots, f_n]^T, \quad y_a = [a, y_a^1, \ldots, y_a^n],$$

so erhält (14.2-5) die einfache Gestalt

$$y' = f(y), \quad y(a) = y_a. \tag{14.2-6}$$

Jedes Einschritt-Verfahren zur Lösung dieses Problems hat dann in Analogie zu (14.1-12) die Form

$$y_{i+1}^h = y_i^h + h\Phi\left(y_i^h; h\right). \tag{14.2-7}$$

Das Runge-Kutta-Verfahren erhält man aus (14.2-7), indem man

$$\Phi\left(y_i^h; h\right) = \frac{1}{6}\left(k_1^{(i)} + 2k_2^{(i)} + 2k_3^{(i)} + k_4^{(i)}\right) \tag{14.2-8}$$

mit

$$\begin{aligned}
k_1^{(i)} &= f\left(y_i^h\right), \\
k_2^{(i)} &= f\left(y_i^h + \frac{h}{2} k_1^{(i)}\right), \\
k_3^{(i)} &= f\left(y_i^h + \frac{h}{2} k_2^{(i)}\right), \\
k_4^{(i)} &= f\left(y_i^h + h k_3^{(i)}\right)
\end{aligned} \tag{14.2-9}$$

setzt. Dabei sind die $k_j^{(i)}$ Vektoren mit n + 1 Komponenten $k_{jl}^{(i)}$, j = 1,2,3,4; l = 0,1,...,n (bzw. n Komponenten, wenn das vorgelegte System bereits autonom ist). Ausführlich lautet (14.2-9)

$$\begin{aligned}
k_{1l}^{(i)} &= f_l\left(y_{0i}^h, y_{1i}^h, \ldots, y_{ni}^h\right), \\
k_{2l}^{(i)} &= f_l\left(y_{0i}^h + \frac{h}{2} k_{10}^{(i)}, y_{1i}^h + \frac{h}{2} k_{11}^{(i)}, \ldots, y_{ni}^h + \frac{h}{2} k_{1n}^{(i)}\right), \\
k_{3l}^{(i)} &= f_l\left(y_{0i}^h + \frac{h}{2} k_{20}^{(i)}, y_{1i}^h + \frac{h}{2} k_{21}^{(i)}, \ldots, y_{ni}^h + \frac{h}{2} k_{2n}^{(i)}\right), \\
k_{4l}^{(i)} &= f_l\left(y_{0i}^h + h k_{30}^{(i)}, y_{1i}^h + h k_{31}^{(i)}, \ldots, y_{ni}^h + h k_{3n}^{(i)}\right),
\end{aligned} \tag{14.2-10}$$

$$l = 0, 1, \ldots, n, \quad i = 0, 1, \ldots, N - 1.$$

Beispiel 14.2-2. Schon bei kleinen und einfachen Systemen von Differentialgleichungen können die Rechenvorschriften des Runge-Kutta-Verfahrens recht kompliziert werden, wie wir am Beispiel eines Anfangswertproblems aus der Mechanik zeigen wollen.

In der Theorie der Balkenbiegung (vgl. 14.6) tritt das Problem

$$y'' = (1 + (y')^2)^{3/2} m(x), \quad y(0) = y_0^{(0)}, \quad y'(0) = y_0^{(1)}, \quad 0 \leq x \leq 1,$$

mit der gegebenen stetigen Funktion $m(x)$ auf. Wir schreiben dieses Anfangswertproblem 2. Ordnung nach (14.1-7) zunächst in ein Anfangswertproblem eines Systems von Differentialgleichungen 1. Ordnung um:

$$y_1' = y_2, \quad\quad\quad y_1(0) = y_0^{(0)},$$

$$y_2' = \left(1 + y_2^2\right)^{3/2} m(x), \quad y_2(0) = y_0^{(1)}.$$

Nach (14.2-5) lautet dann das zugehörige autonome Anfangswertproblem

$$y_0' = 1, \quad\quad\quad y_0(0) = 0,$$

$$y_1' = y_2, \quad\quad\quad y_1(0) = y_0^{(0)},$$

$$y_2' = (1 + y_2^2)^{3/2} m(y_0), \quad y_2(0) = y_0^{(1)}.$$

Die Rechenvorschriften des Runge-Kutta-Verfahrens lauten dann nach (14.2-10)

$$k_{10}^{(i)} = 1,$$

$$k_{11}^{(i)} = y_{2i}^h,$$

$$k_{12}^{(i)} = \left[1 + \left(y_{2i}^h\right)^2\right]^{3/2} m\left(y_{0i}^h\right), \quad i = 0, 1, \ldots, N-1.$$

$$k_{20}^{(i)} = 1,$$

$$k_{21}^{(i)} = y_{2i}^h + \frac{h}{2} k_{12}^{(i)},$$

$$k_{22}^{(i)} = \left[1 + \left(y_{2i}^h + \frac{h}{2} k_{12}^{(i)}\right)^2\right]^{3/2} m\left(y_{0i}^h + \frac{h}{2} k_{10}^{(i)}\right),$$

$$k_{30}^{(i)} = 1,$$

$$k_{31}^{(i)} = y_{2i}^{h} + \frac{h}{2} k_{22}^{(i)},$$

$$k_{32}^{(i)} = \left[1 + \left(y_{2i}^{h} + \frac{h}{2} k_{22}^{(i)} \right)^2 \right]^{3/2} m \left(y_{0i}^{h} + \frac{h}{2} k_{20}^{(i)} \right),$$

$$k_{40}^{(i)} = 1,$$

$$k_{41}^{(i)} = y_{2i}^{h} + h k_{32}^{(i)},$$

$$k_{42}^{(i)} = \left[1 + \left(y_{2i}^{h} + h k_{32}^{(i)} \right)^2 \right]^{3/2} m \left(y_{0i}^{h} + h k_{30}^{(i)} \right).$$

Verbesserte Runge-Kutta-Verfahren von sehr hoher Genauigkeit sind von E. Fehlberg [12-14], J. C. Butcher [7] und E. B. Shanks [35] angegeben worden. Eine ausführliche Darstellung der Einschrittverfahren findet man in [17], wo auch sogenannte implizite Runge-Kutta-Verfahren betrachtet werden. Wir wollen darauf jedoch nicht eingehen, zumal, wie bereits zu Anfang erwähnt, die Bedeutung der Anfangswertprobleme gewöhnlicher Differentialgleichungen für die meisten Ingenieurdisziplinen nicht sehr groß ist.

14.3 Konsistenz und Konvergenz

14.3.1 Konsistente Verfahren

Wir wenden uns jetzt der Frage zu, wann die mit einem Einschrittverfahren berechneten Zahlenwerte die exakte Lösung des Anfangswertproblems in den Gitterpunkten approximieren und wie genau diese Approximation gegebenenfalls ist. Dazu betrachten wir wieder das vorgelegte Anfangswertproblem eines Systems gewöhnlicher Differentialgleichungen 1. Ordnung

$$y' = f(x,y), \quad y(a) = y_a \qquad (14.3\text{-}1)$$

und die dazu gehörige allgemeine Rechenvorschrift eines Einschrittverfahrens

$$y_{i+1}^{h} + y_{i}^{h} + h \Phi \left(x_i, y_i^h; h \right), \quad y_0^h = y_a, \quad i = 0, 1, \ldots, N-1, \qquad (14.3\text{-}2)$$

mit der Vektorfunktion $\Phi = [\Phi_1, \ldots, \Phi_n]^T$.

Die y_i^h werden sicher nur dann Approximationen der exakten Lösungswerte $y(x_i)$, $i = 1, \ldots, N$, sein, wenn das System von Differenzengleichungen (14.3-2) das System von Differentialgleichungen (14.3-1) ebenfalls in einem gewissen Sinne approximiert. Zweckmäßigerweise fordert man, daß jede Lösung des Differentialgleichungssystems Näherung einer Lösung des Differenzengleichungssystems ist.

Um diese Forderung präzise fassen zu können, setzen wir im folgenden zunächst generell voraus:

Für eine hinreichend kleine positive Konstante h_0 sei die Vektorfunktion $\Phi(x,y;h)$ bezüglich aller $r + 2$ Veränderlichen $x, y_1, \ldots, y_n, h$ in

$$R : a \leq x \leq b, \quad -\infty < y_k < \infty, \quad k = 1, 2, \ldots, n, \quad 0 \leq h \leq h_0 \qquad (V)$$

stetig.

Definition 14.3-1. Das System (14.3-2) heißt zum System (14.3-1) konsistent, wenn

$$\Phi(x,y;0) = f(x,y), \quad x \in [a,b], \quad y_k \in (-\infty, \infty), \quad k = 1, \ldots, n. \qquad (14.3-3)$$

Ist die Konsistenzbedingung (14.3-3) erfüllt, so sagt man auch einfacher, das durch (14.3-2) gegebene Verfahren sei konsistent. Wir werden uns im folgenden dieser Sprechweise bedienen.

Ist das Verfahren konsistent, so besitzt es die oben geforderte Approximationseigenschaft. Es gilt nämlich für jede Lösung von $y' = f(x,y)$ und $x \in [a, b-h]$ wegen der Stetigkeit von Φ bezüglich h

$$\lim_{h \to 0} \left\{ \frac{1}{h}(y(x+h)-y(x)) - \Phi(x,y(x);h) \right\} - \{y'(x) - f(x,y(x))\}$$
$$= \lim_{h \to 0} \left\{ \frac{1}{h}(y(x+h) - y(x)) - y'(x) \right\} - \lim_{h \to 0} \{\Phi(x,y(x);h) - f(x,y(x))\} = 0.$$

Da andererseits $y'(x) = f(x,y(x))$ ist, folgt hieraus

$$\lim_{h \to 0} \left\{ \frac{1}{h}(y(x+h) - y(x)) - \Phi(x,y(x);h) \right\} = 0. \qquad (14.3-4)$$

Jede Lösung des Systems $y' = f(x,y)$ genügt daher asymptotisch für $h \to 0$ dem Differenzengleichungssystem. Wegen der Stetigkeit von

$$\rho_h(x,y(x)) = \frac{1}{h}(y(x+h) - y(x)) - \Phi(x,y(x);h) \qquad (14.3-5)$$

bezüglich h für $h > 0$ kann daher jede solche Lösung als eine Näherungslösung des Systems von Differenzengleichungen angesehen werden.

Um möglichst genaue Verfahren zu erhalten fordert man, daß (14.3-5) für $h \to 0$ wie die Potenz h^p mit möglichst großem reellen $p > 0$ verschwindet.

14.3 Konsistenz und Konvergenz

Definition 14.3-2. Das durch (14.3-2) gegebene Verfahren heißt konsistent von der Ordnung p, wenn p die größte positive Zahl ist, so daß für jede hinreichend oft differenzierbare Lösung $y(x)$ von $y' = f(x,y)$ und $x \in [a, b-h]$

$$\rho_h(x,y(x)) = \frac{1}{h}(y(x+h) - y(x)) - \Phi(x,y(x);h) = O(h^p), \quad h \to 0, \qquad (14.3\text{-}6)$$

gilt.

Hier bedeutet $O(h^p)$ einen Vektor, dessen Komponenten Funktionen von h sind und dessen Norm (vgl. Kapitel 1 in Band 1) kleiner als Mh^p mit einer von h unabhängigen Konstanten M ist. Diese Konstante hängt noch von der Wahl der Norm ab.

Ein von der Ordnung p konsistentes Verfahren bezeichnet man auch kurz als "Verfahren p-ter Ordnung".

14.3.2 Die Konsistenzordnung einiger Einschritt-Verfahren

Wir wollen jetzt untersuchen, von welcher Ordnung die in 14.1 und 14.2 beschriebenen Verfahren sind. Dabei beschränken wir uns der Einfachheit halber auf den Fall $n = 1$ und setzen voraus, daß die Funktion $f(x,y)$ bezüglich beider Veränderlichen hinreichend oft differenzierbar ist.

Zunächst betrachten wir das durch (14.1-24) definierte Polygonzugverfahren:

$$\rho_h(x,y(x)) = \frac{1}{h}(y(x+h) - y(x)) - \Phi(x,y(x);h)$$

$$= \frac{1}{h}(y(x+h) - y(x)) - f(x,y(x)) = O(h).$$

Denn es ist

$$y(x+h) = y(x) + hy'(x) + O(h^2)$$

$$= y(x) + hf(x,y(x)) + O(h^2).$$

Das Polygonzugverfahren ist daher ein Verfahren 1. Ordnung.

Für die durch (14.1-25) mit $c \neq 0$ gegebene Klasse von Verfahren gilt

$$f\left(x + \frac{h}{2c}, y + \frac{h}{2c}f(x,y)\right) = f(x,y) + \frac{h}{2c}[f_x(x,y) + f_y(x,y)f(x,y)] + O(h^2)$$

und damit

$$\Phi(x,y(x);h) = (1-c)f(x,y(x)) + cf\left(x + \frac{h}{2c}, y(x) + \frac{h}{2c}f(x,y(x))\right)$$

$$= f(x,y(x)) + \frac{h}{2}[f_x(x,y(x)) + f_y(x,y(x))f(x,y(x))] + O(h^2).$$

Andererseits ist

$$\frac{1}{h}(y(x+h)-y(x)) = f(x,y(x)) + \frac{h}{2}[f_x(x,y(x))+f_y(x,y(x))f(x,y(x))] + O(h^2).$$

Daher folgt nach (14.3-5) und wegen der Bedeutung von $O(h^2)$

$$\rho_h(x,y(x)) = O(h^2), \quad h \to 0.$$

Die sich aus (14.1-25) für $c \neq 0$ ergebenden Verfahren, insbesondere das verbesserte Polygonzugverfahren und das modifizierte Polygonzugverfahren, sind daher von 2. Ordnung.

Ganz ähnlich, nur mit erheblich höherem Rechenaufwand, zeigt man, daß die Verfahren (14.2-1) und (14.2-2) von 3. und das Runge-Kutta-Verfahren (14.2-3), (14.2-4) von 4. Ordnung sind. Zum Nachweis hat man einerseits $\Phi(x,y(x);h)$ und andererseits $\frac{1}{h}[y(x+h)-y(x)]$ in eine Taylor-Formel zu entwickeln und den Ausdruck $\rho_h(x,y(x))$ zu bilden.

Für die entsprechenden Verfahren zur numerischen Lösung von Anfangswertproblemen bei Systemen gewöhnlicher Differentialgleichungen 1. Ordnung, also im Fall $n \geq 2$, gilt die gleiche Konsistenzordnung. Die Verfahren sind also für alle $n \geq 1$ von gleicher Ordnung.

Es wurde bereits erwähnt, daß man im Prinzip Einschritt-Verfahren beliebig hoher Genauigkeit konstruieren kann. Entsprechend läßt sich auch eine beliebig hohe Ordnung der Verfahren erreichen, wobei in vielen Fällen der erzielte Genauigkeitsgewinn nicht den erforderlichen hohen Rechenaufwand rechtfertigt. Ausnahmen bilden die am Schluß von 14.2 erwähnten Verfahren von Fehlberg, Butcher und Shanks.

Neben der Konsistenz des Verfahrens wird man von den Näherungswerten y_i^h selbst noch verlangen, daß sie bei Verkleinerung der Schrittweite h die exakten Lösungswerte $y(x_i)$ entsprechend besser approximieren. Die Konsequenz hieraus ist die Forderung, daß für $h \to 0$ die Werte y_i^h gegen die exakten Lösungswerte $y(x_i)$ konvergieren. Ein Verfahren mit dieser Eigenschaft nennt man "konvergent". Dabei ist zu berücksichtigen, daß wegen $i = (x_i - a)/h$ mit der Verkleinerung von h die ganze Zahl i entsprechend größer wird. Dementsprechend haben wir folgende für $n \geq 1$ geltende

<u>Definition 14.3-3.</u> Ein Einschritt-Verfahren heißt an der Stelle $x \in [a,b]$ konvergent, wenn

$$\lim_{\substack{h \to 0 \\ i \to \infty \\ ih \to x \in [a,b]}} \left(y_i^h - y(x)\right) = 0.$$

(14.3-7)

14.3 Konsistenz und Konvergenz

Es heißt darüber hinaus konvergent von der Ordnung $p > 0$, wenn

$$y_j^h - y(x_j) = O(h^p), \quad h \to 0, \quad j = 0, 1, \ldots, N. \qquad (14.3\text{-}8)$$

Dabei ist unter $O(h^p)$ wieder ein von h abhängender Vektor wie bei (14.3-6) zu verstehen.

Es zeigt sich nun, daß die Konsistenz zusammen mit einer im allgemeinen leicht erfüllbaren Bedingung bei Einschritt-Verfahren die Konvergenz sichert. Nach einigen Vorbemerkungen wollen wir das nachweisen, wobei wir uns der Einfachheit halber wieder auf den Fall $n = 1$ beschränken. Weiter unten werden wir ohne Beweis die entsprechenden Aussagen für Systeme von Differential- und Differenzengleichungen zitieren.

14.3.3 Ein Satz über die Konvergenzordnung

In der Theorie der Differentialgleichung $y' = f(x,y)$, insbesondere bei der Untersuchung von Existenz und Eindeutigkeit der Lösung, wird oft vorausgesetzt, daß die Funktion von zwei Veränderlichen $f(x,y)$ bezüglich y eine "Lipschitz-Bedingung" erfüllt. Dies bedeutet, daß etwa für $x \in [a,b]$ und alle y_1, y_2 aus einem bestimmten y-Intervall, das auch unendlich groß sein kann, die Ungleichung

$$|f(x,y_1) - f(x,y_2)| \leq L|y_1 - y_2| \qquad (14.3\text{-}9)$$

mit der "Lipschitz-Konstanten" L besteht. Allgemeiner sagt man, eine Funktion $\varphi(x_1, \ldots, x_n)$ erfülle in einem Gebiet $G \subset R^n$ bezüglich der Veränderlichen x_k eine Lipschitz-Bedingung, wenn dort die Ungleichung

$$\left| \varphi\left(x_1, \ldots, x_k^{(1)}, \ldots, x_n\right) - \varphi\left(x_1, \ldots, x_k^{(2)}, \ldots, x_n\right) \right| \leq L \left| x_k^{(1)} - x_k^{(2)} \right|$$

gilt, und zwar für alle $\left[x_1, \ldots, x_k^{(1)}, \ldots, x_n\right]^T$, $\left[x_1, \ldots, x_k^{(2)}, \ldots, x_n\right]^T \in G$.

Wir setzen nun voraus, daß die Funktion $\Phi(x,y;h)$ als Funktion der drei Veränderlichen x, y, h bezüglich y eine Lipschitz-Bedingung erfüllt, und zwar gelte

$$|\Phi(x,y_1;h) - \Phi(x,y_2;h)| \leq L|y_1 - y_2|, \quad x \in [a,b], \quad y_1, y_2 \in (-\infty, \infty), \quad h \in [0, h_0].$$
$$(14.3\text{-}10)$$

Dies ist die oben erwähnte Bedingung, die zusammen mit der Konsistenz des Verfahrens dessen Konvergenz sichert, wie wir gleich zeigen werden. Wegen $\Phi(x,y;0) = f(x,y)$ kann man vermuten, daß (14.3-10) erfüllbar ist, wenn (14.3-9) gilt. Wir werden darauf später zurückkommen.

Satz 14.3-1. Für n = 1 sei durch $\Phi(x,y;h)$ ein Einschritt-Verfahren gegeben und

(a) $\Phi(x,y;h)$ genüge der Voraussetzung (V),

(b) das Verfahren sei konsistent von der Ordnung p > 0,

(c) die Funktion $\Phi(x,y;h)$ erfülle bezüglich y eine Lipschitz-Bedingung (14.3-10).

Dann ist das Verfahren konvergent von der Ordnung p.

<u>Beweis.</u> Es gilt

$$y_{i+1}^h = y_i^h + h\Phi(x_i, y_i; h),$$

und wegen (14.3-6)

$$y(x_{i+1}) = y(x_i) + h\Phi(x_i, y(x_i); h) + O(h^{p+1}).$$

Mit $\varepsilon_i = y_i^h - y(x_i)$ und wegen $|O(h^{p+1})| \leq Mh^{p+1}$ folgt hieraus nach Subtraktion der zweiten Gleichung von der ersten

$$|\varepsilon_{i+1}| \leq |\varepsilon_i| + h|\Phi(x_i, y_i^h; h) - \Phi(x_i, y(x_i); h)| + Mh^{p+1}.$$

Da Φ eine Lipschitz-Bedingung (14.3-10) erfüllt und wegen $\varepsilon_0 = y_0^h - y(x_0) = 0$ folgt hieraus weiter die Differenzenungleichung

$$|\varepsilon_{i+1}| \leq (1+hL)|\varepsilon_i| + Mh^{p+1}, \quad |\varepsilon_0| = 0. \tag{14.3-11}$$

Die hieraus sich ergebenden $|\varepsilon_i|$ werden durch die Lösungen η_i des Differenzenproblems

$$\eta_{i+1} = (1+hL)\eta_i + Mh^{p+1}, \quad \eta_0 = 0, \tag{14.3-12}$$

majorisiert. Für i = 0 ist das wegen $|\varepsilon_0| = \eta_0 = 0$ richtig. Sei $|\varepsilon_i| \geq \eta_i$ für i = 0,1,...,k, k ⩾ 0, richtig, so folgt aus (14.3-11) und (14.3-12)

$$|\varepsilon_{k+1}| \leq (1+hL)|\varepsilon_k| + Mh^{p+1} \leq (1+hL)\eta_k + Mh^{p+1} = \eta_{k+1}$$

und somit durch Induktionsschluß diese Zwischenbehauptung.

Das Problem (14.3-12) ist ein Anfangswertproblem einer linearen inhomogenen Differenzengleichung 1. Ordnung mit konstanten Koeffizienten. Es kann völlig analog einem Anfangswertproblem einer linearen Differentialgleichung 1. Ordnung mit konstanten Koeffizienten gelöst werden. Die allgemeine Lösung der Differenzen-

14.3 Konsistenz und Konvergenz 173

gleichung (14.3-12) ist gleich der Summe aus der allgemeinen Lösung der zugehörigen homogenen und irgendeiner Lösung der inhomogenen Gleichung.

Zur Berechnung der allgemeinen Lösung der homogenen Gleichung

$$\bar{\eta}_{i+1} = (1 + hL)\bar{\eta}_i \qquad (14.3-13)$$

verwenden wir den Ansatz

$$\bar{\eta}_i = Ce^{\lambda(x_i - a)} = Ce^{\lambda ih}.$$

Setzt man diesen Ausdruck in (14.3-13) ein, so folgt

$$Ce^{\lambda(i+1)h} = C(1 + hL)e^{\lambda ih},$$

also

$$e^{\lambda h} = (1 + hL)$$

und somit

$$\lambda = \frac{1}{h} \ln(1 + hL).$$

Damit ist

$$\bar{\eta}_i = Ce^{i \ln(1+hL)} = C(1 + hL)^i.$$

Eine spezielle Lösung der inhomogenen Gleichung liefert der Ansatz $\eta_i = \alpha = $ const, man erhält aus $\alpha = (1 + hL)\alpha + Mh^{p+1}$ sofort

$$\alpha = -\frac{M}{L} h^p.$$

Daher ist

$$\eta_i = C(1 + hL)^i - \frac{M}{L} h^p \qquad (14.3-14)$$

die allgemeine Lösung der inhomogenen Differenzengleichung (14.3-12). Aus der Anfangsbedingung

$$\eta_0 = 0 = C - \frac{M}{L} h^p$$

ergibt sich

$$C = \frac{M}{L} h^p,$$

so daß nach (14.3-14)

$$\eta_i = \frac{M}{L} h^p \{(1 + hL)^i - 1\} \qquad (14.3-15)$$

die Lösung des Differenzen-Anfangswertproblems (14.3-12) ist. Da η_i die Zahl $|\varepsilon_i|$ majorisiert, folgt weiter

$$\left| y_i^h - y(x_i) \right| = |\varepsilon_i| \leq \eta_i = \frac{M}{L} h^p \{(1+hL)^i - 1\}$$
$$\leq h^p \left\{ \frac{M}{L} (e^{iLh} - 1) \right\} \leq h^p \left\{ \frac{M}{L} (e^{L(b-a)} - 1) \right\} = O(h^p). \qquad (14.3\text{-}16)$$

Damit ist der Satz bewiesen.

Die Konstante M läßt sich im allgemeinen auch nicht bezüglich ihrer Größenordnung schätzen, so daß (14.3-16) als Fehlerabschätzung kaum geeignet ist.

Wie wir gesehen haben, sind die in 14.1. beschriebenen Verfahren von 1. und 2. Ordnung, die in 14.2. von 3. und 4. Ordnung konsistent. Genügen sie daher noch den Voraussetzungen (a) und (c) des Satzes 14.3-1, so sind sie konvergent von der gleichen Ordnung.

Wir untersuchen diese Frage nur für das Runge-Kutta-Verfahren (14.2-4), bei den anderen genannten Verfahren verlaufen die Betrachtungen analog und sind naturgemäß einfacher.

Nach (14.2-3) ist für $a \leq x \leq b-h$, $-\infty < y < \infty$

$$\Phi(x,y;h) = \frac{1}{6} \{k_1(x,y) + 2k_2(x,y) + 2k_3(x,y) + k_4(x,y)\} \qquad (14.3\text{-}17)$$

mit

$$\left. \begin{array}{l} k_1(x,y) = f(x,y), \\[4pt] k_2(x,y) = f\left(x + \dfrac{h}{2},\, y + \dfrac{h}{2} k_1(x,y)\right), \\[4pt] k_3(x,y) = f\left(x + \dfrac{h}{2},\, y + \dfrac{h}{2} k_2(x,y)\right), \\[4pt] k_4(x,y) = f(x + h,\, y + h k_3(x,y)). \end{array} \right\} \qquad (14.3\text{-}18)$$

Man erkennt unmittelbar, daß Φ die Voraussetzung (V) und damit die Voraussetzung (a) des Satzes 14.3-1 erfüllt, wenn $f(x,y)$ in $R: a \leq x \leq b$, $-\infty < y < \infty$, stetig ist.

Wir nehmen weiter an, daß $f(x,y)$ in R eine Lipschitz-Bedingung mit der Lipschitz-Konstanten L erfüllt. Dann gilt

$$|k_1(x,y_1) - k_1(x,y_2)| = |f(x,y_1) - f(x,y_2)| \leq L|y_1 - y_2|, \qquad (14.3\text{-}19)$$

und weiter nach (14.3-18) und (14.3-19)

14.3 Konsistenz und Konvergenz

$$|k_2(x,y_1) - k_2(x,y_2)| \leq L|y_1 + \tfrac{h}{2}k_1(x,y_1) - y_2 - \tfrac{h}{2}k_1(x,y_2)|$$

$$\leq L\{|y_1 - y_2| + \tfrac{h}{2}|k_1(x,y_1) - k_1(x,y_2)|\} \leq \left(L + \tfrac{h}{2}L^2\right)|y_1 - y_2|.$$

Ganz analog erhält man

$$|k_3(x,y_1) - k_3(x,y_2)| \leq \left(L + \tfrac{h}{2}L^2 + \left(\tfrac{h}{2}\right)^2 L^3\right)|y_1 - y_2|,$$

$$|k_4(x,y_1) - k_4(x,y_2)| \leq \left(L + hL^2 + \tfrac{h^2}{2}L^3 + \tfrac{h^3}{4}L^4\right)|y_1 - y_2|.$$

Nach (14.3-17) ergibt sich hieraus

$$|\Phi(x,y_1;h) - \Phi(x,y_2;h)|$$

$$\leq \tfrac{1}{6}\{|k_1(x,y_1) - k_1(x,y_2)| + 2|k_2(x,y_1) - k_2(x,y_2)| + 2|k_3(x,y_1) - k_3(x,y_2)|$$

$$+ |k_4(x,y_1) - k_4(x,y_2)|\} \leq L\left(1 + \tfrac{hL}{2} + \tfrac{(hL)^2}{6} + \tfrac{(hL)^3}{24}\right)|y_1 - y_2|$$

$$\leq L\left(1 + \tfrac{h_0 L}{2} + \tfrac{(h_0 L)^2}{6} + \tfrac{(h_0 L)^3}{24}\right)|y_1 - y_2|.$$

Mit

$$L\left(1 + \tfrac{h_0 L}{2} + \tfrac{(h_0 L)^2}{6} + \tfrac{(h_0 L)^3}{24}\right) = K$$

ist daher

$$|\Phi(x,y_1;h) - \Phi(x,y_2;h)| \leq K|y_1 - y_2|, \qquad (14.3-20)$$

d.h. Φ erfüllt eine Lipschitz-Bedingung bezüglich y. Wir haben daher den

<u>Satz 14.3-2.</u> Die Voraussetzungen (a) nnd (c) des Satzes 14.3-1 sind für die in 14.1 und 14.2 betrachteten Verfahren erfüllt, wenn die Funktion f(x,y) in

$$R : a \leq x \leq b, \quad -\infty < y < \infty$$

stetig ist und dort eine Lipschitz-Bedingung bezüglich y erfüllt.

14.3.4 Systeme von Differentialgleichungen

Wie bereits erwähnt, gelten für den Fall $n > 1$, d.h. bei der numerischen Lösung von Systemen von Differentialgleichungen durch Einschritt-Verfahren, ganz entsprechende Aussagen, die wir im folgenden ohne Beweis angeben wollen.

Den R^n normieren wir durch die euklidische Vektornorm (vgl. Band 1, Abschnitt 1.1). Sei $a = [a_1,\ldots,a_n]^T$ ein Punkt - also auch ein Vektor - des R^n, so ordnen wir ihm die Norm

$$\|a\| = \sqrt{\sum_{i=1}^{n} a_i^2}$$

zu. Ist

$$\varphi(x) = [\varphi_1(x_1,\ldots,x_n),\ldots,\varphi_n(x_1,\ldots,x_n)]^T$$

eine n-komponentige Vektorfunktion, so kann ihr ebenfalls die Norm

$$\|\varphi(x)\| = \sqrt{\sum_{i=1}^{n} \varphi_i(x_1,\ldots,x_n)^2}$$

zugeordnet werden.

Wir betrachten nun in

$$R : a \leqslant x \leqslant b, \quad -\infty < y_i < \infty, \quad i = 1,\ldots,n, \qquad (14.3\text{-}21)$$

die Vektorfunktion

$$f(x,y) = [f_1(x,y_1,\ldots,y_n),\ldots,f_n(x,y_1,\ldots,y_n)]^T.$$

Man sagt, $f(x,y)$ erfülle in R bezüglich $y_1,\ldots,y_n$ eine Lipschitz-Bedingung mit der Lipschitz-Konstanten L, wenn dort

$$\|f(x,y) - f(x,y^*)\| \leqslant L\|y - y^*\| \qquad (14.3\text{-}22)$$

gilt. Dabei sind $[x,y_1,\ldots,y_n]^T$, $[x,y_1^*,\ldots,y_n^*]^T$ beliebige Punkte aus R^{n+1}. Ausführlich geschrieben lautet (14.3-22)

$$\sqrt{\sum_{i=1}^{n}(f_i(x,y_1,\ldots,y_n) - f_i(x,y_1^*,\ldots,y_n^*))^2} \leqslant L\sqrt{\sum_{i=1}^{n}(y_i - y_i^*)^2}.$$

$$(14.3\text{-}23)$$

Zur numerischen Lösung des Anfangswertproblems (14.1-2) verwenden wir das durch (14.1-12) gegebene Einschrittverfahren mit der Vektorfunktion

$$\Phi(x,y;h) = [\Phi_1(x,y_1,\ldots,y_n;h),\ldots,\Phi_n(x,y_1,\ldots,y_n;h)]^T.$$

14.3 Konsistenz und Konvergenz

Wir sagen in Analogie zur Definition (14.3-22), die Vektorfunktion $\Phi(x,y;h)$ erfülle in

$$R_{h_0} : a \leq x \leq b, \quad -\infty < y_i < \infty, \quad i = 1,\ldots,n, \quad 0 \leq h \leq h_0 \qquad (14.3\text{-}24)$$

bezüglich $y_1,\ldots,y_n$ eine Lipschitz-Bedingung mit der Lipschitz-Konstanten L, wenn dort die Ungleichung

$$\|\Phi(x,y;h) - \Phi(x,y^*;h)\| \leq L\|y - y^*\| \qquad (14.3\text{-}25)$$

besteht.

Es gilt dann der

<u>Satz 14.3-3.</u> Für $n \geq 1$ sei durch die Vektorfunktion $\Phi(x,y;h)$ ein Einschritt-Verfahren gegeben und

(a) $\Phi(x,y;h)$ genüge der Voraussetzung (V),

(b) das Verfahren sei konsistent von der Ordnung $p > 0$,

(c) die Vektorfunktion $\Phi(x,y;h)$ erfülle in R_{h_0} eine Lipschitz-Bedingung (14.3-25).

Dann ist das Verfahren konvergent von der Ordnung p.

Der <u>Beweis</u> dieses Satzes verläuft analog dem des Satzes (14.3-1), man hat im wesentlichen nur an die Stelle der absoluten Beträge die Normen zu setzen. Das Ergebnis ist schließlich

$$\|y_i^h - y(x_i)\| \leq Ch^p$$

mit der Konstanten C, woraus $y_i^h - y(x_i) = O(h^p)$ resultiert.

Schließlich erhält man als Analogon zu Satz 14.3-2 die Aussage

<u>Satz 14.3-4.</u> Die Voraussetzungen (a) und (c) des Satzes 14.3-3 sind für die in 14.1 und 14.2 beschriebenen Verfahren erfüllt, wenn die Vektorfunktion $f(x,y)$ in

$$R : a \leq x \leq b, \quad -\infty < y_i < \infty, \quad i = 1,\ldots,n,$$

stetig ist und dort eine Lipschitz-Bedingung (14.3-22) erfüllt.

Man erkennt unmittelbar, inwieweit sich diese Aussagen bei autonomen Systemen vereinfachen.

14.4 Fehlerbetrachtungen. Ergänzungen

14.4.1 Rundungsfehler

Bisher haben wir angenommen, daß die Rechnung ohne Rundungen durchgeführt wird. Diese Annahme ist natürlich unrealistisch, denn auch im Rechenautomaten kann nur mit begrenzter Stellenzahl gerechnet werden (vgl. Band 1, Abschnitt 1.7). Wir nehmen daher jetzt an, daß die numerische Rechnung infolge von Rundungen an Stelle der Werte y_i^h die verfälschten Näherungen $\tilde{y}_i^h$ liefert. Der Einfachheit halber betrachten wir nur den Fall n = 1.

Sind bereits die Näherungen $\tilde{y}_0^h, \tilde{y}_1^h, \ldots, \tilde{y}_k^h$ bekannt, so erhält man aus (14.1-12)

$$\tilde{y}_{k+1}^h = \tilde{y}_k^h + h\Phi(x_k, \tilde{y}_k^h; h) + \varepsilon_{k+1}, \quad k = 0, 1, \ldots, N-1, \quad (14.4-1)$$

mit dem "lokalen Rundungsfehler" ε_{k+1}. Genauer müßten wir auch noch Rundungen der x_k und h berücksichtigen, worauf wir jedoch verzichten, zumal h und $x_k = x_0 + kh$ häufig als endliche Dezimalbrüche nicht gerundet werden. $\tilde{y}_{k+1}^h$ berechnet sich so, daß auf der rechten Seite von (14.4-1) zunächst $\tilde{y}_k^h$ eingesetzt und dann das Ergebnis wiederum gerundet wird. Wir nehmen weiter an, daß die lokalen Rundungsfehler sämtlich unter einer Schranke ε liegen:

$$|\varepsilon_k| \leq \varepsilon, \quad k = 1, 2, \ldots, N. \quad (14.4-2)$$

Dann gilt der

<u>Satz 14.4-1.</u> Die Funktion $\Phi(x, y; h)$ genüge den Voraussetzungen des Satzes 14.3-1.[4] Dann ist

$$\left|\tilde{y}_k^h - y_k^h\right| \leq \left|\tilde{y}_0^h - y_0^h\right| e^{Lkh} + \frac{\varepsilon}{Lh}\{e^{Lkh} - 1\}.$$

<u>Beweis.</u> Nach (14.1-12) und (14.4-1) gilt

$$\tilde{y}_{k+1}^h - y_{k+1}^h = \tilde{y}_k^h - y_k^h + h\left\{\Phi(x_k, \tilde{y}_k^h; h) - \Phi(x_k, y_k^h; h)\right\} + \varepsilon_{k+1}$$

und somit, da Φ bezüglich y eine Lipschitz-Bedingung erfüllt, mit (14.4-2) und der Bezeichnung $\rho_k = \tilde{y}_k^h - y_k^h$

$$|\rho_{k+1}| \leq (1 + hL)|\rho_k| + \varepsilon. \quad (14.4-3)$$

---

[4] Es würde, wie an der Beweisführung erkennbar, das Erfülltsein einer Lipschitz-Bedingung bezüglich y genügen. Wir wollen jedoch nur konvergente Verfahren betrachten.

14.4 Fehlerbetrachtungen, Ergänzungen

Diese Ungleichung entspricht (14.3-11), wenn dort ρ_k statt ε_k und ε statt Mh^{p+1} gesetzt wird, man erhält somit nach (14.3-14) in

$$\eta_k = C(1 + hL)^k - \frac{\varepsilon}{Lh} \qquad (14.4-4)$$

mit der noch zu bestimmenden Konstanten C eine Majorante von $|\rho_k|$. Nehmen wir an, daß auch der Anfangswert bereits gerundet ist, daß

$$\tilde{y}_0^h - y_0^h = \rho_0 \neq 0$$

gilt, so kann in (14.4-4) $\eta_0 = |\rho_0|$ gesetzt werden und man hat

$$C = |\rho_0| + \frac{\varepsilon}{Lh} .$$

Daher folgt aus (14.4-3) und (14.4-4)

$$|\rho_k| \leq |\rho_0|(1 + hL)^k + \frac{\varepsilon}{Lh}\{(1 + hL)^k - 1\} \leq |\rho_0|e^{Lkh} + \frac{\varepsilon}{Lh}\{e^{Lkh} - 1\},$$

wie zu zeigen war.

<u>Folgerung.</u> Ist unter den Voraussetzungen des Satzes das Verfahren von der Ordnung p und wird mit den Konstanten K und R

$$|\rho_0| = \left|\tilde{y}_0^h - y_0^h\right| \leq Kh^p, \quad \varepsilon \leq Rh^{p+1} \qquad (14.4-5)$$

gewählt, so gilt

$$\left|\tilde{y}_k^h - y(x_k)\right| \leq h^p \left\{C_1 e^{Lkh} - C_2\right\}, \qquad (14.4-6)$$

wobei

$$C_1 = \frac{M + KL + R}{L}, \quad C_2 = \frac{M + R}{L} \qquad (14.4-7)$$

zu setzen ist.

Es ist nämlich nach (14.3-15) und Satz 14.4-1

$$\left|\tilde{y}_k^h - y(x_k)\right| \leq \left|\tilde{y}_k^h - y_k^h\right| + \left|y_k^h - y(x_k)\right|$$

$$\leq |\rho_0|e^{Lkh} + \left(\frac{\varepsilon}{Lh} + \frac{M}{L}h^p\right)\{e^{Lkh} - 1\}.$$

Mit (14.4-5) folgt hieraus (14.4-6), (14.4-7).

Wenn daher gemäß (14.4-5) gerundet wird, ändert sich die Konvergenzordnung des Verfahrens nicht. Es ist aber fast selbstverständlich, daß man bei einem genauen Verfahren hoher Ordnung auch mit hinreichend vielen Dezimalstellen rechnen wird, damit der Rundungsfehler nicht die durch den Verfahrensfehler bewirkte Genauigkeit zunichte macht.

Wir können daher etwas vergröbernd sagen, daß bei konvergenten Verfahren und hinreichend genauer Rechnung die erzielten Näherungen durch Rundungsfehler nicht wesentlich beeinflußt werden. Man beachte jedoch, daß mit Verkleinerung von h auch eine nach (14.4-5) bemessene größere Dezimalstellenzahl mitgeführt werden muß. Bei der praktischen Rechnung wird man an Stelle von (14.4-6) ohnedies besser

$$|\rho_0| \leqslant Kh^{p+r}, \quad |\varepsilon| \leqslant Rh^{p+s} \qquad (14.4\text{-}8)$$

mit $r, s \geqslant 1$ wählen.

14.4.2 Fehlerabschätzungen

Eine vollständige Fehleranalyse, die Verfahrensfehler und Rundungsfehler umfaßt, stößt bei allen Verfahren auf Schwierigkeiten. Wie bereits erwähnt, kann die Schranke (14.3-16) für den Fehlerbetrag $|y_i^h - y(x_i)|$ im allgemeinen nicht explizit angegeben werden, da man zwar die Existenz der Konstanten M voraussetzen darf, ihre Größenordnung jedoch nicht kennt. Wir wollen dies direkt im Fall n = 1 anhand des Polygonzugverfahrens zeigen.

Sei $y \in C^2([a,b])$ Lösung des Anfangswertproblems

$$y' = f(x,y), \quad y(a) = y_a,$$

so gilt für $x \in [a, b-h]$

$$y(x+h) = y(x) + hy'(x) + \frac{h^2}{2} y''(x + \vartheta h),$$

$$= y(x) + hf(x,y(x)) + \frac{h^2}{2} y''(x + \vartheta h), \quad 0 \leqslant \vartheta \leqslant 1.$$

An der Stelle x_i ist daher mit $y_{i+1}^h = y_i^h + hf(x_i, y_i^h)$

$$y_{i+1}^h - y(x_{i+1}) = y_i^h - y(x_i) + h\left\{f(x_i, y_i^h) - f(x_i, y(x_i))\right\} - \frac{h^2}{2} y''(x_i + \vartheta h).$$

Setzt man $y_i^h - y(x_i) = \varepsilon_i$, so folgt, wenn f bezüglich y eine Lipschitz-Bedingung mit der Lipschitz-Konstanten L erfüllt, die Fehlerabschätzung

$$|\varepsilon_{i+1}| \leqslant (1+hL)|\varepsilon_i| + \frac{h^2}{2} |y''(x_i + \vartheta h)|, \qquad (14.4\text{-}9)$$

14.4 Fehlerbetrachtungen, Ergänzungen

wobei Rundungsfehler noch nicht berücksichtigt sind. Aus (14.4.9) lassen sich im Prinzip nacheinander Schranken $|\varepsilon_1|, |\varepsilon_2|, \ldots, |\varepsilon_N|$ berechnen. Nun kennt man aber die exakte Lösung $y(x)$ und erst recht ihre 2. Ableitung nicht, so daß eine praktische Fehlerabschätzung auf diesem Wege nicht möglich ist. Würde man wenigstens das Betragsmaximum von y'' auf $[a,b]$ kennen, so könnte man etwa

$$m = \frac{1}{2} \underset{x \in [a,b]}{\text{Max}} |y''(x)|$$

setzen und erhielte aus (14.4-9) die Ungleichung

$$|\varepsilon_{i+1}| \leq (1 + hL)|\varepsilon_i| + Mh^2, \qquad (14.4\text{-}10)$$

welche für $p = 1$ mit (14.3-11) übereinstimmt. Es leuchtet ein, daß die Berechnung einer solchen Konstanten M auch nur in Ausnahmefällen möglich sein wird.

Häufig kann man eine wirksame Fehlerschätzung durch Überlegungen erhalten, wie sie schon bei der Romberg-Integration in 13.3 angestellt wurden. Zunächst gilt der

<u>Satz 14.4-2.</u> Die Funktion $f(x,y)$ besitze in $R: a \leq x \leq b, -\infty < y < \infty$ stetige partielle Ableitungen bis zur Ordnung $k+2$ bezüglich y. Ferner sei durch

$$y_{i+1}^h = y_i^h + h\Phi\left(x_i, y_i^h; h\right), \quad i = 0, 1, \ldots, N - 1, \qquad (14.4\text{-}11)$$

ein Verfahren p-ter Ordnung, $p \leq k$, zur numerischen Lösung des Anfangswertproblems

$$y' = f(x,y), \quad y(a) = y_0 \qquad (14.4\text{-}12)$$

gegeben. Dann gilt

$$y_i^h = y(x_i) + \sum_{j=0}^{k-p} r_{p+j}(x_i) h^{p+j} + R_{k+1}(x_i; h) h^{k+1}. \qquad (14.4\text{-}13)$$

Dabei sind die $r_{p+j}(x)$ von h unabhängige Funktionen, die auch in $[a,b]$ identisch verschwinden können, es ist ferner

$$|R_{k+1}(x_i; h)| \leq M < \infty, \quad i = 0, 1, \ldots, N, \qquad (14.4\text{-}14)$$

mit einer Konstanten M.

Zum <u>Beweis</u> vergleiche man etwa [16].

Mit Hilfe dieses Satzes kann man wie folgt zu einer Fehlerschätzung gelangen: Es sei $r_{p+s}(x)$, $s \geq 1$, die nächste auf $r_p(x)$ folgende nicht identisch verschwindende Funktion. Dann gilt nach (14.4-13) sicher

$$y_i^h = y(x_i) + r_p(x_i)h^p + O(h^{p+s}). \qquad (14.4\text{-}15)$$

Rechnet man mit der Schrittweite $h/2$ anstatt mit h, so folgt hieraus

$$y_{2i}^{h/2} = y(x_i) + r_p(x_i)\left(\frac{h}{2}\right)^p + O\left(\left(\frac{h}{2}\right)^{p+s}\right). \qquad (14.4\text{-}16)$$

Subtraktion liefert

$$y_i^h - y_{2i}^{h/2} = (2^p - 1)r_p(x_i)\left(\frac{h}{2}\right)^p + O\left(\left(\frac{h}{2}\right)^{p+s}\right)(2^{p+s} - 1)$$

und somit

$$r_p(x_i)\left(\frac{h}{2}\right)^p = \frac{y_i^h - y_{2i}^{h/2}}{2^p - 1} + \frac{2^{p+s} - 1}{2^p - 1} O\left(\left(\frac{h}{2}\right)^{p+s}\right).$$

Setzt man dies in (14.4-16) ein, so folgt bei Berücksichtigung der Bedeutung von $O\left(\left(\frac{h}{2}\right)^{p+s}\right)$ die Relation

$$y_{2i}^{h/2} - y(x_i) = \frac{y_i^h - y_{2i}^{h/2}}{2^p - 1} + O\left(\left(\frac{h}{2}\right)^{p+s}\right) \qquad (14.4\text{-}17)$$

oder

$$y_{2i}^{h/2} - y(x_i) \approx \frac{y_i^h - y_{2i}^{h/2}}{2^p - 1} \;. \qquad (14.4\text{-}18)$$

Dies ist die gewünschte Fehlerschätzung.

Die Aussage (14.4-18) gilt offenbar auch im Fall $n > 1$, wenn man von der Vektorfunktion $f(x, y_1, \ldots, y_n)$ fordert, daß jede Komponente in R: $a \leq x \leq b$, $-\infty < y_i < \infty$ partielle Ableitungen nach den y_j bis zur Ordnung $k + 2$ besitzt.

<u>Beispiel 14.4-1.</u> Wir betrachten wieder, wie schon in den Beispielen 14.1-2 und 14.2-1, als Testbeispiel das Anfangswertproblem

$$y' = y^2, \quad y(0) = -4, \quad 0 \leq x \leq 0.3,$$

und wollen für $x_1 = 0.2$ den Fehler der Näherungen schätzen, die wir für $h/2 = 0.1$ mit dem Polygonzugverfahren, dem verbesserten Polygonzugverfahren und dem

Runge-Kutta-Verfahren erhalten. Man vergleiche hierzu auch die Tabellen bei den genannten Beispielen. In der folgenden Tabelle bedeutet

A: Polygonzugverfahren, (p = 1),
B: verbessertes Polygonzugverfahren, (p = 2)
C: Runge-Kutta-Verfahren, (p = 4).

Verfahren	$y_1^{0.2}$	$y_2^{0.1}$	$y_2^{0.1}-y(0.2)$ geschätzt	$y_2^{0.1}-y(0.2)$ exakt
A	-0.800000	-1.824000	1.024000	0.398222
B	-2.336000	-2.275003	-0.020332	-0.052781
C	-2.209754	-2.222404	0.000843	-0.000182

Man erkennt, daß es sich hierbei in der Tat nur um eine "Fehlerschätzung" handelt, daß insbesondere der geschätzte Fehler betragsmäßig kleiner sein kann als der wirkliche Fehler und auch das Vorzeichen des Fehlers im allgemeinen nicht richtig wiedergegeben wird. Trotzdem eignet sich (14.4-18) relativ gut zu einer überschlagsmäßigen Fehlerbetrachtung.

Aus (14.4-18) folgt noch

$$y(x_i) \approx \eta_i^h = \frac{2^p y_{2i}^{h/2} - y_i^h}{2^p - 1}. \qquad (14.4-19)$$

In den meisten Fällen wird der extrapolierte Wert η_i^h genauer sein als etwa $y_{2i}^{h/2}$, man hat also eine Möglichkeit - und zwar eine recht einfache - aus y_i^h und $y_{2i}^{h/2}$ eine bessere Näherung zu berechnen. Diese Methode kann zu einem Verfahren zur fortlaufenden Verbesserung von y_i^h, ähnlich der Romberg-Integration, ausgebaut werden. Man vergleiche hierzu etwa [17, S. 138 ff. und 26, S. 120].

14.5 FORTRAN-Unterprogramm

Runge-Kutta-Verfahren vierter Ordnung zur numerischen Lösung des Anfangswertproblems eines autonomen Systems von Differentialgleichungen 1. Ordnung.

<u>Aufruf und Parameter</u>
CALL RUNG (FCT, XA, XE, H, N, IK, Y, YY, XK)

Eingabe

FCT: <u>Name</u> des vom Benutzer zu schreibenden Unterprogramms, welches das zu lösende Differentialgleichungsproblem definiert.

XA: Untere Intervallgrenze

XE: Obere Intervallgrenze

H: Schrittweite

N: Anzahl der Gleichungen des Systems

IK: Anzahl der Schrittweiten, nach denen jeweils Ausgabe erfolgen soll

Y: Vektor mit N Komponenten, enthält Anfangswerte

Ausgabe

Y: Berechnete Näherungen des exakten Lösungsvektors

Hilfsgrößen

YY: Hilfsvektor mit N Komponenten

XK: Hilfsmatrix mit $4 \times N$ Elementen, sie enthält Zwischenwerte des Verfahrens

Erläuterungen zum Unterprogramm FCT

Der Benutzer muß dieses Unterprogramm in folgender Form selbst schreiben:

REAL FUNCTION FCT(K,Y)
DIMENSION Y(1)
GOTO   (1,2,...,N),K
1 FCT =
  RETURN
2 FCT =
  RETURN
  .
  .
  .
N FCT =
  RETURN
  END

Das rufende Programm muß eine FORTRAN-EXTERNAL-Anweisung enthalten, die den Namen des Unterprogramms enthält.

```
      SUBROUTINE RUNG(FUNK,XA,XE,H,N,IK,Y,YY,XK)
      DIMENSION Y(1),YY(1),XK(4,N)
      NN=(XE-XA)/H+0.00005
      DO    10    I=1,NN
      DO    20    L=1,N
   20 XK(1,L)=FUNK(L,Y)
      DO    30    J=1,N
   30 YY(J)=Y(J)+H/2.*XK(1,J)
      DO    40    L=1,N
   40 XK(2,L)=FUNK(L,YY)
      DO    50    J=1,N
   50 YY(J)=Y(J)+H/2.*XK(2,J)
      DO    60    L=1,N
   60 XK(3,L)=FUNK(L,YY)
      DO    70    J=1,N
   70 YY(J)=Y(J)+H*XK(3,J)
      DO    80    L=1,N
   80 XK(4,L)=FUNK(L,YY)
C     BERECHNUNG DER NEUEN Y-WERTE
      DO    90    J=1,N
   90 Y(J)=Y(J)+H/6.*(XK(1,J)+2.*XK(2,J)+2.*XK(3,J)+XK(4,J))
      IF(I/IK*IK .NE. I)       GOTO 10
      WRITE(6,2000)        (Y(J),J=1,N)
 2000 FORMAT(3X,6F10.5)
   10 CONTINUE
      RETURN
      END
```

14.6 Beispiel

Am Ende eines homogenen Balkens der Länge 1 mit überall gleichem rechteckigen Querschnitt, der am anderen Ende fest eingespannt ist, greift eine Kraft P an. Sei E der Elastizitätsmodul und I das Trägheitsmoment des Balkenquerschnitts, so lautet die Differentialgleichung der elastischen Linie

$$y'' = - \frac{P}{IE} [1 + (y')^2]^{\frac{3}{2}} (1 - x) \qquad (14.6-1)$$

und die Anfangsbedingungen sind

$$y(0) = y'(0) = 0. \qquad (14.6-2)$$

Dabei ist das Koordinatensystem wie in Bild 14-1 gewählt.

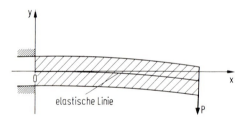

Bild 14-1. Biegung eines eingespannten Balkens

Die Differentialgleichung (14.6-1) ist nichtlinear. Mit $y = y_1$, $y' = y_2$ und $P/IE = K$ ist das Anfangswertproblem (14.6-1), (14.6-2) äquivalent dem Anfangswertproblem

$$\left.\begin{aligned} y_1' &= y_2 & y_1(0) &= 0 \\ y_2' &= -K\left|1 + y_2^2\right|^{\frac{3}{2}}(1-x) & y_2(0) &= 0. \end{aligned}\right\} \qquad (14.6\text{-}3)$$

Dieses ist aber mit $x = y_0$ wieder äquivalent dem autonomen System (vgl. Beispiel 14.2-2)

$$\left.\begin{aligned} y_0' &= 1 & y_0(0) &= 0 \\ y_1' &= y_2 & y_1(0) &= 0 \\ y_2' &= -K\left|1 + y_2^2\right|^{\frac{3}{2}}(1-y_0) & y_2(0) &= 0. \end{aligned}\right\} \qquad (14.6\text{-}4)$$

Daneben betrachten wir das zu (14.6-1) gehörige "linearisierte" Problem

$$y'' = -\frac{P}{IE}(1-x), \quad y(0) = y'(0) = 0, \qquad (14.6\text{-}5)$$

das aus (14.6-1) durch die Setzung $y' = 0$ entsteht. In der Tat ist ja bei kleinen Durchbiegungen $(y')^2 \ll 1$.

Die Lösung von (14.6-5) kann elementar ermittelt werden, sie lautet

$$y(x) = -\frac{P}{IE}\frac{x^2}{6}(3l-x). \qquad (14.6\text{-}6)$$

Wir berechnen im folgenden die Lösung von (14.6-3) näherungsweise mit dem Runge-Kutta-Verfahren, wobei wir wegen $(y')^2 \ll 1$ mit größerer Schrittweite rechnen können. Es werde $h = 10\,[\text{cm}]$ gewählt und

$$l = 300\,[\text{cm}], \quad K = \frac{P}{IE} = k \cdot 10^{-6}\,[\text{cm}^{-2}], \quad k = 1, 2, 3.$$

Anschließend vergleichen wir die erhaltenen Werte mit den nach (14.6-6) berechneten Lösungswerten des linearisierten Problems.

Ergebnisse: (in cm)

k x	Gegebenes Problem			linearisiertes Problem		
	1	2	3	1	2	3
50	-0.3542	-0.7085	-1.0630	-0.3542	-0.7083	-1.0625
100	-1.3336	-2.6684	-4.0060	-1.3333	-2.6667	-4.0000
150	-2.8134	-5.6321	-8.4614	-2.8125	-5.6250	-8.4375
200	-4.6689	-9.3507	-14.0589	-4.6667	-9.3333	-14.0000
250	-6.7748	-13.5740	-20.4223	-6.7708	-13.5417	-20.3125
300	-9.0062	-18.0501	-27.1704	-9.0000	-18.0000	-27.0000

Der Unterschied zwischen der numerischen Lösung des Problems (14.6-1), (14.6-2) und der des linearisierten Problems ist für die zugrunde gelegten Werte von k sehr gering. So errechnet man z.B. bei x = 300 cm die relativen Fehler

$\approx 0.07 \%$, k = 1 ,
$\approx 0.28 \%$, k = 2 ,
$\approx 0.63 \%$, k = 3 .

Aufgaben

A 14-1. Man schreibe die Differentialgleichungen

(a) $y'' + \sin y - a^2 \sin y \cdot \cos y = 0$

(b) $y^{(4)} - e^y y'' - x^2 = 0$

(c) $y^{(8)} - x^8 = 0$,

(d) $\frac{d^2}{dx^2} \left(y^4 \frac{d^2 y}{dx^2} \right) - \frac{d}{dx} \left(\sin y \frac{dy}{dx} \right) = 0$

in ein äquivalentes autonomes System 1. Ordnung um.

A 14-2. Mit dem Runge-Kutta-Verfahren und h = 0.1 löse man für $0 \leqslant t \leqslant 1$ das Anfangswertproblem

$$\frac{d^2 \varphi}{dt^2} + \sin \varphi - 0.81 \sin \varphi \cos \varphi = 0,$$

$\varphi(0) = 1, \varphi'(0) = 0.$

A 14-3. Man zeige durch Taylorentwicklung, daß die Verfahren von Heun von 3. Ordnung konsistent sind.

A 14-4. Man prüfe, ob durch

$$y_{i+1}^h = \frac{2-h}{2+h} y_i^h, \quad i = 0, 1, \ldots, N-1,$$

ein zur Differentialgleichung $y' = -y$ konsistentes Verfahren gegeben wird und von welcher Ordnung es gegebenenfalls konsistent ist.

A 14-5. Man versuche, durch direkte Rechnung zu klären, ob das in A 14-4 beschriebene Verfahren bei der Anfangsbedingung $y(0) = 1$ konvergent ist. Hinweis: Es gilt

$$y_k^h = \left(\frac{2-h}{2+h}\right)^k$$

und die Lösung von $y' = -y$, $y(0) = 1$, ist bekanntlich $y = e^{-x}$.

A 14-6. Das Anfangswertproblem $y' = y$, $y(0) = 1$, $0 \leqslant x \leqslant 1$, hat bekanntlich die Lösung $y = e^x$. Man berechne die Lösung dieses Anfangswertproblems numerisch

(a) Mit dem Runge-Kutta-Verfahren und $h = 0.2$.

(b) Mit dem verbesserten Polygonzugverfahren und $h = 0.2, 0.1$ und wende (14.4-19) an. Man vergleiche die daraus resultierenden η_i^h sowohl mit den exakten Lösungswerten als auch mit den durch das Runge-Kutta-Verfahren gewonnenen Näherungen.

15 Rand- und Eigenwertprobleme gewöhnlicher Differentialgleichungen

Randwertprobleme gewöhnlicher Differentialgleichungen treten in technischen Disziplinen seltener auf als Randwertaufgaben bei partiellen Differentialgleichungen. Entsprechendes gilt auch für Eigenwertprobleme. Sie beschreiben oft eine "Idealisierung" der technischen Vorgänge, man findet sie daher häufig in Gebieten der elementaren technischen Mechanik.

Numerische Methoden zur Lösung solcher Probleme sind zum Teil auf Rand- und Eigenwertaufgaben partieller Differentialgleichungen übertragbar, so etwa die Differenzenverfahren und die Variationsmethoden mit ihren Varianten. Die Grundlagen solcher Verfahren können naturgemäß an gewöhnlichen Differentialgleichungen einfacher und übersichtlicher dargestellt werden, weshalb wir hier ausführlicher auf sie eingehen.

Wir beschränken uns auf sogenannte Zweipunkt-Randwertprobleme, bei denen Randbedingungen an nur 2 Stellen der x-Achse vorgegeben sind.

15.1 Problemstellung. Einige Ergebnisse der Theorie

15.1.1 Definition des allgemeinen Randwertproblems

Das allgemeine Zweipunkt-Randwertproblem einer Einzeldifferentialgleichung n-ter Ordnung lautet:

Gesucht ist eine Lösung $y = y(x)$ der Differentialgleichung

$$F(x,y,y',\ldots,y^{(n)}) = 0, \qquad (15.1-1)$$

die den n Randbedingungen

$$R_j[y] = R_j(y(a),\ldots,y^{(n-1)}(a);y(b),\ldots,y^{(n-1)}(b))) = \alpha_j, \qquad (15.1-2)$$

$$j = 1,\ldots,n,$$

genügt. Dabei sind x = a und x = b feste Punkte der x-Achse und α_j reelle Zahlen.

Naturgemäß ist es schwierig, Aussagen über die Existenz und eventuell Eindeutigkeit der Lösungen dieser allgemeinen Randwertaufgabe zu machen. Aussagen hierüber liegen im wesentlichen nur für lineare RWP vor. Diese haben die Gestalt

$$\left. \begin{array}{l} Ly \equiv \sum_{i=0}^{n} f_i(x) y^{(i)} = g(x), \; x \in (a,b), \; f_n(x) \not\equiv 0 \text{ in } (a,b), \\ R_j[y] = \sum_{k=0}^{n-1} \left(\alpha_{j,k+1} y^{(k)}(a) + \beta_{j,k+1} y^{(k)}(b) \right) = \alpha_j, \; j = 1,\ldots,n, \end{array} \right\} \quad (15.1\text{-}3)$$

wobei die $\alpha_{j,k+1}$, $\beta_{j,k+1}$ Konstante bedeuten. Ist $g(x) \equiv 0$, so heißt die Differentialgleichung homogen, verschwinden alle α_j, so heißen die Randbedingungen homogen. Die Randwertaufgabe heißt schlechthin homogen, wenn Differentialgleichungen und Randbedingungen homogen sind.

Wir nehmen künftig stets an, daß die Koeffizienten $f_i(x)$ der Differentialgleichung mindestens stetig sind, daß also mindestens

$$f_i \in C^0((a,b)), \quad i = 0,\ldots,n,$$

gilt.

Das lineare Randwertproblem 2. Ordnung lautet

$$\begin{array}{l} Ly \equiv f_2(x) y'' + f_1(x) y' + f_0(x) y = g(x), \\ R_1[y] \equiv \alpha_{11} y(a) + \beta_{11} y(b) + \alpha_{12} y'(a) + \beta_{12} y'(b) = \alpha_1, \\ R_2[y] \equiv \alpha_{21} y(a) + \beta_{21} y(b) + \alpha_{22} y'(a) + \beta_{22} y'(b) = \alpha_2. \end{array} \quad (15.1\text{-}4)$$

Die Randbedingungen haben hierbei in vielen Fällen die Gestalt

$$\begin{array}{l} R_1[y] = \alpha_{11} y(a) + \alpha_{12} y'(a) = \alpha_1, \\ R_2[y] = \beta_{21} y(b) + \beta_{22} y'(b) = \alpha_2, \end{array} \quad (15.1\text{-}5)$$

d.h. in der ersten Randbedingung treten nur Werte in a, in der zweiten nur Werte in b auf. Allgemeiner nennt man die Randbedingungen in (15.1-3) "zerfallend",

15.1 Problemstellung. Einige Ergebnisse der Theorie

wenn

$$\beta_{j,k+1} = 0, \ j = 1,\ldots,m; \ k = 0,1,\ldots,n-1, \ m < n,$$

$$\alpha_{j,k+1} = 0, \ j = m+1,\ldots,n; \ k = 0,1,\ldots,n-1.$$
(15.1-6)

Die Randbedingungen heißen linear unabhängig, wenn die Matrix

$$A = \begin{bmatrix} \alpha_{11} & \cdots & \alpha_{1n} & \beta_{11} & \cdots & \beta_{1n} \\ \cdots & \cdots & \cdots & \cdots & \cdots & \cdots \\ \alpha_{n1} & \cdots & \alpha_{nn} & \beta_{n1} & \cdots & \beta_{nn} \end{bmatrix}$$
(15.1-7)

den Rang n hat.

Das Randwertproblem (15.1-3) läßt sich oft leicht auf ein solches mit homogenen Randbedingungen reduzieren, bei dem $\alpha_j = 0, \ j = 1,\ldots,n$, gilt, nämlich dann, wenn es ein Polynom $Q(x)$ von $(n-1)$-tem Grad gibt, so daß $R_j[Q] = \alpha_j, \ j = 1,2,\ldots,n$, gilt. Wir setzen dann $z(x) = y(x) - Q(x)$, $LQ = f(x)$ und erhalten nach (15.1-3) das Randwertproblem

$$Lz = Ly - LQ = g(x) - f(x) = h(x),$$

$$R_j[z] = R_j[y] - R_j[Q] = \alpha_j - \alpha_j = 0, \ j = 1,\ldots,n.$$

Die Frage, ob es ein Polynom $Q(x)$ mit den geforderten Eigenschaften gibt, läßt sich zwar allgemein beantworten, es ist jedoch einfacher, zu versuchen, $Q(x)$ jeweils aus den Daten des vorgelegten konkreten Randwertproblems zu bestimmen.

In ähnlicher Weise kann man erreichen, daß die Differentialgleichung in (15.1-3) homogen wird. Dazu ist die Kenntnis einer speziellen Lösung $y_0(x)$ von $Ly = g(x)$ erforderlich.

Zum Differentialoperator Ly aus (15.1-3) kann man formal den zugehörigen "adjungierten Differentialoperator"

$$L^*y \equiv \sum_{j=0}^{n} (-1)^j \frac{d^j}{dx^j} [f_j(x)y]$$
(15.1-8)

bilden. Der Differentialoperator Ly heißt "selbstadjungiert", wenn

$$Ly \equiv L^*y, \ y \in C^n((a,b)).$$
(15.1-9)

Ein selbstadjungierter Differentialoperator ist notwendig von gerader Ordnung, wie man durch elementare Rechnung nachweist.

15.1.2 Selbstadjungierte Differentialgleichungen

Eine mit einem selbstadjungierten Differentialoperator gebildete Differentialgleichung

$$Ly = g(x)$$

heißt "selbstadjungierte Differentialgleichung".

Für n = 2 lautet die Bedingung (15.1-9) bei Fortlassung der Argumente

$$f_0 y + f_1 y' + f_2 y'' \equiv f_0 y - (f_1 y)' + (f_2 y)''$$
$$\equiv f_0 y - f_1' y - f_1 y' + f_2'' y + 2 f_2' y' + f_2 y''.$$

Hieraus folgt weiter

$$2(f_1 - f_2') y' - (f_2'' - f_1') y \equiv 0, \quad y \in C^2((a,b)),$$

und dies gilt genau für

$$f_1(x) \equiv f_2'(x).$$

Setzen wir noch wie üblich

$$f_2(x) = -p(x), \quad f_0(x) = q(x),$$

so kann die selbstadjungierte Differentialgleichung 2. Ordnung in der Gestalt

$$Ly = -\frac{d}{dx}\left(p(x)\frac{dy}{dx}\right) + q(x)y = g(x) \tag{15.1-10}$$

geschrieben werden. Diese Gleichung ist aber auch Eulersche Gleichung etwa des Variationsproblems

$$I[y] = \frac{1}{2}\int_a^b (p(x)(y')^2 + q(x)y^2 - 2g(x)y)dx = \text{Min},$$

worauf wir später noch ausführlich eingehen werden.

Jede lineare Differentialgleichung 2. Ordnung

$$f_2(x)y'' + f_1(x)y' + f_0(x)y - h(x) = 0, \quad f_2(x) \neq 0 \text{ in } (a,b) \tag{15.1-11}$$

kann auf eine selbstadjungierte Differentialgleichung 2. Ordnung zurückgeführt werden. Dazu multipliziert man (15.1-11) mit der Funktion

$$-p(x) = e^{\int_{x_0}^{x} \frac{f_1(\xi)}{f_2(\xi)} d\xi}, \quad x_0, x \in (a,b), \tag{15.1-12}$$

15.1 Problemstellung. Einige Ergebnisse der Theorie

wobei $x_0 \in (a,b)$ frei gewählt werden kann, und erhält

$$-p(x)f_2(x)y'' - p(x)f_1(x)y' - p(x)f_0(x)y + p(x)h(x) = 0. \qquad (15.1\text{-}13)$$

Nun ist

$$-p(x)f_1(x) = -p(x)\frac{f_1(x)}{f_2(x)}f_2(x) = -p'(x)f_2(x).$$

Dividieren wir daher (15.1-13) durch $f_2(x)$ und setzen

$$-p(x)\frac{f_0(x)}{f_2(x)} = q(x), \quad -p(x)\frac{h(x)}{f_2(x)} = g(x), \qquad (15.1\text{-}14)$$

so lautet (15.1-13)

$$-\frac{d}{dx}\left(p(x)\frac{dy}{dx}\right) + q(x)y - g(x) = 0, \qquad (15.1\text{-}15)$$

und diese Differentialgleichung ist selbstadjungiert.

Beispiel 15.1-1. Die Differentialgleichung

$$(1 + x^2)y'' - x^4 y' + y = 1, \quad -1 < x < 1,$$

soll in eine selbstadjungierte Gleichung übergeführt werden. Es ist, etwa mit $x_0 = 0$,

$$-p(x) = e^{\int_0^x \frac{f_1(\xi)}{f_2(\xi)} d\xi} = e^{-\int_0^x \frac{\xi^4}{1+\xi^2} d\xi}$$

$$= e^{-\int_0^x \left(\xi^2 - 1 + \frac{1}{\xi^2+1}\right) d\xi} = e^{-\left(\frac{x^3}{3} - x + \arctan x\right)}.$$

Die selbstadjungierte Gleichung lautet somit

$$-\frac{d}{dx}\left(-e^{-\left(\frac{x^3}{3} - x + \arctan x\right)}\frac{dy}{dx}\right) + \frac{1}{1+x^2}e^{-\left(\frac{x^3}{3} - x + \arctan x\right)}y$$

$$-\frac{1}{1+x^2}e^{-\left(\frac{x^3}{3} - x + \arctan x\right)} = 0.$$

Bei der numerischen Behandlung von Randwertproblemen 2. Ordnung könnte man sich daher im Prinzip auf selbstadjungierte Differentialgleichungen beschränken.

Ist die vorgelegte Gleichung nicht selbstadjungiert, so führt die Reduktion jedoch oft auf eine kompliziertere selbstadjungierte Gleichung. Es ist daher in der Regel zweckmäßig, das Randwertproblem in der vorgegebenen Gestalt zu lösen, sofern ein geeignetes Verfahren zur Verfügung steht.

15.1.3 Randwertprobleme bei Systemen gewöhnlicher Differentialgleichungen 1. Ordnung

Ähnlich wie bei Anfangswertproblemen können Randwertprobleme einer Einzelgleichung n-ter Ordnung auch auf solche eines Systems von Differentialgleichungen 1. Ordnung zurückgeführt werden. Denken wir uns die Differentialgleichung (15.1-1) etwa in der expliziten Form

$$y^{(n)} = f(x, y, y', \ldots, y^{(n-1)})$$

gegeben und setzen wir wie in (14.1-6)

$$y^{(j)} = y_{j+1}, \quad j = 0, 1, \ldots, n-1, \tag{15.1-16}$$

so erhält man hieraus das System 1. Ordnung

$$\left.\begin{aligned} y_1' &= y_2 \\ &\vdots \\ y_{n-1}' &= y_n \\ y_n' &= f(x, y_1, \ldots, y_n) \end{aligned}\right\} \tag{15.1-17}$$

mit den aus (15.1-2) resultierenden Randbedingungen

$$R_j[y_1, \ldots, y_n] = R_j(y_1(a), \ldots, y_n(a); y_1(b), \ldots, y_n(b)) = \alpha_j, \tag{15.1-18}$$
$$j = 1, \ldots, n.$$

Ist insbesondere (15.1-1), (15.1-2) ein lineares Randwertproblem, so auch (15.1-17), (15.1-18).

Allgemein lautet das Randwertproblem eines Systems von Differentialgleichungen 1. Ordnung

$$\begin{aligned} y_i' &= f_i(x, y_1, \ldots, y_n), \quad i = 1, \ldots, n, \\ R_j(y_1(a), \ldots, y_n(a); y_1(b), \ldots, y_n(b)) &= \alpha_j, \quad j = 1, \ldots, n. \end{aligned} \tag{15.1-19}$$

Mit

$$y = [y_1, \ldots, y_n]^T, \quad f(y) = [f_1(y), \ldots, f_n(y)]^T, \quad R = [R_1, \ldots, R_n]$$

15.1 Problemstellung. Einige Ergebnisse der Theorie

läßt es sich wieder in der kurzen Form

$$y' = f(x,y),$$
$$R(y(a);y(b)) = \alpha \qquad (15.1-20)$$

schreiben. Dabei ist α ein vorgegebener Vektor. Das Randwertproblem heißt linear, wenn es die Gestalt

$$y' = A(x)y + a(x),$$
$$B_1 y(a) + B_2 y(b) = \alpha \qquad (15.1-21)$$

mit den Matrizen $A(x)$, B_1, B_2 hat. Vielfach hat man auch zu einem gegebenen nichtlinearen Gleichungssystem lineare Randbedingungen.

Die Antwort auf die Frage nach der Existenz und Eindeutigkeit der Lösung gewöhnlicher Randwertprobleme - sofern sie bis heute überhaupt möglich ist - erfordert eine Reihe von Fallunterscheidungen und weitere Vorbereitungen. Wir können auf diese Überlegungen, die zu den theoretischen Grundlagen über gewöhnliche Randwertprobleme gehören, hier aus mehreren Gründen nicht eingehen und verweisen auf Lehrbücher, etwa auf [3, 26].

15.1.4 Randbedingungen beim Problem der Balkenbiegung

Wir wollen abschließend einige Randbedingungen an dem einfachen mechanischen Problem der Balkenbiegung erläutern (vgl. auch Beispiel 14.2-2 und Abschnitt 14.6).

Ein Balken der Länge 1 mit überall gleichem Querschnitt werde an seinen Enden festgehalten. Unter Einwirkung einer Einzelkraft P (bzw. einer kontinuierlich verteilten Kraft) wird er gebogen, die Gleichung der Biegelinie (elastische Linie) ist

$$y'' = (1 + (y')^2)^{3/2} m(x), \quad 0 < x < 1, \qquad (15.1-22)$$

wobei $m(x)$ im wesentlichen das durch P erzeugte Biegemoment im Punkt x bedeutet.

Wir betrachten nun die nichtlineare Differentialgleichung (15.1-22) und dazu folgende Randbedingungen:

A. Der Balken liegt an beiden Enden frei auf (Bild 15-1).

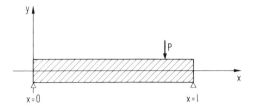

Bild 15-1. Balkenbiegung Fall A.

Die Randbedingungen lauten also

$$y(0) = y(1) = 0. \tag{15.1-23}$$

B. Der Balken ist am linken Ende eingespannt, am rechten liegt er frei auf (Bild 15-2).

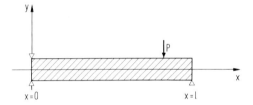

Bild 15-2. Balkenbiegung Fall B.

Die Randbedingungen sind in diesem Falle

$$y'(0) = y(1) = 0$$

C. Der Balken ist an beiden Enden eingespannt (Bild 15-3).

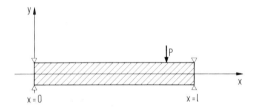

Bild 15-3. Balkenbiegung Fall C.

Hier lauten die Randbedingungen

$$y'(0) = y'(1) = 0.$$

Die Durchbiegung des Balkens $y(x)$ ist in allen drei Fällen also Lösung eines Randwertproblems zweiter Ordnung, wobei die Differentialgleichung nichtlinear, die Randbedingungen linear sind. Über die Lösbarkeit dieser Probleme ist damit natürlich noch nichts gesagt.

15.2 Differenzenverfahren

15.2.1 Lineare Randwertprobleme 2. Ordnung

Wir unterteilen das Intervall [a,b] in N Teilintervalle der Länge h und setzen

$$x_0 = a, \quad x_i = a + ih, \quad i = 0,1,\ldots,N; \quad x_N = a + Nh = b. \tag{15.2-1}$$

Im Punkt x_i, $i = 0,1,\ldots,N$, approximieren wir die Lösung des vorgelegten Randwertproblems, indem wir die Differentialquotienten durch geeignete Differenzenquotienten in einer Gitterfunktion ersetzen. Ein solches Verfahren heißt Differenzenverfahren (vgl. Kapitel 14).

Wir erläutern ein einfaches Differenzenverfahren zunächst am Beispiel des linearen Randwertproblems 2. Ordnung

$$-y'' + p(x)y' + q(x)y - g(x) = 0, \quad a < x < b.$$

$$\begin{aligned} \alpha_{11} y(a) + \alpha_{12} y'(a) &= \alpha_1, \\ \beta_{21} y(b) + \beta_{22} y'(b) &= \alpha_2. \end{aligned} \tag{15.2-2}$$

Sei $y(x)$ die als viermal stetig differenzierbar vorausgesetzte Lösung dieses Randwertproblems, so gilt, wie man durch Taylorentwicklung bestätigt, im Punkte $x = x_i$, $i = 1,\ldots,N-1$,

$$-\frac{y(x_{i-1}) - 2y(x_i) + y(x_{i+1})}{h^2} + p(x_i)\frac{y(x_{i+1}) - y(x_{i-1})}{2h} + q(x_i)y(x_i) - g(x_i) = O(h^2), \tag{15.2-3}$$

und weiter

$$\begin{aligned} \alpha_{11} y(a) + \alpha_{12} \frac{y(x_1) - y(a)}{h} &= \alpha_1 + O(h), \\ \beta_{21} y(b) + \beta_{22} \frac{y(b) - y(x_{N-1})}{h} &= \alpha_2 + O(h). \end{aligned} \tag{15.2-4}$$

Wir versuchen nun, Näherungen y_i^h der exakten Lösungswerte $y(x_i)$, $i = 0,1,\ldots,N$, dadurch zu berechnen, daß wir in (15.2-3) bzw. (15.2-4) die Restglieder $O(h^2)$ bzw. $O(h)$ fortlassen und dann $y(x_i)$ durch y_i^h ersetzen. Multiplizieren wir daraufhin die Gleichungen (15.2-3) mit h^2 und (15.2-4) mit h, ordnen sie so um, daß die erste aus (15.2-4) hervorgehende Gleichung an erster, die zweite an letzter Stelle steht, so erhält man nach weiterer durchsichtiger Umformung das lineare Gleichungssystem

15 Rand- und Eigenwertprobleme gewöhnlicher Differentialgleichungen

$$\left.\begin{array}{l} (-\alpha_{12}+h\alpha_{11})y_0^h+\alpha_{12}y_1^h = h\alpha_1, \\[4pt] -\left(1+\dfrac{h}{2}p(x_i)\right)y_{i-1}^h+\left(2+h^2q(x_i)\right)y_i^h-\left(1-\dfrac{h}{2}p(x_i)\right)y_{i+1}^h = h^2 g(x_i), \\[4pt] \qquad i = 1,2,\ldots,N-1, \\[4pt] -\beta_{22}y_{N-1}^h+(\beta_{22}+h\beta_{21})y_N^h = h\alpha_2. \end{array}\right\} \quad (15.2\text{-}5)$$

Es enthält N+1 Gleichungen mit ebensoviel Unbekannten.

Setzt man weiter für festes h

$$A(h) = \begin{bmatrix} -\alpha_{12}+h\alpha_{11} & \alpha_{12} & & & 0 \\ -\left(1+\dfrac{h}{2}p(x_1)\right) & 2+h^2q(x_1) & -\left(1-\dfrac{h}{2}p(x_1)\right) & & \\ & \ddots & \ddots & \ddots & \\ & & -\left(1+\dfrac{h}{2}p(x_{N-1})\right) & 2+h^2q(x_{N-1}) & -\left(1-\dfrac{h}{2}p(x_{N-1})\right) \\ 0 & & & -\beta_{22} & \beta_{22}+h\beta_{21} \end{bmatrix} \quad (15.2\text{-}6)$$

$$y^h = \left[y_0^h,\ldots,y_N^h\right]^T, \quad b(h) = \left[h\alpha_1, h^2 g(x_1),\ldots, h^2 g(x_{N-1}), h\alpha_2\right]^T, \quad (15.2\text{-}7)$$

so kann das System in der Form

$$A(h)y^h = b(h) \qquad (15.2\text{-}8)$$

geschrieben werden. Es läßt sich eindeutig nach y^h auflösen, wenn $A(h)$ für jedes feste h nichtsingulär ist. Darüber gilt folgender

Satz 15.2-1. Es gelte

1. $\alpha_{11} > 0,\ \alpha_{12} \leq 0,\ \beta_{21} > 0,\ \beta_{22} \geq 0$

2. $q(x) \geq 0,\ h_0 |p(x)| < 2,\ x \in [a,b]$.

Dann ist das System (15.2-8) für alle h, $0 < h \leq h_0$, eindeutig nach y^h auflösbar.

Beweis. Unter den Voraussetzungen des Satzes ist $A(h)$ für die genannten h eine L-Matrix (vgl. Band 1, Abschnitt 1.3.3), enthält also in der Hauptdiagonalen nur positive, außerhalb der Hauptdiagonalen nur nichtpositive Elemente. Wir unterscheiden weiter die Fälle

15.2 Differenzenverfahren

(a) $\alpha_{12} < 0$, $\beta_{22} > 0$. Dann ist A(h) außerdem irreduzibel und diagonaldominant, also eine M-Matrix (vgl. Band 1, Abschnitt 1.3.3)

(b) Mindestens eine der beiden Zahlen α_{12}, β_{22} verschwindet. Gilt etwa $\alpha_{12} = 0$, so folgt nach (15.2-5)

$$y_0^h = \frac{\alpha_1}{\alpha_{11}} = y(a) . \qquad (15.2\text{-}9)$$

Ist dann $\beta_{22} > 0$, so reduziert sich nach Einsetzen von $y_0^h = y(a)$, $0 < h \leq h_0$, das System (15.2-8) auf ein solches von N-1 Gleichungen in den Unbekannten $y^h = ((y_1^h, \ldots, y_N^h)$, dessen Matrix wiederum eine M-Matrix ist. Gilt auch noch $\beta_{22} = 0$, so ist

$$y_N^h = \frac{\alpha_2}{\beta_{21}} = y(b) \qquad (15.2\text{-}10)$$

und (15.2-8) reduziert sich auf ein lineares Gleichungssystem von N-2 Gleichungen mit ebensoviel Unbekannten $y^h = [y_1^h, \ldots, y_{N-1}^h]^T$, dessen Matrix wieder eine irreduzibel diagonaldominante L-Matrix, also eine M-Matrix ist. Damit ist der Satz bewiesen.

Zur Lösung des Systems (15.2-8) kann man den Gaußschen Algorithmus (vgl. Band 1, Kapitel 4) verwenden. Für sehr große N, also für sehr kleine h, ist dieser jedoch wenig geeignet, da dann A(h) "fast" singulär ist. Die damit verbundene schlechte Kondition (vgl. Band 1, Abschnitt 4.4.2) der Matrix A(h) führt oft auf erhebliche Verfälschungen des Resultats, die auch durch Nachiteration nicht zu beseitigen sind. Gerade für solche Systeme, die aus der Anwendung von Differenzenverfahren bei Randwertproblemen entstehen, sind aber die in Band 1, Kapitel 6 beschriebenen SOR- und ADI-Verfahren entwickelt worden. So wurde in 6.3 die Konvergenz des SOR-Verfahrens bei Gleichungssystemen mit M-Matrizen gezeigt, wenn für den Relaxationsparameter $0 < \omega \leq 1$ gilt.

Daß A(h) für große N fast singulär ist, kann man sich im Falle $\alpha_{12} = \beta_{22} = 0$ auf folgende Weise erklären.

Wegen h = (b-a)/N ist h $\approx$ 0 für große N und (15.2-6) geht über in die (N-1) × (N-1)-Matrix

$$A = \begin{bmatrix} 2 & -1 & & & 0 \\ -1 & 2 & -1 & & \\ & \ddots & \ddots & \ddots & \\ & & -1 & 2 & -1 \\ 0 & & & -1 & 2 \end{bmatrix} .$$

Diese Tridiagonalmatrix ist symmetrisch und positiv definit, ihre Eigenwerte sind, wie man errechnen kann (vgl. etwa [44, S. 229 f.]),

$$\lambda_j = 2\left(1 - \cos \frac{j\pi}{N}\right), \quad j = 1, 2, \ldots, N - 1.$$

Hieraus erhält man z.B. für die kleinsten Eigenwerte von A

für $N = 100$: $\lambda_1 < 10^{-3}$,

für $N = 1000$: $\lambda_1 < 10^{-5}$.

Eine symmetrische Matrix erhält man, wenn

$$p(x) \equiv 0 \text{ und } \alpha_{12} = -\beta_{22} = -1 \text{ oder } \alpha_{12} = \beta_{22} = 0$$

gilt. Das Randwertproblem (15.2-2) lautet dann

$$-y'' + q(x)y - g(x) = 0, \quad a < x < b, \tag{15.2-11}$$

$$\alpha_{11} y(a) - y'(a) = \alpha_1, \quad \beta_{21} y(b) - y'(b) = \alpha_2, \tag{15.2-12}$$

oder

$$\alpha_{11} y(a) = \alpha_1, \quad \beta_{21} y(b) = \alpha_2, \tag{15.2-13}$$

wobei $\alpha_{11}, \beta_{21} \neq 0$ vorausgesetzt werden muß.

Die Differentialgleichung (15.2-11) ist selbstadjungiert, es kann dann eine Differenzapproximation gefunden werden, so daß die Matrix des resultierenden linearen algebraischen Gleichungssystems nicht nur symmetrisch, sondern auch noch definit, etwa positiv definit, ist. Wir wollen dieses Verfahren in 15.4 kurz in einem anderen Zusammenhang erörtern.

15.2.2 Nichtlineare Randwertprobleme 2. Ordnung

Differenzenverfahren kann man auch zur numerischen Lösung von nichtlinearen Randwertproblemen verwenden. Da eine genauere Erörterung der damit zusammenhängenden Fragen sehr viel Raum beansprucht, soll das Differenzenverfahren hier nur am Beispiel des Randwertproblems

$$-y'' + f(x, y, y') = 0, \quad a < x < b, \quad y(a) = \alpha, \quad y(b) = \beta, \tag{15.2-14}$$

vorgeführt werden. Die Differentialgleichung sei nichtlinear, d.h. f sei eine nichtlineare Funktion von mindestens einer der beiden Veränderlichen y, y'. Schließlich sei f überall differenzierbar bezüglich dieser beiden Veränderlichen und es gelte

$$|f_{y'}| \leq M.$$

Verwenden wir jetzt wieder das Gitter (15.2-1) und ersetzen alle Differentialquotienten durch entsprechende Differenzenquotienten einer Gitterfunktion, so ergibt sich,

15.2 Differenzverfahren

wie man leicht übersieht, das nichtlineare Gleichungssystem

$$-\frac{1}{h^2}\left(y_{i-1}^h - 2y_i^h + y_{i+1}^h\right) + f\left(x_i, y_i^h, \frac{1}{2h}\left(y_{i+1}^h - y_{i-1}^h\right)\right) = 0, \quad (15.2\text{-}15)$$
$$i = 1, 2, \ldots, N-1.$$

Multiplizieren wir es mit h^2 und setzen wieder

$$y^h = \left[y_1^h, \ldots, y_{N-1}^h\right]^T,$$

so lautet es

$$t_i(y^h) = -y_{i-1}^h + 2y_i^h - y_{i+1}^h + h^2 f\left(x_i, y_i, \frac{1}{2h}\left(y_{i+1}^h - y_{i-1}^h\right)\right) = 0, \quad (15.2\text{-}16)$$

oder mit

$$Ty^h = \left[t_1(y^h), \ldots, t_{N-1}(y^h)\right]^T \quad (15.2\text{-}17)$$

kürzer

$$Ty^h = 0. \quad (15.2\text{-}18)$$

Die Funktionalmatrix

$$T'(y^h) = \left[\frac{\partial t_i}{\partial y_j^h}\right]_{(y^h)}, \quad i,j = 1, \ldots, N-1, \quad (15.2\text{-}19)$$

läßt sich leicht berechnen: Mit

$$f_y\left(x_i, y_i, \frac{1}{2h}\left(y_{i+1}^h - y_{i-1}^h\right)\right) = f_y^{(i)}, \quad f_{y'}\left(x_i, y_i, \frac{1}{2h}\left(y_{i+1}^h - y_{i-1}^h\right)\right) = f_{y'}^{(i)}$$

gilt

$$\frac{\partial t_i}{\partial y_j^h} = 0, \quad j \neq i-1, i, i+1,$$

$$\frac{\partial t_i}{\partial y_{i-1}^h} = -1 - \frac{h}{2} f_{y'}^{(i)}, \quad \frac{\partial t_i}{\partial y_i^h} = 2 + h^2 f_y^{(i)}, \quad \frac{\partial t_i}{\partial y_{i+1}^h} = -1 + \frac{h}{2} f_{y'}^{(i)}.$$

Weiter ist in (15.2-16)

$$y_0^h = \alpha, \quad y_N^h = \beta$$

zu setzen. Es ist dann

$$T'(y^h) = \begin{bmatrix} 2+h^2 f_y^{(1)} & -1+\frac{h}{2}f_{y'}^{(1)} & & & 0 \\ -1-\frac{h}{2}f_{y'}^{(2)} & 2+h^2 f_y^{(2)} & -1+\frac{h}{2}f_{y'}^{(2)} & & \\ & \ddots & \ddots & \ddots & \\ & & -1-\frac{h}{2}f_{y'}^{(N-2)} & 2+h^2 f_y^{(N-2)} & -1+\frac{h}{2}f_{y'}^{(N-2)} \\ 0 & & & -1-\frac{h}{2}f_{y'}^{(N-1)} & 2+h^2 f_y^{(N-1)} \end{bmatrix} \quad (15.2\text{-}20)$$

Das System $Ty^h = 0$ muß iterativ gelöst werden. Dazu können die im Teil III des Bandes 1 beschriebenen Verfahren verwendet werden, insbesondere das SOR-Newton-Verfahren. Es konvergiert lokal, wie dort gezeigt wurde, wenn $T'(w)$, $w \in R^{N-1}$, eine irreduzibel diagonaldominante L-Matrix ist, und zwar für $0 < \omega \leq 1$. Über die Funktionalmatrix $T'(y^h)$ gilt aber der

Satz 15.2-2. Es sei $f_y \geq 0$ und h sei so klein gewählt, daß $hM < 2$ ausfällt. Dann ist $T'(z)$ für alle $z \in R^{N-1}$ eine irreduzibel diagonaldominante L-Matrix.

Beweis. Wegen $|f_{y'}| \leq M$ gilt nach den Voraussetzungen des Satzes

$$-1 + \frac{h}{2} f_{y'}^{(i)} < 0, \quad -1 - \frac{h}{2} f_{y'}^{(i)} < 0, \quad 2 + h^2 f_y^{(i)} \geq 2,$$

und weiter

$$\left|1 + \frac{h}{2} f_{y'}^{(i)}\right| + \left|1 - \frac{h}{2} f_{y'}^{(i)}\right| = 2 \leq 2 + h^2 f_y^{(i)}, \quad i = 2, 3, \ldots, N-2.$$

Für $j = 1$ und $j = N-1$ ist schließlich

$$\left|1 + \frac{h}{2} f_{y'}^{(j)}\right| < 2 \leq 2 + h^2 f_y^{(j)}.$$

Daher ist $T'(z)$ diagonaldominant, und zwar für alle $z \in R^{N-1}$. Als Tridiagonalmatrix, deren Elemente in der Hauptdiagonalen und in den beiden Nebendiagonalen nicht verschwinden, ist sie außerdem irreduzibel (vgl. Band 1, Abschnitt 1.3). Damit ist der Satz bewiesen.

In vielen Fällen ist es nicht möglich, eine a-priori-Abschätzung

$$|f_{y'}| \leq M, \quad (15.2\text{-}21)$$

wie sie der Satz 15.2-2 voraussetzt, anzugeben. Offenbar kann die Bedingung

15.2 Differenzenverfahren

hM < 2 dieses Satzes aber abgeschwächt werden, und zwar zu

$$h\left|f_{y'}^{(i)}\right| < 2, \quad i = 1,\ldots,N-1. \tag{15.2-22}$$

Der Satz 15.2-2 geht dann über in

<u>Satz 15.2-2a.</u> Es sei $f_y^{(i)} \geq 0$ und h so klein gewählt, daß $h\left|f_{y'}^{(i)}\right| < 2$, $i = 1,\ldots,N-1$.
Dann ist $T'(y^h)$ eine irreduzibel diagonaldominante L-Matrix.

Häufig wird man auf rein mathematischem Wege aber auch die $f_y^{(i)}$ nicht abschätzen können und muß nach anderen Möglichkeiten suchen. Nun kennt man bei vielen technischen oder physikalischen Vorgängen die Größenordnung der Lösung und eventuell ihrer Ableitung. Die Annahme, daß die errechneten Näherungen nicht viel von der exakten Lösung abweichen, kann dann zur Ermittlung einer geeigneten Konstanten h führen.

<u>Beispiel 15.2-1.</u> Wir betrachten das Problem der Balkenbiegung mit der Differentialgleichung (15.1-22) und den Randbedingungen (15.1-23), d.h.

$$-y'' + (1 + (y')^2)^{3/2} m(x) = 0, \quad 0 < x < 1, \quad y(0) = y(1) = 0. \tag{15.2-23}$$

Wegen $f(x,y,y') = (1 + (y')^2)^{3/2} m(x)$ ist

$$f_y = 0, \quad f_{y'} = 3(1 + (y')^2)^{1/2} y' m(x)$$

und damit

$$f_{y'}^{(i)} = f_{y'}\left(x_i, y_i, \frac{1}{2h}\left(y_{i+1}^h - y_{i-1}^h\right)\right)$$

$$= 3\sqrt{1 + \left(\frac{y_{i+1}^h - y_{i-1}^h}{2h}\right)^2} \cdot \frac{y_{i+1}^h - y_{i-1}^h}{2h} m(x_i), \quad i = 1,2,\ldots,N-1.$$

Eine Abschätzung von $f_{y'}^{(i)}$ auf rein mathematischem Wege ist hier kaum möglich. Andererseits beschreibt (15.2-23) den in Bild 15-1 skizzierten Belastungsfall. Die Durchbiegung des Balkens ist im allgemeinen nur gering, ihre Größenordnung kann unter der Annahme $|y'| \ll 1$ leicht aus der linearisierten Gleichung $-y'' + m(x) = 0$ mit den gleichen Randbedingungen ermittelt werden. Angenommen, es ist

$$|y'| < \frac{1}{q}$$

mit der reellen Zahl q > 1. Unter der Hypothese, daß für die Differenzenapproximation von $y'(x_i)$

$$\left| \frac{y_{i+1}^h - y_{i-1}^h}{2h} \right| \leq \frac{1}{q} \qquad (15.2\text{-}24)$$

gilt, folgt dann

$$\left| f_{y'}^{(i)} \right| \leq \sqrt{1 + \frac{1}{q^2}} \, \frac{3}{q} = 3 \, \frac{\sqrt{q^2 + 1}}{q^2} \, , \quad i = 1,\ldots,N-1.$$

Nun soll $h \left| f_{y'}^{(i)} \right| < 1$ gelten, so daß

$$h < \frac{q^2}{3\sqrt{q^2 + 1}}$$

gefordert werden muß. Diese Bedingung ist sicher erfüllt für

$$h \leq \frac{q}{\sqrt{2}\,3} \, ,$$

was offenbar stets erreicht werden kann.

Differenzenverfahren sind auch zur numerischen Lösung der Randwertprobleme von Systemen 1. Ordnung geeignet. Man ersetzt hierbei wiederum alle Ableitungen durch entsprechende Differenzenquotienten einer Gitterfunktion und erhält zusammen mit den Randbedingungen ein lineares oder nichtlineares algebraisches Gleichungssystem.

15.2.3 Konvergenz des Differenzenverfahrens

Wir wollen uns nun der Frage zuwenden, ob die durch ein Differenzenverfahren berechneten Werte y_i^h auch - wie gefordert - wirklich Näherungen der exakten Lösungswerte $y(x_i)$ sind und wie groß gegebenenfalls der Fehler

$$y_i^h - y(x_i), \quad i = 1,\ldots,N-1, \qquad (15.2\text{-}25)$$

ausfällt. Ähnlich wie bei den Anfangswertproblemen ist es in der Regel nicht möglich, realistische und explizit berechenbare Schranken für diesen Fehler anzugeben. Man beschränkt sich daher in der Regel wieder darauf, die asymptotische Größenordnung des Fehlers zu ermitteln, und zwar in der Form

$$y_i^h - y(x) = O(h^p), \; h \to 0, \; ih \to x \in [a,b]. \qquad (15.2\text{-}26)$$

Ein Verfahren mit dieser Eigenschaft heißt in Übereinstimmung mit Definition (14.3-3) "konvergent von der Ordnung p".

15.2 Differenzenverfahren

Es soll hier nicht allgemeiner auf die Frage der Konvergenz von Differenzenverfahren zur numerischen Lösung von Randwertproblemen eingegangen werden. Die Untersuchungen hierüber sind zum Teil recht kompliziert und zudem oft für den reinen Mathematiker interessanter als für den Ingenieur und Naturwissenschaftler. Außerdem werden wir der Konvergenzfrage später bei der numerischen Lösung von Randwertaufgaben partieller Differentialgleichungen wieder begegnen. Wir beschränken uns daher an dieser Stelle darauf, das Konvergenzverhalten an einem einfachen Beispiel zu studieren.

Dazu betrachten wir das Randwertproblem

$$-y'' + q(x)y - g(x) = 0, \quad a < x < b, \tag{15.2-27}$$
$$y(a) = \alpha, \quad y(b) = \beta.$$

Setzen wir $y \in C^4([a,b])$ voraus, so gilt (15.2-3) mit $p(x) \equiv 0$ und man erhält zur Berechnung der Näherungswerte das Gleichungssystem (15.2-8), in unserem Falle

$$A(h)y^h = b(h) \tag{15.2-28}$$

mit der Stieltjes-Matrix (vgl. Band 1, Abschnitt 1.3)

$$A(h) = \begin{bmatrix} 2+h^2 q(x_1) & -1 & & & 0 \\ -1 & 2+h^2 q(x_2) & -1 & & \\ & -1 & \ddots & \ddots & \\ & & \ddots & 2+h^2 q(x_{N-2}) & -1 \\ 0 & & & -1 & 2+h^2 q(x_{N-1}) \end{bmatrix} \tag{15.2-29}$$

und der rechten Seite

$$b(h) = \left[\alpha + h^2 g(x_1), h^2 g(x_2), \ldots, h^2 g(x_{N-2}), \beta + h^2 g(x_{N-1})\right]^T. \tag{15.2-30}$$

Seien $y(x_i)$ die Werte der exakten Lösung des Randwertproblems an den Stellen $x_i = a + ih$, $i = 0, 1, \ldots, N$, mit $y(x_0) = y(a) = \alpha$, $y(x_N) = y(b) = \beta$, und setzen wir

$$y(h) = [y(x_1), \ldots, y(x_{N-1})]^T,$$

so gilt wegen (15.2-3)

$$A(h)y(h) = b(h) + O(h^4)k, \tag{15.2-31}$$

wobei k ein N-1-komponentiger Vektor ist. Sei weiter

$$\varepsilon_h = y^h - y(h), \tag{15.2-32}$$

so folgt aus (15.2-28) und (15.2-31)

$$\varepsilon_h = O(h^4) A(h)^{-1} k. \tag{15.2-33}$$

Die Komponenten des Vektors k enthalten im wesentlichen die beschränkten vierten Ableitungen der exakten Lösung y, sie sind bezüglich der Maximumnorm beschränkt. Nach (15.2-33) gilt dann mit einer Konstanten K

$$\|\varepsilon_h\|_\infty \leq K \|A(h)^{-1}\|_\infty \|k\|_\infty h^4. \tag{15.2-34}$$

Die eigentliche Schwierigkeit liegt nun darin, $\|A(h)^{-1}\|_\infty$ zu berechnen. Wir wollen dies jetzt schrittweise vornehmen.

Es seien $G = (g_{ij})$, $H = (h_{ij})$ zwei beliebige reelle m × n-Matrizen, m, n ⩾ 1, und es gelte $g_{ij} \leq h_{ij}$ für alle i, j. Dann hatten wir diesen Sachverhalt bereits früher durch

$$G \leq H$$

gekennzeichnet. Besitzt eine Matrix B nur nichtnegative Elemente, so ist hiernach $B \geq 0$, wobei 0 die Nullmatrix bedeutet.

Nach (15.2-29) ist

$$A(h) = \tilde{A} + h^2 Q \tag{15.2-35}$$

mit

$$\tilde{A} = \begin{bmatrix} 2 & -1 & & & 0 \\ -1 & 2 & -1 & & \\ & \ddots & \ddots & \ddots & \\ & & -1 & 2 & -1 \\ 0 & & & -1 & 2 \end{bmatrix}, \quad Q = \begin{bmatrix} q(x_1) & & & 0 \\ & q(x_2) & & \\ & & \ddots & \\ 0 & & & q(x_{N-1}) \end{bmatrix}.$$

Dann gilt der

<u>Satz 15.2-3.</u> Es sei $q(x_i) \geq 0$, $i = 1,\ldots,N-1$. Dann ist

$$A(h)^{-1} \leq \tilde{A}^{-1}. \tag{15.2-36}$$

15.2 Differenzenverfahren

<u>Beweis.</u> Wegen $q(x_i) \geq 0$ sind $A(h)$ und $\tilde{A}$ irreduzibel diagonaldominante symmetrische L-Matrizen, also nach Band 1, Abschnitt 1.3, symmetrische M-Matrizen, und diese haben wir seinerzeit als Stieltjes-Matrizen bezeichnet. Es ist daher

$$A(h)^{-1} \geq 0, \quad \tilde{A}^{-1} \geq 0. \tag{15.2-37}$$

Wir zerlegen jetzt $\tilde{A}$ so, daß

$$\tilde{A} = D - L - U$$

mit

$$D = \begin{bmatrix} 2 & & 0 \\ & \ddots & \\ 0 & & 2 \end{bmatrix}, \quad L = \begin{bmatrix} 0 & & & 0 \\ -1 & \ddots & & \\ & \ddots & \ddots & \\ 0 & & -1 & 0 \end{bmatrix}, \quad U = L^T$$

gilt. Dann ist

$$A(h) = D - L - U + h^2 Q,$$

und mit

$$\bar{D}(h) = D + h^2 Q$$

folgt

$$A(h) = \bar{D}(h) - L - U.$$

Weiter gilt

$$D^{-1}\tilde{A} = I - D^{-1}(L+U), \quad \bar{D}(h)^{-1}A(h) = I - \bar{D}(h)^{-1}(L+U),$$

und es ist offenbar

$$D \leq \bar{D}(h), \quad D^{-1} \geq \bar{D}(h)^{-1},$$

somit

$$-D^{-1} \leq -\bar{D}(h)^{-1}.$$

Wegen (15.2-37) ergibt sich hieraus nacheinander

$$[A(h)^{-1}D][I-\bar{D}(h)^{-1}(L+U)] \leq [A(h)^{-1}\bar{D}(h)][I-\bar{D}(h)^{-1}(L+U)]$$

$$= [\bar{D}(h)^{-1}A(h)]^{-1}[I-\bar{D}(h)^{-1}(L+U)] = I$$

$$= [D^{-1}\tilde{A}]^{-1}[I-D^{-1}(L+U)] \leq [\tilde{A}^{-1}D][I-\bar{D}(h)^{-1}(L+U)].$$

Wegen $\overline{D}(h) > 0$ und $D > 0$ ist mit $A(h) = \overline{D}(h) - L - U$ auch

$$D \cdot \overline{D}(h)^{-1} A(h) = D[I - \overline{D}(h)^{-1}(L + U)]$$

eine M-Matrix und somit $\{D[I - \overline{D}(h)^{-1}(L+U)]\}^{-1} \geq 0$. Da auch $\widetilde{A}$ eine M-Matrix ist, folgt schließlich $A(h)^{-1} \leq \widetilde{A}^{-1}$, d.h. die Behauptung des Satzes.

Über die Konvergenz des Verfahrens gilt dann der

<u>Satz 15.2-4.</u> Es sei $\|k\|_\infty = M$. Dann gibt es eine Konstante $L \geq 0$, so daß

$$\left| y_i^h - y(x_i) \right| \leq Li(N - i)h^4 = L(x_i - a)(b - x_i)h^2. \qquad (15.2\text{-}38)$$

<u>Beweis.</u> Es sei $e = [1, \ldots, 1]^T$, $e \in R^{N-1}$, und wir verwenden mit $u \in R^{N-1}$ die Schreibweise $|u| = [|u_1|, \ldots, |u_{N-1}|]^T$. Dann folgt zunächst aus (15.2-33) und (15.2-36) wegen $A(h)^{-1} \geq 0$:

$$|\varepsilon_h| = |O(h^4)| MA(h)^{-1} e \leq |O(h^4)| M \widetilde{A}^{-1} e. \qquad (15.2\text{-}39)$$

Es ist daher noch der Vektor $\widetilde{A}^{-1} e$ zu berechnen.

Nun stimmen die Werte der Näherungslösung mit denen der exakten Lösung überein, wenn diese ein Polynom 2. Grades ist. Dies bestätigt man sofort durch Taylorentwicklung. Das Randwertproblem

$$-y'' = 1, \quad y(a) = y(b) = 0$$

hat aber als eindeutige Lösung das Polynom

$$y = -\frac{1}{2}(x-a)(x-b). \qquad (15.2\text{-}40)$$

Wegen $q(x) \equiv 0$, $g(x) \equiv 1$, $\alpha = \beta = 0$, ist gemäß (15.2-29), (15.2-30) in diesem Fall $A(h) = \widetilde{A}$, $b(h) = h^2 e$. Daher gilt nach den Vorbemerkungen mit

$$\widetilde{y}(h) = \left[-\frac{1}{2}(x_1-a)(x_1-b), \ldots, -\frac{1}{2}(x_{N-1}-a)(x_{N-1}-b) \right]^T$$

$$\widetilde{A} y^h = h^2 e, \quad y^h = h^2 \widetilde{A}^{-1} e = \widetilde{y}(h). \qquad (15.2\text{-}41)$$

Aus (15.2-40) ergibt sich

$$y_i^h = y(x_i) = -\frac{1}{2}(x_i - x_0)(x_i - x_N) = \frac{1}{2} h^2 i(N - i). \qquad (15.2\text{-}42)$$

Mit $|O(h^4)| \leq Kh^4$, $L = \frac{1}{2} KM$ folgt daher nach (15.2-39), (15.2-41) zunächst

$$|\varepsilon_h| \leq Kh^4 M \frac{1}{h^2} \widetilde{y}(h) = 2L\widetilde{y}(h)h^2$$

oder komponentenweise gemäß (15.2-42)

$$|y_i^h - y(x_i)| \leq Li(N - i)h^4 = L(x_i - a)(b - x_i)h^2.$$

Damit ist der Satz bewiesen.

Der Fehler des Verfahrens geht also wie h^2 gegen 0. Man sagt daher, das Differenzenverfahren sei konvergent von der Ordnung 2.

15.3 Variationsmethoden und Ritzsches Verfahren

15.3.1 Randwertproblem und Variationsproblem

In 16.1 hatten wir bemerkt, daß die selbstadjungierte Differentialgleichung 2. Ordnung (15.1-10)

$$Ly \equiv -\frac{d}{dx}\left(p(x)\frac{dy}{dx}\right) + q(x)y = g(x) \tag{15.3-1}$$

die zum Variationsproblem

$$I[u] = \frac{1}{2} \int_a^b \{p(x)(u')^2 + q(x)u^2 - 2g(x)u\}dx = \text{Min} \tag{15.3-2}$$

gehörige Eulersche Differentialgleichung ist. Jede Funktion $y = y(x)$, $y \in C^2([a,b])$, die das Funktional $I[u]$ minimiert, für die also

$$I[y] \leq I[u], \quad u \in C^2([a,b]), \tag{15.3-3}$$

gilt, ist notwendig Lösung der Differentialgleichung (15.3-1).

Unter gewissen Voraussetzungen ist andererseits eine Lösung $y = y(x), y \in C^2([a,b])$, der Eulerschen Differentialgleichung (15.3-1) auch Lösung des Variationsproblems $I[u] = \text{Min}$. Auf dieser Äquivalenz basieren die numerischen Verfahren, denen wir uns jetzt zuwenden wollen. Man nennt sie "Variationsmethoden". Sie bestehen im Prinzip darin, daß man das Variationsproblem näherungsweise löst, wobei man sich jedoch nicht auf Funktionen aus $C^2([a,b])$ beschränken muß. Die erhaltene genäherte Lösung des Variationsproblems wird dann auch als Näherung der Lösung der Differentialgleichung betrachtet.

Wir wollen die Variationsmethoden anhand der Differentialgleichung (15.3-1) mit den Randbedingungen

$$y(a) = \alpha, \quad y(b) = \beta \qquad (15.3\text{-}4)$$

beschreiben. Die Randbedingungen werden homogen, wenn entsprechend den Überlegungen in 15.1

$$z(x) = y(x) - Q(x)$$

mit dem Polynom 1. Grades

$$Q(x) = \alpha \frac{b-x}{b-a} - \beta \frac{a-x}{b-a}$$

gesetzt wird. Es ist $Q(a) = \alpha$, $Q(b) = \beta$,

$$\frac{dQ}{dx} = -\frac{\alpha-\beta}{b-a}, \quad LQ = \frac{\alpha-\beta}{b-a} p'(x) + q(x)Q(x) = f(x),$$

und das Randwertproblem (15.3-1), (15.3-4) lautet mit $h(x) = g(x) - f(x)$

$$Lz = h(x), \quad z(a) = z(b) = 0.$$

Wir können uns also generell darauf beschränken, das halbhomogene Randwertproblem

$$Ly \equiv -\frac{d}{dx}\left(p(x)\frac{dy}{dx}\right) + q(x)y = g(x), \quad y(a) = y(b) = 0 \qquad (15.3\text{-}5)$$

zu untersuchen. Dabei setzen wir

$$p \in C^1([a,b]), \quad q,g \in C^0([a,b]), \quad p(x) \geq p_0 > 0, \quad q(x) > 0, \quad x \in [a,b],$$
$$(15.3\text{-}6)$$

voraus. Man kann dann nachweisen, daß das Randwertproblem (15.3-5) genau eine Lösung $y = y(x)$, $y \in C^2([a,b])$, besitzt.

Der Definitionsbereich Δ des Differentialoperators L ist die Menge aller auf $[a,b]$ zweimal stetig differenzierbaren Funktionen, die außerdem in a und b verschwinden, also die homogenen Randbedingungen erfüllen:

$$\Delta = \{u \in C^2([a,b]), u(a) = u(b) = 0\}. \qquad (15.3\text{-}7)$$

Das Randwertproblem ist daher äquivalent dem Problem, eine Lösung von

$$Lu = g, \quad u \in \Delta, \qquad (15.3\text{-}8)$$

15.3 Variationsmethoden und Ritzsches Verfahren

zu finden. Unter den Voraussetzungen (15.3-6) gibt es genau eine solche Lösung $u = y \in \Delta$.

Es sei $L^2(a,b)$ der Raum der auf $[a,b]$ quadratisch integrierbaren Funktionen. Wie in 11.5.1 definieren wir dann das skalare Produkt

$$(u,v) = \int_a^b u(x)v(x)dx, \quad u,v \in L^2(a,b), \qquad (15.3\text{-}9)$$

und die Norm (L^2-Norm)

$$\|u\|_2 = (u,u)^{1/2}. \qquad (15.3\text{-}10)$$

Ein Operator T mit dem Definitionsbereich D_T und der Eigenschaft

$$(u,Tv) = (Tu,v), \quad u,v \in D_T,$$

heißt "symmetrisch" (oder selbstadjungiert) auf D_T. T heißt ferner auf D_T positiv definit, wenn

$$(Tu,u) > 0, \quad u \neq 0, \quad u \in D_T.$$

Dabei bedeutet $u \neq 0$, daß $u(x)$ nicht identisch verschwindet.

<u>Satz 15.3-1.</u> Der Operator L ist auf Δ symmetrisch und positiv definit.

<u>Beweis.</u> Es muß zunächst $(u,Lv) = (Lu,v)$ für alle $u, v \in \Delta$ nachgewiesen werden. Wegen $Lv = -(pv')' + qv$ ist

$$(u,Lv) = \int_a^b u(x)\{-(p(x)v'(x))' + q(x)v(x)\}dx. \qquad (15.3\text{-}11)$$

Durch partielle Integration erhält man hieraus

$$(u,Lv) = -u(x)p(x)v'(x)\Big|_a^b + \int_a^b \{p(x)u'(x)v'(x) + q(x)u(x)v(x)\}dx. \qquad (15.3\text{-}12)$$

Wegen $u \in \Delta$ ist $u(a) = u(b) = 0$, so daß der erste Summand in (15.3-12) verschwindet. Der zweite ist in u und v symmetrisch, so daß $(u,Lv) = (v,Lu) = (Lu,v)$ gilt. L ist also symmetrisch.

Weiter ist wegen (15.3-6) für $u(x) \not\equiv 0$ in $[a,b]$

$$(Lu,u) = \int_a^b \{p(x)(u'(x))^2 + q(x)(u(x))^2\}dx$$

$$\geq p_0 \int_a^b (u'(x))^2 dx + \int_a^b q(x)(u(x))^2 dx$$

$$\geq \int_a^b q(x)(u(x))^2 dx > 0.$$

Damit ist der Satz bewiesen.

Nach (15.3-12) ist nun

$$(u,Lv) = (Lu,v) = \int_a^b \{p(x)u'(x)v'(x) + q(x)u(c)v(x)\}dx. \qquad (15.3-13)$$

Dieses Integral existiert nicht nur für $u, v \in \Delta$, sondern z.B. auch für stückweise differenzierbare Funktionen, deren erste Ableitungen außerdem quadratisch integrierbar sind.

Allgemeiner betrachten wir einen Funktionenraum $V^r(a,b)$ mit folgenden Eigenschaften: $w \in V^r(a,b)$ genau dann, wenn

(a) $w \in C^{r-1}([a,b])$,

(b) $w^{(r-1)}(x)$ ist auf $[a,b]$ mit Ausnahme von endlich vielen oder höchstens abzählbar unendlich vielen Stellen differenzierbar,

(c) $w^{(r)}(x)$ ist über $[a,b]$ quadratisch integrierbar,

(d) $\|w\|_{V^r(a,b)} = \left\{\int_a^b \sum_{\rho=0}^r |w^{(\rho)}(x)|^2 dx\right\}^{1/2} < \infty$.

Dabei ist $r \geq 0$ eine ganze Zahl einschließlich 0.

Man prüft leicht nach, daß $\|w\|_{V^r(a,b)}$ eine Norm von w ist. Für $r = 0$ sind die Forderungen (a) und (b) sinnlos, (c) fordert die quadratische Integrierbarkeit von

15.3 Variationsmethoden und Ritzsches Verfahren

w und (d) die Beschränktheit der Norm

$$\|w\|_{V^0(a,b)} = \left\{\int_a^b |w(x)|^2 dx\right\}^{1/2} = \|w\|_2.$$

Es ist daher $V^0(a,b) = L^2(a,b)$.

<u>Beispiel 15.3-1.</u> (a) Wir unterteilen das Intervall $[a,b]$ in n gleiche Teile der Länge h und bezeichnen die Punkte $x_i = a + ih$, $i = 0,\ldots,n$, mit $a + nh = b$ als Stützstellen. Dann sind die in 12.1 definierten Polygonzüge (Δ bezeichnet jetzt die dort angegebene Unterteilung)

$$S_\Delta(x) = \frac{f_{i+1} - f_i}{x_{i+1} - x_i}(x - x_i) + f_i$$

$$= \frac{f_{i+1} - f_i}{h}(x - x_i) + f_i, \quad x \in [x_i, x_{i+1}],$$

Elemente von $V^1(a,b)$. Denn es gilt $S_\Delta(x) \in C^0([a,b])$ und $S_\Delta(x)$ ist überall mit Ausnahme der Stützstellen x_i, $i = 1,\ldots,n-1$, differenzierbar. Schließlich gilt wegen $f \in C^1([a,b])$ und

$$S'_\Delta(x) = \frac{f_{i+1} - f_i}{h}, \quad x \in [x_i, x_{i+1}],$$

$$\int_a^b [(S_\Delta(x))^2 + (S'_\Delta(x))^2] dx = \sum_{i=0}^{n-1} \int_{x_i}^{x_{i+1}} [(S_\Delta(x))^2 + (S'_\Delta(x))^2] dx < \infty.$$

(b) Entsprechend schließt man, daß die in 12.2 bis 12.4 untersuchten kubischen Splines $S_\Delta(f;x)$ Elemente von $V^3(a,b)$ sind.

Es sei nun

$$D = \{w \in V^1(a,b); w(a) = w(b) = 0\}, \tag{15.3-14}$$

und wir definieren die symmetrische Bilinearform

$$[u,v] = \int_a^b \{p(x)u'(x)v'(x) + q(x)u(x)v(x)\} dx, \quad u, v \in D. \tag{15.3-15}$$

Offenbar ist Δ ein Teilraum von D, denn $w \in \Delta$ hat stets auch $w \in D$ zur Folge. Für $u, v \in \Delta \subset D$ gilt $[u,v] = (Lu,v)$.

Bedeutet g(x) die rechte Seite der Differentialgleichung (15.3-5), so können wir für jedes u ∈ D den Integralausdruck

$$I[u] = [u,u] - 2(u,g)$$
$$= \int_a^b \{p(x)(u'(x))^2 + q(x)(u(x))^2 - 2u(x)g(x)\}dx \qquad (15.3\text{-}16)$$

bilden. Wie anfangs erwähnt, nennt man I[u] ein "Funktional" und - da u' und u unter dem Integral quadratisch auftreten - genauer ein "quadratisches Funktional". Dieses Funktional nimmt sein Minimum gerade für die Lösung y = y(x) des Randwertproblems an, wie wir jetzt zeigen wollen

<u>Satz 15.3-2.</u> Es sei y = y(x) die Lösung von (15.3-5) bzw. (15.3-8). Dann gilt für jedes u ∈ D, u ≠ y

$$I[y] < I[u]. \qquad (15.3\text{-}17)$$

<u>Beweis.</u> Es ist zunächst wegen Ly = g und y ∈ Δ

$$(u,g) = (u,Ly) = [u,y],$$

ferner nach (15.3-16)

$$I[y] = [y,y] - 2(y,g) = (y,Ly) - 2(y,Ly) = -(y,Ly) = -[y,y].$$

Schließlich ist, wie man wegen der Symmetrie von [u,v] leicht ausrechnet,

$$[u-y,u-y] = [u,u] - 2[u,y] + [y,y].$$

Hiermit erhält man

$$I[u] = [u,u] - 2(u,g) = [u,u] - 2(u,Ly)$$
$$= [u,u] - 2[u,y] + [y,y] - [y,y]$$
$$= [u-y,u-y] - [y,y].$$

Offenbar ist nach (15.3-15) [u-y,u-y] > 0 für u ≠ y, u ∈ D, so daß schließlich

$$I[u] = [u-y,u-y] - [y,y] > -[y,y] = I[y],$$

und somit die Behauptung des Satzes folgt.

Hat man nur die Voraussetzung p(x), q(x) ⩾ 0, so gilt (Lu,u) ⩾ 0, u ∈ Δ, sowie [u,u] ⩾ 0, u ∈ D. Besitzt dann (15.3-5) bzw. (15.3-8) die Lösung y = y(x), so gilt

$$I[y] \leq I[u], \quad u \in D. \qquad (15.3\text{-}18)$$

15.3 Variationsmethoden und Ritzsches Verfahren

Auch in diesem Fall minimiert somit y das Funktional I[u], jedoch ist y unter Umständen nicht mehr eindeutig.

15.3.2 Das Ritzsche Verfahren

Nach Satz 5.3-2 ist das Randwertproblem (15.3-8) gelöst, wenn man unter den angegebenen Voraussetzungen die Funktion $y = y(x)$ gefunden hat, für die I[u] sein Minimum annimmt. Bei dem zuerst von W. Ritz [30] vorgeschlagenen Verfahren wird nun I[u] näherungsweise minimiert. Man wählt einen passenden M-dimensionalen Teilraum $D_M \subset D$, der etwa durch die linear unabhängigen Funktionen $\varphi_j(x)$, $j = 1, 2, \ldots, M$, aufgespannt wird. Wegen $D_M \subset D$ gilt $\varphi_j(a) = \varphi_j(b) = 0$. Dann kann jede Funktion $v \in D_M$ als Linearkombination

$$v = \sum_{\mu=1}^{M} \alpha_\mu \varphi_\mu \tag{15.3-19}$$

mit reellen α_i dargestellt werden. Bildet man hiermit I[v], so folgt auf Grund der Eigenschaften der Bilinearform [u,v] und des skalaren Produkts (u,v)

$$\begin{aligned} I[v] &= [v,v] - 2(v,g) = \Phi(\alpha_1, \ldots, \alpha_M) \\ &= \left[\sum_{\mu=1}^{M} \alpha_\mu \varphi_\mu, \sum_{\nu=1}^{M} \alpha_\nu \varphi_\nu \right] - 2\left(\sum_{\mu=1}^{M} \alpha_\mu \varphi_\mu, g \right) \\ &= \sum_{\mu,\nu=1}^{M} [\varphi_\mu, \varphi_\nu] \alpha_\mu \alpha_\nu - 2 \sum_{\mu=1}^{M} (\varphi_\mu, g) \alpha_\mu. \end{aligned} \tag{15.3-20}$$

Die $\alpha_1, \ldots, \alpha_M$ sollen so bestimmt werden, daß $\Phi(\alpha_1, \ldots, \alpha_M)$ sein Minimum annimmt. Hierfür ist notwendig

$$\frac{1}{2} \frac{\partial \Phi(\alpha_1, \ldots, \alpha_M)}{\partial \alpha_i} = \frac{1}{2} \sum_{\mu,\nu=1}^{M} [\varphi_\mu, \varphi_\nu] \left(\frac{\partial \alpha_\mu}{\partial \alpha_i} \alpha_\nu + \alpha_\mu \frac{\partial \alpha_\nu}{\partial \alpha_i} \right) - (\varphi_i, g) = 0.$$

Nun ist $\partial \alpha_k / \partial \alpha_i = \delta_{ki}$, so daß der erste Summand auf der rechten Seite lautet

$$\frac{1}{2} \sum_{\nu=1}^{M} [\varphi_i, \varphi_\nu] \alpha_\nu + \frac{1}{2} \sum_{\mu=1}^{M} [\varphi_\mu, \varphi_i] \alpha_\mu = \sum_{j=1}^{M} [\varphi_i, \varphi_j] \alpha_j.$$

Daher müssen die gesuchten α_j, $j = 1, \ldots, M$, dem linearen Gleichungssystem

$$\frac{1}{2}\frac{\partial \Phi(\alpha_1,\ldots,\alpha_M)}{\partial \alpha_i} = \sum_{j=1}^{M} [\varphi_i,\varphi_j]\alpha_j - (\varphi_i,g) = 0, \quad i = 1,\ldots,M, \qquad (15.3\text{-}21)$$

genügen. Setzt man

$$[\varphi_i,\varphi_j] = a_{ij}, \quad (\varphi_i,g) = b_i, \qquad (15.3\text{-}22)$$

und weiter

$$A = [a_{ij}], \quad b = [b_1,\ldots,b_M]^T, \quad \alpha = [\alpha_1,\ldots,\alpha_M]^T, \qquad (15.3\text{-}23)$$

so lautet es

$$A\alpha = b. \qquad (15.3\text{-}24)$$

Die Matrix A ist offenbar symmetrisch. Sie ist aber auch positiv definit. Denn sei $k = [k_1,\ldots,k_M]^T$ ein beliebiger vom Nullvektor verschiedener Vektor, so ist

$$w = \sum_{i=1}^{M} k_i \varphi_i$$

eine nicht identisch verschwindene Funktion aus D_M und es gilt

$$0 < [w,w] = \sum_{i,j=1}^{M} [\varphi_i,\varphi_j]k_i k_j = \sum_{i,j=1}^{M} a_{ij} k_i k_j.$$

Daher ist das Gleichungssystem (15.3-24) eindeutig lösbar, seine Lösung sei

$$\alpha^* = [\alpha_1^*,\ldots,\alpha_M^*]^T.$$

Man kann sie etwa mit dem in Band 1, Abschnitt 5.1.3 beschriebenen Cholesky-Verfahren oder auch mit dem in 6.3 untersuchten SOR-Verfahren berechnen.

Nach (15.3-20) und (15.3-23) ist, wenn wir statt $\Phi(\alpha_1,\ldots,\alpha_M)$ kürzer $\Phi(\alpha)$ und entsprechend $\Phi(\alpha^*)$ schreiben,

$$\Phi(\alpha) = \alpha^T A \alpha - 2\alpha^T b \qquad (15.3\text{-}25)$$

und daher

$$\begin{aligned}(\alpha - \alpha^*)^T A(\alpha - \alpha^*) &= \alpha^T A \alpha - 2\alpha^T A \alpha^* + (\alpha^*)^T A \alpha^* \\ &= \alpha^T A \alpha - 2\alpha^T b + (\alpha^*)^T A \alpha^* \\ &= \Phi(\alpha) + (\alpha^*)^T A \alpha^*.\end{aligned} \qquad (15.3\text{-}26)$$

15.3 Variationsmethoden und Ritzsches Verfahren

Aus (15.3-25) erhält man mit $\alpha = \alpha^*$ und wegen $A\alpha^* = b$:

$$\Phi(\alpha^*) = (\alpha^*)^T A \alpha^* - 2(\alpha^*)^T A \alpha^* = -(\alpha^*)^T A \alpha^*.$$

Da A positiv definit ist, gilt für $\alpha \neq \alpha^*$

$$(\alpha - \alpha^*)^T A (\alpha - \alpha^*) > 0.$$

Daher ergibt sich aus (15.3-26) endlich

$$0 < \Phi(\alpha) - \Phi(\alpha^*), \quad \alpha \neq \alpha^*. \tag{15.3-27}$$

Die gesuchte Funktion aus D_M, für die das Funktional $I[v]$ seinen Minimalwert auf D_M annimmt, ist also

$$v^*(x) = \sum_{\mu=1}^{M} \alpha_\mu^* \varphi_\mu(x), \tag{15.3-28}$$

und es gilt

$$\min_{v \in D_M} I[v] = I[v^*]. \tag{15.3-29}$$

Befindet sich unter den Basisfunktionen $\varphi_i(x)$, $i = 1, \ldots, M$, zufällig die Lösung des Randwertproblems, gilt also etwa $y(x) = \varphi_k(x)$, so errechnet man aus dem Gleichungssystem (15.3-24)

$$\alpha_i = 0, \quad i = 1, \ldots, M, \quad i \neq k, \quad \alpha_k = 1,$$

also auch nach (15.3-28)

$$v^*(x) = \varphi_k(x) = y(x).$$

Dies ergibt sich unmittelbar aus (15.3-18) und wegen

$$I[v] = \Phi(\alpha) \geq \Phi(\alpha^*) = I[v^*] \geq I[y].$$

15.3.3 Zur praktischen Durchführung des Ritzschen Verfahrens

Um die α_i^*, $i = 1, \ldots, M$, und damit v^* berechnen zu können, benötigt man die Elemente a_{ij} der Matrix A und die Komponenten b_i der rechten Seite b. Es ist

$$a_{ij} = [\varphi_i, \varphi_j] = \int_a^b \{p(x)\varphi_i'(x)\varphi_j'(x) + q(x)\varphi_i(x)\varphi_j(x)\}dx, \tag{15.3-30}$$

$$b_i = (\varphi_i, g) = \int_a^b \varphi_i(x)g(x)dx. \tag{15.3-31}$$

Ob diese Integrale "exakt" berechnet werden können, hängt von den Funktionen p, q, g und der Wahl der Basisfunktionen $\varphi_i(x)$, $i = 1,\ldots,M$, ab. In der Regel wird man jedoch die a_{ij} und b_i mit einem der in Kapitel 13 beschriebenen numerischen Quadraturverfahren bestimmen müssen. Hierdurch entsteht natürlich ein zusätzlicher Verfahrensfehler.

Die passende Wahl der Funktionen $\varphi_i(x)$, $i = 1,\ldots,M$, und damit des Funktionenraumes D_M ist eine oft schwierige Aufgabe und erfordert nicht zuletzt eine gewisse Erfahrung. Sie hängt vom gestellten Problem und von der verlangten Genauigkeit ab. So wird man z.B. als Basisfunktionen periodische Funktionen wählen, wenn aus der Theorie bekannt ist, daß auch die Lösung y des Randwertproblems periodisch ist. Wenn über diese jedoch nichts weiter bekannt ist, so wird man als Basisfunktionen oft Polynome, etwa bestimmte Orthogonalpolynome, verwenden. Eine Regel für die Wahl der φ_i läßt sich nicht aufstellen.

Die damit zusammenhängenden Schwierigkeiten werden zum Teil vermieden, wenn man in geeigneter Weise durch stückweise Polynome, etwa durch lineare oder kubische Splines, approximiert. Dies führt zur Methode der finiten Elemente, auf die wir in 15.4 eingehen werden.

Wir haben gemäß (15.3-6) bisher $q(x) > 0$ vorausgesetzt. Dies ist hinreichend für $[w,w] > 0$, $w \in D_M$, und damit für die positive Definitheit der Matrix A mit den Elementen $a_{ij} = [\varphi_i, \varphi_j]$. Diese Matrix ist jedoch auch für $q(x) \equiv 0$ positiv definit, wenn $p(x) > 0$ für $x \in [a,b]$ gilt. Man kann das Ritz-Verfahren also auch im Fall $q(x) \equiv 0$ anwenden.

<u>Beispiel 15.3-2.</u> Wir betrachten das sehr einfache Randwertproblem

$$-y'' = \sin x, \quad y(0) = y(\pi) = 0,$$

das natürlich auch exakt lösbar ist. Es gilt $p(x) \equiv 1$, $q(x) \equiv 0$, $g(x) = \sin x$.

(a) Wir wählen zunächst einen eingliedrigen Ansatz, also M = 1, und

$$\varphi_1(x) = x(\pi - x),$$

$$\varphi_1'(x) = \pi - 2x.$$

Es ist

$$a_{11} = \int_0^\pi \varphi_1'(x)^2 dx = \int_0^\pi (\pi^2 - 4\pi x + 4x^2)dx = \frac{\pi^3}{3},$$

15.3 Variationsmethoden und Ritzsches Verfahren

$$b_1 = \int_0^\pi \varphi_1(x)g(x)dx = \int_0^\pi x(\pi - x)\sin x \, dx = \pi \int_0^\pi x \sin x \, dx$$

$$- \int_0^\pi x^2 \sin x \, dx = \pi[\sin x - x \cos x]_0^\pi - [2x \sin x + (2 - x^2)\cos x]_0^\pi$$

$$= \pi^2 + (2 - \pi^2) + 2 = 4.$$

Daher folgt $\frac{\pi^3}{3} \alpha_1 = 4$, $\alpha_1 = \frac{12}{\pi^3}$ und somit

$$v^*(x) = \alpha_1 \varphi_1(x) = \frac{12}{\pi^3} x(\pi - x) \approx 0.387 x(\pi - x).$$

v^* erreicht sein relatives Maximum für $x = \frac{\pi}{2}$ und es ist

$$v^*\left(\frac{\pi}{2}\right) = \frac{3}{\pi} \approx 0.955.$$

(b) Wir wählen einen zweigliedrigen Ansatz mit

$$\varphi_1(x) = \sin x, \quad \varphi_2(x) = \sin 2x,$$

$$\varphi_1'(x) = \cos x, \quad \varphi_2'(x) = 2 \cos 2x.$$

Dann ist

$$a_{11} = \int_0^\pi \varphi_1'(x)^2 dx = \int_0^\pi \cos^2 x \, dx = \frac{\pi}{2},$$

$$a_{12} = \int_0^\pi \varphi_1'(x)\varphi_2'(x)dx = 2\int_0^\pi \cos x \cos 2x \, dx = 0,$$

$$a_{22} = \int_0^\pi \varphi_2'(x)^2 dx = 4\int_0^\pi \cos^2 2x \, dx = 2\pi,$$

ferner

$$b_1 = \int_0^\pi \varphi_1(x)g(x)dx = \int_0^\pi \sin^2 x \, dx = \frac{\pi}{2},$$

$$b_2 = \int_0^\pi \varphi_2(x)g(x)dx = \int_0^\pi \sin 2x \sin x \, dx = 0.$$

Die Matrix A ist hier die Diagonalmatrix

$$\begin{bmatrix} \frac{\pi}{2} & 0 \\ 0 & 2\pi \end{bmatrix},$$

das Gleichungssystem zur Bestimmung von α_1, α_2 lautet

$$\frac{\pi}{2}\alpha_1 = \frac{\pi}{2}$$
$$2\pi\alpha_2 = 0$$

es ist also $\alpha_1 = 1$, $\alpha_2 = 0$ und

$$v^*(x) = \sin x.$$

Man bestätigt sofort, daß $y = \sin x$ die exakte Lösung des Randwertproblems ist, das Ritzsche Verfahren liefert hier entsprechend der Bemerkung am Schluß von 15.3.2 $v^*(x) = y(x)$.

Man kann das Ritzsche Verfahren auf andere Randwertprobleme der Differentialgleichung (15.3-1) und auch auf nichtlineare Randwertprobleme 2. Ordnung ausdehnen. Man vergleiche hierzu etwa die ausführlichen Darstellungen in [8, 26].

15.4 Die Methode der finiten Elemente

Wir entwickeln jetzt ein Ritz-Verfahren, bei dem die Funktionen $\varphi_i(x)$ jeweils nur auf Teilintervallen aus $[a,b]$ von Null verschieden sind und sonst identisch verschwinden.

Dazu unterteilen wir $[a,b]$ wie bei der Spline-Interpolation in n gleiche Teile der Länge h mit den Stützstellen

$$x_i = a + ih, \quad i = 0, 1, \ldots, n, \quad a + nh = b.$$

15.4.1 Stückweise lineare Ansatzfunktionen

Zunächst betrachten wir den Raum der in 12.1 untersuchten auf $[a,b]$ stückweise linearen stetigen Funktionen $S_h(x)$[5]. Dieser Raum hat nach (12.1-9) die Basis

---

[5] In 12.1 wurden diese Funktionen mit $S_\Delta(x)$ bezeichnet.

15.4 Die Methode der finiten Elemente

$$\varphi_i(x) = \begin{cases} \frac{x-a}{h} - i + 1, & x_{i-1} \leq x \leq x_i \\ -\frac{x-a}{h} + i + 1, & x_i \leq x \leq x_{i+1} \\ 0 & , \text{ sonst} \end{cases} \quad i = 1,\ldots,n-1 \qquad (15.4-1)$$

und

$$\varphi_0(x) = -\frac{x-a}{h} + 1, \qquad x_0 \leq x \leq x_1, \qquad (15.4-1a)$$

$$\varphi_n(x) = \frac{x-a}{h} - n + 1, \qquad x_{n-1} \leq x \leq x_n. \qquad (15.4-1b)$$

Jede Funktion $S_h(x)$ hat dann die Darstellung

$$S_h(x) = \sum_{i=0}^{n} \alpha_i \varphi_i(x). \qquad (15.4-2)$$

Zur Approximation der Lösung von (15.3-5) verwenden wir jedoch wieder nur solche Funktionen, die den homogenen Randbedingungen $S_h(a) = S_h(b) = 0$ genügen. Aus (15.4-2) folgt hiermit auf Grund der Eigenschaften (15.4-1) der Basisfunktionen

$$S_h(a) = \sum_{i=0}^{n} \alpha_i \varphi_i(a) = \alpha_0 \varphi_0(a) = 0,$$

$$S_h(b) = \sum_{i=0}^{n} \alpha_i \varphi_i(b) = \alpha_n \varphi_n(b) = 0.$$

Wegen $\varphi_0(a) = \varphi_n(b) = 1$ folgt hieraus notwendig

$$\alpha_0 = \alpha_n = 0.$$

Dies hat zur Folge, daß wir zur Approximation jetzt die Funktionen

$$S_h^0(x) = \sum_{i=1}^{n-1} \alpha_i \varphi_i(x) \qquad (15.4-3)$$

verwenden, wobei statt n+1 nur noch n-1 Parameter zur Verfügung stehen. Da die Unterteilung des Intervalls [a,b] jedoch ohne große Mühe verfeinert werden kann, ist dies kein wirklicher Nachteil. Es sei jedoch erwähnt, daß man $\varphi_0(x)$ und $\varphi_n(x)$

so abändern kann, daß diese die Bedingungen $\varphi_0(a) = \varphi_n(b) = 0$ erfüllen. Hierdurch wird das Verfahren jedoch eher komplizierter.

Jede Funktion (15.4-3) ist mit Ausnahme der Stützstellen x_i, $i = 1,2,\ldots,n-1$, auf $[a,b]$ differenzierbar und mitsamt ihrer ersten Ableitung quadratisch integrierbar. Bezeichnen wir den Raum der Funktionen (15.4-3) mit $P_h^1(a,b)$, so gilt $P_h^1(a,b) \subset D$, die $\varphi_i(x)$ können daher als Ansatzfunktionen beim Ritzschen Verfahren verwendet werden.

Nach (15.3-15) und (15.3-22) berechnen sich die Elemente der Matrix A zu

$$a_{ij} = [\varphi_i, \varphi_j] = \int_a^b \{p(x)\varphi_i'(x)\varphi_j'(x) + q(x)\varphi_i(x)\varphi_j(x)\}dx$$

$$= \sum_{k=1}^n \int_{x_{k-1}}^{x_k} \{p(x)\varphi_i'(x)\varphi_j'(x) + q(x)\varphi_i(x)\varphi_j(x)\}dx. \tag{15.4-4}$$

Nun ist $\varphi_j(x) = 0$ für $j \neq i-1, i, i+1$ und $x \in [x_{i-1}, x_{i+1}]$. Daher folgt

$$[\varphi_i, \varphi_j] = 0, \quad |i-j| \geq 2,$$

so daß A eine Tridiagonalmatrix der Gestalt

$$A = \begin{bmatrix} a_{11} & a_{21} & & & & 0 \\ a_{21} & a_{22} & a_{23} & & & \\ & \ddots & \ddots & \ddots & & \\ & & a_{n-1,n-2} & a_{n-1,n-1} & a_{n,n-1} \\ 0 & & & a_{n,n-1} & a_{nn} \end{bmatrix} \tag{15.4-5}$$

ist. Weiter gilt

$$b_i = (\varphi_i, g) = \int_a^b \varphi_i(x) g(x) dx = \int_{x_{i-1}}^{x_{i+1}} \varphi_i(x) g(x) dx, \tag{15.4-6}$$

denn $\varphi_i(x)$ verschwindet außerhalb $[x_{i-1}, x_{i+1}]$ identisch.

15.4 Die Methode der finiten Elemente

Mit $\alpha = [\alpha_1,\ldots,\alpha_{n-1}]^T$, $b = [b_1,\ldots,b_{n-1}]^T$ bestimmt man dann die Parameterwerte $\alpha^* = [\alpha_1^*,\ldots,\alpha_{n-1}^*]^T$ aus dem linearen Gleichungssystem

$$A\alpha = b. \tag{15.4-7}$$

Die gesuchte Näherung der exakten Lösung $y(x)$ des Randwertproblems (15.3-5) ist dann

$$S_h^*(x) = \sum_{i=1}^{n-1} \alpha_i^* \varphi_i(x). \tag{15.4-8}$$

In 15.3.2 haben wir allgemein nachgewiesen, daß A stets symmetrisch und positiv definit ist. Um eine Funktion $S_h^*(x)$ als hinreichend genaue Näherung der exakten Lösung $y(x)$ von (15.3-5) zu erhalten, muß h im allgemeinen sehr klein gewählt werden. Daher ist (15.4-7) in der Regel ein großes Gleichungssystem mit symmetrischer und positiv definiter Tridiagonalmatrix. Dieses System kann daher mit dem in Band 1, Abschnitt 6.3 beschriebenen SOR-Verfahren zuverlässig iterativ gelöst werden.

<u>Beispiel 15.4-1.</u> Wir betrachten wieder das Randwertproblem aus Beispiel 15.3-2, nämlich

$$-y'' = \sin x, \quad y(0) = y(\pi) = 0.$$

Dann gilt für $i = 1,\ldots,n$ und $nh = \pi$

$$a_{i,i-1} = \int_0^\pi \varphi_i'(x)\varphi_{i-1}'(x)dx = \int_{x_{i-1}}^{x_i} \varphi_i'(x)\varphi_{i-1}'(x)dx.$$

Denn außerhalb des Intervalles $[x_{i-1}, x_i]$ verschwindet entweder φ_i oder φ_{i-1} identisch. Es ist daher nach (15.4-1)

$$a_{i,i-1} = \int_{x_{i-1}}^{x_i} \frac{1}{h}\left(-\frac{1}{h}\right)dx = -\frac{1}{h^2}h = -\frac{1}{h}.$$

Weiter erhält man für $i = 1,\ldots,n$

$$a_{ii} = \int_0^\pi \varphi_i'(x)^2 dx = \int_{x_{i-1}}^{x_{i+1}} \varphi_i'(x)^2 dx = \int_{x_{i-1}}^{x_i} \frac{1}{h^2}dx + \int_{x_i}^{x_{i+1}} \frac{1}{h^2}dx = \frac{2}{h}.$$

15 Rand- und Eigenwertprobleme gewöhnlicher Differentialgleichungen

Schließlich folgt noch aus dem Vorhergehenden

$$a_{i,i+1} = a_{i+1,i} = -\frac{1}{h}, \quad i = 1,\ldots,n-1.$$

Die Matrix A lautet hier also

$$A = \frac{1}{h}\begin{bmatrix} 2 & -1 & & & 0 \\ -1 & 2 & -1 & & \\ & \ddots & \ddots & \ddots & \\ & & -1 & 2 & -1 \\ 0 & & & -1 & 2 \end{bmatrix}$$

Wir haben sie früher in 15.3 bereits bei der Anwendung des Differenzenverfahrens erhalten. A ist eine Stieltjes-Matrix, also positiv definit, obwohl $q(x) \equiv 0$ gilt. Man vergleiche hierzu die Anmerkungen am Schluß von 15.3.3.

15.4.2 Kubische Splines als Ansatzfunktionen

Wir wollen jetzt die in 12.2 untersuchten kubischen Splines zur Approximation der Lösung von (15.3.5) verwenden und bezeichnen sie, wie schon die stückweise linearen Funktionen in 15.4.1, wieder mit $S_h(x)$.

Um das Ritzsche Verfahren anwenden zu können, benötigen wir eine Basis des Raumes der kubischen Splines über [a,b]. Um diese einfacher beschreiben zu können, nehmen wir zu den Stützstellen

$$x_i = a + ih, \quad i = 0,1,\ldots,n, \quad x_n = b$$

formal die Punkte

$$x_{-k} = a - kh, \quad x_{n+k} = b + kh, \quad k = 1,2,3,$$

hinzu.

Eine Basis ist dann (Bild 15.4)

15.4 Die Methode der finiten Elemente

$$\varphi_i(x) = \begin{cases} -\left(\frac{a-x}{h}-i+2\right)^3, & x\in[x_{i-2},x_{i-1}]\cap[a,b] \\ 1+3\left(-\frac{a-x}{h}-i+1\right)+3\left(-\frac{a-x}{h}-i+1\right)^2-3\left(-\frac{a-x}{h}-i+1\right)^3, & x\in[x_{i-1},x_i]\cap[a,b] \\ 1+3\left(\frac{a-x}{h}+i+1\right)+3\left(\frac{a-x}{h}+i+1\right)^2-3\left(\frac{a-x}{h}+i+1\right)^3, & x\in[x_i,x_{i+1}]\cap[a,b] \\ \left(\frac{a-x}{h}+i+2\right)^3, & x\in[x_{i+1},x_{i+2}]\cap[a,b] \\ 0 & \text{sonst} \end{cases} \quad (15.4\text{-}9)$$

$$i = -1,\ldots,n+1.$$

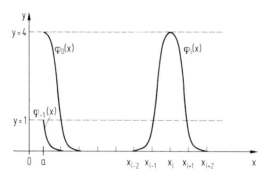

Bild 15.4. Die Basisfunktionen $\varphi_i(x)$

Dabei bedeutet z.B. $x \in [x_{i-2},x_{i-1}] \cap [a,b]$, daß x dem Durchschnitt der beiden Mengen $[x_{i-2},x_{i-1}]$ und $[a,b]$ angehört, es ist also $x \in [x_{i-2},x_{i-1}]$ und $x\in[a,b]$. Für $i = -1$ z.B. sind $[x_{-3},x_{-2}] \cap [a,b]$, $[x_{-2},x_{-1}] \cap [a,b]$ und $[x_{-1},x_0] \cap [a,b]$ leere Mengen, $\varphi_{-1}(x)$ ist nur im Intervall $[x_0,x_1] \cap [a,b] = [x_0,x_1]$ definiert. Allgemein gilt ja

$$[x_k,x_{k+1}] \cap [a,b] = [x_k,x_{k+1}], \quad 0 \leq k \leq n-1.$$

Jede kubische Splinefunktion hat dann die Gestalt

$$S_h(x) = \sum_{i=-1}^{n+1} \alpha_i \varphi_i(x) \tag{15.4-10}$$

mit reellen Zahlen α_i.

Zur Approximation ziehen wir jedoch wieder nur solche Splinefunktionen heran, welche den Randbedingungen $S_h(a) = S_h(b) = 0$ genügen. Den Raum dieser Funktionen bezeichnen wir mit $P_h^3(a,b)$. Es ist aber

$$\varphi_{-1}(a) = \varphi_1(a) = \varphi_{n-1}(b) = \varphi_{n+1}(b) = 1, \quad \varphi_0(a) = \varphi_N(b) = 4,$$

d.h. die Splinefunktion (15.4-10) werden die Randbedingungen im allgemeinen nicht erfüllen. Deshalb führen wir die folgenden Funktionen $\psi_i(x)$ ein:

$$\psi_i(x) = \begin{cases} \varphi_i(x) & i = 2,\ldots,N-2 \\ \varphi_0(x) - 4\varphi_{-1}(x) & i = 0 \\ \varphi_0(x) - 4\varphi_1(x) & i = 1 \\ \varphi_n(x) - 4\varphi_{n-1}(x) & i = n-1 \\ \varphi_n(x) - 4\varphi_{n+1}(x) & i = n \end{cases}$$

Dann gilt $\psi_i(a) = \psi_i(b) = 0$, $i = 2,3,\ldots,N-2$, und weiter

$\psi_0(a) = \varphi_0(a) - 4\varphi_{-1}(a) = 4 - 4 = 0,$

$\psi_1(a) = \varphi_0(a) - 4\varphi_1(a) = 4 - 4 = 0,$

$\psi_{n-1}(b) = \varphi_n(b) - 4\varphi_{n-1}(b) = 4 - 4 = 0,$

$\psi_n(b) = \varphi_n(b) - 4\varphi_{n+1}(b) = 4 - 4 = 0.$

Daher erfüllen die Funktionen $\psi_i(x)$ die Randbedingungen $\psi_i(a) = \psi_i(b) = 0$, $i = 0,\ldots,n$, man kann weiter ihre lineare Unabhängigkeit auf $[a,b]$ nachweisen, so daß jede Funktion $S_h^0 \in P_h^3(a,b)$ die Darstellung

$$S_h^0(x) = \sum_{i=0}^{n} \alpha_i \psi_i(x) \qquad (15.4-11)$$

mit $S_h^0(a) = S_h^0(b) = 0$ besitzt. Die $\psi_i(x)$ bilden daher eine Basis des Raumes $P_h^3(a,b)$, der wiederum ein Teilraum von D ist. Wir können die $\psi_i(x)$ somit als Ansatzfunktionen beim Ritzschen Verfahren verwenden.

Die Elemente der Matrix A sind jetzt

$$a_{ij} = [\psi_i, \psi_j] = \int_a^b \{p(x)\psi_i'(x)\psi_j'(x) + q(x)\psi_i(x)\psi_j(x)\}dx$$

$$= \sum_{k=1}^{n} \int_{x_{k-1}}^{x_k} \{p(x)\psi_i'(x)\psi_j'(x) + q(x)\psi_i(x)\psi_j(x)\}dx. \qquad (15.4-12)$$

15.4 Die Methode der finiten Elemente

Es ist offenbar $[\psi_i, \psi_j] = 0$ für $|i - j| \geq 4$, denn es gilt $\psi_i(x) \neq 0$, $x \in [x_{i-2}, x_{i+2}] \cap [a,b]$, während dort $\psi_j(x)$ gerade verschwindet. Die Matrix A ist daher eine "Bandmatrix", bei der in der i-ten Zeile, $i \geq 4$, nur die 7 Elemente

$$a_{i,i-3}, \; a_{i,i-2}, \; a_{i,i-1}, \; a_{ii}, \; a_{i,i+1}, \; a_{i,i+2}, \; a_{i,i+3}$$

nicht verschwinden. Schematisch dargestellt, hat A folgende Struktur

$$A = \begin{bmatrix} x & x & x & x & & & & & & 0 \\ x & x & x & x & x & & & & & \\ x & x & x & x & x & x & & & & \\ x & x & x & x & x & x & x & & & \\ & x & x & x & x & x & x & x & & \\ & & \cdot & \cdot & \cdot & \cdot & \cdot & \cdot & \cdot & \\ & & & x & x & x & x & x & x & x \\ & & & & x & x & x & x & x & x \\ & & & & & x & x & x & x & x \\ 0 & & & & & & x & x & x & x \end{bmatrix}, \quad (15.4\text{-}12a)$$

wobei die nichtverschwindenden Elemente durch x gekennzeichnet sind. Die Matrix ist außerdem symmetrisch und positiv definit, das durch Anwendung des Ritz-Verfahrens entstehende lineare Gleichungssystem $A\alpha = b$ kann daher mit dem Cholesky-Verfahren oder dem SOR-Verfahren gelöst werden. Bei feinerer Unterteilung des Intervalls $[a,b]$ ist es ein großes Gleichungssystem, dessen Aufstellung oft schon erhebliche Mühe bereitet.

15.4.3 Fehlerordnung. Ergänzungen

Wir wollen jetzt kurz auf die Frage nach dem Fehler einer mit dem Ritzschen Verfahren berechneten Näherungslösung eingehen und dabei insbesondere die Methode der finiten Elemente betrachten.

Den Funktionenraum D normieren wir durch

$$\|w\|_\infty = \underset{x \in [a,b]}{\text{Max}} |w(x)|, \quad w \in D. \quad (15.4\text{-}13)$$

Sei $y(x)$ die exakte Lösung des Randwertproblems (15.3-5) und $u^* \in D$ eine Näherungslösung, so suchen wir eine Abschätzung des Fehlers

$$\|u^* - y\|_\infty = \underset{x \in [a,b]}{\text{Max}} |u^*(x) - y(x)|. \tag{15.4-14}$$

Dazu benötigen wir zunächst den

<u>Hilfssatz 15.4-1.</u> Unter den Voraussetzungen (15.3-6) gibt es zwei positive Konstanten

$$c_1 = \frac{p_0}{b-a} , \quad c_2 = \|p\|_\infty (b-a) + \|q\|_\infty (b-a)^3, \tag{15.4-15}$$

so daß für alle $u \in D$ (vgl. 15.3-14) die Abschätzung

$$c_1 \|u\|_\infty^2 \leq [u,u] \leq c_2 \|u'\|_\infty^2 \tag{15.4-16}$$

gilt. Dabei ist u' die Ableitung von u.

Zum <u>Beweis</u> des Satzes vergleiche man etwa [37, S. 199 f.].

Eine Aussage über den Fehler beim Ritzschen Verfahren liefert dann der

<u>Satz 15.4-1.</u> Es sei $y(x)$ die exakte Lösung des Randwertproblems (15.3-5) und $v^*(x)$, $v^* \in D_M \subset D$, die mit dem Ritzschen Verfahren bestimmte Näherung. Dann gilt für jedes $v \in D_M$ die Abschätzung

$$\|v^* - y\|_\infty \leq \sqrt{\frac{c_2}{c_1}} \|v' - y'\|_\infty \tag{15.4-17}$$

mit den Konstanten c_1, c_2 aus (15.4-16).

<u>Beweis.</u> Nach (15.3-18) gilt für alle $v \in D$, $v \neq y$, also auch für alle $v \in D_M \subset D$

$$[v-y, v-y] = I[v] + [y,y].$$

Weiter ist nach (15.3-29)

$$\underset{v \in D_M}{\text{Min}} [v-y, v-y] = \underset{v \in D_M}{\text{Min}} I[v] + [y,y] = I[v^*] + [y,y] = [v^*-y, v^*-y].$$

Daher besteht für jedes $v \in D_M$ die Ungleichung

$$[v-y, v-y] \geq [v^*-y, v^*-y].$$

15.4 Die Methode der finiten Elemente

Wegen $v-y$, $v^*-y \in D$ folgt schließlich aus (15.4-16)

$$c_1 \|v^*-y\|_\infty^2 \leq [v^*-y, v^*-y] \leq [v-y, v-y] \leq c_2 \|v'-y'\|_\infty^2,$$

und daraus die Behauptung.

Wir verwenden die Aussage des Satzes, um eine Fehlerordnung bei der Methode der finiten Elemente anzugeben. Dabei machen wir uns die Tatsache zunutze, daß (15.4-17) für jedes $v \in D_M$ gilt.

Zunächst wählen wir als Raum D_M den Raum $P_h^1(a,b)$ der stückweise linearen Funktionen $S_h(x)$ mit $S_h(a) = S_h(b) = 0$. Ferner sei $v_h(x)$ die eindeutig bestimmte Funktion aus $P_h^1(a,b)$, die den Bedingungen

$$v_h(x_i) = y(x_i), \quad i = 0, 1, \ldots, n, \tag{15.4-18}$$

genügt, sie lautet nach (12.1-2) mit $y(x_0) = y(a) = y(b) = y(x_n) = 0$:

$$v_h(x) = \frac{y(x_{i+1}) - y(x_i)}{h}(x - x_i) + y(x_i), \quad x \in [x_i, x_{i+1}], \quad i = 0, \ldots, n-1. \tag{15.4-19}$$

Dann gilt für $y \in C^2([a,b])$ nach (12.1-5) die Abschätzung

$$\|v_h' - y'\| \leq 2Lh$$

mit der dort angegebenen Konstanten L, und nach Einsetzen dieses Ausdrucks in (15.4-17) folgt

$$\underset{x \in [a,b]}{\text{Max}} |v^*(x) - y(x)| = \|v^* - y\|_\infty \leq 2L \sqrt{\frac{c_2}{c_1}} h = O(h). \tag{15.4-20}$$

Der Fehler ist also mindestens proportional zu h, das Verfahren konvergiert für $h \to 0$, $n \to \infty$, $nh = b-a$, von der Ordnung 1, und zwar in jedem Punkt $x \in [a,b]$. Es scheint daher vergleichsweise weniger genau als das in 15.2 untersuchte Differenzenverfahren (vgl. Satz 15.2-4) zu sein. Die Abschätzung (15.4-20) läßt sich unter gewissen Voraussetzungen jedoch noch verbessern.

Wir wählen jetzt als D_M den Raum $P_h^3(a,b)$ der kubischen Splines und $v_h(x)$ als den Spline, der die Bedingungen

$$v_h(x_i) = y(x_i), \quad i = 0, 1, \ldots, n, \tag{15.4-21}$$

und weiter (12.3-18), in unserem Fall also

$$v_h'(a) = y'(a), \quad v_h'(b) = y'(b) \tag{15.4-22}$$

erfüllt. Durch (15.4-21), (15.4-22) ist $v_h(x)$ eindeutig bestimmt und es gilt nach Satz 12.4-1, (12.4-4) die Abschätzung

$$\|v_h' - y'\| \leq M_1 N L h^3$$

mit den dort angegebenen Konstanten M_1, N, L. Nach (15.4-17) folgt hieraus

$$\underset{x \in [a,b]}{\text{Max}} |v^*(x) - y(x)| = \|v^* - y\|_\infty \leq M_1 NL \sqrt{\frac{c_2}{c_1}} h^3 = O(h^3). \qquad (15.4-23)$$

Hier ist der Fehler mindestens proportional zu h^3, das Verfahren konvergiert für $h \to 0$ von der Ordnung 3 und ist damit genauer als das in 15.2 beschriebene Differenzenverfahren, obgleich die Abschätzung (15.4-23) auch hier noch verbessert werden kann. Allerdings sind die Vorschriften des Differenzenverfahrens wesentlich leichter aufzustellen; dies gilt auch für verbesserte Differenzenverfahren von höherer Konvergenzordnung, auf die wir jedoch nicht eingehen können.

Allgemein kann man als Ansatzfunktionen $\varphi_i(x)$ beim Ritzschen Verfahren im Prinzip stückweise Polynome beliebigen Grades verwenden. Man erreicht damit eine entsprechend hohe Konvergenzordnung. In der Regel lohnt es jedoch den beträchtlichen Aufwand nicht, stückweise Polynome von höherem als dritten Grad zu verwenden.

Es sei abschließend bemerkt, daß die Methode der finiten Elemente im Prinzip für die numerische Lösung aller sachgemäß gestellten linearen Randwertprobleme 2. Ordnung geeignet ist. Sie läßt sich darüber hinaus auf die Lösung von nichtlinearen Randwertproblemen und auf solche höherer Ordnung ausdehnen, wenn die vorliegende Differentialgleichung Eulersche Gleichung eines Variationsproblems ist.
Ein Eingehen auf diese Fragen würde jedoch den vorgesehenen Umfang des Buches überschreiten. Wir verweisen auf die Literatur, etwa auf [4, 29].

Man kann auch auf dem Weg über das Variationsproblem zu Differenzenverfahren gelangen, etwa auf folgende Weise: Mit der bisherigen Unterteilung des Intervalls $[a,b]$ in n gleiche Teile der Länge h ersetzt man zunächst das Integral I[u] durch die einfachste Gaußsche Quadraturformel (n=0) und erhält

$$\begin{aligned} I[u] &= \int_a^b \{p(x)u'(x)^2 + q(x)u(x)^2 - 2g(x)u(x)\} dx \\ &= h \sum_{i=0}^{n-1} \left\{ p\!\left(x_i + \tfrac{h}{2}\right) u'\!\left(x_i + \tfrac{h}{2}\right)^2 + q\!\left(x_i + \tfrac{h}{2}\right) u\!\left(x_i + \tfrac{h}{2}\right)^2 \right. \\ &\qquad \left. - 2g\!\left(x_i + \tfrac{h}{2}\right) u\!\left(x_i + \tfrac{h}{2}\right) \right\} + O(h^2). \end{aligned} \qquad (15.4-24)$$

15.4 Die Methode der finiten Elemente

Ersetzt man hierin wiederum $u'(x_i + h/2)$ durch den zentralen Differenzenquotienten, ferner $u(x_i + h/2)$ durch $1/2(u(x_i + h) + u(x_i))$, so entsteht wegen der Beschränktheit von p, q und g insgesamt wieder ein Fehler der Ordnung $O(h^2)$, es gilt also

$$I[u] = h \sum_{i=0}^{n-1} \left\{ p\left(x_i + \frac{h}{2}\right) \frac{(u(x_i+h) - u(x_i))^2}{h^2} + q\left(x_i + \frac{h}{2}\right) \frac{(u(x_i+h) + u(x_i))^2}{4} \right. \\ \left. - g\left(x_i + \frac{h}{2}\right)(u(x_i+h) + u(x_i)) \right\} + O(h^2). \qquad (15.4\text{-}25)$$

Lassen wir das Restglied $O(h^2)$ fort und ersetzen die Werte $u(x_k)$ durch die Werte v_k^h, $k = 0, 1, \ldots, n$, einer Gitterfunktion, wobei $v_0^h = u(a) = 0$, $v_n^h = u(b) = 0$ zu setzen ist, so erhält man für das Variationsproblem $I[u] = \text{Min}$ das diskrete Ersatzproblem

$$I_h[v^h] = h \sum_{i=0}^{n-1} \left\{ p\left(x_i + \frac{h}{2}\right) \frac{(v_{i+1}^h - v_i^h)^2}{h^2} + q\left(x_i + \frac{h}{2}\right) \frac{(v_{i+1}^h + v_i^h)^2}{4} \right. \\ \left. - g\left(x_i + \frac{h}{2}\right)(v_{i+1}^h + v_i^h) \right\} = \text{Min}. \qquad (15.4\text{-}26)$$

Daraus folgt notwendig das lineare Gleichungssystem

$$\frac{\partial I_h[v^h]}{\partial v_i^h} = 0, \quad i = 1, 2, \ldots, n-1,$$

dessen Matrix symmetrisch und positiv definit ist, wie man zeigen kann. Es läßt sich daher eindeutig nach

$$v^h = \left[v_1^h, \ldots, v_{n-1}^h\right]^T$$

auflösen, womit man die gesuchten Werte der Gitterfunktion als Näherungen der exakten Lösungswerte $y(x_k)$, $k = 1, \ldots, n-1$, gefunden hat.

Bei gewissen Randwertproblemen sind die sog. "Schießverfahren" ("shooting method", "multiple shooting method") allen anderen Verfahren mit vergleichbarem Aufwand überlegen. Man löst hierbei ein Anfangswertproblem und paßt die Anfangswerte an der Stelle x = a so an, daß die Randbedingungen für x = a und x = b erfüllt sind. Hierzu sind verschiedene Techniken entwickelt worden. Eine ausführliche Darstellung findet sich z.B. in [37, S. 154-191].

15.5 Differenzenverfahren zur Lösung einfacher Eigenwertprobleme

15.5.1 Das Eigenwertproblem

Es sei wie in 15.3 und 15.4

$$Ly \equiv -\frac{d}{dx}\left(p(x)\frac{dy}{dx}\right) + q(x)y, \qquad (15.5\text{-}1)$$

ferner λ ein zunächst unbestimmter Parameter. Dann nennt man das Randwertproblem

$$Ly = \lambda y, \quad R_1[y] = R_2[y] = 0, \qquad (15.5\text{-}2)$$

wobei $R_1[y]$, $R_2[y]$ durch (15.1-5) definiert sind, ein "Eigenwertproblem" mit der Differentialgleichung $Ly = \lambda y$. Gesucht sind dabei alle Werte von λ, für die das Differentialgleichungsproblem (15.5-2) Lösungen besitzt, und eben diese Lösungen. Die gesuchten Werte von λ heißen "Eigenwerte", die zugehörigen Lösungen des Randwertproblems "Eigenlösungen".

Eigenwertprobleme gewöhnlicher Differentialgleichungen treten z.B. in der Elastizitätstheorie und bei Schwingungsproblemen auf, allerdings sind diese oft von höherer als zweiter Ordnung. Ein einfaches Beispiel für ein Eigenwertproblem zweiter Ordnung ist das Problem der Knickung eines an einem Ende eingespannten Stabes der Länge 1 von konstantem Querschnitt unter der Einwirkung einer Kraft P. (Bild 15-5.)

Bild 15-5. Stabknickung

Ist E der Elastizitätsmodul des Stabmaterials und I das axiale Flächenträgheitsmoment des Stabes, so lautet die Differentialgleichung der elastischen Linie

$$y'' = -\frac{P}{IE}\, y. \qquad (15.5\text{-}3)$$

Ist der Stab an der linken Seite eingespannt und soll an der rechten Seite die 1. Ableitung der elastischen Linie verschwinden, so hat man die Randbedingungen

$$y(0) = y'(1) = 0. \qquad (15.5\text{-}4)$$

15.5 Differenzenverfahren zur Lösung einfacher Eigenwertprobleme

Setzen wir $\frac{P}{IE} = \lambda \geq 0$, so stellt die Differentialgleichung

$$y'' = -\lambda y \tag{15.5-5}$$

zusammen mit den Randbedingungen (15.5-4) ein Eigenwertproblem dar, das sogar exakt gelöst werden kann. Die allgemeine Lösung von (15.5-5) ist zunächst

$$y = c_1 \cos\sqrt{\lambda}\, x + c_2 \sin\sqrt{\lambda}\, x.$$

Aus $y(0) = 0$ folgt $c_1 = 0$, aus $y'(1) = \sqrt{\lambda}\, c_2 \cos\sqrt{\lambda}\, 1 = 0$ ergeben sich die Möglichkeiten:

(a) $\sqrt{\lambda} = 0$, also $\lambda = 0$ und somit $P = 0$. Dieser Fall ist uninteressant.

(b) $c_2 = 0$, die Lösung ist $y(x) \equiv 0$; auch sie ist uninteressant.

(c) $\sqrt{\lambda}\, l = (2n-1)\frac{\pi}{2}$, $n = 1, 2, \ldots$. Da $\sqrt{\lambda} > 0$ vorauszusetzen ist, sind diese Werte die einzigen, für die $\cos\sqrt{\lambda}\, l$ verschwindet.

Die Eigenwerte sind dann

$$\lambda_n = \frac{(2n-1)^2 \pi^2}{4l^2}, \quad n = 1, 2, \ldots, \tag{15.5-6}$$

die Knicklasten errechnen sich wegen $P = IE\, \lambda$ zu

$$P_n = IE \left(\frac{(2n-1)\pi}{2l}\right)^2, \quad n = 1, 2, \ldots .$$

Die zu den Eigenwerten λ_n gehörigen Eigenfunktionen beschreiben dann jeweils die Form der elastischen Linie.

15.5.2 Das Differenzenverfahren

Von den zahlreichen Methoden zur Lösung von Eigenwertproblemen wollen wir hier nur das einfachste Differenzenverfahren betrachten, und zwar für das Eigenwertproblem (15.5-2) mit den Randbedingungen

$$R_1[y] = y(a) = 0, \quad R_2[y] = y(b) = 0. \tag{15.5-7}$$

Dazu setzen wir wieder die Gültigkeit von (15.3-6) voraus, wobei allerdings $q(x) \geq 0$ zugelassen sein soll, und unterteilen das Intervall $[a,b]$ in N Teilintervalle der Länge h. Die Stützstellen sind dann

$$x_0 = a, \quad x_i = x_0 + ih, \quad i = 0, \ldots, N, \quad x_N = b. \tag{15.5-8}$$

Wegen (15.5-1), (15.5-2) gilt dann zunächst im Punkt $x = x_i$

$$-\frac{p\left(x_i+\frac{h}{2}\right)y'\left(x_i+\frac{h}{2}\right) - p\left(x_i-\frac{h}{2}\right)y'\left(x_i-\frac{h}{2}\right)}{h} + q(x_i)y(x_i) = \lambda y(x_i) + O(h^2),$$

und weiter, wenn $y'\left(x_i + \frac{h}{2}\right)$, $y'\left(x_i - \frac{h}{2}\right)$ durch zentrale Differenzenquotienten ersetzt werden,

$$-\frac{p\left(x_i+\frac{h}{2}\right)[y(x_{i+1})-y(x_i)] - p\left(x_i-\frac{h}{2}\right)[y(x_i) - y(x_{i-1})]}{h^2}$$

$$+ q(x_i)y(x_i) = \lambda y(x_i) + O(h^2), \quad i = 1,\ldots,N-1.$$

(15.5-9)

Läßt man das Restglied fort, ersetzt die $y(x_k)$ durch Werte y_k^h einer Gitterfunktion mit $y(a) = y_0^h = y(b) = y_N^h = 0$, ferner λ durch λ^h, so erhält man nach Multiplikation mit h^2 das lineare Gleichungssystem

$$-p\left(x_i-\frac{h}{2}\right)y_{i-1}^h + \left[p\left(x_i-\frac{h}{2}\right)+p\left(x_i+\frac{h}{2}\right)+h^2 q(x_i)\right]y_i^h - p\left(x_i+\frac{h}{2}\right)y_{i+1}^h$$

$$= h^2 \lambda^h y_i^h, \quad i = 1,\ldots,N-1.$$

(15.5-10)

Mit

$$A = \begin{bmatrix} p\left(x_1-\frac{h}{2}\right)+p\left(x_1+\frac{h}{2}\right)+h^2 q(x_1) & -p\left(x_1+\frac{h}{2}\right) & & 0 \\ -p\left(x_1+\frac{h}{2}\right) & \ddots & \ddots & \\ & \ddots & \ddots & -p\left(x_{N-1}-\frac{h}{2}\right) \\ 0 & & -p\left(x_{N-1}-\frac{h}{2}\right) & p\left(x_{N-1}-\frac{h}{2}\right)+p\left(x_{N-1}+\frac{h}{2}\right)+h^2 q(x_{N-1}) \end{bmatrix}$$

(15.5-11)

und

$$y^h = \left[y_1^h,\ldots,y_{N-1}^h\right]^T$$

(15.5-12)

lautet es

$$A y^h = h^2 \lambda^h y^h.$$

(15.5-13)

Bei Anwendung des Differenzenverfahrens erhält man als Ersatzproblem für (15.5-2) das algebraische Eigenwertproblem (15.5-13). Die Matrix A ist hierbei symmetrisch

15.5 Differenzenverfahren zur Lösung einfacher Eigenwertproblme

und tridiagonal, ferner strikt $(q > 0)$ oder irreduzibel $(q \geq 0)$ diagonaldominant. Da sie außerdem die Struktur einer L-Matrix besitzt, ist sie eine Stieltjes-Matrix, also positiv definit. Die Bestimmung der Eigenwerte von A kann daher etwa mit dem in 10.1 beschriebenen Jacobi-Verfahren erfolgen. Man erhält die Eigenwerte $\lambda_i^h > 0$, $i = 1,\ldots,N-1$, und durch Lösen des linearen Gleichungssystems

$$\left(A - h^2 \lambda_i^h\right) y^h = 0 \tag{15.5-14}$$

zugehörige Eigenvektoren $y^h(i)$, $i = 1,\ldots,N-1$, wobei

$$y^h(i) = \left[y_1^h(i),\ldots,y_{N-1}^h(i)\right]^T$$

zu setzen ist. Die λ_i^h werden als Näherungen der Eigenwerte von (15.5-2), die $y_k^h(i)$ als Näherungen der zugehörigen Eigenfunktionen $y_i(x_k)$ angesehen. Man kann zeigen, daß diese Annahmen unter den angegebenen Voraussetzungen berechtigt sind.

Auf ganz ähnliche Weise wendet man Differenzenverfahren auch auf kompliziertere Eigenwertprobleme mit anderen Randbedingungen und auf solche höherer Ordnung an. Dabei wird das vorgelegte Eigenwertproblem stets durch ein algebraisches Eigenwertproblem ersetzt.

Sind etwa an Stelle von (15.5-7) die Randbedingungen

$$y(a) = 0, \quad y'(b) = 0$$

gegeben, so ist wie bisher $y_0^h = 0$ zu setzen, während $y'(b)$ durch den Differenzenquotienten

$$\frac{y_N - y_{N-1}}{h} = 0$$

ersetzt wird, woraus $y_N = y_{N-1}$ resultiert. Die letzte Gleichung (15.5-10) lautet dann mit $i = N-1$

$$-p\left(x_{N-1} - \frac{h}{2}\right) y_{N-2}^h + \left[p\left(x_{N-1} - \frac{h}{2}\right) + h^2 q(x_{N-1})\right] y_{N-1}^h = h^2 \lambda^h y_{N-1}^h. \tag{15.5-15}$$

Entsprechend ändert sich nur die letzte Zeile der Matrix A.

<u>Beispiel 15.5-1.</u> Wir betrachten das Eigenwertproblem (15.5-5), (15.5-4), wobei $p(x) \equiv 1$, $q(x) \equiv 0$ gilt. Die Gleichung (15.5-15) lautet hier

$$-y_{N-2}^h + y_{N-1}^h = h^2 \lambda^h y_{N-1}^h$$

und die Matrix A hat entsprechend die Gestalt

$$A = \begin{bmatrix} 2 & -1 & & & 0 \\ -1 & 2 & -1 & & \\ & \ddots & \ddots & \ddots & \\ & & -1 & 2 & -1 \\ 0 & & & -1 & 1 \end{bmatrix}.$$

Sie ist wieder eine $(N-1) \times (N-1)$-Matrix, ihre Eigenwerte lassen sich berechnen:

$$h^2 \lambda_j^h = 2\left(1 - \cos \frac{(2j-1)\pi}{2N-1}\right)$$

$$= \frac{(2j-1)^2 \pi^2}{(2N-1)^2} - \frac{2}{4!} \frac{(2j-1)^4 \pi^4}{(2N-1)^4} + \ldots \qquad (15.5\text{-}16)$$

Für großes N und $j \ll N$ gilt daher wegen $Nh = 1$

$$\lambda_j^h \approx \frac{(2j-1)^2 \pi^2}{(2N-1)^2 h^2} = \frac{(2j-1)^2 \pi^2}{(2l-h)^2} \,. \qquad (15.5\text{-}17)$$

Die exakten Eigenwerte sind dagegen nach (15.5-6)

$$\lambda_j = \frac{(2j-1)^2 \pi^2}{(2l)^2} \,,$$

sie stimmen für kleines h mit den λ_j^h gut überein.

Über Eigenwertprobleme bei Differentialgleichungen und deren numerische Lösung gibt es eine umfangreiche Literatur. Wir verweisen etwa auf [9, 26] und die dort zu findenden Literaturverzeichnisse.

Aufgaben

A 15.1. Man führe das Randwertproblem

$$Ly \equiv x^2 y'' + 2y' - x^4 y = e^x, \quad y(0) - 2y'(0) = 1, \quad y(1) - y'(1) = -1$$

auf ein solches mit homogenen Randbedingungen zurück.

Aufgaben

A 15-2. Man bringe die Differentialgleichung

$$Ly \equiv y'' - (x^2 \cos x)y' + (\sin x)y = 0$$

auf die selbstadjungierte Form.

A 15-3. Man löse das Randwertproblem

$$Ly \equiv y'' - xy' + y = 1, \quad 0 < x < 1, \quad y(0) = y'(1) = 1$$

numerisch durch das in 15.2 beschriebene Differenzenverfahren und setze dabei $h = 0.2$. Anschließend bestimme man die exakte Lösung und vergleiche deren Werte mit den erhaltenen Näherungen.

A 15-4. Man untersuche, ob das Randwertproblem in A 15-3 die Voraussetzungen des Satzes 15.2-1 erfüllt.

A 15-5. Es sei das Randwertproblem

$$-\frac{d}{dx}\left(-x\frac{dy}{dx}\right) + 16xy = 4\cos 4x, \quad 0 < x < \frac{\pi}{4}, \quad y(0) = y\left(\frac{\pi}{4}\right) = 0,$$

vorgelegt.

(a) Man löse es näherungsweise mit dem Ritzschen Verfahren und verwende dabei die Ansatzfunktionen

$$\varphi_i(x) = x^i, \quad i = 0,\ldots,4.$$

(b) Mit Hilfe eines periodischen Ansatzes löse man das Randwertproblem exakt und vergleiche die Lösung mit der in (a) erhaltenen Näherung.

A 15-6. Man löse das Randwertproblem aus A 15-5 näherungsweise

(a) mit dem Differenzenverfahren,

(b) mit der Methode der finiten Elemente bei Verwendung von stückweise linearen Ansatzfunktionen.

In beiden Fällen wähle man $h = \pi/32$ und vergleiche die Ergebnisse an den Stellen $x_i = ih$, $i = 1,\ldots,7$, miteinander.

A 15-7. Man löse das Randwertproblem aus A 15-5 mit der Methode der finiten Elemente bei Verwendung kubischer Splines und wähle $h = \pi/8$.

A 15-8. Mit dem Differenzenverfahren löse man näherungsweise das Eigenwertproblem

$$-y'' + y = -\lambda y, \quad y(0) = y'(1) = 0,$$

und wähle $h = 0.2$.

Teil VII

Numerische Lösung von partiellen Differentialgleichungen

Zahlreiche technische und physikalische Aufgaben lassen sich mathematisch als partielle Differentialgleichungsprobleme formulieren. Da es jedoch - von einfachsten und technisch uninteressanten Fällen abgesehen - kaum praktisch brauchbare Methoden gibt, ihre Lösung exakt zu bestimmen, ist man auf numerische Verfahren angewiesen.

Es gibt eine große Zahl von Verfahren, die für spezielle Klassen von Differentialgleichungsproblemen entwickelt wurden, jedoch nicht allgemein verwendbar sind. Auf solche Verfahren soll hier nicht eingegangen werden. Überwiegend verwendet man heute sogenannte Diskretisierungsverfahren wie z.B. Differenzenverfahren und die Methode der finiten Elemente. Sie sind im Prinzip bei allen partiellen Differentialgleichungsproblemen anwendbar und liefern als numerisches Ersatzproblem ein algebraisches Problem, wie wir dies bei der numerischen Lösung gewöhnlicher Differentialgleichungen bereits kennengelernt haben. Diskretisierungsverfahren sind auch besonders für automatische Rechnung geeignet. Aus diesen Gründen wollen wir uns fast ausschließlich mit ihnen beschäftigen.

Weiter wollen wir uns darauf beschränken, das Prinzip der Verfahren an relativ einfachen Klassen von linearen und nichtlinearen partiellen Differentialgleichungsproblemen zu beschreiben. Wer ein Diskretisierungsverfahren an einem einfachen Modell studiert hat, kann sich in der Regel anhand der Literatur auch in die Anwendung des Verfahrens bei schwierigeren Problemen einarbeiten. Gerade in der Technik sind unkonventionelle und komplizierte Differentialgleichungsprobleme nicht selten.

Häufig führen naturwissenschaftliche und technische Fragestellungen auch auf Integralgleichungen und Integrodifferentialgleichungen, die dann in der Regel ebenfalls numerisch gelöst werden müssen. Mit den hierzu entwickelten Verfahren können wir uns aus Raummangel jedoch nicht befassen.

16 Differenzenverfahren zur numerischen Lösung von Anfangs- und Anfangs-Randwertproblemen bei hyperbolischen und parabolischen Differentialgleichungen

16.1 Klassifizierung. Charakteristiken

16.1.1 Lineare, halblineare und quasilineare Gleichungen zweiter Ordnung

Als "partielle Differentialgleichung zweiter Ordnung" bei n unabhängigen Veränderlichen $x_1, \ldots, x_n$ für eine gesuchte Funktion $u(x_1, \ldots, x_n)$ bezeichnet man die Gleichung

$$F(x_1, \ldots, x_n, u, u_{x_1}, \ldots, u_{x_n}, u_{x_1 x_1}, u_{x_1 x_2}, \ldots, u_{x_n x_n}) = 0, \quad n \geqslant 2. \quad (16.1-1)$$

Es treten in ihr also außer $x_1, \ldots, x_n$ und u erste und zweite Ableitungen der Funktion u nach den Veränderlichen $x_1, \ldots, x_n$ auf, und zwar im allgemeinen Fall nichtlinear. Die in technischen und naturwissenschaftlichen Disziplinen vorkommenden Differentialgleichungen 2. Ordnung sind jedoch fast immer quasilinear, halblinear oder linear und lassen sich in der Form

$$Lu = \sum_{i,k=1}^{n} A_{ik} u_{x_i x_k} = f \quad (16.1-2)$$

darstellen. Eine Differentialgleichung der Gestalt (16.1-2) nennt man:

(a) quasilinear, wenn mindestens einer der Koeffizienten A_{ik} eine Funktion von mindestens einer der Variablen $u, u_{x_1}, \ldots, u_{x_n}$ ist,

(b) halblinear, wenn $u, u_{x_1}, \ldots, u_{x_n}$ in allen A_{ik} nicht auftreten, f jedoch nichtlinear von mindestens einer dieser Variablen abhängt,

(c) linear, wenn $u, u_{x_1}, \ldots, u_{x_n}$ in allen A_{ik} nicht auftreten und f die Gestalt

$$\sum_{i=1}^{n} A_i u_{x_i} + Au + B \quad (16.1-3)$$

hat.

In allen drei Fällen können die A_{ik}, f, A_i, A, B noch Funktionen der unabhängigen Veränderlichen $x_1, \ldots, x_n$ sein. Quasilineare, halblineare und lineare Differentialgleichungen haben gemeinsam, daß die höchsten Ableitungen linear auftreten. In unserem Fall von Differentialgleichungen zweiter Ordnung treten alle zweiten Ableitungen linear auf, bei Differentialgleichungen von höherer als zweiter Ordnung kann die Definition entsprechend erweitert werden.

16.1.2 Typeneinteilung

Für die weitere Klassifizierung ordnen wir dem nach (16.1-2) gebildeten Differentialoperator Lu die quadratische Form

$$Q = \sum_{i,k=1}^{n} A_{ik} p_i p_k \qquad (16.1-4)$$

mit den Variablen p_j, $j = 1, \ldots, n$, zu. Definieren wir die reelle n × n-Matrix $A = [A_{ik}]$ und den Vektor $p = [p_1, \ldots, p_n]^T$, so kann (16.1-4) auch in der Gestalt

$$Q = p^T A p \qquad (16.1-5)$$

geschrieben werden. Dabei wird A als symmetrisch vorausgesetzt; sonst kann die Matrix $\overline{A} = [\overline{A}_{ik}]$ mit $\overline{A}_{ik} = \overline{A}_{ki} = \frac{1}{2}(A_{ik} + A_{ki})$ gebildet werden, und diese ist symmetrisch.

Wir nehmen nun an, daß in einem Bereich $B \subset R^n$ eine Lösung $u(x_1, \ldots, x_n) = u(x)$ existiert. Im quasilinearen Fall denken wir uns diese Lösung in die A_{ik} eingesetzt, so daß in allen drei Fällen die Matrix A höchstens noch von $x_1, \ldots, x_n$, d.h. vom Punkt $x \in R^n$, $x = [x_1, \ldots, x_n]^T$, abhängt.

Wegen der Symmetrie von A gibt es eine Orthonormalmatrix T, so daß

$$T^T A T = B \qquad (16.1-6)$$

eine reelle Diagonalmatrix mit den Diagonalelementen B_i, $i = 1, \ldots, n$, ist. Diese sind gerade die Eigenwerte von A. Setzen wir $q = T^T p$, so gilt wegen $T^{-1} = T^T$ nach (16.1-6)

$$Q = p^T A p = p^T T B T^T p = q^T B q = \sum_{i=1}^{n} B_i q_i^2 \,. \qquad (16.1-7)$$

Man bezeichnet

(a) die Anzahl der negativen B_i als den Trägheitsindex τ,
(b) die Anzahl der verschwindenden B_i als den Defekt δ

der quadratischen Form Q.

16.1 Klassifizierung. Charakteristiken

Definition 16.1-1. Im festen Punkt $x \in B \subset R^n$ heißt die Differentialgleichung (16.1-2) (im quasilinearen Fall bezüglich der eingesetzten Lösung $u(x)$!)

(a) hyperbolisch, wenn dort $\delta = 0$, $\tau = 1$ oder $\tau = n-1$,

(b) parabolisch, wenn dort $\delta > 0$,

(c) elliptisch, wenn dort $\delta = 0$, $\tau = 0$ oder $\tau = n$,

(d) ultrahyperbolisch, wenn dort $\delta = 0$, $1 < \tau < n-1$

ist.

Diese Klassifizierung der Differentialgleichungen 2. Ordnung ist geometrischer Art, denn

$$\sum_{i=1}^{n} B_i x_i^2 = c$$

mit der konstanten reellen Zahl c ist im Falle (a) ein Hyperboloid im Falle (b) ein Paraboloid und im Falle (c) ein Ellipsoid im R^n. Ultrahyperbolische Gleichungen gibt es offenbar nur für $n \geq 4$.

Die obige Klassifizierung kann im allgemeinen jeweils nur für einen Punkt erfolgen, sie ist daher lokal. Sind alle A_{ik} Konstante, so erhalten wir eine globale Klassifizierung. Man beachte auch die Schwierigkeit, daß der Typ einer quasilinearen Differentialgleichung nicht nur von der Stelle $x \in B \subset R^n$, sondern auch von der eingesetzten Lösung abhängt. So ist z.B. die quasilineare Differentialgleichung

$$u_{x_1 x_1} + u u_{x_2 x_2} = 0$$

an einer Stelle x hyperbolisch, parabolisch oder elliptisch, je nachdem, ob die Lösung $u(x)$ dort negativ, verschwindend oder positiv ist. Daß der Typ einer Differentialgleichung auch von der jeweils betrachteten Stelle abhängen kann, sieht man am Beispiel der linearen Differentialgleichung

$$u_{x_1 x_1} - x_2 u_{x_2 x_2} = 0.$$

Sie ist hyperbolisch für $x_2 > 0$, parabolisch für $x_2 = 0$ und elliptisch für $x_2 < 0$.

Wir untersuchen weiter nur noch den Fall $n = 2$, setzen x, y statt x_1, x_2 und betrachten die Differentialgleichung

$$Lu = a u_{xx} + 2b u_{xy} + c u_{yy} = f, \qquad (16.1-8)$$

wobei wir a, b, c an die Stelle der Koeffizienten A_{11}, A_{12}, A_{22} gesetzt haben. Die Matrix A lautet dann

$$A = \begin{bmatrix} a & b \\ b & c \end{bmatrix},$$

ihre Eigenwerte sind

$$\lambda_{1,2} = \frac{a+c}{2} \pm \frac{1}{2} \sqrt{(a+c)^2 - 4(ac - b^2)} \;. \tag{16.1-9}$$

Offenbar gilt

$$\operatorname{sgn} \lambda_1 = - \operatorname{sgn} \lambda_2 \quad \text{für} \quad ac - b^2 < 0,$$

$$\lambda_1 = a+c, \; \lambda_2 = 0 \quad \text{für} \quad ac - b^2 = 0,$$

$$\operatorname{sgn} \lambda_1 = \operatorname{sgn} \lambda_2 \quad \text{für} \quad ac - b^2 > 0.$$

Da die B_i in (16.1-7) gerade die Eigenwerte von A sind, folgt somit aus der Definition 16.1-1 unmittelbar die

Definition 16.1-2. Die Differentialgleichung (16.1-8) ist im festen Punkt $(x,y) \in R^2$

hyperbolisch, wenn dort $ac - b^2 < 0$,

parabolisch, wenn dort $ac - b^2 = 0$,

elliptisch, wenn dort $ac - b^2 > 0$

gilt.

Bei den gewöhnlichen Differentialgleichungen haben wir als Differentialgleichungsprobleme Anfangswertprobleme und Randwertprobleme (mit Einschluß der Eigenwertprobleme) betrachtet. Für eine Differentialgleichung zweiter Ordnung etwa waren dies sachgemäß gestellte Probleme. Bei den partiellen Differentialgleichungen hängt die Frage, welches Differentialgleichungsproblem sachgemäß gestellt ist, zusätzlich vom Typ der Gleichung ab. Die Typeneinteilung ist nicht zuletzt auch für die numerische Lösung unentbehrlich. Wir werden das im Verlauf dieses Abschnittes noch eingehend erläutern.

Bezüglich aller Fragen, die mit der Klassifizierung von Differentialgleichungen beliebiger Ordnung zusammenhängen, vergleiche man etwa die ausführliche Darstellung in [26, S. 150 ff.].

16.1 Klassifizierung. Charakteristiken

16.1.3 Charakteristiken

Die bisherige Klassifizierung erforderte nur algebraische und geometrische Hilfsmittel, der Differentialgleichung wurde eine quadratische Form zugeordnet. Im Gegensatz dazu ordnen wir jetzt der Differentialgleichung (16.1-8) die partielle Differentialgleichung erster Ordnung

$$a\varphi_x^2 + 2b\varphi_x\varphi_y + c\varphi_y^2 = 0 \qquad (16.1\text{-}10)$$

zu. Dabei ist im quasilinearen Fall wieder eine Lösung $u(x,y)$ der Differentialgleichung (16.1-8) in die Koeffizienten a, b, c einzusetzen. Wir suchen die reellen Lösungen von (16.1-10), die der Nebenbedingung

$$\varphi_x^2 + \varphi_y^2 > 0 \qquad (16.1\text{-}11)$$

genügen. Sei $\varphi(x,y)$ eine solche Lösung, so wird durch $\varphi(x,y) = C$ mit willkürlicher Konstanten C eine Kurvenschar im R^2 gegeben. Die Kurven dieser Schar heißen "Charakteristiken" der Differentialgleichung (16.1-8).

Wegen (16.1-11) verschwinden φ_x und φ_y nicht gleichzeitig. Angenommen, es gilt $\varphi_y \neq 0$, so folgt aus $\varphi(x,y) = C$ die Gleichung

$$\frac{dy}{dx} = -\frac{\varphi_x}{\varphi_y}.$$

Dividieren wir (16.1-10) durch $\varphi_y^2 \neq 0$ und setzen diesen Ausdruck ein, so ergibt sich die quadratische Gleichung

$$a\left(\frac{dy}{dx}\right)^2 - 2b\frac{dy}{dx} + c = 0 \qquad (16.1\text{-}12)$$

mit den beiden Wurzeln

$$\begin{aligned}\frac{dy}{dx} &= \frac{1}{a}\left(b + \sqrt{-(ac-b^2)}\right), \\ \frac{dy}{dx} &= \frac{1}{a}\left(b - \sqrt{-(ac-b^2)}\right).\end{aligned} \qquad (16.1\text{-}13)$$

Die reellen Lösungen dieser beiden gewöhnlichen Differentialgleichungen sind die Charakteristiken. Man erkennt, daß elliptische Differentialgleichungen ($ac-b^2 \geq 0$) keine Charakteristiken besitzen, da die rechten Seiten von (16.1-13) komplexe Funktionen sind. Bei parabolischen Differentialgleichungen erhält man dagegen eine, bei hyperbolischen Differentialgleichungen zwei Scharen von Charakteristiken. Ihre Richtungen, die "charakteristischen Richtungen", sind durch (16.1-13) gegeben.

Wir werden die Bedeutung der Charakteristiken insbesondere bei der numerischen Lösung hyperbolischer Differentialgleichungsprobleme kennenlernen.

Beispiel 16.1-1. (a) Für die Differentialgleichung

$$u_t - u_{xx} = 0,$$

bei der eine der unabhängigen Variablen die Zeit t ist, gilt a = -1, b = c = 0 und somit $ac - b^2 = 0$. Sie ist daher parabolisch, ihre charakteristische Richtung ist nach (16.1-13)

$$\frac{dy}{dx} = 0,$$

die Charakteristikenschar demnach durch

$$y = \alpha$$

gegeben, wobei α eine beliebige reelle Konstante ist. Die Charakteristiken sind daher die Parallelen zur x-Achse.

(b) Die Differentialgleichung

$$u_{xx} - u_{yy} = 0$$

ist hyperbolisch, denn wegen a = 1, b = 0, c = -1 gilt $ac - b^2 = -1 < 0$. Die charakteristischen Richtungen sind nach (16.1-13)

$$\frac{dy}{dx} = 1, \quad \frac{dy}{dx} = -1,$$

die beiden Charakteristikenscharen werden also durch

$$y = -x + \alpha_1, \quad y = x + \alpha_2 \tag{16.1-14}$$

gegeben, wobei α_1, α_2 beliebige Konstante sind. Die beiden Scharen schneiden die x-Achse unter den Winkeln $\pi/4$ und $3\pi/4$, sich selbst unter dem Winkel $\pi/2$.

Aus (16.1-13) folgt noch allgemein, daß die Charakteristikenscharen bei konstanten a, b, c stets Geradenscharen sind.

16.2 Lineare und halblineare hyperbolische Anfangswertprobleme zweiter Ordnung

16.2.1 Normalform und Anfangswertproblem

Wenn ein Anfangswertproblem einer hyperbolischen Differentialgleichung zweiter Ordnung zur Lösung vorgelegt ist, empfiehlt sich im allgemeinen der Versuch,

16.2 Lineare und halblineare hyperbolische Anfangswertprobleme

dieses auf ein Anfangswertproblem eines Systems von partiellen Differentialgleichungen erster Ordnung zu reduzieren. Bei zwei unabhängigen Veränderlichen ist die Reduktion stets möglich. Mit Anfangswertproblemen solcher Systeme und ihrer numerischen Lösung werden wir uns in Kapitel 17 befassen.

Einfache Anfangswertprobleme von linearen und halblinearen Differentialgleichungen zweiter Ordnung kann man direkt mit einem Differenzenverfahren numerisch lösen. Wir wollen in diesem Abschnitt ein solches Verfahren beschreiben. Dabei zeigen sich auch allgemeinere Aspekte der numerischen Lösung hyperbolischer Anfangswertprobleme.

Zunächst kann man jede lineare und halblineare hyperbolische Differentialgleichung zweiter Ordnung in zwei unabhängigen Veränderlichen x, y durch eine einfache Koordinatentransformation in die Gestalt

$$u_{yy} - u_{xx} = f(x,y,u,u_x,u_y) \tag{16.2-1}$$

überführen. Man vergleiche hierzu etwa [26, S. 166 ff.] Die Gestalt (16.2-1) einer hyperbolischen Gleichung bezeichnet man auch als ihre "Normalform". Mit der ursprünglichen Differentialgleichung ist auch (16.2-1) linear und somit f von der Gestalt

$$f(x,y,u,u_x,u_y) = a_1(x,y)u_x + a_2(x,y)u_y + a(x,y)u + g(x,y). \tag{16.2-2}$$

Auch die Grundform

$$u_{xy} = h(x,y,u,u_x,u_y) \tag{16.2-3}$$

läßt sich für die genannte Klasse von Differentialgleichungen, ebenfalls mit Hilfe einer Koordinatentransformation, stets erreichen. Wir werden uns jedoch nur mit (16.2-1) befassen.

Das Anfangswertproblem dieser Gleichung lautet dann: Gesucht ist für $a \leq x \leq b$ eine Lösung der Differentialgleichung (16.2-1), die außerdem den Anfangsbedingungen

$$u(x,0) = f_0(x), \quad u_y(x,0) = f_1(x), \quad a \leq x \leq b, \tag{16.2-4}$$

genügt. Dabei sind f_0, f_1 auf [a,b] definierte vorgegebene Funktionen.

Unter bestimmten Voraussetzungen über f, f_0, f_1, die wir hier aber nicht erörtern wollen, gibt es genau eine Lösung dieses Anfangswertproblems, und zwar in dem Quadrat mit den Ecken $(a,0)$, $(b,0)$, $((b+a)/2,(b-a)/2)$, $((b+a)/2,-(b-a)/2)$.

Die Charakteristiken der Differentialgleichung (16.2-1) sind nach (16.1-14) die Scharen

$$y = -x + \alpha_1, \quad y = x + \alpha_2,$$

die vier durch die genannten Ecken hindurchgehenden Charakteristiken sind demnach

$$y = \pm(x-a), \quad y = \pm(x-b).$$

Sie schneiden aus der x-y-Ebene gerade das Quadrat heraus, in dem die Lösung des Anfangswertproblems eindeutig bestimmt ist. Setzt man die Funktionen f_0, f_1 über das Intervall [a,b] hinaus fort, so haben ihre Werte dort keinen Einfluß auf die Lösung in dem genannten Quadrat. Man sieht dies unmittelbar ein für $f = 0$, wo die eindeutige Lösung bekanntlich

$$u(x,y) = \frac{1}{2}\left\{f_0(x+y) + f_0(x-y) + \int_{x-y}^{x+y} f_1(\xi)d\xi\right\} \tag{16.2-5}$$

lautet. Setzt man etwa

$$(x,y) = \left(\frac{b+a}{2}, \frac{b-a}{2}\right),$$

so folgt aus (16.2-5)

$$u\left(\frac{b+a}{2}, \frac{b-a}{2}\right) = \frac{1}{2}\left\{f_0(a) + f_0(b) + \int_a^b f_1(\xi)d\xi\right\}.$$

Die Lösung im Eckpunkt $\left(\frac{b+a}{2}, \frac{b-a}{2}\right)$ des besagten Quadrats hängt in der Tat nur von den Anfangswerten auf [a,b] ab. Allgemeiner erkennt man aus (16.2-5), daß die Lösung im Punkt (ξ,η) nur von den Anfangsdaten auf demjenigen Teil der x-Achse abhängt, der von den durch (ξ,η) gehenden Charakteristiken ausgeschnitten wird, also vom Intervall

$$\eta - \xi \leq x \leq \eta + \xi.$$

Ändert man daher außerhalb dieses Intervalls die Funktionen $f_0(x)$, $f_1(x)$ ab, so hat dies auf die Lösung des Anfangswertproblems innerhalb und auf dem Rand des beschriebenen Quadrates keinen Einfluß.

Wir betrachten jetzt das Anfangswertproblem

$$u_{yy} - u_{xx} = f(x,y,u), \quad u(x,0) = f_0(x), \quad u_y(x,0) = f_1(x) \tag{16.2-6}$$

$$a \leq x \leq b,$$

16.2 Lineare und halblineare hyperbolische Anfangswertprobleme

und nehmen an, daß es im abgeschlossenen Quadrat G mit den Eckpunkten

$$(a,0), \quad (b,0), \quad \left(\frac{b+a}{2}, \frac{b-a}{2}\right), \quad \left(\frac{b+a}{2}, -\frac{b-a}{2}\right) \tag{16.2-7}$$

genau eine Lösung besitzt. Dies setzt gewisse Eigenschaften von f, f_0, f_1 voraus, auf die wir an dieser Stelle jedoch nicht eingehen wollen.

16.2.2 Das Differenzenverfahren

Um zu Differenzenverfahren zu gelangen, überziehen wir G mit einem quadratischen Gitter G_h (Bild 16-1.) der Maschenweite h.

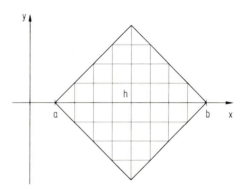

Bild 16-1. Das Gitter G_h

Das Gitter besteht aus allen Gitterpunkten, die innerhalb und auf dem Rande von G liegen. Es ist daher

$$G_h = \{(x_i, y_j) \in G \mid x_i = a + ih, \ i = 1, \ldots, 2N; \ y_j = \pm jh, \ j = 0, 1, \ldots, i \text{ für } i \leq N,$$
$$j = 0, 1, \ldots, 2N-i \text{ für } i \geq N\}.$$

Dabei ist $x_{2N} = a + 2Nh = b$.

Sei nun $u(x,y)$ die hinreichend oft differenzierbare Lösung des Anfangswertproblems (16.2-6), sei ferner auch f bezüglich u hinreichend oft differenzierbar, so gilt

$$\frac{u(x_i, y_{j+1}) - 2u(x_i, y_j) + u(x_i, y_{j-1})}{h^2} - \frac{u(x_{i+1}, y_j) - 2u(x_i, y_j) + (x_{i-1}, y_j)}{h^2}$$

$$= f(x_i, y_j, u(x_i, y_j)) + 0(h^2), \ (x_i, y_{j+1}) \in G_h, \ j \geq 1,$$

wie man durch Taylorentwicklung sofort bestätigt. Löst man diese Gleichung nach $u(x_i, y_{j+1})$ auf, so erhält man

$$u(x_i, y_{j+1}) = u(x_{i-1}, y_j) + u(x_{i+1}, y_j) - u(x_i, y_{j-1}) + h^2 f(x_i, y_j, u(x_i, y_j)) +$$
$$+ O(h^4), \qquad (16.2\text{-}8)$$

und aus den Anfangsvorgaben in (16.2-6) folgt entsprechend

$$u(x_i, 0) = f_0(x_i), \quad u(x_i, h) - u(x_i, 0) = h f_1(x_i) + O(h^2),$$

also

$$u(x_i, 0) = f_0(x), \quad u(x_i, y_1) = f_0(x_i) + h f_1(x_i) + O(h^2). \qquad (16.2\text{-}9)$$

Wir lassen nun die Restglieder $O(h^4)$ und $O(h^2)$ fort und ersetzen die Werte $u(x_k, y_l)$, $(x_k, y_l) \in G_h$, durch Werte $u^h_{k,l}$ einer auf G_h definierten Gitterfunktion. Beschränken wir uns zunächst auf den oberen Teil von G_h ($j \geq 0$), so ergeben sich damit aus (16.2-8), (16.2-9) die Gleichungen

$$u^h_{i,j+1} = u^h_{i-1,j} + u^h_{i+1,j} - u^h_{i,j-1} + h^2 f\!\left(x_i, y_j, u^h_{i,j}\right), \quad j \geq 1, \qquad (16.2\text{-}10)$$

$$u^h_{i,0} = f_0(x_i), \quad u^h_{i,1} = f_0(x_i) + h f_1(x_i). \qquad (16.2\text{-}11)$$

Dabei ist jeweils $(x_i, y_{j+1}) \in G_h$, $j \geq 1$, zu fordern. Dann liegen auch offenbar alle anderen benutzten Punkte (x_{i-1}, y_j), (x_{i+1}, y_j), (x_i, y_j), (x_i, y_{j-1}), $(x_i, 0)$, (x_i, y_1) auf G_h.

Das Problem (16.2-10), (16.2-11) ist ein partielles Differenzen-Anfangswertproblem. Es ist bei vorgegebenen Funktionen $f_0(x)$, $f_1(x)$ eindeutig lösbar. Denn (16.2-11) liefert zunächst die Anfangswerte $u^h_{i,0}$ und $u^h_{i,1}$, daraufhin erhält man aus (16.2-10) die Werte

$$u^h_{i,2} = u^h_{i+1,1} + u^h_{i-1,1} - u^h_{i,0} + h^2 f\!\left(x_i, y_1, u^h_{i,1}\right).$$

Setzt man die Rechnung gemäß (16.2-10) fort und berechnet nacheinander die $u^h_{i,3}$, $u^h_{i,4}, \ldots, u^h_{N,N}$, so erhält man in jedem Punkt $(x_i, y_j) \in G_h$ eindeutig den Wert $u^h_{i,j}$.

Wenn die rechte Seite f der Differentialgleichung in (16.2-6) noch von u_x, u_y abhängt, so sind diese Größen durch entsprechende Differenzenquotienten zu ersetzen. Dabei muß darauf geachtet werden, daß alle verwendeten Punkte (x_i, y_j) auch auf

16.2 Lineare und halblineare hyperbolische Anfangswertprobleme

G_h liegen. Ein Restglied von der gleichen Ordnung $O(h^4)$ wie in (16.2-8) wird man jedoch nur erhalten, wenn u_x, u_y durch zentrale Differenzenquotienten ersetzt werden. Bei der Approximation von u_y tritt dann jedoch der gesuchte Wert $u^h_{i,j+1}$ auf, und zwar nichtlinear, wenn f in u_y nichtlinear ist. Die (16.2-10) entsprechende Gleichung ist dann eine nichtlineare Gleichung in $u^h_{i,j+1}$ und muß im allgemeinen iterativ gelöst werden.

Aufgrund der Herleitung des Verfahrens ist sofort zu ersehen, wie im Fall $j \leq 0$ vorgegangen werden muß.

Die Frage, mit welcher Genauigkeit die Näherungen $u^h_{i,j}$ die exakten Lösungswerte $u(x_i, y_j)$ approximieren, soll in einem anderen Zusammenhang erst in Kapitel 17 genauer untersucht werden. Man kann jedoch unter zusätzlichen Voraussetzungen zeigen, daß mit einer von h unabhängigen Konstanten C und für alle h mit $0 < h \leq h_0$ die Abschätzung

$$\left| u^h_{i,j} - u(x_i, y_j) \right| \leq ch^2, \quad (x_i, y_j) \in G_h, \tag{16.2-12}$$

gilt. Dabei ist h_0 eine hinreichend kleine Konstante.

Bei den bisherigen Betrachtungen haben wir ein quadratisches Gitter G_h, d.h. ein solches mit quadratischen Maschen, zugrundegelegt. Das ist immer dann möglich, wenn die Differentialgleichung in der Normalform (16.2-1) gelöst wird und stellt in diesem Falle auch die beste Gitterwahl dar. Notwendig ist die Zugrundelegung eines quadratischen Gitters jedoch nicht, man kann auch rechteckige Gitter verwenden.

Wir wollen das an einem einfachen Anfangswertproblem der Wellengleichung, und zwar an

$$u_{tt} - c^2 u_{xx} = 0, \quad u(x,0) = f_0(x), \quad u_t(x,0) = f_1(x), \quad 0 \leq x \leq 1, \tag{16.2-13}$$

mit der positiven Konstanten c untersuchen. Die Charakteristiken der Differentialgleichung $u_{tt} - c^2 u_{xx}$ berechnen sich nach (16.1-13) zu

$$t = \pm \frac{1}{c} x + \alpha,$$

wobei α eine willkürliche reelle Konstante bedeutet. Es gilt somit

$$\left| c \frac{dt}{dx} \right| = 1.$$

Durch die Anfangsvorgaben auf $[0,1]$ ist die Lösung eindeutig bestimmt in dem Parallelogramm G, das von den durch die Punkte $(0,0)$, $(1,0)$ hindurchgehenden vier Charakteristiken aus der x-t-Ebene herausgeschnitten wird (Bild 16-2).

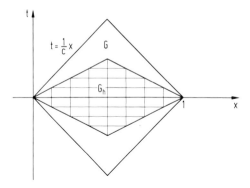

Bild 16-2. G und Gitter G_h für $\left| c \frac{\Delta t}{\Delta x} \right| < 1$.

Das entsprechend (16.2-10), (16.2-11) gebildete Differenzen-Anfangswertproblem lautet, wenn jetzt t_j anstatt y_j und

$$\Delta x = x_{i+1} - x_i, \quad \Delta t = t_{j+1} - t_j, \quad \frac{\Delta t}{\Delta x} = \lambda = \text{const},$$

gesetzt wird

$$u^h_{i,j+1} = 2\left[1 - \left(c\frac{\Delta t}{\Delta x}\right)^2\right] u^h_{i,j} + \left(c\frac{\Delta t}{\Delta x}\right)^2 \left(u^h_{i-1,j} + u^h_{i+1,j}\right) - u^h_{i,j-1}, \qquad (16.2\text{-}14)$$

$$u^h_{i,0} = f_0(x_i), \quad u^h_{i,1} = f_0(x_i) + hf_1(x_i). \qquad (16.2\text{-}15)$$

Das zugrundegelegte Gitter mit den Maschenweiten Δx, Δt bezeichnen wir hier und im folgenden wieder mit G_h, um die umständlichere Schreibweise $G_{\Delta t}$ oder $G_{\Delta x}$ zu vermeiden. Es genügt in allen Fällen, h mit der Schrittweite Δt zu identifizieren. Die "Steigung" des Gitters G_h ist $\frac{\Delta t}{\Delta x}$ (vgl. Bild 16-2), während die Steigung der Charakteristiken $\frac{dt}{dx} = \frac{1}{c}$ ist. Wählt man nun

$$\left| c \frac{\Delta t}{\Delta x} \right| \leq 1,$$

so liegt G_h ganz im Existenzbereich G der Lösung, wie dies in Bild 16-2 eingezeichnet ist (für $\left| c \frac{\Delta t}{\Delta x} \right| < 1$). Es ist dann $\left| \frac{\Delta t}{\Delta x} \right| \leq \left| \frac{dt}{dx} \right| = \frac{1}{c}$. Man kann somit erwarten, daß in diesem Falle die berechneten u^h_{ij} in der Tat Approximationen der $u(x_i, y_j)$ sind. Wählt man dagegen $\left| c \frac{\Delta t}{\Delta x} \right| > 1$, so ist $\left| \frac{\Delta t}{\Delta x} \right| > \left| \frac{dt}{dx} \right| = \frac{1}{c}$, und das Gitter hat die in Bild 16-3 skizzierte Gestalt.

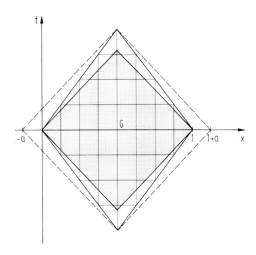

Bild 16-3. Das Gitter G_h für $\left|c \frac{\Delta t}{\Delta x}\right| > 1$

Es liegt nicht mehr ganz im Existenz- und Eindeutigkeitsbereich der Lösung. So hängt z.B. der exakte Lösungswert $u(x_N, t_N)$ nicht nur von den Anfangswerten auf $[0,1]$, sondern von den Anfangsvorgaben auf dem Intervall $[-a, 1+a]$ ab, das von den durch (x_N, t_N) gehenden, in Bild 16-3 gestrichelt gezeichneten Charakteristiken ausgeschnitten wird. Um diesen Wert berechnen zu können, müßte man also das Anfangswertproblem (16.2-13) auf $-a \leq x \leq 1+a$ erweitern. Man kann in diesem Fall daher auch nicht erwarten, daß der nur aus den Anfangsvorgaben auf $[0,1]$ berechnete Wert $u_{N,N}^h$ den Lösungswert $u(x_N, t_N)$ approximiert, was in der Regel auch nicht der Fall ist. Man hat daher stets $\left|c \frac{\Delta t}{\Delta x}\right| \leq 1$ zu wählen. Für $c = 1$ ist $\Delta t = \Delta x$ stets zulässig, allgemein ist das optimale Gitter durch $\Delta x = c\Delta t$ gekennzeichnet.

Auf das Problem der geeigneten Wahl der Gitterkonstanten Δt, Δx werden wir in Kapitel 17 bei der numerischen Lösung von hyperbolischen Systemen erster Ordnung zurückkommen.

16.3 Explizite Differenzenverfahren für lineare parabolische Anfangs-Randwertprobleme zweiter Ordnung

16.3.1 Problemstellung

In 16.1 haben wir die Differentialgleichung

$$Lu = \sum_{i,k=1}^{n} A_{ik} u_{x_i x_k} = f$$

als parabolisch bezeichnet, wenn der Defekt der mit $A = (A_{ik})$ gebildeten quadratischen Form positiv ist. Dies ist gleichbedeutend damit, daß A mindestens einen verschwindenden Eigenwert besitzt, also singulär ist.

Bei den parabolischen Differentialgleichungen, die in naturwissenschaftlichen und technischen Bereichen auftreten, ist eine der unabhängigen Veränderlichen meistens die Zeit t. Lineare parabolische Gleichungen haben dann in der Regel die Gestalt

$$Lu \equiv u_t - \sum_{i,k=1}^{n} a_{ik}(x,t) u_{x_i x_k} - \sum_{i=1}^{n} a_i(x,t) u_{x_i} - a(x,t) u = f(x,t). \qquad (16.3-1)$$

Sie beschreiben Vorgänge der Wärmeleitung und Diffusion sowie gewisse chemische Reaktionen. Für n = 1 und mit

$$x_1 = x, \ a_{11} = a, \ a_1 = b, \ a = c$$

erhält man

$$Lu \equiv u_t - a(x,t) u_{xx} - b(x,t) u_x - c(x,t) u = f(x,t). \qquad (16.3-2)$$

Sachgemäß gestellte Probleme mit parabolischen Differentialgleichungen sind Anfangs-Randwertprobleme und reine Anfangswertprobleme. Wir werden uns jedoch nur mit der numerischen Lösung der für die Anwendungen wichtigeren Anfangs-Randwertprobleme befassen.

Ein typisches Beispiel sei $(\Delta x)^2$ konstant ist: definierten Gitterfunktion und der Länge 1, der zur Zeit t = 0 eine Anfangs-Temperaturverteilung $u(x,0) = u_0(x)$ besitzt und dessen Enden auf der konstanten Temperatur u = 0 gehalten werden. Da die Differentialgleichung hier in der einfachen Gestalt $u_t - a u_{xx} = 0$ mit der positiven Konstanten a angenommen werden kann, wird dieser Abkühlvorgang durch folgendes Anfangs-Randwertproblem beschrieben:

Gesucht ist für 0 < x < 1 und t > 0 eine Lösung der Differentialgleichung

$$Lu \equiv u_t - a u_{xx} = 0,$$

die der Anfangsbedingung

$$u(x,0) = u_0(x), \quad 0 \leqslant x \leqslant 1,$$

und der Randbedingung

$$u(0,t) = u(1,t) = 0, \quad t \geqslant 0,$$

genügt.

16.3 Explizite Differenzenverfahren

Wir werden künftig die Lösungen parabolischer Gleichungen nur bis zu einer endlichen Zeit t = T berechnen und betrachten das Gebiet

$$G(T) : 0 < x < 1; \quad 0 < t < T. \qquad (16.3\text{-}3)$$

Gelöst werden soll dann das Anfangs-Randwertproblem

$$\left. \begin{array}{l} Lu \equiv u_t - a(x,t)u_{xx} - b(x,t)u_x - c(x,t)u = f(x,t) \text{ in } G(T), \\[4pt] u(x,0) = u_0(x),\ 0 \leq x \leq 1,\ u(0,t) = \varphi(t),\ u(1,t) = \psi(t),\ 0 \leq t \leq T. \end{array} \right\} \qquad (16.3\text{-}4)$$

Dieses Problem besitzt genau eine Lösung u(x,t), wenn a, b, c, f ∈ $C^0(\overline{G}(T))$, $u_0 \in C^0([0,1])$, $\varphi, \psi \in C^0([0,T])$, $u_0(0) = \varphi(0)$, $u_0(1) = \psi(0)$. Dabei ist $\overline{G}(T)$ = G(T) ∪ $\dot{G}(T)$, also gleich dem abgeschlossenen Gebiet, das aus G(T) durch Hinzunahme seines Randes $\dot{G}(T)$ entsteht. Die Lösung ist in G(T) bezüglich t einmal, bezüglich x zweimal stetig differenzierbar und geht stetig in die vorgeschriebenen Anfangs- und Randvorgaben $u_0(x)$, $\varphi(t)$, $\psi(t)$ über.

16.3.2 Ein explizites Einschritt-Differenzenverfahren

Zur Konstruktion von Differenzenverfahren überziehen wir das abgeschlossene Gebiet $\overline{G}(T)$ mit einem Rechteckgitter $\overline{G}_h(T)$[6]. Die Maschenweiten dieses Gitters seien Δx und Δt und es gelte 1 = MΔx, T = NΔt mit ganzzahligen M, N, (Bild 16-4).

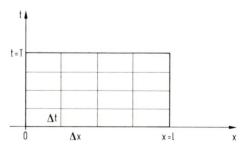

Bild 16-4. Das Gitter $\overline{G}_h(T)$.

Das Gitter $\overline{G}_h(T)$ besteht daher aus den Punkten

$$(x_i, t_j) = (i\Delta x, j\Delta t),\ i = 0,\ldots,M;\ j = 0,\ldots,N. \qquad (16.3\text{-}5)$$

---

[6] Dabei kann h sowohl mit Δt als auch mit Δx identifiziert werden, wir vermeiden damit die Schreibweisen $\overline{G}_{\Delta t}(T)$, $\overline{G}_{\Delta x}(T)$.

Die Gesamtheit aller in $G(T)$ liegenden Punkte sei $G_h(T)$, ferner setzen wir stets voraus, daß das Verhältnis von Δt zu $(\Delta x)^2$ konstant ist:

$$\frac{\Delta t}{(\Delta x)^2} = \lambda > 0 \ . \tag{16.3-6}$$

Auf $G_h(T)$ approximieren wir nun die Differentialgleichung in (16.3-4) durch eine Differenzengleichung

$$L_h u^h_{i,j} = f(x_i, t_j) \tag{16.3-7}$$

mit

$$\Delta t L_h u^h_{i,j} \equiv u^h_{i,j+1} - \sum_{\nu=-1}^{1} p_\nu(x_i, t_j; \Delta t) u^h_{i+\nu, j}, \quad \begin{array}{l} i = 1, \ldots, M-1; \\ j = 0, \ldots, N-1. \end{array} \tag{16.3-8}$$

Dabei sind die $u^h_{r,s}$ die Werte einer auf $\overline{G}_h(T)$ definierten Gitterfunktion und $p_\nu(x_r, t_s; \Delta t)$ weiter unten noch zu bestimmende Größen, deren Wert vom Gitterpunkt (x_r, t_s) und von der Wahl der Schrittweite $\Delta t = \lambda(\Delta x)^2$ abhängt.

Sollen die Lösungen von (16.3-7) Näherungen der exakten Lösungswerte sein, so muß die Differenzengleichung in irgendeiner Weise die Differentialgleichung approximieren. Wir verlangen hier, daß für jede viermal nach x und zweimal nach t stetig differenzierbare Funktion $w(x,t)$ die Relation

$$L_h w(x_i, t_j) - (Lw)_{(x_i, t_j)} = O(\Delta t), \quad \Delta t \to 0, \quad (x_i, t_j) \in G_h(T), \tag{16.3-9}$$

besteht. Dabei bedeutet die Schreibweise $(Lw)_{(x_i, t_j)}$, daß der Differentialausdruck Lw gemäß (16.3-4) an der Stelle $(x_i, t_j) \in G_h(t)$ zu bilden ist. Man beachte, daß mit $\Delta t \to 0$ wegen $(\Delta x)^2 = \Delta t/\lambda$ auch $\Delta x \to 0$ gilt.

Ist die Bedingung (16.3-9) erfüllt, so sagt man, der Differenzenoperator L_h sei auf $G_h(T)$ mit dem Differentialoperator L "konsistent", oder kürzer, L_h sei konsistent.

Die Taylorentwicklung des Ausdruckes $L_h w - Lw$ an der Stelle (x_i, t_j) liefert nach einfacher Rechnung, wenn die Argumente der Kürze wegen fortgelassen werden, gemäß (16.3-9) die Bedingung

$$L_h w - Lw = \left\{ \frac{1}{\Delta t} \left(1 - \sum_{\nu=-1}^{1} p_\nu \right) + c \right\} w$$

$$- \left\{ \frac{\Delta x}{\Delta t} \sum_{\nu=-1}^{1} \nu p_\nu - b \right\} w_x - \left\{ \frac{(\Delta x)^2}{2\Delta t} \sum_{\nu=-1}^{1} \nu^2 p_\nu - a \right\} w_{xx} \tag{16.3-10}$$

$$- \left\{ \frac{(\Delta x)^3}{6\Delta t} \sum_{\nu=-1}^{1} \nu^3 p_\nu \right\} w_{xxx} + O((\Delta x)^4) + O(\Delta t) = O(\Delta t).$$

16.3 Explizite Differenzenverfahren

Sie gilt offenbar, wenn folgende Gleichungen bestehen:

1. $\sum_{\nu=-1}^{1} p_\nu(x_i,t_j;\Delta t) = 1 + \Delta t c(x_i,t_j),$

2. $\sum_{\nu=-1}^{1} \nu p_\nu(x_i,t_j;\Delta t) = \frac{\Delta t}{\Delta x} b(x_i,t_j) = \sqrt{\lambda \Delta t}\, b(x_i,t_j),$

3. $\sum_{\nu=-1}^{1} \nu^2 p(x_i,t_j;\Delta t) = 2\lambda a(x_i,t_j),$

4. $\sum_{\nu=-1}^{1} \nu^3 p_\nu(x_i,t_j;\Delta t) = O(\sqrt{\Delta t}).$

(16.3-11)

Aus den ersten drei dieser Gleichungen erhält man eindeutig

$$p_{\pm 1} = \lambda a + \frac{1}{2}\sqrt{\lambda \Delta t}\, b, \quad p_0 = 1 - 2\lambda a + \Delta t c. \qquad (16.3\text{-}12)$$

Es gilt aber auch noch

$$\sum_{\nu=-1}^{1} \nu^3 p_\nu = \sum_{\nu=-1}^{1} \nu p_\nu = \sqrt{\lambda \Delta t}\, b = O(\sqrt{\Delta t}),$$

die vierte Gleichung in (16.3-11) ist also automatisch erfüllt.

Mit (16.3-7), (16.3-8), (16.3-12) erhält man dann für $i = 1,\ldots,M-1$; $j = 0,1,\ldots,N-1$

$$\begin{aligned}
u^h_{i,j+1} &= [\lambda a(x_i,t_j) - \frac{1}{2}\sqrt{\lambda \Delta t}\, b(x_i,t_j)] u^h_{i-1,j} \\
&\quad + [1 - 2\lambda a(x_i,t_j) + \Delta t c(x_i,t_j)] u^h_{i,j} \\
&\quad + [\lambda a(x_i,t_j) + \frac{1}{2}\sqrt{\lambda \Delta t}\, b(x_i,t_j)] u^h_{i+1,j} + \Delta t f(x_i,t_j)
\end{aligned} \qquad (16.3\text{-}13)$$

mit den Anfangs- und Randbedingungen gemäß (16.3-4)

$$u^h_{r,0} = u_0(x_r),\; r = 0,\ldots,M;\; u^h_{0,s} = \varphi(t_s),\; u^h_{M,s} = \psi(t_s), \qquad (16.3\text{-}14)$$

$$s = 0,\ldots,N.$$

Das Problem (16.3-13), (16.3-14) ist ein lineares Differenzen-Anfangs-Randwertproblem. Es ist eindeutig lösbar: Für j = 0 sind wegen (16.3-14) alle Größen auf der rechten Seite von (16.3-13) bekannt, die $u_{i,1}^h$, i = 1,...,M-1, sind daher eindeutig bestimmt. Da die $u_{0,1}^h$ und $u_{M,1}^h$ vorgegeben sind, können wiederum die $u_{i,2}^h$, i = 1,...,M-1, eindeutig berechnet werden, und so fort. Das Verfahren ist explizit und man errechnet die $u_{i,j+1}^h$ auf der Gitterschicht $t = t_{j+1}$ sozusagen in einem Schritt aus den $u_{r,j}^h$ auf der Schicht $t = t_j$. Das durch (16.3-13), (16.3-14) gegebene Differenzenverfahren heißt daher "explizites Einschrittverfahren".

Wie man leicht bestätigt, kann man dieses Verfahren auch erhalten, wenn man

$$u(x_i, t_j) \text{ durch } \frac{1}{\Delta t}\left(u_{i,j+1}^h - u_{i,j}^h\right),$$

$$u_x(x_i, t_j) \text{ " } \frac{1}{2\Delta x}\left(u_{i+1,j}^h - u_{i-1,j}^h\right),$$

$$u_{xx}(x_i, t_j) \text{ " } \frac{1}{(\Delta x)^2}\left(u_{i+1,j}^h - 2u_{i,j}^h + u_{i-1,j}^h\right)$$

ersetzt.

Beispiel 16.3-1. Wir betrachten das Anfangs-Randwertproblem
$$Lu \equiv u_t - \alpha^2 u_{xx} = 0 \text{ in } G(T), \ u(x,0) = u_0(x), \ 0 \leq x \leq 1,$$

$$u(0,t) = \varphi(t), \ u(1,t) = \psi(t), \ 0 \leq t \leq T.$$

Dabei ist α eine positive Konstante.

Hier gilt $a \equiv \alpha^2$, $b \equiv c \equiv f \equiv 0$. Das Differenzenverfahren (16.3-13) lautet daher

$$u_{i,j+1}^h = \lambda\alpha^2\left(u_{i-1,j}^h + u_{i+1,j}^h\right) + (1 - 2\lambda\alpha^2)u_{i,j}^h. \qquad (16.3-15)$$

Setzt man insbesondere $\lambda\alpha^2 = \alpha^2(\Delta t/(\Delta x)^2) = \frac{1}{2}$, so entsteht das sehr einfache Verfahren

$$u_{i,j+1}^h = \frac{1}{2}\left(u_{i-1,j}^h + u_{i+1,j}^h\right). \qquad (16.3-16)$$

16.3.3 Konvergenz des Verfahrens
Wir wollen jetzt versuchen, die Differenz

$$\varepsilon_{i,j}^h = u_{i,j}^h - u(x_i, t_j), \ (x_i, t_j) \in G_h(T) \qquad (16.3-17)$$

für $\Delta t \to 0$ (also auch für $\Delta x \to 0$) abzuschätzen, d.h. die Frage nach der Konvergenz des Verfahrens zu beantworten.

16.3 Explizite Differenzenverfahren

Der durch (16.3-7), (16.3-8) definierte Differenzenoperator L_h kann auf alle Gitterfunktionen angewendet werden, die auf $\overline{G}_h(T)$ definiert sind. Der Definitionsbereich von L_h ist daher die Menge aller auf $\overline{G}_h(T)$ definierten Gitterfunktionen.

Wir führen nun noch in Analogie zu $G(T)$, $\overline{G}(T)$, $\dot{G}(T)$ die Gebiete $G(\tau)$, $\overline{G}(\tau)$, $\dot{G}(\tau)$, $0 \leq \tau \leq T$, ein. Es ist also

$$G(\tau): 0 < x < 1; \ 0 < t < \tau.$$

Entsprechend definieren wir $\overline{G}(\tau) = G(\tau) \cup \dot{G}(\tau)$. Die Menge aller Gitterpunkte in $G(\tau)$ bzw. $\overline{G}(\tau)$ bzw. $\dot{G}(\tau)$ bezeichnen wir wieder mit $G_h(\tau)$ bzw. $\overline{G}_h(\tau)$ bzw. $\dot{G}_h(\tau)$. Ferner sei $G^0(\tau): 0 < x < 1;\ 0 \leq t < \tau$ und $G_h^0(\tau)$ die Menge der Gitterpunkte in diesem Gebiet. Schließlich bezeichnen wir mit $\Gamma(\tau)$ den Teil des Randes $\dot{G}(\tau)$, der aus der Strecke $\overline{0,1}$ und den beiden Vertikalen $x = 0$ und $x = 1$ für $0 \leq t \leq \tau$ besteht, die entsprechende Menge der Gitterpunkte nennen wir $\Gamma_h(\tau)$.

Definition 16.3-1. Der Differenzenoperator L_h heißt "stabil", wenn es eine nicht von Δt abhängende Konstante $R > 0$ gibt, so daß für jedes Gitter $\overline{G}_h(T)$ mit $\Delta t > 0$, $\Delta t/(\Delta x)^2 = \lambda$ und jede dort definierte Gitterfunktion W_h die Ungleichung

$$\left| w_{i,j}^h \right| \leq R \left\{ \max_{(x_k, t_l) \in \Gamma_h(T)} \left| w_{k,l}^h \right| + \max_{(x_r, t_s) \in G_h^0(T)} \left| L_h w_{r,s}^h \right| \right\}, \quad (16.3-18)$$

$$(x_i, t_j) \in G_h(T),$$

gilt.

Ist der Differenzenoperator L_h stabil, so gilt für die Lösung von (16.3-7), (16.3-8) die Abschätzung

$$\left| u_{i,j}^h \right| \leq R \left\{ \max_{(x_k, t_l) \in \Gamma_h(T)} \left| u_{k,l}^h \right| + \max_{(x_r, t_s) \in G_h^0(T)} \left| f(x_r, t_s) \right| \right\}, \quad (16.3-19)$$

$$(x_i, t_j) \in G_h(T).$$

Die Werte der Lösung von (16.3-7), (16.3-8) in $G_h(T)$ hängen also stetig von den Randwerten und von den Werten der rechten Seite der Differenzengleichung ab. Eine kleine Änderung der Randwerte oder der rechten Seite bewirkt auch nur eine entsprechend kleine Änderung der Lösung der Differenzengleichung.

Definition 16.3-2. Es sei $u(x,t)$ die Lösung des Anfangs-Randwertproblems (16.3-4). Ein durch (16.3-7) gegebenes Differenzenverfahren mit vorgegebenen Werten auf $\Gamma_h(T)$ gemäß (16.3-14) heißt konvergent, wenn für jedes $(x_r, t_s) \in G_h(T)$

$$\lim_{\substack{\Delta t \to 0 \\ N \to \infty \\ (r\Delta x, s\Delta t) \to (x,t)}} u^h_{r,s} = u(x,t), \ (x,t) \in G(T), \qquad (16.3\text{-}20)$$

gilt. Es heißt darüber hinaus konvergent von der Ordnung $p > 0$, wenn

$$\operatorname*{Max}_{(x_r, t_s) \in G_h(T)} \left| u^h_{r,s} - u(x_r, t_s) \right| \leq K(\Delta t)^p \qquad (16.3\text{-}21)$$

mit der positiven Konstanten K gilt.

Wir nehmen jetzt an, daß die Lösung $u(x,t)$ von (16.3-4) viermal nach x und zweimal nach t stetig differenzierbar ist. Dann besitzt $u(x,t)$ die in (16.3-9) vorausgesetzten Eigenschaften, und es gilt der

<u>Satz 16.3-2.</u> L_h sei konsistent und stabil. Dann ist das durch (16.3-7), (16.3-8) gegebene Differenzenverfahren konvergent von der Ordnung 1.

<u>Beweis.</u> Wegen der Glattheitseigenschaften von $u(x,t)$ folgt mit (16.3-4) aus (16.3-9)

$$L_h u(x_i, t_j) - (Lu)_{(x_i, t_j)} = L_h u(x_i, t_j) - f(x_i, t_j) = O(\Delta t), \ (x_i, t_j) \in G_h(T),$$

und daher mit $\varepsilon^h_{i,j} = u^h_{i,j} - u(x_i, t_j)$ und wegen (16.3-7)

$$L_h u^h_{i,j} - L_h u(x_i, t_j) = L_h \varepsilon^h_{i,j} = O(\Delta t). \qquad (16.3\text{-}22)$$

Nun ist L_h nach Voraussetzung stabil, es gilt $\varepsilon^h_{k,1} = 0$ für $(x_k, t_1) \in \Gamma_h(T)$, und es gibt eine positive Konstante S, so daß $|O(\Delta t)| \leq S\Delta t$. Nach (16.3-18) erhält man daher mit $w^h_{i,j} = \varepsilon^h_{i,j}$

$$\left| \varepsilon^h_{i,j} \right| \leq RS\Delta t, \ (x_i, t_j) \in G_h(T),$$

und hieraus die Behauptung des Satzes.

Während man im allgemeinen leicht konsistente Differenzenoperatoren konstruieren kann, ist der Nachweis der Stabilität bei Differentialgleichungen mit veränderlichen Koeffizienten oft schwierig. Es gibt aber eine Klasse von Differenzenoperatoren, die stets stabil ist, und zwar die Klasse der Differenzenoperatoren vom positiven Typ.

<u>Definition 16.3-3.</u> Ein durch (16.3-8) definierter Differenzenoperator L_h heißt "vom positiven Typ", wenn es ein $(\Delta t)_0 > 0$ gibt, so daß für alle $0 < \Delta t \leq (\Delta t)_0$

16.3 Explizite Differenzenverfahren

$$p_\nu(x_i, t_j; \Delta t) \geq 0, \quad (x_i, t_j) \in G_h(T), \quad \nu = -1, 0, 1, \tag{16.3-23}$$

gilt.

<u>Satz 16.3-2.</u> Ein Differenzenoperator vom positiven Typ ist stabil.

<u>Beweis.</u> Es sei W_h eine beliebige auf $\overline{G}_h(T)$ definierte Gitterfunktion und wir setzen mit $L_h w_{i,j}^h = \varphi_{i,j}^h$ für $k = 0, 1, \ldots, N$

$$W_k = \underset{i=1,\ldots,M-1}{\text{Max}} \left| w_{i,k}^h \right|, \quad \Phi_k = \underset{i=1,\ldots,M-1}{\text{Max}} \left| \varphi_{i,k}^h \right|, \tag{16.3-24}$$

$$W_k^{(\rho)} = \text{Max}\left\{ W_k, \left|w_{0,k}^h\right|, \ldots, \left|w_{0,k+\rho}^h\right|, \left|w_{M,k}^h\right|, \ldots, \left|w_{M,k+\rho}^h\right| \right\}, \tag{16.3-25}$$

$$\rho \geq 0.$$

Dann folgt wegen (16.3-23) und der 1. Gleichung (16.3-11) aus $\Delta t L_h w_{i,j}^h = \Delta t \varphi_{i,j}^h$ zunächst nach (16.3-8)

$$\left| w_{i,j+1}^h \right| \leq \left(\sum_{\nu=-1}^{1} p_\nu(x_i, t_j; \Delta t) \right) W_j^{(0)} + \Delta t \Phi_j$$

$$\leq (1 + |c(x_i, t_j)| \Delta t) W_j^{(0)} + \Delta t \Phi_j. \tag{16.3-26}$$

Wegen $c \in C^0(\overline{G}(T))$ gibt es eine Konstante $C \geq 0$, so daß

$$\underset{(x,t) \in \overline{G}(T)}{\text{Max}} |c(x,t)| = C.$$

Damit ergibt sich aus (16.3-26) die Ungleichung

$$\left| w_{i,j+1}^h \right| \leq (1 + C\Delta t) W_j^{(0)} + \Delta t \Phi_j, \quad i = 1, \ldots, M-1,$$

und da die rechte Seite nicht mehr von i abhängt, auch

$$W_{j+1} \leq (1 + C\Delta t) W_j^{(0)} + \Delta t \Phi_j, \quad j = 0, 1, \ldots, N-1. \tag{16.3-27}$$

Andererseits ist wegen (16.3-25), (16.3-27)

$$W_{j+1}^{(0)} = \text{Max}\{W_{j+1}, |w_{0,j+1}|, |w_{M,j+1}|\}$$

$$\leq (1 + C\Delta t) W_j^{(1)} + \Delta t \Phi_j. \tag{16.3-28}$$

Wir zeigen nun durch Induktion: Es gilt für $k = 1, \ldots, N$

$$W_k \leq (1 + C\Delta t)^k W_0^{(k-1)} + \Delta t \left[\sum_{\varkappa=0}^{k-1} (1 + C\Delta t)^{k-1-\varkappa} \Phi_\varkappa \right], \qquad (16.3\text{-}29)$$

$$W_k^{(0)} \leq (1 + C\Delta t)^k W_0^{(k)} + \Delta t \left[\sum_{\varkappa=0}^{k-1} (1 + C\Delta t)^{k-1-\varkappa} \Phi_\varkappa \right]. \qquad (16.3\text{-}30)$$

Wegen (16.3-27), (16.3-28) sind (16.3-29) und (16.3-30) für $k = 1$ richtig. Angenommen, sie seien richtig für alle $k \leq n$, $n \geq 1$. Dann folgt aus (16.3-27) mit $j = n$ und (16.3-30)

$$W_{n+1} \leq (1 + C\Delta t) W_n^{(0)} + \Delta t \Phi_n$$

$$\leq (1 + C\Delta t)^{n+1} W_0^{(n)} + (1 + C\Delta t) \Delta t \left[\sum_{\varkappa=0}^{n-1} (1 + C\Delta t)^{n-1-\varkappa} \Phi_\varkappa \right] + \Delta t \Phi_n$$

$$= (1 + C\Delta t)^{n+1} W_0^{(n)} + \Delta t \left[\sum_{\varkappa=0}^{n} (1 + C\Delta t)^{(n+1)-1-\varkappa} \Phi_\varkappa \right],$$

und dies ist die Behauptung (16.3-29) für $k = n + 1$. Weiter ist

$$W_{n+1}^{(0)} = \text{Max}\{W_{n+1}, |w_{0,n+1}|, |w_{M,n+1}|\},$$

und dieser Ausdruck ist wegen $C \geq 0$ kleiner oder gleich der rechten Seite von (16.3-30), wenn dort $k = n + 1$ gesetzt wird. Die Behauptungen (16.3-29), (16.3-30) sind daher für alle $k = 1, \ldots, N$ richtig.

Wie wir früher schon notiert hatten, ist

$$(1 + C\Delta t)^k \leq e^{Ck\Delta t} \leq e^{CT}. \qquad (16.3\text{-}31)$$

Aus (16.3-29) folgt dann

$$W_k \leq e^{CT} W_0^{(k-1)} + k\Delta t\, e^{CT} \max_{\varkappa=0,\ldots,k-1} \Phi_\varkappa$$

$$= e^{CT} \left(\max_{(x_i, t_j) \in \Gamma_h((k-1)\Delta t)} |w_{i,j}^h| + k\Delta t \max_{(x_r, t_s) \in G_h^0((k-1)\Delta t)} |\varphi_{r,s}^h| \right).$$

16.3 Explizite Differenzenverfahren

Wegen

$$\max_{(x_i,t_j) \in \Gamma_h((k-1)\Delta t)} \left|w_{i,j}^h\right| \leq \max_{(x_i,t_j) \in \Gamma_h(T)} \left|w_{i,j}^h\right|$$

und

$$\max_{(x_r,t_s) \in G_h^0((k-1)\Delta t)} \left|\varphi_{r,s}^h\right| \leq \max_{(x_r,t_s) \in G_h^0(T)} \left|\varphi_{r,s}^h\right|, \quad k\Delta t \leq N\Delta t = T,$$

sowie $R = \max\{e^{CT}, Te^{CT}\}$

folgt daraus die Ungleichung (16.3-18), d.h. die Stabilität von L_h. Damit ist der Satz bewiesen.

<u>Folgerung.</u> Ein durch einen konsistenten Differenzenoperator L_h vom positiven Typ definiertes Differenzenverfahren ist konvergent von der Ordnung 1.

Anstelle von (16.3-8) könnte man L_h allgemeiner wie folgt definieren:

$$\Delta t L_h w_{i,j}^h \equiv w_{i,j+1}^h - \sum_{\nu=-s}^{s} p_\nu(x_i, t_j; \Delta t) w_{i+\nu,j}^h, \quad i = s,\ldots,M-s; \quad (16.3-32)$$
$$j = 0,\ldots,N-1.$$

Sind sämtliche p_ν nicht negativ, so bezeichnen wir L_h wieder als Differenzenoperator vom positiven Typ; er ist stabil, wie man durch eine von Satz (16.3-2) fast wörtlich zu übernehmende Beweisführung zeigt.

<u>Beispiel 16.3-2.</u> Wir betrachten wieder das Anfangs-Randwertproblem aus Beispiel 16.3-1. Der zu (16.3-15) gehörige Differenzenoperator ist gegeben durch

$$\Delta t L_h u_{i,j}^h \equiv u_{i,j+1}^h - \lambda\alpha^2 u_{i-1,j}^h - (1 - 2\lambda\alpha^2) u_{i,j}^h - \lambda\alpha^2 u_{i+1,j}^h.$$

Er ist vom positiven Typ und damit stabil, wenn

$$\lambda \leq \frac{1}{2\alpha^2} \quad (16.3-33)$$

gilt. Für $2\lambda\alpha^2 = 1$ entsteht, wie in Beispiel 16.3-1 dargelegt, das sehr einfache Verfahren (16.3-16); wegen der Stabilität des zugehörigen Differenzenoperators ist es konvergent. Ist insbesondere $\alpha = 1$, so folgt aus (16.3-33) $\lambda = \Delta t/(\Delta x)^2 = \frac{1}{2}$.

Explizite Verfahren sind besonders einfach, ihr Nachteil ist jedoch, daß die Zeitschrittweite Δt oft sehr klein gewählt werden muß. So ist z.B. nach (16.3-33) $\Delta t = (\Delta x)^2/2$ für $\alpha = 1$ zu setzen. Mit $\Delta x = 10^{-1}$ ergibt sich hieraus $\Delta t = 10^{-2}/2$, wählen wir zur Erzielung höherer Genauigkeit $\Delta x = 10^{-2}$, so ist $\Delta t = 10^{-4}/2$. Diesen Nachteil vermeiden die in 16.4 zu untersuchenden impliziten Verfahren, allerdings bei im allgemeinen höherem Rechenaufwand.

Parabolische Anfangs-Randwertprobleme mit konstanten Koeffizienten lassen sich "exakt" lösen. Betrachten wir etwa das einfache Anfangs-Randwertproblem

$$Lu \equiv u_t - u_{xx} = 0 \text{ in } G(T), \quad u(x,0) = u_0(x), \quad 0 \leq x \leq 1,$$

$$u(0,t) = u(1,t) = 0, \quad t \geq 0,$$

so erhält man mit Hilfe des üblichen Separationsansatzes die Lösung

$$u(x,t) = \sum_{n=1}^{\infty} c_n e^{-\left(\frac{n\pi}{l}\right)^2 t} \sin\left(\frac{n\pi}{l}\right) x, \quad c_n = \frac{2}{l} \int_0^l u_0(x) \sin\left(\frac{n\pi}{l} x\right) dx. \qquad (16.3\text{-}34)$$

Für qualitative Betrachtungen ist diese Darstellung nützlich. Benötigt man aber Zahlenwerte der Lösung an bestimmten Punkten, so ist deren Berechnung nach (16.3-34) unzweckmäßig. Dazu müßte man nämlich die Reihe nach einem bestimmten $n = N$ abbrechen und

$$u_N(x,t) = \sum_{n=1}^{N} c_n e^{-\left(\frac{n\pi}{l}\right)^2 t} \sin\left(\frac{n\pi}{l}\right) x \qquad (16.3\text{-}35)$$

als Näherung für $u(x,t)$ betrachten. Die c_n müssen dabei im allgemeinen numerisch mit Hilfe einer Quadraturformel berechnet werden. Nicht zuletzt ist auch die Konvergenzgeschwindigkeit der Reihe zu berücksichtigen.

Es ist daher stets vorzuziehen, Näherungswerte der Lösung mit einem Differenzenverfahren zu berechnen, etwa mit dem sehr einfachen Verfahren (16.3-16). Dieses Verfahren ist konvergent von der Ordnung 1, der Fehler ist proportional zu Δt.

Man kann zeigen, daß für das Anfangs-Randwertproblem aus Beispiel 16.3-1 die Bedingung

$$\lambda = \frac{\Delta t}{(\Delta x)^2} \leq \frac{1}{2\alpha^2}$$

sogar notwendig für die Konvergenz des Verfahrens ist. Um dies zu demonstrieren, betrachten wir das folgende Beispiel, das wir [26, S. 282] entnehmen.

Beispiel 16.3-3. $Lu \equiv u_t - u_{xx} = 0$ in $G(1)$, $u(x,0) = 4\cos\frac{\pi}{2}x$, $0 \leq x \leq 1$, $u(0,t) = 4e^{-\frac{\pi^2}{4}t}$, $u(1,t) = 0$, $0 \leq t \leq 1$.

16.3 Explizite Differenzenverfahren

Die Lösung dieses Anfangs-Randwertproblems ist

$$u(x,t) = 4e^{-\frac{\pi^2}{4}t}\cos\frac{\pi}{2}x. \tag{16.3-36}$$

Wir lösen es außerdem näherungsweise mit dem Differenzenverfahren nach der Vorschrift

$$u^h_{i,j+1} = \lambda u^h_{i-1,j} + (1-2\lambda)u^h_{i,j} + \lambda u^h_{i+1,j} \tag{16.3-37}$$

und setzen

(a) $\lambda = \frac{1}{2}$, $\Delta t = 0.02$, also $\Delta x = \sqrt{2\Delta t} = 0.2$

(b) $\lambda = 2$, $\Delta t = 0.02$, also $\Delta x = \sqrt{\Delta t/2} = 0.1$

Dann erhält man z.B. an den Stellen $x = 0.4$ und $x = 0.6$ folgende Zahlenwerte der Näherungen im Falle (a) und (b) sowie der exakten Lösung

	x = 0.4		
t	Näherungen (a)	Näherungen (b)	ex. Lösung
0	3.23606	3.23606	3.23606
0.2	1.96670	$-2.298 \cdot 10^3$	1.97561
0.4	1.19965	$-4.586 \cdot 10^{11}$	1.20611
0.6	0.32259	$-8.741 \cdot 10^{19}$	0.73633
0.8	0.44703	$-1.758 \cdot 10^{28}$	0.44953
1.0	0.27291	$-3.648 \cdot 10^{36}$	0.27443

x = 0.6		
Näherungen (a)	Näherungen (b)	ex. Lösung
2.35113	2.35113	2.35113
1.42740	$-3.966 \cdot 10^2$	1.43536
0.87038	$-2.702 \cdot 10^{11}$	0.87629
0.53124	$-7.062 \cdot 10^{19}$	0.53497
0.32431	$-1.609 \cdot 10^{28}$	0.32660
0.19799	$-3.515 \cdot 10^{36}$	0.19939

Im Falle (a) ist der Differenzenoperator vom positiven Typ, das zugehörige Differenzenverfahren liefert Näherungen der exakten Lösungswerte. Im Fall (b) ist wegen $\lambda = 2$ die Bedingung $\lambda \leq 1/2$ verletzt, das Differenzenverfahren liefert unsinnige Werte, es ist mit Sicherheit nicht konvergent.

16.4 Implizite Differenzenverfahren für lineare parabolische Anfangs-Randwertprobleme zweiter Ordnung

16.4.1 Konstruktion der Verfahren

Bei den folgenden Betrachtungen beschränken wir uns auf Anfangs-Randwertprobleme der Gestalt

$$Lu \equiv u_t - u_{xx} - bu = f(x,t) \text{ in } G(T),$$

$$u(x,0) = u_0(x),\ 0 \leq x \leq 1,\ u(0,t) = \varphi(t),\ u(1,t) = \psi(t),\ 0 \leq t \leq T. \qquad (16.4\text{-}1)$$

Dabei ist b eine Konstante. Jede homogene parabolische Differentialgleichung mit konstanten Koeffizienten läßt sich im Falle von zwei unabhängigen Veränderlichen x,t auf die Gestalt $Lu = 0$ transformieren. In den Anwendungen treten daher oft Anfangs-Randwertprobleme der Gestalt (16.4-1) auf.

Die impliziten Differenzenverfahren liefern die gesuchten Näherungswerte jeweils als Lösungen eines linearen Gleichungssystems. Der damit verbundene höhere Rechenaufwand führt nicht unbedingt zu höherer Genauigkeit. Der Vorteil der impliziten Verfahren liegt vielmehr darin, daß das Verhältnis $\Delta t/\Delta x^2 = \lambda$ im Gegensatz zu den expliziten Verfahren weitgehend frei gewählt werden kann. Bei unseren Betrachtungen verwenden wir die Bezeichnungen aus 16.3.

Auf $G_h(T)$ approximieren wir die Differentialgleichung in (16.4-1) durch eine Differenzengleichung

$$L_h u^h_{i,j} = f(x_i, t_j + \alpha \Delta t),\ 0 < \alpha \leq 1, \qquad (16.4\text{-}2)$$

mit

$$\Delta t L_h u^h_{i,j} \equiv \sum_{\nu=-1}^{1} \left\{ p^{(1)}_\nu (\Delta t) u^h_{i+\nu, j+1} - p^{(0)}_\nu (\Delta t) u^h_{i+\nu, j} \right\},\ i = 1,\ldots, M-1. \qquad (16.4\text{-}3)$$

Dazu verlangen wir, daß jede hinreichend glatte Funktion $w(x,t)$ die Konsistenzbedingung

$$L_h w(x_i, t_j) - (Lw)_{(x_i, t_j + \alpha \Delta t)} = O(\Delta t),\ (x_i, t_j) \in G_h(T), \qquad (16.4\text{-}4)$$

erfüllt. Die Taylorentwicklung des auf der linken Seite von (16.4-4) stehenden Ausdruckes liefert dann an der Stelle $(x_i, t_j + \alpha \Delta t) \in G(T)$ nach elementarer Rechnung

16.4 Implizite Differenzenverfahren

$$\begin{aligned}
L_h w - Lw = & \left\{ \frac{1}{\Delta t} \sum_{\nu=-1}^{1} \left(p_\nu^{(1)}(\Delta t) - p_\nu^{(0)}(\Delta t) \right) + b \right\} w \\
& + \left\{ \frac{\Delta x}{\Delta t} \sum_{\nu=-1}^{1} \nu \left(p_\nu^{(1)}(\Delta t) - p_\nu^{(0)}(\Delta t) \right) \right\} w_x \\
& + \left\{ \sum_{\nu=-1}^{1} \left((1-\alpha) p_\nu^{(1)}(\Delta t) + \alpha p_\nu^{(0)}(\Delta t) \right) - 1 \right\} w_t \\
& + \left\{ \frac{\Delta x^2}{2\Delta t} \sum_{\nu=-1}^{1} \nu^2 \left(p_\nu^{(1)}(\Delta t) - p_\nu^{(0)}(\Delta t) \right) + 1 \right\} w_{xx} \\
& + \left\{ \Delta x \sum_{\nu=-1}^{1} \nu \left((1-\alpha) p_\nu^{(1)}(\Delta t) + \alpha p_\nu^{(0)}(\Delta t) \right) \right\} w_{xt} \\
& + \left\{ \frac{\Delta x^3}{6\Delta t} \sum_{\nu=-1}^{1} \nu^3 \left(p_\nu^{(1)}(\Delta t) - p_\nu^{(0)}(\Delta t) \right) \right\} w_{xxx} + O(\Delta t) .
\end{aligned} \quad (16.4\text{-}5)$$

Die Konsistenzbedingung (16.4.4) ist daher erfüllt, wenn

$$\sum_{\nu=-1}^{1} \nu^r \left(p_\nu^{(1)}(\Delta t) - p_\nu^{(0)}(\Delta t) \right) = \begin{cases} -\Delta t b, & r = 0 \\ 0, & r = 1 \\ -2\lambda, & r = 2 \end{cases}, \quad (16.4\text{-}6)$$

$$\sum_{\nu=-1}^{1} \nu^s \left[(1-\alpha) p_\nu^{(1)}(\Delta t) + \alpha p_\nu^{(0)}(\Delta t) \right] = \begin{cases} 1, & s = 0 \\ 0, & s = 1 \end{cases} \quad (16.4\text{-}7)$$

gilt. Dies sind fünf Gleichungen für die sechs Unbekannten $p_\nu^{(1)}$, $p_\nu^{(0)}$, $\nu = -1, 0, 1$. Wählen wir als Parameter $p = p_1^{(0)}(\Delta t)$, so lautet die Lösung des Gleichungssystems (16.4-6), (16.4-7)

$$\left. \begin{aligned}
p_{-1}^{(1)}(\Delta t) &= p_1^{(1)}(\Delta t) = -\lambda + p, \quad p_0^{(1)}(\Delta t) = 1 - \alpha \Delta t b + 2\lambda - 2p, \\
p_{-1}^{(0)}(\Delta t) &= p_1^{(0)}(\Delta t) = p \quad , \quad p_0^{(0)}(\Delta t) = 1 + (1-\alpha) \Delta t b - 2p.
\end{aligned} \right\} \quad (16.4\text{-}8)$$

Hieraus ergibt sich mit (16.4-2), (16.4-3) eine Klasse von impliziten Differenzenverfahren, bei der die Parameter α und p mit der Einschränkung $0 < \alpha \leq 1$ und $p \neq \lambda$ noch frei wählbar sind. Für $p = \lambda$ bekommt man eine Klasse von expliziten Differenzenverfahren.

Aus (16.4-8) erhält man insbesondere die beiden impliziten Verfahren

(a) $\alpha = \frac{1}{2}$, $p = \frac{\lambda}{2}$:

$$p_{-1}^{(1)}(\Delta t) = p_{1}^{(1)}(\Delta t) = -\frac{\lambda}{2}, \quad p_{0}^{(1)}(\Delta t) = 1 - \frac{\Delta t}{2}b + \lambda,$$

$$p_{-1}^{(0)}(\Delta t) = p_{1}^{(0)}(\Delta t) = \frac{\lambda}{2}, \quad p_{0}^{(0)}(\Delta t) = 1 + \frac{\Delta t}{2}b - \lambda,$$

(16.4-9)

(b) $\alpha = 1$, $p = 0$:

$$p_{-1}^{(1)}(\Delta t) = p_{1}^{(1)}(\Delta t) = -\lambda, \quad p_{0}^{(1)}(\Delta t) = 1 - \Delta t b + 2\lambda,$$

$$p_{-1}^{(0)}(\Delta t) = p_{1}^{(0)}(\Delta t) = 0, \quad p_{0}^{(0)}(\Delta t) = 1.$$

(16.4-10)

Setzt man die Ausdrücke (16.4-8) in (16.4-2), (16.4-3) ein, so entsteht ein lineares Gleichungssystem in den Größen $u_{k,j+1}^{h}$, $k = 1, \ldots, M - 1$.

Dabei gilt $u_{0,j}^{h} = \varphi(j\Delta t)$, $u_{M,j}^{h} = \psi(j\Delta t)$, $j = 0, 1, \ldots, N$.

Wir wollen dieses Gleichungssystem genauer untersuchen und setzen

$$p_{-1}^{(\nu)} = p_{1}^{(\nu)} = r^{(\nu)}, \quad p_{0}^{(\nu)} = s^{(\nu)}, \quad \nu = 0, 1,$$

(16.4-11)

ferner

$$u_{j}^{h} = (u_{1,j}^{h}, \ldots, u_{M-1,j}^{h})^{T},$$

(16.4-12)

$$k_{j}^{(\nu)} = r^{(\nu)}(\varphi(j\Delta t), 0, \ldots, 0, \psi(j\Delta t))^{T},$$

(16.4-13)

$$f(t_{j} + \alpha \Delta t) = (f(\Delta x, t_{j} + \alpha \Delta t), \ldots, f((M-1)\Delta x, t_{j} + \alpha \Delta t))^{T},$$

(16.4-14)

$$P^{(\nu)} = \begin{bmatrix} s^{(\nu)} & r^{(\nu)} & & & & 0 \\ r^{(\nu)} & s^{(\nu)} & r^{(\nu)} & & & \\ & \ddots & \ddots & \ddots & & \\ & & r^{(\nu)} & s^{(\nu)} & r^{(\nu)} & \\ 0 & & & r^{(\nu)} & s^{(\nu)} \end{bmatrix}.$$

(16.4-15)

16.4 Implizite Differenzenverfahren

Dann lautet das Gleichungssystem (16.4-2), (16.4-3)

$$P^{(1)} u^h_{j+1} = P^{(0)} u^h_j - \left(k^{(1)}_{j+1} - k^{(0)}_j \right) + \Delta t f(t_j + \alpha \Delta t). \quad (16.4\text{-}16)$$

Ist $P^{(1)}$ nichtsingulär, so läßt sich der Vektor u^h_{j+1} hieraus eindeutig bestimmen. Nun ist jedoch

$$s^{(1)} = 1 - \alpha \Delta t b + 2(\lambda - p), \quad r^{(1)} = -(\lambda - p), \quad (16.4\text{-}17)$$

und es gilt offenbar

Satz 16.4-1. Es sei $p \leq \lambda$ und im Falle $b > 0$ $\Delta t < 1/(\alpha b)$.

Dann ist $P^{(1)}$ eine strikt diagonaldominante symmetrische Tridiagonalmatrix.

Unter den Voraussetzungen des Satzes 16.4-1 ist $P^{(1)}$ also nichtsingulär, das Gleichungssystem (16.4-1) kann darüber hinaus zuverlässig mit einem der in Band 1, Teil II, beschriebenen direkten oder iterativen Verfahren gelöst werden. Insbesondere ist das SOR-Verfahren geeignet, wobei wegen der Struktur der vorliegenden Matrix der optimale Relaxationsparameter ω_b verwendet werden kann (vgl. Band 1, Abschnitt 6.7).

Die beiden Verfahren (16.4-9) und (16.4-10) erfüllen die Voraussetzungen des Satzes 16.4-1. Das Verfahren (16.4-9) wird in der Literatur als "Crank-Nicolson-Verfahren" bezeichnet. Eine detaillierte Untersuchung zeigt, daß es bessere Konsistenzeigenschaften besitzt als die anderen Verfahren der durch (16.4-8) gegebenen Klasse.

16.4.2 Konvergenz der Verfahren

Es sei $u(x,t)$ eine hinreichend glatte Lösung der Differentialgleichung aus (16.4-1), es gelte also

$$Lu(x,t) = f(x,t).$$

Wegen (16.4-4) folgt dann

$$L_h u(x_i, t_j) - f(x_i, t_j + \alpha \Delta t) = O(\Delta t), \quad \Delta t \to 0, \quad (x_i, t_j) \in G_h(T). \quad (16.4\text{-}18)$$

Mit (16.4-2) und

$$\varepsilon^h_{i,j} = u^h_{i,j} - u(x_i, t_j)$$

erhält man daraus

$$L_h \varepsilon^h_{i,j} = O(\Delta t). \qquad (16.4\text{-}19)$$

Bildet man in Analogie zu (16.4-12) den Vektor ε^h_j, berücksichtigt ferner $\varepsilon^h_{0,k} = \varepsilon^h_{M,k} = 0$, $k = 0,1,\ldots,N$, so erhält man analog zu (16.4-16) das Gleichungssystem

$$P^{(1)} \varepsilon^h_{j+1} = P^{(0)} \varepsilon^h_j + O(\Delta t^2) \eta. \qquad (16.4\text{-}20)$$

Dabei ist η ein bestimmter (M-1)-komponentiger Vektor. Hieraus folgt wiederum

$$\varepsilon^h_{j+1} = (P^{(1)})^{-1} P^{(0)} \varepsilon^h_j + O(\Delta t^2)(P^{(1)})^{-1} \eta. \qquad (16.4\text{-}21)$$

Mit $(P^{(1)})^{-1} P^{(0)} = Q$, $(P^{(1)})^{-1} \eta = \xi$ und unter Berücksichtigung von $\varepsilon^h_0 = 0$ errechnet man dann mit Hilfe vollständiger Induktion aus (16.4-21) allgemein

$$\varepsilon^h_k = Q^k \varepsilon^h_0 + O(\Delta t^2) \left\{ \sum_{\nu=0}^{k-1} Q^\nu \right\} \xi = O(\Delta t^2) \left\{ \sum_{\nu=0}^{k-1} Q^\nu \right\} \xi. \qquad (16.4\text{-}22)$$

Sei $\|\cdot\|_2$ die euklidische Vektornorm bzw. die Spektralnorm für Matrizen, so folgt mit der Konstanten K hieraus weiter die Abschätzung

$$\|\varepsilon^h_k\|_2 \leq K\Delta t^2 \left\{ \sum_{\nu=0}^{k-1} \|Q\|_2^\nu \right\} \|\xi\|_2. \qquad (16.4\text{-}23)$$

Wegen (16.4-15), (16.4-17) ist

$$P^{(1)} = (1 - \alpha \Delta tb)I + (\lambda - p)B, \quad P^{(0)} = (1 + (1-\alpha)\Delta tb)I - pB \qquad (16.4\text{-}24)$$

mit der schon häufiger untersuchten Tridiagonalmatrix

$$B = \begin{bmatrix} 2 & -1 & & & & 0 \\ -1 & 2 & -1 & & & \\ & \ddots & \ddots & \ddots & & \\ & & \ddots & \ddots & \ddots & \\ & & & -1 & 2 & -1 \\ 0 & & & & -1 & 2 \end{bmatrix}. \qquad (16.4\text{-}25)$$

16.4 Implizite Differenzenverfahren

Als Eigenwerte dieser Matrix haben wir bereits früher die Zahlen

$$\beta_j = 4 \sin^2\left(\frac{\pi}{2}\frac{j}{M}\right), \quad j = 1,\ldots,M-1, \tag{16.4-26}$$

kennengelernt. Seien σ_j die Eigenwerte von $P^{(1)}$, τ_j die von $P^{(0)}$, so folgt daher nach (16.4-24)

$$\sigma_j = 1 - \alpha\Delta tb + (\lambda - p)\beta_j,$$
$$\tau_j = 1 + (1 - \alpha)\Delta tb - p\beta_j, \quad j = 1,\ldots,M-1. \tag{16.4-27}$$

Die Matrizen $(P^{(1)})^{-1}$ und $P^{(0)}$ sind symmetrisch, somit ist $Q = (P^{(1)})^{-1}P^{(0)}$ immer dann symmetrisch, wenn $(P^{(1)})^{-1}P^{(0)} = P^{(0)}(P^{(1)})^{-1}$ gilt, die Matrizen $(P^{(1)})^{-1}$ und $P(0)$ also vertauschbar sind. Dann berechnen sich die Eigenwerte μ_j von Q zu

$$\mu_j = \frac{\tau_j}{\sigma_j}, \quad j = 1,\ldots,M. \tag{16.4-28}$$

Ist Q symmetrisch, so ist ihre Spektralnorm gleich dem Spektralradius $\rho(Q)$, es gilt also

$$\|Q\|_2 = \rho(Q) = \underset{j}{\text{Max}}|\mu_j|. \tag{16.4-29}$$

Wir zeigen jetzt die Symmetrie von Q: Wegen

$$P^{(0)} = (1 + (1-\alpha)\Delta tb)I - pB = P^{(1)} - \lambda B + \Delta tbI \tag{16.4-30}$$

gilt mit (16.4-24)

$$Q = (P^{(1)})^{-1}P^{(0)} = I - [(1 - \alpha\Delta tb)I + (\lambda - p)B]^{-1}(\lambda B - \Delta tbI). \tag{16.4-31}$$

Da B symmetrisch ist, gibt es eine orthonormale Matrix T, so daß

$$B = T^T D T,$$

wobei die Diagonalmatrix D in der Hauptdiagonalen gerade die Eigenwerte von B enthält. Wegen $T^T = T^{-1}$ ist weiter

$$Q = I - [(1-\alpha\Delta tb)I + (\lambda - p)T^T DT]^{-1}(\lambda T^T DT - \Delta tbI)$$
$$= T^T\{I - [(1-\alpha\Delta tb)I + (\lambda - p)D]^{-1}(\lambda D - \Delta tbI)\}T. \tag{16.4-32}$$

Da Diagonalmatrizen vertauschbar sind, ist Q in der Tat symmetrisch, ihre Eigenwerte sind nach (16.4-28)

$$\mu_j = \frac{\tau_j}{\sigma_j} = \frac{1 + (1 - \alpha)\Delta tb - p\beta_j}{1 - \alpha\Delta tb + (\lambda - p)\beta_j}$$

$$= 1 - \frac{\lambda\beta_j - \Delta tb}{1 + (\lambda - p)\beta_j + \alpha\Delta tb} \ , \quad j = 1,\ldots,M - 1.$$

Nach (16.4-29) ist dann

$$\|Q\|_2 = \rho(Q) = \underset{j}{\text{Max}} |\mu_j| = \underset{j}{\text{Max}} \left| 1 - \frac{\lambda\beta_j - \Delta tb}{1 + (\lambda - p)\beta_j + \alpha\Delta tb} \right|$$

$$\leqslant \underset{j}{\text{Max}} \left| 1 - \frac{\lambda\beta_j}{1 + (\lambda - p)\beta_j + \alpha\Delta tb} \right| + \underset{j}{\text{Max}} \Delta t \left| \frac{b}{1 + (\lambda - p)\beta_j + \alpha\Delta tb} \right|. \quad (16.4-33)$$

Wir betrachten weiter nur solche Verfahren, für die bei beliebigem $\lambda = \Delta t/\Delta x^2$

$$p \leqslant \frac{\lambda}{2} \tag{16.4-34}$$

gilt. Dann ist wegen $\beta_j > 0$ und $\alpha\Delta t|b| < 1$

$$0 < \frac{\lambda\beta_j}{1 + (\lambda - p)\beta_j + \alpha\Delta tb} < \frac{\lambda\beta_j}{\frac{\lambda}{2}\beta_j} = 2 \ ,$$

$$\underset{j}{\text{Max}} \left| 1 - \frac{\lambda\beta_j}{1 + (\lambda - p)\beta_j + \alpha\Delta tb} \right| < 1. \tag{16.4-35}$$

Weiter wählen wir die Zahl $(\Delta t)_0$ so klein, daß

$$1 - \alpha(\Delta t)_0 |b| = q > 0. \tag{16.4-36}$$

Dann gilt wegen $(\lambda - p)\beta_j > 0$ für alle $\Delta t \leqslant (\Delta t)_0$ die Abschätzung

$$\underset{j}{\text{Max}} \Delta t \left| \frac{b}{1 + (\lambda - p)\beta_j + \alpha\Delta tb} \right| < \frac{|b|}{q} \Delta t \ ,$$

und somit wegen (16.4-33)

$$\rho(Q) < 1 + \frac{|b|}{q} \Delta t.$$

16.4 Implizite Differenzenverfahren

Setzen wir noch $\frac{|b|}{q} = L \neq 0$, so folgt mit (16.4-23) die Abschätzung

$$\|\varepsilon_k^h\|_2 < K\Delta t^2 \left\{ \sum_{\nu=0}^{k-1} (1 + L\Delta t)^\nu \right\} \|\xi\|_2$$

$$= K\Delta t^2 \frac{(1 + L\Delta t)^k - 1}{L\Delta t} \|\xi\|_2 \leq \frac{K}{L} \Delta t (e^{Lk\Delta t} - 1)$$

$$\leq \frac{K}{L} \Delta t (e^{LT} - 1).$$

Daher ist

$$\|\varepsilon_k^h\|_2 = O(\Delta t), \, \Delta t \to 0, \qquad (16.4\text{-}37)$$

und wir haben damit folgende Aussage bewiesen:

<u>Satz 16.4-2</u> Für die durch (16.4-8) definierte Klasse von konsistenten Differenzenverfahren gelte (16.4-34) und im Fall $b \neq 0$ sei $\Delta t \leq (\Delta t)_0$, wobei $(\Delta t)_0$ der Bedingung (16.4-36) genüge. Dann gilt bezüglich der euklidischen Vektornorm für den Fehlervektor ε_k^h, $k = 1, 2, \ldots, N$

$$\|\varepsilon_k^h\|_2 = O(\Delta t), \, \Delta t \to 0. \qquad (16.4\text{-}38)$$

Der Satz 16.4-2 gilt auch für $b = 0$. In diesem Fall ist $\rho(Q) < 1$, und man erhält mit (16.4-23) die Abschätzung

$$\|\varepsilon_k^h\|_2 < K\Delta t^2 k \|\xi\|_2 \leq KT \|\xi\|_2 \Delta t = O(\Delta t). \qquad (16.4\text{-}39)$$

Die durch (16.4-9) und (16.4-10) gegebenen Verfahren erfüllen die Voraussetzungen des Satzes 16.4-2. Für das Verfahren (16.4-9), das Crank-Nicolson-Verfahren, liefert eine genauere Analyse sogar

$$\|\varepsilon_k^h\|_2 = O(\Delta t^2) + O(\Delta x^2). \qquad (16.4\text{-}40)$$

Wie bereits im Anschluß an das Beispiel 16.3-2 in 16.3-3 angekündigt, gibt es also in der Tat implizite Verfahren, die für beliebige Wahl von $\lambda = \Delta t / \Delta x^2$ konvergieren. Dies ist der entscheidende Vorteil impliziter Verfahren, er wird erkauft durch einen in der Regel höheren Rechenaufwand. Da man jedoch die entstehenden großen linearen Gleichungssysteme zuverlässig lösen kann, werden in der Praxis heute überwiegend implizite Verfahren verwendet.

16.4.3 Nichtlineare Probleme

Im Prinzip kann man auch jedes sachgemäß gestellte nichtlineare parabolische Anfangs-Randwertproblem durch Differenzenverfahren numerisch lösen. Dabei ersetzt man alle auftretenden Differentialquotienten durch entsprechende Differenzenquotienten einer Gitterfunktion. Bei impliziten Verfahren erhält man dann ein nichtlineares algebraisches Gleichungssystem zur Bestimmung der gesuchten Näherungswerte.

Wir erläutern das Verfahren am Beispiel des Anfangs-Randwertproblems

$$u_t - F(x,t,u,u_x,u_{xx}) = 0, \qquad (16.4\text{-}41)$$

$$u(x,0) = u_0(x), \ 0 \leq x \leq 1, \ u(0,t) = \varphi(t), \ u(1,t) = \psi(t), \ 0 \leq t \leq T.$$

Dabei soll F von mindestens einer der Variablen u, u_x, u_{xx} nichtlinear abhängen, die Differentialgleichung in (16.4-41) also nichtlinear sein.

Ersetzt man die Ableitungen in nun schon gewohnter Weise durch passende Differenzenquotienten einer Gitterfunktion, setzt wieder bei festgehaltenem $t_j = j\Delta t$ wie in (16.4-12)

$$u_j^h = \left(u_{1,j}^h, \ldots, u_{M-1,j}^h\right)^T, \quad j = 0, 1, \ldots, N,$$

so erhält man für jede Zeitstufe t_j ein nichtlineares Gleichungssystem der Gestalt

$$\Phi_i\left(u_{j+1}^h\right) = 0, \ i = 1, \ldots, M-1; \ j = 0, \ldots, N-1, \qquad (16.4\text{-}42)$$

mit den vorgegebenen Anfangs- und Randwerten

$$u_{r,0}^h = u_0(x_r), \ r = 0, \ldots, M, \ u_{0,s}^h = \varphi(t_s), \ u_{M,s}^h = \psi(t_s), \qquad (16.4\text{-}43)$$

$$s = 0, 1, \ldots, N.$$

Nehmen wir an, daß diese Systeme Lösungen besitzen, so müssen sie jeweils durch ein geeignetes konvergentes Iterationsverfahren bestimmt werden. Hierbei sind nach den Ausführungen in Band 1, Kapitel 8, die Eigenschaften der Funktionalmatrix

$$\left(\frac{\partial \Phi_i}{\partial u_{k,j+1}^h}\right), \ i,k = 1, \ldots, M-1,$$

von Bedeutung.

Um etwas Konkretes vor Augen zu haben, betrachten wir die Differentialgleichung in (16.4-41) an der Stelle (x_i, t_{j+1}) und ersetzen

16.4 Implizite Differenzenverfahren

$$u_t(x_i, t_{j+1}) \text{ durch } \frac{u^h_{i,j+1} - u^h_{i,j}}{\Delta t} ,$$

$$u_x(x_i, t_{j+1}) \text{ durch } \frac{u^h_{i+1,j+1} - u^h_{i-1,j+1}}{2\Delta x} ,$$

$$u_{xx}(x_i, t_{j+1}) \text{ durch } \frac{u^h_{i+1,j+1} - 2u^h_{i,j+1} + u^h_{i-1,j+1}}{\Delta x^2} .$$

Setzt man diese Ausdrücke in (16.4-41) ein, so erhält man die Systeme

$$\Phi_i\left(u^h_{j+1}\right) = \frac{u^h_{i,j+1} - u^h_{i,j}}{\Delta t}$$

$$-F\left(x_i, t_j, u^h_{i,j+1}, \frac{u^h_{i+1,j+1} - u^h_{i-1,j+1}}{2\Delta x}, \frac{u^h_{i+1,j+1} - 2u^h_{i,j+1} + u^h_{i-1,j+1}}{\Delta x^2}\right) = 0,$$

$$i = 1,\ldots,M-1; \; j = 0,1,\ldots,N-1, \quad (16.4-44)$$

mit den Nebenbedingungen (16.4-43).

Die Elemente der Funktionalmatrix sind

$$\frac{\partial \Phi_i(u^h_{j+1})}{\partial u^h_{k,j+1}} = 0 , \quad k \neq i-1, i, i+1,$$

$$\frac{\partial \Phi_i(u^h_{j+1})}{\partial u^h_{i-1,j+1}} = F_{u_x} \frac{1}{2\Delta x} - F_{u_{xx}} \frac{1}{\Delta x^2} ,$$

$$\frac{\partial \Phi_i(u^h_{j+1})}{\partial u^h_{i,j+1}} = \frac{1}{\Delta t} - F_u + F_{u_{xx}} \frac{2}{\Delta x^2} ,$$

$$\frac{\partial \Phi_i(u^h_{j+1})}{\partial u^h_{i+1,j+1}} = - F_{u_x} \frac{1}{2\Delta x} - F_{u_{xx}} \frac{1}{\Delta x^2} .$$

Dabei sind in die F_u, F_{u_x}, $F_{u_{xx}}$ die Argumente aus (16.4-44) einzusetzen.

Die Funktionalmatrix ist daher eine Tridiagonalmatrix und im allgemeinen nicht symmetrisch. Unter gewissen Voraussetzungen ist sie jedoch für hinreichend kleines Δx eine M-Matrix. Darüber gilt der

<u>Satz 16.4-3.</u> Es gelte für alle nach (16.4-44) auftretenden Argumente

$$F_{u_{xx}} > 0, \quad F_u \leq 0. \tag{16.4-45}$$

Ferner sei die positive Zahl $(\Delta x)_0$ so klein gewählt, daß

$$\frac{(\Delta x)_0}{2} \left| F_{u_x} \right| \leq F_{u_{xx}}. \tag{16.4-46}$$

Dann ist die Funktionalmatrix für alle $\Delta x < (\Delta x)_0$ eine strikt diagonaldominante L-Matrix, also eine M-Matrix.

<u>Beweis.</u> Unter den genannten Voraussetzungen gilt

$$\frac{\partial \Phi_i(u_{j+1}^h)}{\partial u_{i-1,j+1}^h}, \quad \frac{\partial \Phi_i(u_{j+1}^h)}{\partial u_{i+1,j+1}^h} \leq 0, \quad \frac{\partial \Phi_i(u_{j+1}^h)}{\partial u_{i,j+1}^h} > 0,$$

die Funktionalmatrix ist also eine L-Matrix. Weiter gilt wegen (16.4-45), (16.4-46)

$$\frac{\partial \Phi_i(u_{j+1}^h)}{\partial u_{i,j+1}^h} = \frac{1}{\Delta t} - F_u + F_{u_{xx}} \frac{2}{\Delta x^2} \geq \frac{1}{\Delta t} + F_{u_{xx}} \frac{2}{\Delta x^2}$$

$$> F_{u_{xx}} \frac{2}{\Delta x^2} = \left| \frac{\partial \Phi_i(u_{j+1}^h)}{\partial u_{i-1,j+1}^h} \right| + \left| \frac{\partial \Phi_i(u_{j+1}^h)}{\partial u_{i+1,j+1}^h} \right|,$$

d.h. die Funktionalmatrix ist strikt diagonaldominant. Damit ist der Satz bewiesen.

<u>Beispiel 16.4-1.</u> Wir betrachten die Differentialgleichung

$$u_t - u_{xx} + e^u = 0.$$

Hier ist

$$F = u_{xx} - e^u, \quad \text{und es folgt}$$

$$F_{u_{xx}} = 1, \quad F_u = -e^u, \quad F_{u_x} \equiv 0.$$

Die in Satz 16.4-3 genannten Voraussetzungen sind hier sogar stets erfüllt. Dagegen genügt die Differentialgleichung $u_t - u_{xx} - e^u = 0$ nicht der Voraussetzung $F_u \leq 0$. Man kann zeigen, daß das Anfangs-Randwertproblem dieser Gleichung im allgemeinen nicht eindeutig lösbar ist.

Auch im allgemeinen Fall sind die Bedingungen (16.4-45) des Satzes 16.4-3 sinnvoll. Die Forderung $F_{u_{xx}} > 0$ sichert die eigentliche Parabolizität der Differentialgleichung, $F_u \leq 0$ ist neben anderen Bedingungen hinreichend dafür, daß jede Lösung der Differentialgleichung $u_t - F = 0$ ein Randmaximum-Prinzip erfüllt. Dieses sichert neben anderen Eigenschaften wiederum die Eindeutigkeit der Lösung des Anfangs-Randwertproblems.

Da unter den Voraussetzungen des Satzes 16.4-3 die Funktionalmatrix eine M-Matrix ist, kann das nichtlineare Gleichungssystem (16.4-44) etwa mit dem in Band 1, Abschnitt 8.1, beschriebenen SOR-Newton-Verfahren oder ähnlichen dort angegebenen Iterationsprozessen gelöst werden.

Zu den wichtigen nichtlinearen Anfangs-Randwertproblemen, die durch implizite Differenzenverfahren numerisch gelöst werden können, zählen die Grenzschichtprobleme, die von großer Bedeutung in der Strömungstechnik sind. Ein Eingehen auf diese Fragen würde jedoch über den Rahmen des Buches hinausgehen. Man vergl. hierzu etwa [18] und die dort angegebene Literatur.

Aufgaben

__A 16-1.__ Man stelle fest, von welchem Typ folgende Differentialgleichungen sind:

(a) $(x + y)u_{xx} + 2u_{xy} + (x - y)u_{yy} - e^u = 0$

(b) $(1 + u_x^2)u_{yy} - (1 + u_y^2)u_{xx} = 0$

(c) $x^2 u_{xx} - 2xy u_{xy} + y^2 u_{yy} - \sin u_x = 0$

__A 16-2.__ Mit dem Differenzenverfahren und $\Delta x = 1/8$ löse man folgendes Anfangswertproblem numerisch:

$$u_{tt} - 4u_{xx} - 2u_x - x^2 = 0, \quad u(x,0) = \sin \pi x, \quad u_t(x,0) = \cos \pi x, \quad 0 \leq x \leq 1.$$

Wie groß darf Δt höchstens gewählt werden.

A 16-3. Es sei das Anfangs-Randwertproblem

$$u_t - u_{xx} - e^{-t} \sin \pi x = 0, \quad u(x,0) = \frac{\sin \pi x}{\pi^2 - 1}, \quad 0 \leq x \leq 1,$$

$$u(0,t) = u(1,t) = 0$$

vorgelegt. Man löse es mit $\Delta x = 1/8$ numerisch, und zwar
(a) Mit dem expliziten Differenzenverfahren (16.3-13),
(b) mit dem impliziten Differenzenverfahren (16.4-9).
Wie groß darf im Fall (a) die Schrittweite Δt höchstens gewählt werden.

A 16-4. Welche Eigenschaften von F sichern die Konsistenzordnung $O(\Delta t)$ des durch (16.4-42), (16.4-43) gegebenen impliziten Differenzenverfahrens, wenn $\Delta t / \Delta x^2 = \lambda$ gesetzt wird.

17 Hyperbolische Systeme 1. Ordnung

Systeme von partiellen Differentialgleichungen 1. Ordnung sind von besonderer Bedeutung für die Theorie partieller Differentialgleichungen. In vielen wichtigen Fällen nämlich lassen sich Anfangswertprobleme von Differentialgleichungen höherer Ordnung und Systemen von solchen auf Anfangswertprobleme von Systemen 1. Ordnung zurückführen. Bei zwei unabhängigen Veränderlichen kann sogar jedes Anfangswertproblem auf diese Weise reduziert werden, eine Tatsache, die man sich auch bei der numerischen Lösung von Anfangswertproblemen zunutze macht.

Hyperbolische Systeme 1. Ordnung treten besonders häufig in der Strömungstechnik auf, sie beschreiben u.a. Strömungsvorgänge im Überschallbereich. Wegen ihrer Bedeutung gehen wir ausführlich auf die numerische Lösung von Anfangswertproblemen quasilinearer hyperbolischer Systeme 1. Ordnung ein.

17.1 Einige Grundlagen der Theorie

17.1.1 Klassifizierung

Ein Gleichungssystem der Form

$$F_i(x, u, u_{x_1}, \ldots, u_{x_p}) = 0, \quad i = 1, 2, \ldots, m, \tag{17.1-1}$$

wobei wir

$$x = [x_1, \ldots, x_p]^T, \quad u = [u^1, \ldots, u^n]^T \tag{17.1-2}$$

gesetzt haben, heißt "System partieller Differentialgleichungen 1. Ordnung" bei p unabhängigen Veränderlichen $x_1, \ldots, x_p$ für n gesuchte Funktionen $u^1, \ldots, u^n$ dieser Veränderlichen. Lösung des Systems (17.1-1) ist jede nach allen Veränderlichen $x_1, \ldots, x_p$ stetig differenzierbare Vektorfunktion

$$u = u(x)$$

mit den Komponenten

$$u^i(x) = u^i(x_1,\ldots,x_p), \quad i = 1,\ldots,n,$$

welche das System (17.1-1) identisch erfüllt. Das System heißt "bestimmt" für $m = n$, "überbestimmt" für $m > n$ und "unterbestimmt" für $m < n$.

Wir befassen uns nur mit dem Fall $m = n$ und außerdem nur mit linearen oder quasilinearen Systemen. Sie haben die Gestalt

$$Lu \equiv \sum_{i=1}^{p} A_i u_{x_i} - b = 0. \qquad (17.1-3)$$

Dabei sind die A_i $n \times n$-Matrizen und b ist ein n-komponentiger Vektor.

<u>Definition 17.1-1.</u> Das System (17.1.3) heißt

(a) quasilinear, wenn die Elemente $a_{kl}^{(i)}$ der Matrizen A_i und die Komponenten b_k des Vektors b Funktionen von x und u sind.

(b) halblinear oder fastlinear, wenn die Elemente der A_i und die Komponenten von b Funktionen von x sind und außerdem mindestens eine der Komponenten von b nichtlinear von mindestens einer der Größen $u^1,\ldots,u^n$ abhängt.

(c) linear, wenn die Elemente der A_i Funktionen von x sind und b die Gestalt $A(x)u + c(x)$ hat.

Wir wollen weiter nur noch Systeme bei zwei unabhängigen (p = 2) Veränderlichen betrachten, d.h. Systeme der Gestalt

$$Lu \equiv A_1 u_x + A_2 u_y - b = 0, \qquad (17.1-4)$$

wobei wir anstatt mit x_1, x_2 die unabhängigen Veränderlichen mit x,y bezeichnet haben.

Es sei nun $u(x,y) = (u^1(x,y),\ldots,u^n(x,y))^T$ irgendeine Lösung von (17.1-4), die wir uns im quasilinearen Fall in A_1, A_2, b eingesetzt denken. Ferner sei (x_0, y_0) ein fester Punkt der Ebene und dort eine der Matrizen A_1, A_2 nichtsingulär. Ohne Einschränkung der Allgemeinheit nehmen wir an, daß dies für A_2 gilt und ordnen dem System (17.1-4) das Polynom

$$P(\lambda) = \det(\lambda A_2 - A_1) \qquad (17.1-5)$$

zu.

17.1 Einige Grundlagen der Theorie

Definition 17.1-2. In (x_0, y_0) heißt das System (17.1-4) (im quasilinearen Fall bezüglich einer Lösung $u(x,y)$)

(a) hyperbolisch, wenn $P(\lambda)$ nur reelle Nullstellen hat, die Matrix $A_2^{-1}A_1$ genau n linear unabhängige Eigenvektoren besitzt und mindestens zwei Nullstellen von $P(\lambda)$ voneinander verschieden sind.
(b) parabolisch, wenn $P(\lambda)$ genau k, $1 \leq k \leq n-1$, reelle Nullstellen hat,
(c) elliptisch, wenn $P(\lambda)$ keine reelle Nullstelle hat.

17.1.2 Normalform

Die Nullstellen von $P(\lambda)$ sind die Eigenwerte der Matrix $A_2^{-1}A_1$, im hyperbolischen Fall besitzt diese Matrix n linear unabhängige Eigenvektoren. Sie ist daher, wie aus der linearen Algebra bekannt, "diagonalisierbar", d.h. durch eine Ähnlichkeitstransformation läßt sie sich auf Diagonalgestalt transformieren. Sei A^{-1} diejenige Matrix, welche als Spaltenvektoren gerade n linear unabhängige Eigenvektoren von $A_2^{-1}A_1$ enthält, so gilt

$$A_2^{-1}A_1 = A^{-1}CA \qquad (17.1\text{-}6)$$

mit der Diagonalmatrix C, die in der Hauptdiagonalen gerade der Eigenwerte $c_1, \ldots, c_n$ von $A_2^{-1}A_1$ als Elemente besitzt. Setzen wir weiter $A A_2^{-1}b = d$, so erhalten wir nach Multiplikation von Gleichung (17.1-4) mit $A A_2^{-1}$

$$A A_2^{-1}A_1 u_x + A A_2^{-1}A_2 u_y - A A_2^{-1}b = A u_y + C A u_x - d = 0.$$

Man nennt

$$A u_y + C A u_x - d = 0 \qquad (17.1\text{-}7)$$

die "Normalform" des Systems (17.1-4). Mit

$$A = [a_{ij}], \quad C = [\delta_{ij}c_i], \quad d = [d_1, \ldots, d_n]^T, \quad i,j = 1, \ldots, n,$$

lautet sie ausführlich

$$\sum_{j=1}^{n} a_{ij}\left(u_y^j + c_i u_x^j\right) - d_i = 0, \quad i = 1, \ldots, n. \qquad (17.1\text{-}8)$$

Sie kann stets hergestellt werden, wenn A_2 nichtsingulär ist. Ist das nicht der Fall und ist A_1 nichtsingular, so kann man analog die Normalform

$$A u_x + C A u_y - d = 0 \qquad (17.1\text{-}9)$$

erreichen.

Beispiel 17.1-1. Wir betrachten das System von partiellen Differentialgleichungen 1. Ordnung

$$4u^1_x - u^2_y = 0$$

$$u^1_y - u^2_x = 0 \; .$$

Hier ist

$$A_1 = \begin{bmatrix} 4 & 0 \\ 0 & -1 \end{bmatrix}, \; A_2 = \begin{bmatrix} 0 & -1 \\ 1 & 0 \end{bmatrix},$$

und A_1 ist wegen det $A_1 = -4$ nichtsingulär. Aus

$$P(\lambda) = \det(\lambda A_1 - A_2) = \begin{vmatrix} 4\lambda & 1 \\ -1 & -\lambda \end{vmatrix} = -4\lambda^2 + 1 = 0$$

erhält man

$$\lambda_{1,2} = \pm \frac{1}{2} \; .$$

$P(\lambda)$ hat also die beiden reellen Nullstellen $\lambda_{1,2} = \pm \frac{1}{2}$, das System ist somit hyperbolisch.

Wir stellen nun die Normalform her: Es ist

$$A_1^{-1} A_2 = \begin{bmatrix} \frac{1}{4} & 0 \\ 0 & -1 \end{bmatrix} \begin{bmatrix} 0 & -1 \\ 1 & 0 \end{bmatrix} = \begin{bmatrix} 0 & -\frac{1}{4} \\ -1 & 0 \end{bmatrix},$$

und diese Matrix besitzt zu den beiden Eigenwerten $\pm \frac{1}{2}$ etwa die linear unabhängigen Eigenvektoren $[-1,2]^T$, $[1,2]^T$. Daher ist

$$A^{-1} = \begin{bmatrix} -1 & 1 \\ 2 & 2 \end{bmatrix}$$

und somit

$$A = \begin{bmatrix} -\frac{1}{2} & \frac{1}{4} \\ \frac{1}{2} & \frac{1}{4} \end{bmatrix}, \; CA = \begin{bmatrix} \frac{1}{2} & 0 \\ 0 & -\frac{1}{2} \end{bmatrix} \begin{bmatrix} -\frac{1}{2} & \frac{1}{4} \\ \frac{1}{2} & \frac{1}{4} \end{bmatrix} = \begin{bmatrix} -\frac{1}{4} & \frac{1}{8} \\ -\frac{1}{4} & -\frac{1}{8} \end{bmatrix}.$$

Die Normalform lautet daher wegen b = d = 0

17.1 Einige Grundlagen der Theorie

$$-\frac{1}{2}u_x^1 + \frac{1}{4}u_x^2 - \frac{1}{4}u_y^1 + \frac{1}{8}u_y^2 = 0$$

$$\frac{1}{2}u_x^1 + \frac{1}{4}u_x^2 - \frac{1}{4}u_y^1 - \frac{1}{8}u_y^2 = 0.$$

Sie entspricht der Normalform (17.1.9).

17.1.3 Charakteristiken

Die Eigenwerte c_i der Matrix $A_2^{-1}A_1$ bezeichnet man in der Theorie der hyperbolichen Systeme als "charakteristische Richtungen". In der i-ten Gleichung des Systems (17.1-8) treten Richtungsableitungen

$$\frac{du^j}{dy} = u_y^j + c_i u_x^j, \quad j = 1,\ldots,n, \tag{17.1-10}$$

in Richtung der charakteristischen Richtung c_i auf. Bei linearen und halblinearen hyperbolischen Systemen hängen die c_i nur von x,y ab. Man nennt dann die Lösungen der gewöhnlichen Differentialgleichungen

$$\frac{dx}{dy} = c_i(x,y), \quad i = 1,\ldots,n, \tag{17.1-11}$$

"Charakteristiken" des Systems (17.1-8). Wenn sämtliche c_i voneinander verschieden sind, gibt es somit genau n Scharen von Charakteristiken, die ein für allemal festgelegt sind. Bei mehrfachen Eigenwerten von $A_2^{-1}A_1$ gibt es entsprechend weniger Charakteristiken-Scharen.

Ist das System (17.1-8) quasilinear, so hängen die c_i außer von x,y im allgemeinen auch noch von u ab. Denken wir uns irgendeine Lösung u = u(x,y) eingesetzt, so bezeichnen wir wieder die Lösungen der Differentialgleichungen

$$\frac{dx}{dy} = c_i(x,y,u(x,y)), \quad i = 1,\ldots,n, \tag{17.1-12}$$

als Charakteristiken des quasilinearen hyperbolischen Systems 1. Ordnung (17.1-8). Die Charakteristiken liegen in diesem Fall also nicht fest, ihr Verlauf hängt noch von der in die c_i eingesetzten Lösung ab.

17.1.4 Das Anfangswertproblem

Wir betrachten wieder das hyperbolische System

$$Au_y + CAu_x - d = 0 \tag{17.1-13}$$

und suchen eine Lösung (Lösungsvektor), die der Anfangsbedingung

$$u(x,0) = f(x), \quad a \leqslant x \leqslant b, \tag{17.1-14}$$

mit der vorgegebenen n-komponentigen Vektorfunktion $f(x) = [f_1(x).,f_n(x)]^T$ genügt.

Man kann übrigens ein Anfangswertproblem des Systems (17.1-13) mit den allgemeineren Anfangsbedingungen

$$u(x,\varphi(x)) = g(x), \quad \alpha \leqslant x \leqslant \beta,$$

wobei $y = \varphi(x)$ eine stetig differenzierbare Kurve ist, unter wenig einschränkenden Voraussetzungen auf (17.1-13), (17.1-14) zurückführen. Der Kürze wegen soll hier jedoch nicht darauf eingegangen werden.

Die Antwort auf die Frage, wann und in welcher Umgebung des Anfangsintervalls I : $a \leqslant x \leqslant b$ die gesuchte Lösung eindeutig existiert, ist schwierig und erfordert erheblich mehr Raum, als uns hier zur Verfügung steht. Man kann die Existenz und Eindeutigkeit der Lösung in einer Umgebung des Anfangsintervalls I auch für quasilineare Systeme nachweisen, wenn die Elemente von A,C und die Komponenten von d,f gewisse Differenzierbarkeitseigenschaften besitzen.

Um den Bereich G, in dem die Lösung des Anfangswertproblems eindeutig existiert, genauer beschreiben zu können, betrachten wir ein lineares System (17.1-13) und nehmen an, daß es genau n verschiedene charakteristische Richtungen, d.h. auch n verschiedene Scharen von Charakteristiken besitzt. Durch jeden Punkt des Anfangsintervalls mögen genau n Charakteristiken hindurchgehen, was unter wenig einschränkenden Voraussetzungen sichergestellt ist. Dann gehen insbesondere durch die Punkte (a,0) und (b,0) jeweils genau n Charakteristiken, welche eindeutige Lösungen der Anfangswertprobleme

$$\frac{dx}{dy} = c_i(x,y), \quad x(0) = a \text{ bzw. } x(0) = b, \quad i = 1,\ldots,n, \tag{17.1-15}$$

sind, sich also etwa in der Gestalt

$$x = \varphi_i(y;a), \text{ bzw. } x = \psi_i(y;b), \quad i = 1,\ldots,n,$$

darstellen lassen. Der Bereich G, in dem die Lösung des Anfangswertproblems (17.1-13), (17.1-14) eindeutig existiert, wird dann wie in Bild 17-1 durch Charakteristiken ausgeschnitten.

Unter den durch (a,0) gehenden Charakteristiken gibt es eine, die mit der positiven Richtung der x-Achse einen kleinsten, unter den durch (b,0) gehenden Charakteristiken eine, die mit ihr einen größten Winkel ($< \pi$) einschließt. Der von beiden

17.1 Einige Grundlagen der Theorie

Charakteristiken ausgeschnittene Teil oberhalb der x-Achse ist der obere Teil von G. Entsprechend konstruiert man den unteren Teil von G.

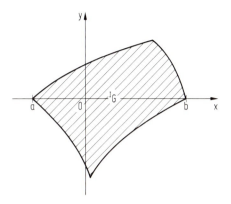

Bild 17-1. Der Bereich G

Bei quasilinearen Systemen liegen die Charakteristiken nicht von vornherein fest, man kann im allgemeinen die Existenz der Lösung nur in einem kleinen Streifen $S : a \leq x \leq b, -\varepsilon \leq y \leq \varepsilon$, längs I nachweisen und nicht in einem G entsprechenden Bereich.

Den Bereich G nennt man den Bestimmtheitsbereich des Intervalls I. Ändert man außerhalb von I die Werte von $f(x)$ ab, so hat dies keinen Einfluß auf die Lösung in G. Andererseits ist die Vorgabe der Anfangswerte $f(x)$ auf ganz I erforderlich, um die Lösung in G eindeutig zu bestimmen. Dies ist auch bei der numerischen Lösung zu berücksichtigen.

Wie bereits erwähnt, läßt sich im Fall $n = 2$ jede partielle Differentialgleichung auf ein System von partiellen Differentialgleichungen 1. Ordnung zurückführen. Wir erläutern das an folgendem

Beispiel 17.1-2. Mit $u_x = p$, $u_y = q$, $u_{xx} = r$, $u_{xy} = s$, $u_{yy} = t$ betrachten wir die Differentialgleichung 2. Ordnung

$$F(x,y,u,u_x,u_y,u_{xx},u_{xy},u_{yy}) = 0$$

und nehmen an, daß F bezüglich aller Veränderlichen einmal stetig differenzierbar ist. Differentiation nach y liefert dann

$$F_y + F_u q + F_p p_y + F_q q_y + F_r r_y + F_s s_y + F_t t_y = 0.$$

Nimmt man noch die Gleichungen

$$u_y = q, \; p_y = s, \; q_y = t, \; r_y = s_x, \; s_y = t_x$$

hinzu, setzt

$$u = u^1, \; p = u^2, \; q = u^3, \; r = u^4, \; s = u^5, \; t = u^6,$$

ferner

$$u = [u^1, \ldots, u^6]^T,$$

so hat man bereits das gewünschte System erster Ordnung. Man stellt leicht fest, daß es höchstens quasilinear ist.

17.1.5 Beispiele hyperbolischer Systeme 1. Ordnung in der Strömungsmechanik

Wie bereits erwähnt, werden wichtige Strömungsvorgänge durch hyperbolische Systeme 1. Ordnung beschrieben, die in vielen Fällen quasilinear sind. Um Anfangswertprobleme solcher Gleichungen zu lösen, wird man ausschließlich auf geeignete numerische Verfahren zurückgreifen müssen.

Da wir uns bei der numerischen Lösung auf Probleme mit zwei unabhängigen Veränderlichen beschränken wollen, geben wir hier auch nur entsprechende Beispiele. Oft wird man jedoch auch Anfangswertprobleme in zwei oder drei Ortskoordinaten und gegebenenfalls einer Zeitkoordinate, d.h. zwei oder dreidimensionale stationäre oder instationäre Probleme, lösen müssen.

A. Dreidimensionale stationäre nichtisentropische drehsymmetrische Strömung eines idealen Gases

$$w(v_r - w_x) - \frac{a^2}{\varkappa(\varkappa - 1)} s_x = 0,$$

$$v(v_r - w_x) + \frac{a^2}{\varkappa(\varkappa - 1)} s_r = 0, \qquad (17.1\text{-}16)$$

$$(a^2 - v^2)v_x - vw(v_r + w_x) + (a^2 - w^2)w_r = -a^2 \frac{w}{r}.$$

Die gesuchten Lösungen sind die beiden Geschwindigkeitskomponenten $v(x,r)$, $w(x,r)$ sowie die Entropie $s(x,r)$. Die Schallgeschwindigkeit $a(v,w)$ hat die Gestalt

$$a(v,w)^2 = a_0^2 - \frac{\varkappa - 1}{2}(v^2 + w^2), \qquad (17.1\text{-}17)$$

wobei $a(0,0) = a_0$ eine vorgegebene Konstante ist und $\varkappa = c_P/c_V$ das Verhältnis der spezifischen Wärmen bei konstantem Druck bzw. konstantem Volumen bedeutet.

17.1 Einige Grundlagen der Theorie

Mit $u = (v,w,s)^T$ und

$$A_1 = \begin{bmatrix} 0 & -w & -\frac{a^2}{\varkappa(\varkappa-1)} \\ 0 & -v & 0 \\ a^2-v^2 & -vw & 0 \end{bmatrix}, \quad A_2 = \begin{bmatrix} w & 0 & 0 \\ v & 0 & \frac{a^2}{\varkappa(\varkappa-1)} \\ -vw & a^2-w^2 & 0 \end{bmatrix},$$

$$b = \left[0, 0, -a^2 \frac{w}{r}\right]^T$$

hat das System (17.1.16) die Gestalt

$$A_1 u_x + A_2 u_r - b = 0.$$

Es gilt weiter

$$\det A_2 = -\frac{wa^2(a^2 - w^2)}{\varkappa(\varkappa - 1)} \neq 0 \quad \text{für } a^2 \neq w^2$$

und

$$P(\lambda) = \det(\lambda A_2 - A_1) = \frac{a^2}{\varkappa(\varkappa-1)} [\lambda w - v][\lambda^2(w^2-a^2) - 2\lambda vw + v^2 - a^2].$$

Daher hat $P(\lambda)$ die Nullstellen

$$c_1 = -\frac{1}{a^2 - w^2}\left(vw - a\sqrt{v^2 + w^2 - a^2}\right),$$

$$c_2 = -\frac{1}{a^2 - w^2}\left(vw + a\sqrt{v^2 + w^2 - a^2}\right),$$

$$c_3 = \frac{v}{w}.$$

Diese charakteristischen Richtungen hängen von den Geschwindigkeitskomponenten v, w, aber nicht von der Entropie s ab. Sie sind reell und voneinander verschieden für

$$v^2 + w^2 > a^2,$$

d.h. für den Fall der Überschallströmung. In diesem Fall ist das System (17.1.16) hyperbolisch.

B. Eindimensionale nichtisentropische nichtstationäre Gasströmung

Sie wird durch das folgende Gleichungssystem beschrieben:

$$v_t + v v_x + \frac{1}{\rho} p_x = 0$$

$$p_t + \rho a^2 v_x + v p_x = 0 \qquad (17.1\text{-}18)$$

$$s_t + v s_x = 0$$

Dabei ist v die Geschwindigkeit, p der Druck, $\rho = \rho(p,s)$ die Dichte und s die Entropie. Die Schallgeschwindigkeit wird wieder durch a gekennzeichnet. Setzt man

$$u = [v,p,s]^T, \quad A_1 = \begin{bmatrix} v & \frac{1}{\rho} & 0 \\ \rho a^2 & v & 0 \\ 0 & 0 & v \end{bmatrix}, \quad A_2 = I,$$

so lautet das System

$$u_t + A_1 u_x = 0. \qquad (17.1\text{-}19)$$

Die Eigenwerte von A_1, die charakteristischen Richtungen, sind

$$c_1 = v + a, \quad c_2 = v - a, \quad c_3 = v.$$

Sie sind reell, zu ihnen gehören die linear unabhängigen Eigenvektoren

$$\begin{bmatrix} 1 \\ \rho a \\ 0 \end{bmatrix}, \begin{bmatrix} 1 \\ -\rho a \\ 0 \end{bmatrix}, \begin{bmatrix} 0 \\ 0 \\ 1 \end{bmatrix}.$$

Um die Normalform des stets hyperbolischen Systems (17.1-18) herzustellen, haben wir

$$A^{-1} = \begin{bmatrix} 1 & 1 & 0 \\ \rho a & -\rho a & 0 \\ 0 & 0 & 1 \end{bmatrix}, \text{ somit } A = \begin{bmatrix} \frac{1}{2} & \frac{1}{2\rho a} & 0 \\ \frac{1}{2} & -\frac{1}{2\rho a} & 0 \\ 0 & 0 & 1 \end{bmatrix} \qquad (17.1\text{-}20)$$

zu bilden. Die Normalform ist dann

$$A u_t + C A u_x = 0$$

mit

$$C = \begin{bmatrix} v+a & 0 & 0 \\ 0 & v-a & 0 \\ 0 & 0 & v \end{bmatrix}, \qquad (17.1\text{-}21)$$

oder ausführlich nach Multiplikation der ersten beiden Gleichungen mit $2\rho a$

$$\rho a[v_t + (v+a)v_x] + [p_t + (v+a)p_x] = 0 ,$$
$$\rho a[v_t + (v-a)v_x] - [p_t + (v-a)p_x] = 0 , \qquad (17.1\text{-}22)$$
$$s_t + vs_x = 0 .$$

17.2 Charakteristikenverfahren

17.2.1 Das Prinzip

Es soll nun das Anfangswertproblem (17.1-13), (17.1-14), d.h.

$$\sum_{j=1}^{n} a_{ij}(u_y^j + c_i u_x^j) - d_i = 0, \quad u^i(x,0) = f_i(x), \quad i = 1,\ldots,n, \quad a \leqslant x \leqslant b, \qquad (17.2\text{-}1)$$

numerisch gelöst werden. Dazu setzen wir voraus, daß jede durch einen Punkt des Anfangsintervalls I hindurchgehende Charakteristik das Anfangsintervall schneidet, daß I also von keiner Charakteristik berührt wird.

In jeder Gleichung des Systems von Differentialgleichungen (17.2-1) treten die Richtungsableitungen

$$\frac{du^j}{dy} = u_y^j + c_i u_x^j, \quad i,j = 1,\ldots,n, \qquad (17.2\text{-}2)$$

auf, und zwar in Richtung der einen charakteristischen Richtung

$$\frac{dx}{dy} = c_i .$$

Bei einem linearen oder halblinearen hyperbolischen System hängen die c_i nur von den unabhängigen Veränderlichen x,y ab, liegen also ein für allemal fest. Ist das System jedoch quasilinear, so sind die c_i außerdem noch Funktionen von $u^1,\ldots,u^n$. Die numerische Lösung von Anfangswertproblemen quasilinearer Systeme ist daher oft eine schwierige und recht komplizierte Aufgabe.

Die hier zu untersuchenden Charakteristikenverfahren erhält man dadurch, daß die Richtungsableitungen durch passende Differenzenquotienten in einer Gitterfunktion ersetzt werden. Wir wollen hier nur einfachste Verfahren dieser Art betrachten, bezüglich genauerer Charakteristikenverfahren vergleiche man etwa [27] und die dort angegebene Literatur.

17.2.2 Der lineare Fall

Zunächst betrachten wir für $n = 2$ den Fall eines linearen Systems (17.2-1), die a_{ij}, c_i, d_i hängen also nur von x,y ab. Gemäß Definition 17.1-2 ist dann
$c_1(x,y) \ne c_2(x,y)$.

Um die Richtungsableitungen (17.2.2) durch Differenzenquotienten approximieren zu können, unterteilen wir das Intervall I in N Teilintervalle $[x_k, x_{k+1}]$, $k = 0, \ldots, N-1$, $x_0 = a$, $x_N = b$, die nicht notwendig von gleicher Länge sind, und es sei

$$h = \max_{k=0,\ldots,N-1} \{x_{k+1} - x_k\}. \qquad (17.2-3)$$

Wir bestimmen dann zunächst durch Lösung der Anfangswertprobleme

$$\frac{dx}{dy} = c_1(x,y) \;,\; \frac{dx}{dy} = c_2(x,y), \quad x(0) = x_k, \quad k = 0, \ldots, N, \qquad (17.2-4)$$

die Charakteristiken durch die Punkte x_k. Im allgemeinen wird man dies numerisch mit einer Methode aus 14. durchführen müssen. Man erhält dann die Charakteristiken in der Gestalt

$$x = \psi_1^{(k)}(y), \quad x = \psi_2^{(k)}(y), \quad k = 0, \ldots, N. \qquad (17.2-5)$$

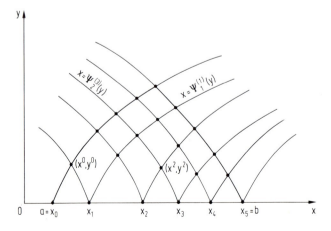

Bild 17-2.
Das charakteristische Gitter

17.2 Charakteristikenverfahren

Bei numerischer Lösung von (17.2-4) bestimmt man sich diese Kurven aus den berechneten diskreten Näherungen etwa durch lineare oder quadratische Interpolation. Die so erhaltenen Charakteristiken bilden ein "charakteristisches Gitter", das etwa die in Bild 17-2 skizzierte Gestalt hat.

Der Existenz- und Eindeutigkeitsbereich der Lösung des Anfangswertproblems wird durch die beiden durch $x_0 = a$ und $x_N = b$ gehenden Charakteristiken und durch das Anfangsintervall begrenzt. In den Gitterpunkten des charakteristischen Gitters sollen Näherungswerte der exakten Lösung berechnet werden. Dabei gehen wir wie folgt vor:

Es sei (x^l, y^l) der Schnittpunkt der beiden Chrakteristiken $x = \psi_1^{(l)}(y)$ und $x = \psi_2^{(l+1)}(y)$. Wir ersetzen dann das System in (17.2-1) für $n = 2$ durch das folgende System von Differenzengleichungen in den Werten u^{hj} einer Gitterfunktion:

$$\sum_{j=1}^{2} a_{1j}(x^l, y^l) \frac{u^{hj}(x^l, y^l) - u^{hj}(x_l, 0)}{y^l} - d_1(x^l, y^l) = 0 ,$$

$$\sum_{j=1}^{2} a_{2j}(x^l, y^l) \frac{u^{hj}(x^l, y^l) - u^{hj}(x_{l+1}, 0)}{y^l} - d_2(x^l, y^l) = 0 .$$

(17.2-6)

Weiter setzen wir

$$u^{hi}(x_k, 0) = f_i(x_k), \quad i = 1,2; \quad k = 0, \ldots, N. \qquad (17.2-7)$$

Dann sind die $u^{hi}(x_l, 0)$, $u^{hj}(x_{l+1}, 0)$ bekannt und (17.2-6) ist ein inhomogenes lineares Gleichungssystem, aus dem die $u^{hj}(x^l, y^l)$, $j = 1,2$, eindeutig bestimmt werden können. Denn die Matrix $A = (a_{ij})$ des Systems ist nach Voraussetzung nichtsingulär.

Mit Hilfe der so berechneten Näherungen $u^{hj}(x^l, y^l)$, $l = 0, \ldots, N-1$, kann man das Verfahren fortsetzen. Sei etwa $(\bar{x}^l, \bar{y}^l)$ der Schnittpunkt der durch (x^l, y^l), (x^{l+1}, y^{l+1}) hindurchgehenden Charakteristiken, so löst man das folgende System von Differenzengleichungen (Bild 17-3):

$$\sum_{j=1}^{2} a_{1j}(\bar{x}^l, \bar{y}^l) \frac{u^{hj}(\bar{x}^l, \bar{y}^l) - u^{hj}(x^l, y^l)}{\bar{y}^l - y^l} - d_1(\bar{x}^l, \bar{y}^l) = 0 ,$$

$$\sum_{j=1}^{2} a_{2j}(\bar{x}^l, \bar{y}^l) \frac{u^{hj}(\bar{x}^l, \bar{y}^l) - u^{hj}(x^{l+1}, y^{l+1})}{\bar{y}^l - y^{l+1}} - d_2(\bar{x}^l, \bar{y}^l) = 0.$$

(17.2-8)

Hierdurch sind wiederum die Werte $u^{hj}(\bar{x}^l,\bar{y}^l)$, $j = 1,2$, eindeutig bestimmt. Es ist unmittelbar klar, wie das Verfahren fortgesetzt wird.

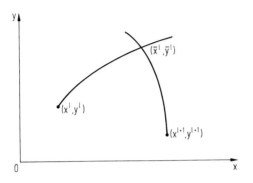

Bild 17-3. Zum Charakteristikenverfahren

17.2.3 Der allgemeine quasilineare Fall

Wir betrachten nun das allgemeine quasilineare Anfangswertproblem (17.2-1) und wollen dieses durch ein einfaches Charakteristikenverfahren numerisch lösen. Schwierigkeiten entstehen dabei vor allem aus der Abhängigkeit der Charakteristiken von der Lösung $u(x,y)$ des Systems. Das charakteristische Netz kann daher nicht vorab explizit berechnet werden, man muß eine Näherungskonstruktion hierfür verwenden.

Dazu unterteilen wir das Anfangsintervall I wie bisher in Teilintervalle. In den Punkten $(x_l,0)$ und $(x_{l+1},0)$ denken wir uns die dort bekannten charakteristischen Richtungen $c_i(x,0,f_1(x),\ldots,f_n(x)) = \bar{c}_i(x)$, $i = 1,\ldots,n$, eingezeichnet. Unter den Richtungen $\bar{c}_i(x_l)$ gibt es dann eine, die mit der (im mathematisch positiven Sinne gerichteten) x-Achse einen kleinsten, unter den $\bar{c}_i(x_{l+1})$ eine, die mit ihr einen größten Winkel einschließt. Den Schnittpunkt der durch diese Richtungen bestimmten Geraden bezeichnen wir mit (x^l,y^l) (Bild 17-4). Wir nehmen an, daß die genannten

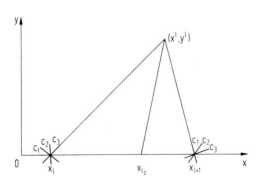

Bild 17-4. Näherungskonstruktion des Gitters für $n = 3$

17.2 Charakteristikenverfahren

extremen charakteristischen Richtungen gerade $\bar{c}_n(x_l)$ und $\bar{c}_1(x_{l+1})$ sind, andernfalls kann dies durch Umordnung der Gleichungen des Systems (17.2-1) stets erreicht werden. Die restlichen Charakteristiken durch (x^l, y^l) werden daraufhin durch die Geradenstücke mit den Richtungen

$$\frac{1}{2}(\bar{c}_j(x_l) + \bar{c}_j(x_{l+1})), \quad j = 2, \ldots, n-1,$$

ersetzt. Diese mögen I in den Punkten $(x_{lj}, 0)$, $j = 2, \ldots, n-1$, schneiden (Bild 17-4).

Mit der Schreibweise

$$x_l = x_{l1}, \quad x_{l+1} = x_{ln}$$

und

$$a_{ij}^{lk} = a_{ij}(x_{lk}, 0, u^1(x_{lk}, 0), \ldots, u^n(x_{lk}, 0))$$
$$k = 1, \ldots, n,$$
$$= a_{ij}(x_{lk}, 0, f_1(x_{lk}), \ldots, f_n(x_{lk})),$$

und entsprechender Definition von d_i^{lk} ersetzen wir dann das System in (17.2-1) durch das System von Differenzengleichungen

$$\sum_{j=1}^{n} a_{ij}^{lk} \frac{u^{hj}(x^l, y^l) - u^{hj}(x_{li}, 0)}{y^l} - d_i^{lk} = 0, \quad i = 1, \ldots, n. \qquad (17.2\text{-}10)$$

Wegen

$$u^{hj}(x_{li}, 0) = u^j(x_{li}, 0) = f_j(x_{li})$$

sind die a_{ij}^{lk}, d_i^{lk} und $u^{hj}(x_{li}, 0)$ bekannte Größen, (17.2-10) ist somit ein lineares Gleichungssystem, aus dem wegen det $A \neq 0$ die $u^{hj}(x^l, y^l)$, $j = 1, \ldots, n$, für $l = 0, 1, \ldots, N-1$ eindeutig bestimmt werden können. Diese werden als Näherungen für die exakten Lösungswerte $u^j(x^l, y^l)$ angesehen, was natürlich noch einer Rechtfertigung bedarf.

Nach Berechnung der $u^{hj}(x^l, y^l)$ kann das Verfahren in fast derselben Weise fortgesetzt werden, wobei lediglich zu berücksichtigen ist, daß die Punkte (x^l, y^l), $l = 0, 1, \ldots, N-1$, im allgemeinen nicht mehr auf einer Geraden und erst recht nicht auf einer Geraden parallel zur x-Achse liegen. Es empfiehlt sich folgendes Vorgehen:

In den Punkten (x^l,y^l) und (x^{l+1},y^{l+1}) zeichnet man die charakteristischen Richtungen

$$c_i(x^l,y^l,u^{h1}(x^l,y^l),\ldots,u^{hn}(x^l,y^l)),$$

$$c_i(x^{l+1},y^{l+1},u^{h1}(x^{l+1},y^{l+1}),\ldots,u^{hn}(x^{l+1},y^{l+1})). \quad (17.2\text{-}11)$$

In (x^l,y^l) gibt es eine Richtung, die mit der Verbindungslinie der Punkte (x^l,y^l) und (x^{l+1},y^{l+1}) einen kleinsten, in (x^{l+1},y^{l+1}) eine solche, die mit ihr einen größten Winkel einschließt. Die durch diese beiden extremen Richtungen bestimmten Geraden mögen sich im Punkt $(\bar{x}^l,\bar{y}^l)$ schneiden (Bild 17-5).

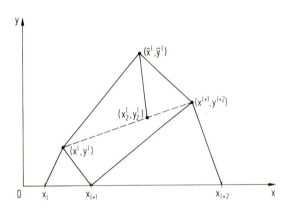

Bild 17-5. Zum Charakteristikenverfahren im quasilinearen Fall für n = 3

Die restlichen Charakteristiken durch $(\bar{x}^l,\bar{y}^l)$ werden dann durch die Geradenstücke mit den gemittelten charakteristischen Richtungen aus (x^l,y^l) und (x^{l+1},y^{l+1}) ersetzt. Sie mögen die Verbindungslinie dieser beiden Punkte in den Punkten (x_i^l,y_i^l), $i = 2,\ldots,n-1$, schneiden. In diesen Punkten sind nun aber keine Näherungswerte der u^j bekannt, man kann diese etwa durch einen linearen Interpolationsausdruck in den Näherungen $u^{hj}(x^l,y^l)$, $u^{hj}(x^{l+1},y^{l+1})$ ersetzen, also durch

$$\tilde{u}^{hj}(x_i^l,y_i^l) = R_i^{l,l+1} u^{hj}(x^l,y^l) + (1 - R_i^{l,l+1}) u^{hj}(x^{l+1},y^{l+1}),$$

(17.2-12)

$$R_i^{l,l+1} = \sqrt{\frac{(x^{l+1} - x_i^l)^2 + (y^{l+1} - y_i^l)^2}{(x^{l+1} - x^l)^2 + (y^{l+1} - y^l)^2}}.$$

Das Differentialgleichungssystem aus (17.2-1) kann nun durch ein (17.2-10) analoges Differenzengleichungssystem ersetzt werden, aus dem die gesuchten Näherungswerte $u^{hj}(\bar{x}^l,\bar{y}^l)$ eindeutig bestimmt werden können. Entsprechend wird das Verfahren fortgesetzt.

Die Charakteristikenverfahren haben den Nachteil, daß die Näherungen in den Gitterpunkten des unregelmäßigen charakteristischen Gitters berechnet werden müssen. Dies führt zu einer gewissen Unübersichtlichkeit des Verfahrens. Im Falle $n = 2$ kann durch eine Transformation der Charakteristiken ein gleichmäßiges charakteristisches Gitter erreicht werden, doch hat man dafür andere Nachteile in Kauf zu nehmen. Man vgl. hierzu etwa [27].

Unter zusätzlichen Voraussetzungen läßt sich nachweisen, daß bei fortlaufender Verfeinerung des charakteristischen Gitters die berechneten Näherungswerte gegen die entsprechenden Werte der exakten Lösung konvergieren. Auf die mit der Konvergenz zusammenhängenden recht schwierigen Fragen kann hier jedoch nicht eingegangen werden.

Schließlich sei noch erwähnt, daß man auch Charakteristikenverfahren bei Anfangswertproblemen in mehr als zwei unabhängigen Veränderlichen konstruieren kann. Die Rechenvorschriften sind dabei entsprechend aufwendiger, komplizierter und notwendigerweise unübersichtlicher.

17.3 Differenzenverfahren in Rechteckgittern

17.3.1 Das Anfangswertproblem

Die Charakteristikenverfahren wird man zur numerischen Lösung hyperbolischer Anfangswertprobleme vorwiegend dann verwenden, wenn außer der Lösung selbst auch noch die Charakteristiken berechnet werden sollen. Bei Problemen in der Gasdynamik z.B. ist dies oft der Fall. Andererseits haben wir in 17.2 erkannt, daß das Rechnen in charakteristischen Gittern auch erhebliche Nachteile mit sich bringt und die Rechnung sich unter Umständen recht unübersichtlich gestaltet.

Die nun zu untersuchenden Differenzenverfahren in Rechteckgittern vermeiden diesen Nachteil. Sie lassen sich auch leichter auf mehrdimensionale Probleme übertragen.

Wir gehen wieder aus von dem quasilinearen Anfangswertproblem (17.1-13), (17.1-14), das wir der Vollständigkeit halber hier noch einmal wiederholen:

$$A(x,y,u)u_y + C(x,y,u)A(x,y,u)u_x - d(x,y,u) = 0,$$
$$u(x,0) = f(x), \quad a \leq x \leq b. \tag{17.3-1}$$

Dabei ist

$$u = [u^1, \ldots, u^n]^T, \quad f = [f_1, \ldots, f_n]^T. \tag{17.3-2}$$

Bevor wir uns mit Differenzenverfahren in Rechteckgittern befassen, muß noch geklärt werden, in welchem Bereich die exakte Lösung des vorliegenden Anfangswertproblems überhaupt existiert. Denn man kann nicht erwarten, daß die numerische Rechnung Näherungswerte der exakten Lösung liefert, wenn man mit einem Gitter arbeitet, dessen Punkte, wenn auch nur teilweise, außerhalb des in 17.1-4 definierten Bestimmtheitsbereiches von I liegen.

Die sehr komplizierte Formulierung eines Existenz- und Eindeutigkeitssatzes kann hier nicht wiedergegeben werden. Im wesentlichen hat man vorauszusetzen, daß die Elemente von A,C und die Komponenten von d bezüglich aller Veränderlichen $x, y, u^1, \ldots, u^n$ p-mal stetig differenzierbar sind, $p \geq 2$, und daß die Komponenten von f bezüglich x,y entsprechende Differenzierbarkeitseigenschaften haben. Weiter mögen sämtliche charakteristischen Richtungen beschränkt sein, es gelte etwa

$$|c_i(x,y,u)| \leq \tau, \; i = 1, \ldots, n,$$

für

$$\underset{j=1,\ldots,n}{\text{Max}} \left| u^j - f_j\left(\frac{a+b}{2}\right) \right| \leq \alpha , \qquad (17.3\text{-}3)$$

$(x,y) \in R(\delta)$,

wobei α eine feste positive Zahl und $R(\delta)$ das Rechteck

$$\{(x,y) \,|\, a \leq x \leq b, 0 \leq y \leq \delta\}$$

bedeutet. Unter zusätzlichen Voraussetzungen kann man dann zeigen (vgl. etwa [26, S. 227] und die dort angegebene Literatur), daß die p-mal stetig differenzierbare Lösung des Anfangswertproblems (17.3-1) in dem trapezförmigen Bereich

$$G = G(\tau, \delta) = \{(x,y) \,|\, a + \tau y \leq x \leq b - \tau y, 0 \leq y \leq \delta\} \qquad (17.3\text{-}4)$$

existiert und dort eindeutig ist (Bild 17-6).

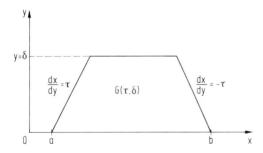

Bild 17-6. Der Existenzbereich G der Lösung

17.3 Differenzenverfahren in Rechteckgittern

Bei der numerischen Lösung des Anfangswertproblems haben wir darauf zu achten, daß sämtliche Gitterpunkte des verwendeten Rechteckgitters innerhalb oder auf dem Rande dieses Existenzbereiches liegen. Da man aber eine Schranke τ für die charakteristischen Richtungen - die ja im hier betrachteten quasilinearen Fall noch Funktionen der Lösung $u(x,y) = [u^1(x,y),\ldots,u^n(x,y)]^T$ sind - im allgemeinen nicht bestimmen kann, führt die Realisierung dieser Forderung zunächst auf Schwierigkeiten. Wir werden später sehen, wie man sich hierbei behelfen kann.

17.3.2 Das Differenzenverfahren

Wir nehmen zunächst an, daß wir den trapezförmigen Bereich $G = G(\tau,\delta)$ kennen und überziehen ihn mit einem Rechteckgitter, das in Richtung der y-Achse die Maschenweite $\Delta y = h$ und in Richtung der x-Achse die Maschenweite $\Delta x = h/\lambda$ besitzt. Dabei wählen wir die positive Konstante λ so, daß $\lambda\tau \leq 1$ gilt (Bild 17-7).

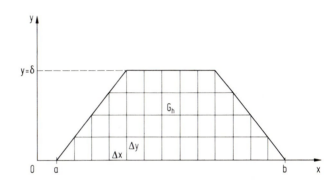

Bild 17-7. Das Rechteckgitter G_h

Die Menge aller Gitterpunkte bezeichnen wir mit G_h, die Menge der Gitterpunkte auf der Geraden $y = lh$ mit $S_h(lh)$, $l = 0,1,\ldots,N$. Die Gitterpunkte sind

$$(x_k, y_l) = (a + kh/\lambda, lh), \quad k = 0,\ldots,M; \quad l = 0,\ldots,N, \qquad (17.3-5)$$

und es sei $Mh/\lambda = b - a$, $Nh = \delta$. Wir ersetzen dann das System (17.3-1) durch ein System von Differenzengleichungen, das im einfachsten Fall folgende Gestalt hat:

$$\frac{1}{h}\left\{ A\left(x_k, y_l, u^h_{k,l}\right) u^h_{k,l+1} - \sum_{\mu=-1}^{1} S_\mu\left(x_k, y_l, u^h_{k,l}\right) A\left(x_k, y_l, u^h_{k,l}\right) u^h_{k+\mu,l} \right\}$$

$$- d\left(x_k, y_l, u^h_{k,l}\right) = 0. \qquad (17.3-6)$$

Dabei bedeutet $u_{k,l}^h = [u_{k,l}^{h1}, \ldots, u_{k,l}^{hn}]^T$ die gesuchte Näherung für die exakte Lösung $u(x_k, y_l) = [u^1(x_k, y_l), \ldots, u^n(x_k, y_l)]^T$ und die S_μ sind noch zu bestimmende Diagonalmatrizen. Weiter setzen wir

$$u_{k,0}^h = f(x_k) \,. \tag{17.3-7}$$

Ist nun $A(x_k, 0, f(x_k))$ nichtsingulär, was wir voraussetzen, so können die $u_{k,1}^h$, $k = 2, \ldots, M-1$, d.h. die Näherungen auf der Gitterschicht $S_h(h)$, aus (17.3-6) eindeutig bestimmt werden. Ist daraufhin auch $A(x_k, h, u_{k,1}^h)$, $k = 2, \ldots, M-1$, nichtsingulär, so können wiederum die $u_{k,2}^h$, $k = 2, \ldots, M-2$, aus (17.3-6) berechnet werden, und so fort. Man kann also nacheinander die Näherungen auf den Gitterschichten $S_h(h), S_h(2h), \ldots, S_h(Nh)$ eindeutig bestimmen, wenn jeweils $\det A \neq 0$ gilt.

Natürlich muß das System von Differenzengleichungen (17.3-6) das System von Differentialgleichungen auf dem Gitter G_h in irgendeiner Weise approximieren. Wir müssen also, ähnlich wie bei den bisher betrachteten Differenzenverfahren, Konsistenz von (17.3-6) zum System (17.3-1) verlangen: Setzt man die Werte einer Lösung des Systems (17.3-1) in das System von Differenzengleichungen (17.3-6) ein, so soll dieses bis auf einen zu h proportionalen Defekt erfüllt sein. Auf der rechten Seite von (17-3.6) soll als Defekt also ein n-komponentiger Vektor stehen, dessen Elemente von der Ordnung $O(h)$ sind. Für $h \to 0$ konvergiert dieser Vektor daher gegen den Nullvektor. Durch eine etwas umständliche aber elementare Taylorentwicklung zeigt man, daß hierfür folgende Eigenschaften der Diagonalmatrizen S_μ hinreichend sind:

1. $\sum_{\mu=-1}^{1} S_\mu(x, y, u) \equiv I$, (I Einheitsmatrix)

2. $\sum_{\mu=-1}^{1} \mu S_\mu(x, y, u) \equiv -\lambda C(x, y, u)$. $\qquad(17.3\text{-}7a)$

Dabei soll die Identität für alle x, y, u gelten. Da dies nur Bedingungen für die Diagonalmatrizen S_μ sind, können jetzt leicht Differenzenverfahren konstruiert werden. Wählt man etwa S_0 als "Parametermatrix", so folgt aus (17.3-7a), wenn die Argumente x, y, u fortgelassen werden,

$$S_{-1} = \tfrac{1}{2}(I + \lambda C - S_0) \,,$$
$$S_1 = \tfrac{1}{2}(I - \lambda C - S_0) \,. \tag{17.3-8}$$

17.3 Differenzenverfahren in Rechteckgittern

Wir kommen jetzt auf die Frage zurück, wie die Schranke τ für die charakteristischen Richtungen zumindest näherungsweise ermittelt werden kann. Es liegen offenbar nur dann sämtliche Punkte von G_h in G, wenn

$$\lambda = \frac{\Delta y}{\Delta x} \leq \frac{1}{\tau}, \qquad (17.3\text{-}9)$$

oder, wie weiter oben schon gefordert, $\lambda\tau \leq 1$ gilt. Daher ist bei der Konstruktion des Gitters, d.h. bei der Wahl von $\Delta y/\Delta x$, zumindest die Kenntnis der Größenordnung von τ notwendig.

Hierzu kann man auf folgende Weise gelangen: Man berechnet zunächst

$$\tau_0 = \underset{\substack{i=1,\ldots,n \\ (x_k,0) \in S_h(0)}}{\text{Max}} |c_i(x_k, 0, f(x_k))|, \qquad (17.3\text{-}10)$$

und wählt

$$\frac{\Delta y}{\Delta x} = \lambda_0 < \frac{1}{\tau_0}. \qquad (17.3\text{-}11)$$

Dabei wird man λ_0 hinreichend klein wählen, um möglichst während der gesamten Rechnung das Gitter unverändert beibehalten zu können. Zur Kontrolle berechnet man nacheinander die Größen

$$\tau_1 = \underset{\substack{i=1,\ldots,n \\ (x_k,y_l) \in S_h(lh)}}{\text{Max}} \left|c_i\left(x_k, y_l, u_{k,l}^h\right)\right| \qquad (17.3\text{-}12)$$

und prüft, ob jeweils $\lambda_0\tau_1 \leq 1$ gilt. Ist das der Fall, so kann für die weitere Rechnung das durch λ_0 definierte Gitter verwendet werden. Gilt jedoch für ein $l \geq 1$ $\lambda_0\tau_1 > 1$, so muß bei der Berechnung der Näherungen auf der Gitterschicht $S_h((l+1)h)$ auf ein $\lambda_1 < \lambda_0$ mit $\lambda_1\tau_1 \leq 1$ (bzw. $\lambda_1\tau_1 < 1$) übergegangen werden. Dazu behält man die Schrittweite Δx bei und verkleinert lediglich die Schrittweite Δy (Bild 17-8).

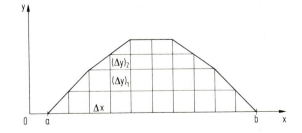

Bild 17-8. Verkleinerung von Δy bei der Rechnung

Man kann dann alle auf $S_h(lh)$ bereits berechneten Näherungen für die weitere Rechnung verwenden.

Die Notwendigkeit dieses Vorgehens zeigt einen in manchen Fällen schwerwiegenden Nachteil von Differenzenverfahren in Rechteckgittern auf: Oft muß Δy extrem klein gewählt werden, was wiederum zur Folge hat, daß die Rechnung nur in einem schmalen Streifen längs des Anfangsintervalls I durchgeführt werden kann. Allerdings sichert die Theorie Existenz und Eindeutigkeit der Lösung im allgemeinen auch nur in einer hinreichend kleinen Umgebung von I.

17.3.3 Zwei spezielle Verfahren

In der Klasse der durch (17.3-8) definierten Differenzenverfahren in Rechteckgittern gibt es zwei, die sich sowohl durch Einfachheit als auch durch günstige numerische Eigenschaften auszeichnen; wir werden dies in 17.3.4 noch genauer begründen.

Zunächst betrachten wir das Verfahren von Courant, Isaacson und Rees [10] und schreiben dazu die Diagonalmatrix C als Summe zweier Diagonalmatrizen C^+ und C^-:

$$C\left(x_k, y_l, u_{k,l}^h\right) = C^+\left(x_k, y_l, u_{k,l}^h\right) + C^-\left(x_k, y_l, u_{kl}^h\right). \qquad (17.3\text{-}13)$$

Dabei enthalte C^+ nur die positiven Elemente von C und es sei $C^- = -(C - C^+)$. Setzt man dann

$$S_{-1} = \lambda C^+, \quad S_0 = I - \lambda C^+ + \lambda C^-, \quad S_1 = -\lambda C^-, \qquad (17.3\text{-}14)$$

so sind die Konsistenzbedingungen (17.3-7a) bzw. (17.3-8) erfüllt. Man kann das Verfahren auch erhalten, indem man in der i-ten Gleichung des Systems (17.3-1), also in

$$\sum_{j=1}^{n} a_{ij}\left(u_y^j + c_i u_x^j\right) - d_i = 0, \qquad (17.3\text{-}15)$$

die Ableitungen u_y^j, u_x^j an der Stelle (x_k, y_l) wie folgt ersetzt:

$$u_y^j(x_k, y_l) \text{ durch } \frac{u_{k,l+1}^{hj} - u_{kl}^{hj}}{h},$$

$$u_x^j(x_k, y_l) \text{ durch } \begin{cases} \dfrac{u_{k,l}^{hj} - u_{k-1,l}^{hj}}{h/\lambda}, & c_i\left(x_k, y_l, u_{k,l}^h\right) > 0, \\[2mm] \dfrac{u_{k+1,l}^{hj} - u_{k,l}^{hj}}{h/\lambda}, & c_i\left(x_k, y_l, u_{k,l}^h\right) < 0. \end{cases} \qquad (17.3\text{-}16)$$

17.3 Differenzenverfahren in Rechteckgittern

Der Fall $c_i(x_k, y_l, u_{k,l}^h) = 0$ ist trivial. Je nachdem also, ob die charakteristischen Richtungen positiv oder negativ sind, ersetzt man u_x^j durch den rückwärts oder vorwärts genommenen Differenzenquotienten.

Das zweite Differenzenverfahren wird in der Literatur als Friedrichs-Verfahren bezeichnet [15]. Man erhält es, indem man in (17.3-8) $S_0 = 0$ setzt und somit

$$S_{-1} = \frac{1}{2}(I + \lambda C), \quad S_0 = 0, \quad S_1 = \frac{1}{2}(I - \lambda C) \tag{17.3-17}$$

wählt. Man gelangt auch direkt zu diesem Verfahren, indem man in (17.3-15)

$$u_y^j(x_k, y_l) \text{ durch } \frac{u_{k,l+1}^{hj} - \frac{1}{2}(u_{k+1,l}^{hj} + u_{k-1,l}^{hj})}{h},$$

$$u_x^j(x_k, y_l) \text{ durch } \frac{u_{k+1,l}^{hj} - u_{k-1,l}^{hj}}{2h/\lambda} \tag{17.3-18}$$

ersetzt.

Schreibt man kürzer $A_{k,l}$ statt $A(x_k, y_l, u_{k,l}^h)$, definiert entsprechend $C_{k,l}$, $C_{k,l}^+$, $C_{k,l}^-$, $d_{k,l}$, so erhält man nach Einsetzen von (17.3-14) in (17.3-6) das Verfahren von Courant, Isaacson und Rees in der bereits aufgelösten Form

$$u_{k,l+1}^h = \lambda A_{k,l}^{-1} C_{k,l}^+ A_{kl} u_{k-1,l}^h + \left[I - \lambda A_{k,l}^{-1}\left(C_{k,l}^+ - C_{k,l}^-\right) A_{k,l}\right] u_{k,l}^h$$

$$- \lambda A_{k,l}^{-1} C_{k,l}^- A_{k,l} u_{k+1,l}^h + h A_{k,l}^{-1} d_{kl}. \tag{17.3-19}$$

Entsprechend erhält man durch Einsetzen von (17.3-17) in (17.3-6) das Verfahren von Friedrichs in der Form

$$u_{k,l+1}^h = \frac{1}{2}\left[I + \lambda A_{k,l}^{-1} C_{k,l} A_{k,l}\right] u_{k-1,l}^h$$

$$+ \frac{1}{2}\left[I - \lambda A_{k,l}^{-1} C_{k,l} A_{k,l}\right] u_{k+1,l}^h + h A_{k,l}^{-1} d_{kl}. \tag{17.3-20}$$

<u>17.3.4 Konvergenz der Differenzenverfahren</u>
Wir wollen uns nun der Frage zuwenden, wann die betrachteten Differenzenverfahren in Rechteckgittern für $h \to 0$ konvergent sind, wann also die berechneten Näherungswerte bei fortlaufender Schrittverkleinerung gegen die exakten Lösungswerte konvergieren.

Da wir diese Frage, die bei allen nichtlinearen Differentialgleichungsproblemen zu beträchtlichen Schwierigkeiten führt, hier nicht allgemein diskutieren können, wollen wir uns auf die Betrachtung einer wichtigen Klasse der Differenzenverfahren beschränken, nämlich auf die Klasse der Differenzenverfahren vom positiven Typ. Die Definitionen hierfür sind in der Literatur nicht einheitlich.

Definition 17.3-1. Ein durch (17.3-6) gegebenes Differenzenverfahren heißt "vom positiven Typ", wenn sämtliche Diagonalmatrizen

$$S_\mu(x,y,u), \quad \mu = -1, 0, 1,$$

$$\text{für } (x,y) \in G(\tau,\delta) \text{ und } \underset{j=1,\ldots,n}{\text{Max}} \left| u^j - f_j\left(\frac{a+b}{2}\right)\right| \leq \alpha \quad (17.3\text{-}21)$$

(Vgl. (17.3-3)) nur nichtnegative Elemente besitzen.

Es gilt dann

Satz 17.3-1. Ein durch (17.3-6) gegebenes Differenzenverfahren erfülle die Konsistenzbedingungen (17.3-7) und sei vom positiven Typ. Dann gibt es einen festen Bereich $D \subset G(\tau,\delta)$, so daß für alle $(x_k, y_l) \in D$ und alle h, $0 < h \leq h_0$, mit hinreichend kleinem h_0, die Ungleichung

$$\|u_{k,l}^h - u(x_k, y_l)\|_\infty = \underset{j=1,\ldots,n}{\text{Max}} \left| u_{k,l}^{hj} - u^j(x_k, y_l)\right| \leq Kh \quad (17.3\text{-}22)$$

gilt. Dabei ist K eine von h unabhängige Konstante.

Zum <u>Beweis</u> dieses Satzes vgl. man [40] und die dort angegebene Literatur.

Der Bereich D liegt immer innerhalb $G(\tau,\delta)$, er kann erheblich kleiner sein als dieser. Sind die Elemente von A, C und die Komponenten von d, f jedoch bezüglich aller n + 2 Veränderlichen mindestens dreimal stetig differenzierbar, so läßt sich zeigen, daß D nur unwesentlich kleiner als $G(\tau,\delta)$ ist [40].

Wir wollen feststellen, ob und unter welchen Voraussetzungen die Verfahren von Courant, Isaacson, Rees und von Friedrichs vom positiven Typ sind. Darüber gilt der

Satz 17.3-2. Die durch (17.3-14) und (17.3-17) gegebenen Differenzenverfahren sind vom positiven Typ, wenn $\lambda = \Delta y / \Delta x$ so klein gewählt wird, daß

$$\lambda \tau \leq 1 \quad (17.3\text{-}23)$$

gilt.

17.3 Differenzenverfahren in Rechteckgittern

Beweis. Wegen (17.3-3) und auf Grund der Konstruktion des Gitters G_h gilt mit (17.3-23)

$$\lambda \underset{i=1,\ldots,n}{\text{Max}} |c_i(x,y,u)| \leqslant \lambda\tau \leqslant 1. \tag{17.3-24}$$

Die Diagonalmatrix

$$S_0 = I - \lambda C^+ + \lambda C^-$$

enthält in der Hauptdiagonalen die Elemente $1 - \lambda|c_i|$, $i = 1,\ldots,n$, und diese sind wegen (17.3-24) nicht negativ, d.h. S_0 besitzt nur nichtnegative Elemente. Da $S_{-1} = \lambda C^+$ und $S_1 = -\lambda C^-$ nach Konstruktion nur nichtnegative Elemente besitzen, ist das durch (17.3-14) gegebene Verfahren von Courant, Isaacson, Rees vom positiven Typ.

Beim durch (17.3-17) gegebenen Verfahren von Friedrichs sind die Diagonalelemente von $S_{-1} = \frac{1}{2}(I + \lambda C)$ und $S_1 = \frac{1}{2}(I - \lambda C)$ größer oder gleich

$$\frac{1}{2}(1 - \lambda|c_i|)$$

und daher wegen (17.3-24) nichtnegativ. Daher ist auch dieses Verfahren vom positiven Typ, wie zu zeigen war.

Wie wir in 17.3-2 (17.3-9) festgestellt haben, muß aber für jedes Gitter G_h notwendig $\lambda\tau \leqslant 1$ gelten. Die Verfahren von Courant, Isaacson, Rees und von Friedrichs sind unter dieser Voraussetzung auch bereits vom positiven Typ. In dieser Hinsicht sind beide Verfahren also optimal und erscheinen für die numerische Lösung der betrachteten Anfangswertprobleme als besonders geeignet, worauf weiter oben schon kurz hingewiesen wurde.

Beispiel 17.3-1. Wir betrachten die Gleichungssysteme (17.1-18) für die eindimensionale nichtisentropische nichtstationäre Gasströmung. Wegen (17.1-20), (17.1-21) gilt

$$A^{-1}CA = \begin{bmatrix} v & \frac{1}{\rho} & 0 \\ \rho a^2 & v & 0 \\ 0 & 0 & v \end{bmatrix}.$$

Bezeichnen wir die Näherungen der Werte $v(x_k,t_l)$, $p(x_k,t_l)$, $s(x_k,t_l)$, $a(x_k,t_l)$, $\rho(x_k,t_l)$ mit $v_{k,l}^h$, $p_{k,l}^h$, $s_{k,l}^h$, $a_{k,l}^h$, $\rho_{k,l}^h$, so lautet in diesem Fall das Verfahren von Friedrichs (17.3-20), wie man nach kurzer Rechnung bestätigt

$$v^h_{k,l+1} = \frac{1}{2}\left(v^h_{k+1,l} + v^h_{k-1,l}\right) - \frac{1}{2}\lambda v^h_{k,l}\left(v^h_{k+1,l} - v^h_{k-1,l}\right)$$

$$- \frac{1}{2}\frac{\lambda}{\rho^h_{k,l}}\left(p^h_{k+1,l} - p^h_{k-1,l}\right),$$

$$p^h_{k,l+1} = \frac{1}{2}\left(p^h_{k+1,l} + p^h_{k-1,l}\right) - \frac{1}{2}\lambda \rho^h_{k,l}\left(a^h_{k,l}\right)^2\left(v^h_{k+1,l} - v^h_{k-1,l}\right)$$

$$- \frac{1}{2}\lambda v^h_{k,l}\left(p^h_{k+1,l} - p^h_{k-1,l}\right)$$

$$s^h_{k,l+1} = \frac{1}{2}\left(s^h_{k+1,l} + s^h_{k-1,l}\right) - \lambda v^h_{k,l}\left(s^h_{k+1,l} - s^h_{k-1,l}\right).$$

Aufgaben

A 17-1. Man zeige, daß das System $A_1 u_x + A_2 u_y - b = 0$ mit

$$A_1 = \begin{bmatrix} 1 & 4 \\ 4 & 1 \end{bmatrix}, \quad A_2 = \begin{bmatrix} 1 & -2 \\ -2 & 1 \end{bmatrix}, \quad b = \begin{bmatrix} 1 \\ 0 \end{bmatrix}$$

hyperbolisch ist und stelle eine Normalform auf.

A 17-2. Man berechne die Charakteristikenscharen des hyperbolischen Systems aus A 17-1.

A 17-3. Mit Hilfe der in A 17-2. berechneten Charakteristiken bestimme man den Existenzbereich der Lösung des Systems aus A 17-1, wenn $I: 1 \leq x \leq 2$ gewählt wird.

A 17-4. Man reduziere die Differentialgleichung 2. Ordnung

$$\left(a^2 - u_x^2\right)u_{xx} + \left(a^2 - u_y^2\right)u_{yy} - 2 u_x u_y u_{xy} = 0,$$

wobei a^2 eine Funktion von $u_x^2 + u_y^2$ bedeutet, auf ein System 1. Ordnung. Wann ist dieses hyperbolisch?

A 17-5. Man stelle die Rechenvorschriften des Charakteristikenverfahrens für das System (17.1-22) auf.

A 17-6. Man stelle die Rechenvorschriften des Verfahrens von Courant, Isaacson und Rees für das Gleichungssystem (17.1-18) auf.

A 17-7. Mit dem Verfahren von Courant, Isaacson und Rees für $\Delta x = 0.1$ löse man numerisch das in A 17-1, A 17-3 beschriebene Anfangswertproblem für $y > 0$, wenn als Anfangswerte

$$u^1(x,0) = x^2, \quad u^2(x,0) = 1 - x, \quad 1 \leqslant x \leqslant 2,$$

vorgegeben sind.

18 Randwertprobleme elliptischer Differentialgleichungen zweiter Ordnung

Randwertprobleme elliptischer Differentialgleichungen treten bei zahlreichen technischen und physikalischen Fragestellungen auf, so u.a. in der Elektrotechnik, der Strömungsmechanik und der Statik. Auch Fragen der Diffusion und des Neutronentransportes führen teilweise auf solche Randwertprobleme. Dabei sind die Differentialgleichungen häufig nichtlinear, wie etwa bei den Randwertproblemen quasilinearer Potentialgleichungen.

Da man bei der Lösung dieser Differentialgleichungsprobleme in der Regel auf numerische Verfahren angewiesen ist, gibt es eine umfangreiche Literatur über numerische Methoden zur Lösung elliptischer Randwertprobleme. Dies umso mehr, als in den technischen und physikalischen Anwendungen Randwertprobleme sehr unterschiedlicher Art vorkommen, für deren numerische Lösung oft spezielle Verfahren entwickelt wurden.

Daher können wir hier nur auf die wichtigsten Verfahren, nämlich auf Differenzenverfahren und einfache Variationsmethoden, eingehen. Unter den Variationsmethoden hat wiederum die Methode der finiten Elemente die größte Bedeutung. Wir beschränken uns ferner im wesentlichen auf solche elliptischen Differentialgleichungen, die Eulersche Gleichungen eines Variationsproblems sind, womit wir jedoch eine für die Anwendungen besonders wichtige Klasse betrachten. Im linearen Fall sind dies die selbstadjungierten Differentialgleichungen. Schließlich beschränken wir uns darauf, nur die wesentlichen mathematischen Aspekte der genannten Verfahren bei zweidimensionalen Problemen zu untersuchen. Für weitergehende Studien werden wir an geeigneter Stelle jeweils auf die reichlich vorhandene Literatur, insbesondere auf Lehrbücher, verweisen.

18.1 Elliptische Randwertprobleme

18.1.1 Formulierung der Randwertprobleme

Wir betrachten die lineare, halblineare oder quasilineare partielle Differentialgleichung

18.1 Elliptische Randwertprobleme

$$Lu = - \sum_{i,k=1}^{n} A_{ik} u_{x_i x_k} = f \ . \tag{18.1-1}$$

Gemäß Definition 16.1-1 heißt sie im festen Punkt $x \in R^n$ elliptisch (im quasilinearen Fall bezüglich einer eingesetzten Lösung $u(x)$), wenn dort der Defekt δ verschwindet und für den Trägheitsindex $\tau = 0$ oder $\tau = n$ gilt. Dies bedeutet, daß in der quadratischen Form (16.1-7) sämtliche B_i positiv sind und damit die Matrix $A = (A_{ik})$ an der Stelle $x \in R^n$ positiv definit ist.

Bei hyperbolischen Differentialgleichungen sind Anfangswertprobleme, bei parabolischen Anfangs-Randwertprobleme "sachgemäß gestellt". Unter gewissen Voraussetzungen sind solche Probleme eindeutig lösbar. Allerdings können auch Anfangs-Randwertprobleme hyperbolischer und reine Anfangswertprobleme parabolischer Differentialgleichungen unter zusätzlichen Bedingungen sachgemäß gestellt sein.

Bei elliptischen Differentialgleichungen sind im allgemeinen Randwertprobleme sachgemäß gestellt. Um die wichtigsten Randbedingungen einfach und anschaulich formulieren zu können, betrachten wir den Fall $n = 2$ und setzen x,y statt x_1, x_2. Weiter betrachten wir in der x-y-Ebene ein beschränktes (offenes) Gebiet G mit dem stetigen Rand $\dot{G}$. Ist dieser sogar eine stetig differenzierbare Kurve, so besitzt er in jedem Punkt (x,y) eine eindeutig bestimmte innere Normale $\nu(x,y)$ (Bild 18-1).

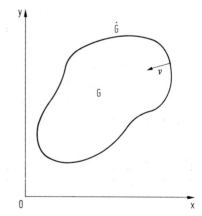

Bild 18-1. Das Gebiet G mit dem Rand $\dot{G}$

Seien schließlich $\alpha(x,y)$, $\beta(x,y)$, $\gamma(x,y)$ vorgegebene stetige Funktionen, so können die wichtigsten Randwertprobleme (RWP) wie folgt formuliert werden:

<u>1. RWP</u>

$$Lu = f \text{ in } G, \ u(x,y) = \gamma(x,y), \ (x,y) \in \dot{G} \ . \tag{18.1-2}$$

2. RWP

$$Lu = f \text{ in } G, \quad \frac{\partial u(x,y)}{\partial \nu} = \gamma(x,y), \ (x,y) \in \dot{G}. \qquad (18.1\text{-}3)$$

3. RWP

$$Lu = f \text{ in } G, \quad \alpha(x,y)u(x,y) + \beta(x,y)\frac{\partial u(x,y)}{\partial \nu} = \gamma(x,y), (x,y) \in \dot{G}. \qquad (18.1\text{-}4)$$

Dabei bedeutet $\partial u(x,y)/\partial \nu$ die Ableitung von u in Richtung der inneren Normalen ν. sind $\nu_1 = \frac{\partial x}{\partial \nu}$, $\nu_2 = \frac{\partial y}{\partial \nu}$ die Komponenten der Normalen ν, so gilt

$$\frac{\partial u(x,y)}{\partial \nu} = \frac{\partial u(x,y)}{\partial x}\nu_1(x,y) + \frac{\partial u(x,y)}{\partial y}\nu_2(x,y). \qquad (18.1\text{-}5)$$

Die Randwertprobleme sind so zu verstehen: Gesucht ist eine Funktion $u \in C^2(G) \cap C^1(\overline{G})$, die in G Lösung der Differentialgleichung ist und auf $\dot{G}$ die vorgegebenen Randbedingungen erfüllt.

Man nennt die Probleme (18.1-2) bis (18.1-4) präziser auch innere Randwertprobleme, weil die Lösung im Innern von G gesucht wird. Bei äußeren Randwertproblemen, mit denen wir uns hier nicht befassen, ist die Lösung außerhalb von G bei vorgegebenen Randbedingungen auf $\dot{G}$ zu bestimmen.

Die oben an $\dot{G}$ und die Funktionen α, β, γ gestellten Voraussetzungen können abgeschwächt werden, was auch in einigen Fällen für die Praxis von Bedeutung ist. Wir können hierauf jedoch nicht eingehen. Auch die Frage, wann eine Lösung der hier betrachteten Randwertprobleme existiert und eindeutig ist, kann nicht erörtert werden. Ihr ist eine große Zahl von meist schwierigen mathematischen Untersuchungen gewidmet. Wir werden im folgenden stets annehmen, daß eine Lösung des vorgelegten Problems mit den verlangten Eigenschaften existiert. Bei Aufgaben in der Technik kann zudem die Frage der Existenz der Lösung manchmal aufgrund anderer Argumente beantwortet werden.

18.1.2 Randwertprobleme und Variationsprobleme

Wir betrachten jetzt in G die lineare Differentialgleichung

$$Lu = -a_{11}u_{xx} - 2a_{12}u_{xy} - a_{22}u_{yy} - a_1 u_x - a_2 u_y + au = f. \qquad (18.1\text{-}6)$$

Dabei sind $a_{i,k}, a_i, a, f, i,$ für $k = 1,2$ Funktionen von x,y. Ist $a_{ik} \in C^2(G), a_i \in C^1(G),$ $i = 1,2$ so bezeichnet man den Operator

$$L^*u = -(a_{11}u)_{xx} - 2(a_{12}u)_{xy} - (a_{22}u)_{yy} + (a_1 u)_x + (a_2 u)_y + au \qquad (18.1\text{-}7)$$

18.1 Elliptische Randwertprobleme

als den zu Lu adjungierten Differentialoperator. Gilt $Lu = L^*u$ für alle $u \in C^2(G)$, so heißt Lu dort selbstadjungierter Operator, die Differentialgleichung $Lu = f$ dort selbstadjungierte Differentialgleichung. Man rechnet leicht aus, daß ein selbstadjungierter Operator stets die Gestalt

$$Lu = - (a_{11}u_x)_x - (a_{12}u_x)_y - (a_{12}u_y)_x - (a_{22}u_y)_y + au \qquad (18.1\text{-}8)$$

besitzt.

Gilt insbesondere $a_{11} \equiv a_{22} \equiv 1$, $a_{12} \equiv a \equiv 0$, so reduziert sich (18.1-8) auf den Laplace-Operator

$$Lu = - \Delta_2 u = - u_{xx} - u_{yy}. \qquad (18.1\text{-}9)$$

Ähnlich wie bei gewöhnlichen Differentialgleichungen besteht nun ein enger Zusammenhang zwischen Randwertproblemen selbstadjungierter Differentialgleichungen und Variationsproblemen (vgl. 15.3-1). Wir wollen dies im folgenden erläutern und betrachten das Randwertproblem

$$Lu = f \text{ in } G, \quad u = 0 \text{ auf } \dot{G}, \qquad (18.1\text{-}10)$$

wobei Lu den selbstadjungierten Differentialoperator (18.1-8) bezeichnet.

Der Definitionsbereich Δ des Operators L ist die Menge aller auf $\bar{G} = G \cup \dot{G}$ definierten stetigen und in G zweimal stetig differenzierbaren Funktionen, die auf dem Rande $\dot{G}$ verschwinden:

$$\Delta = \{v \in C^0(\bar{G}) \cap C^2(G); v = 0 \text{ auf } \dot{G}\}. \qquad (18.1\text{-}11)$$

Das Randwertproblem (18.1-10) kann daher auch einfach so formuliert werden: Gesucht wird eine Lösung von

$$Lv = f, \quad v \in \Delta. \qquad (18.1\text{-}12)$$

Sei weiter $L^2(G)$ der Raum der über G quadratisch integrierbaren Funktionen. Ähnlich wie in 15.3-1 definieren wir für diesen Raum das skalare Produkt

$$(v,w) = \int_G v(x,y)w(x,y)dxdy, \quad v,w \in L^2(G) \qquad (18.1\text{-}13)$$

und die Norm

$$\|v\|_2 = (v,v)^{\frac{1}{2}}. \qquad (18.1\text{-}14)$$

18 Randwertprobleme elliptischer Differentialgleichungen zweiter Ordnung

Über Lu = f setzen wir künftig voraus:

1. $a_{ik} \in C^2(\overline{G})$, $i,k = 1,2$,

2. $a, f \in C^0(\overline{G})$,

3. $a(x,y) \geq 0$, $(x,y) \in \overline{G}$, (18.1-15)

4. $\displaystyle\sum_{i,k=1}^{2} a_{ik}(x,y)\xi_i\xi_k \geq \alpha \sum_{i=1}^{2} \xi_i^2$, $(x,y) \in \overline{G}$.

Dabei sind die ξ_1, ξ_2 beliebige reelle Zahlen und $\alpha > 0$ eine feste von ξ_1, ξ_2 unabhängige Zahl.

In der Theorie der elliptischen Differentialgleichungen wird gezeigt, daß ein selbstadjungierter Differentialoperator L unter den Voraussetzungen (18.1-15) symmetrisch und positiv definit ist: Für alle $v, w \in \Delta$ gilt

1. $(v, Lw) = (Lv, w)$,

2. $(Lv, v) > 0$, $v \neq 0$. (18.1-16)

Dabei bedeutet $v \neq 0$, daß v ungleich dem Nullelement in Δ ist, d.h. nicht die auf $\overline{G}$ identisch verschwindende Funktion ist. Mit Hilfe partieller Integration bestätigt man ferner die Darstellung

$$(v, Lw) = (Lv, w)$$
$$= \int_G (a_{11} v_x w_x + a_{12}(v_x w_y + v_y w_x) + a_{22} v_y w_y + avw)\,dxdy, \qquad (18.1\text{-}17)$$

Insbesondere gilt also

$$(Lu, u) = \int_G \left(a_{11} u_x^2 + 2 a_{12} u_x u_y + a_{22} u_y^2 + au^2\right) dxdy. \qquad (18.1\text{-}18)$$

Aus dieser Darstellung folgt wegen $a \geq 0$ und der positiven Definitheit der Matrix $[a_{ij}]$ unmittelbar die zweite Aussage (18.1-16).

Dann gilt folgender

<u>Satz 18.1-1.</u> $u \in \Delta$ ist genau dann Lösung der Randwertaufgabe (18.1-12) mit dem selbstadjungierten elliptischen Differentialoperator Lu, wenn unter den Voraussetzun-

18.1 Elliptische Randwertprobleme

gen (18.1-15) und mit $I[v] = (v,Lv) - 2(v,f)$

$$I[u] = \underset{v \in \Delta}{\text{Min}}\ I[v] \tag{18.1-19}$$

gilt.

Nach diesem Satz kann man die Lösung des Randwertproblems (18.1-10) bzw. (18.1-12) finden, indem man das Variationsproblem

$$(v,Lv) - 2(v,f) = \int_G \left(a_{11}v_x^2 + 2a_{12}v_xv_y + a_{22}v_y^2 + av^2 - 2vf\right)dxdy$$

$$= \text{Min}, \quad v \in \Delta, \tag{18.1-20}$$

löst. Da dies in der Regel nicht "exakt" möglich ist, wird man sich auf eine näherungsweise Lösung beschränken. Auf geeignete Methoden werden wir in 18.2 und 18.3 eingehen.

Dabei ist die Tatsache wichtig, daß das Integral (18.1-16) nicht nur für $v,w \in \Delta$ existiert, sondern für eine größere Klasse von Funktionen. Unter diesen betrachten wir im Hinblick auf spätere Anwendungen nur den Funktionenraum $V(G)$ mit folgenden Eigenschaften:

Genau dann ist $v \in V(G)$, wenn

(a) $v \in C^0(\overline{G})$,

(b) v auf $\overline{G}$ bezüglich x,y stückweise differenzierbar ist,

(c) $v_x, v_y \in L^2(G)$,

(d) $\|v\|_{V(G)} = \left\{\int_G \left[v(x,y)^2 + v_x(x,y)^2 + v_y(x,y)^2\right]dxdy\right\}^{\frac{1}{2}} < \infty$.

Man bestätigt leicht, daß $\|\cdot\|_{V(G)}$ eine Norm ist. Es sei dann entsprechend (15.3-14)

$$D = \{v \in V(G);\ v = 0 \text{ auf } \dot{G}\}. \tag{18.1-21}$$

Weiter definieren wir für $v,w \in D$ die symmetrische Bilinearform

$$[v,w] = \int_G \left[a_{11}v_xw_x + a_{12}(v_xw_y + v_yw_x) + a_{22}v_yw_y + avw\right]dxdy. \tag{18.1-22}$$

Offenbar ist $\Delta \subset D$ und $[v,w] = (Lv,w)$, $v,w \in \Delta$.

Dann gilt der folgende, dem Satz 15.3-2 entsprechende

<u>Satz 18.1-2.</u> Es sei $u \in \Delta$ die Lösung des Randwertproblems (18.1-12). Dann gilt für jedes $v \in D$

$$I[u] \leq I[v].$$

Dabei ist

$$I[v] = [v,v] - 2(v,f), \quad v \in D. \tag{18.1-23}$$

18.1.3 Allgemeinere Variationsprobleme und Randwertprobleme

Man nennt $Lu = f$ die zum Variationsproblem $I[v] = (v,Lv) - 2(v,f) = $ Min gehörige "Eulersche Differentialgleichung". Sie wird von jeder Lösung $u \in \Delta$ des Variationsproblems erfüllt. Entsprechendes gilt auch für die Lösungen allgemeinerer Variationsprobleme, mit denen wir uns jetzt kurz befassen wollen.

Es sei G ein offenes beschränktes Gebiet der x-y-Ebene mit dem Rand $\dot{G}$. Der Rand bestehe aus den beiden Teilrändern $\dot{G}_1$, $\dot{G}_2$, es ist also $\dot{G} = \dot{G}_1 \cup \dot{G}_2$. Dabei soll $\dot{G}_2$ aus mindestens einem Punkt bestehen, während $\dot{G}_1$ auch leer sein kann. Wir betrachten dann folgendes Variationsproblem:

$$I[v] = \int_G F(x,y,v,v_x,v_y)dxdy + \int_{\dot{G}_1} \Phi(x,y,v)ds = \text{Min},$$

$$v(x,y) = \varphi(x,y), \quad (x,y) \in \dot{G}_2 = \dot{G} - \dot{G}_1. \tag{18.1-24}$$

Dabei sind F, Φ und φ Funktionen der angegebenen Argumente und s bedeutet die Bogenlänge, ds das entsprechende Differential. Ist F bezüglich aller fünf Argumente zweimal stetig differenzierbar und $\partial\Phi/\partial\nu$ stetig, ist ferner

$$u \in C^2(G) \cap C^1(\overline{G}) \tag{18.1-25}$$

oder

$$u \in C^2(G) \cap C^0(\overline{G}), \text{ wenn } \dot{G}_1 \text{ leer oder } \Phi \equiv 0, \tag{18.1-26}$$

so löst, wie in der Variationsrechnung gezeigt wird, u folgendes Randwertproblem:

$$-\frac{\partial}{\partial x}F_{u_x}(x,y,u,u_x,u_y) - \frac{\partial}{\partial y}F_{u_y}(x,y,u,u_x,u_y) + F_u(x,y,u,u_x,u_y)$$

$$= 0 \text{ in } G, \tag{18.1-27}$$

18.1 Elliptische Randwertprobleme 313

$$F_{u_x}(x,y,u,u_x,u_y)\cos(\nu,x) + F_{u_y}(x,y,u,u_x,u_y)\cos(\nu,y) + \Phi_u(x,y,u)$$
$$= 0 \text{ auf } \dot{G}_1, \quad (18.1\text{-}28)$$

$$u(x,y) = \varphi(x,y) \text{ auf } \dot{G}_2.$$

Dabei bedeuten $F_{u_x}, F_{u_y}, F_u, \Phi_u$ die partiellen Ableitungen von F bzw. Φ nach u_x, u_y, u, und ν ist die nach außen weisende Normale an $\dot{G}$. Man nennt die Differentialgleichung (18.1-27) die zu (18.1-24) gehörige "Eulersche Differentialgleichung" und bestätigt durch Ausrechnen, daß sie stets linear, halblinear oder quasilinear ist. Unter den Voraussetzungen (18.1-25), (18.1-26) wird sie notwendig von jeder Lösung des Variationsproblems erfüllt.

Beispiel 18.1-1

(a) Es sei $F = a_{11}v_x^2 + 2a_{12}v_x v_y + a_{22}v_y^2 + av^2 - 2fv$.

Die zugehörige Eulersche Differentialgleichung ist linear und lautet, wie wir oben schon auf anderem Wege gefunden haben,

$$2Lu = -\frac{\partial}{\partial x} F_{u_x} - \frac{\partial}{\partial y} F_{u_y} + F_u$$

$$= -\frac{\partial}{\partial x}(2a_{11}u_x + 2a_{12}u_y) - \frac{\partial}{\partial y}(2a_{12}u_x + 2a_{22}u_y) + 2au - 2f = 0.$$

Dabei ist Lu der durch (18.1-8) definierte Differentialoperator.

(b) $F = v_x^2 + v_y^2 - 2fv$. Dies ist ein Spezialfall von a) mit $a_{11} \equiv a_{22} \equiv 1$, $a_{12} \equiv a \equiv 0$. Man erhält nach Multiplikation mit $\frac{1}{2}$ als zugehörige Eulersche Gleichung

$$Lu = -\Delta_2 u = -u_{xx} - u_{yy} - f = 0.$$

(c) $F = \sqrt{1 + v_x^2 + v_y^2}$. Man errechnet als zugehörige Eulersche Differentialgleichung

$$-\left[\frac{\partial}{\partial x} F_{u_x} + \frac{\partial}{\partial y} F_{u_y} - F_u\right]$$

$$= -2\frac{(1 + u_y^2)u_{xx} - 2u_x u_y u_{xy} + (1 + u_x^2)u_{yy}}{(\sqrt{1 + u_x^2 + u_y^2})^3} = 0.$$

Diese Differentialgleichung ist quasilinear, sie beschreibt die sogenannten "Minimalflächen". Gibt man etwa auf dem Rand $\dot{K}$ eines Kreises K in der x-y-Ebene die Randwerte $\varphi(x,y)$ vor, so wird das glatte Flächenstück über K, das auf $\dot{K}$ die vorgegebenen Randwerte annimmt und minimalen Flächeninhalt über K besitzt, durch obige Differentialgleichung beschrieben. Man bezeichnet sie deshalb auch als "Minimalflächengleichung". Das zugehörige Variationsproblem lautet

$$I[v] = \int_K \sqrt{1 + v_x^2 + v_y^2}\, dxdy = \text{Min}, \quad v(x,y) = \varphi(x,y),\ (x,y) \in \dot{K}.$$

$I[v]$ stellt aber gerade die Oberfläche eines glatten Flächenstückes $v = v(x,y)$ über K dar.

Löst man das Variationsproblem durch eine Funktion $u(x,y)$ mit den Eigenschaften (18.1-25), (18.1-26), so löst man damit das Randwertproblem (18.1-27), (18.1-28). Dies macht man sich auch bei der numerischen Lösung von Randwertproblemen zunutze, denn es ist häufig leichter, das zugehörige Variationsproblem numerisch zu lösen.

Sehr schwierig ist die Frage zu beantworten, wann eine Lösung eines allgemeineren Variationsproblems überhaupt existiert, weshalb wir uns mit ihr nicht beschäftigen wollen. Man vergleiche hierzu und bezüglich anderer Fragen der Variationsrechnung etwa [26] und die dort angegebene Literatur.

18.2 Differenzenverfahren

Zur numerischen Lösung von Randwertproblemen elliptischer Differentialgleichungen verwendet man heute fast ausschließlich Differenzenverfahren und sog. Galerkin-Verfahren, welche als Spezialfall das Ritzsche Verfahren enthalten, mit dem wir uns in 18.3 befassen werden. Die Differenzenverfahren zeichnen sich durch besondere Einfachheit aus, zumindest dann, wenn sie von niederer Konsistenzordnung sind. Dementsprechend erreicht man im allgemeinen keine hohe Genauigkeit der berechneten diskreten Näherungslösung, doch ist diese für technische Belange oft ausreichend. Die Bedeutung der Differenzenverfahren zur numerischen Lösung von Randwertproblemen ist durch die verstärkte Anwendung der Methode der finiten Elemente, einer speziellen Galerkinmethode, insgesamt etwas zurückgegangen. Auf die Methode der finiten Elemente gehen wir in 18.3.2 und 18.3.3 ein.

18.2.1 Das Modellproblem

Wir betrachten zunächst das einfache Randwertproblem

$$-\Delta_2 u = -u_{xx} - u_{yy} = f(x,y) \text{ in } G: 0 < x < 1;\ 0 < y < 1,$$
$$u(x,y) = 0,\ (x,y) \in \dot{G}. \tag{18.2-1}$$

18.2 Differenzenverfahren

Dabei setzen wir $f \in C^0(\overline{G})$ voraus. Die numerische Lösung dieses Randwertproblems zeigt bereits die typischen Eigenschaften der numerischen Lösung elliptischer Randwertprobleme schlechthin, weshalb wir (18.2-1) als Modellproblem bezeichnen wollen.

Wir überziehen das Quadrat $\overline{G} = G \cup \dot{G}$ mit einem quadratischen Gitter $\overline{G}_h = G_h \cup \dot{G}_h$ der Maschenweite $\Delta x = \Delta y = h$, wobei G_h die Gesamtheit der inneren Punkte, $\dot{G}_h$ die der Randpunkte bedeutet (Bild 18-2).

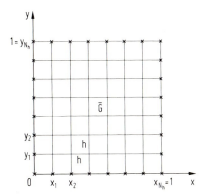

Bild 18-2. $\overline{G}$ und das Gitter $\overline{G}_h$

Die Punkte von $\overline{G}_h$ sind $(x_i, y_k) = (ih, kh)$, $i,k = 0,\ldots,N_h$, $N_h h = 1$. Man beachte, daß N_h wegen $N_h = 1/h$ in der Tat von h abhängt. An den Stellen (x_i, y_k), $i,k = 1,\ldots,N_h - 1$, d.h. in den Punkten von G_h, sollen Näherungen $u^h_{i,k}$ der exakten Lösungswerte $u(x_i, y_k)$ von (18.2-1) berechnet werden, wobei $u^h_{r,s} = 0$ für $(x_r, y_s) \in \dot{G}_h$ (in Bild 18-2 durch * gekennzeichnet) zu setzen ist. Zur Bestimmung der $u^h_{i,k}$ konstruieren wir nun ein Differenzenverfahren.

Dazu nehmen wir an, daß $u = u(x,y)$ eine Lösung der Differentialgleichung in (18.2-1) ist, die nicht notwendig auf dem Rand $\dot{G}$ verschwindet, und es gelte $u \in C^4(\overline{G})$. Dann ist, wie man durch Taylor-Entwicklung an der Stelle $(x_i, y_k) \in G_h$ leicht bestätigt,

$$u_{xx}(x_i, y_k) = \frac{1}{h^2}[u(x_{i+1}, y_k) - 2u(x_i, y_k) + u(x_{i-1}, y_k)] + \varepsilon_{i,k}(h),$$
$$u_{yy}(x_i, y_k) = \frac{1}{h^2}[u(x_i, y_{k+1}) - 2u(x_i, y_k) + u(x_i, y_{k-1})] + \eta_{i,k}(h)$$
(18.2-2)

mit

$$\varepsilon_{i,k}(h) = \frac{h^2}{4!}\left[\left(\frac{\partial^4 u}{\partial x^4}\right)(x_i + \vartheta_1 h, y_k) + \left(\frac{\partial^4 u}{\partial x^4}\right)(x_i - \vartheta_2 h, y_k)\right], \quad 0 \leq \vartheta_1, \vartheta_2 \leq 1,$$

$$\eta_{i,k}(h) = \frac{h^2}{4!}\left[\left(\frac{\partial^4 u}{\partial y^4}\right)(x_i, y_k + \tau_1 h) + \left(\frac{\partial^4 u}{\partial y^4}\right)(x_i, y_k - \tau_2 h)\right], \quad 0 \leq \tau_1, \tau_2 \leq 1.$$
(18.2-3)

Setzt man (18.2-2), (18.2-3) in die Differentialgleichung (18.2-1) ein, so folgt zunächst

$$(-\Delta_2 u)(x_i, y_k) - f(x_i, y_k)$$

$$= \frac{1}{h^2} \left[4u(x_i, y_k) - u(x_{i-1}, y_k) - u(x_{i+1}, y_k) - u(x_i, y_{k-1}) - u(x_i, y_{k+1}) \right] -$$

$$- f(x_i, y_k) - \varepsilon_{i,k}(h) - \eta_{i,k}(h) = 0. \qquad (18.2-4)$$

Wir lassen nun das Restglied $\varepsilon_{i,k}(h) + \eta_{i,k}(h) = O(h^2)$ fort und berechnen die gesuchten Näherungswerte $u^h_{i,k}$ aus dem linearen Gleichungssystem

$$- \left(L_h u^h \right)_{i,k} = \frac{1}{h^2} \left(4u^h_{i,k} - u^h_{i-1,k} - u^h_{i+1,k} - u^h_{i,k-1} - u^h_{i,k+1} \right)$$

$$= f(x_i, y_k), \quad i,k = 1, 2, \ldots, N_h. \qquad (18.2-5)$$

Dabei sind die $u^h_{i,k}$ Werte einer Gitterfunktion u^h, die wir in Form eines Vektors mit den Komponenten $u^h_{i,k}$, $i,k = 1, \ldots, N_h - 1$, darstellen können. In jeder Gleichung von (18.2-5) treten höchstens fünf Unbekannte auf.

Hier tritt die Frage auf, in welcher Reihenfolge man die $u^h_{i,k}$ als Komponenten des Vektors u^h wählen soll. Aus bestimmten, gleich zu erläuternden Gründen definieren wir u^h wie folgt:

$$u^h = \left[u^h_{1,1}, u^h_{2,1}, u^h_{1,2}, \ldots, u^h_{l-1,1}, u^h_{l-2,2}, \ldots, u^h_{1,l-1}, \ldots, u^h_{N_h-1, N_h-1} \right]^T.$$
$$(18.2-6)$$

Wir wählen also folgende Reihenfolge für die $u^h_{i,k}$: Nach $u^h_{1,1}$ folgen nacheinander Blöcke der $u^h_{i,k}$ mit $i + k = 3, 4, \ldots, 2N_h - 2$, wobei innerhalb des Blockes mit $i + k = l$ die Reihenfolge

$$u^h_{l-1,1}, u^h_{l-2,2}, \ldots, u^h_{1,l-1}, \quad l = 3, 4, \ldots, 2N_h - 2, \qquad (18.2-7)$$

lautet. Man erhält diese Reihenfolge also, wenn man die Gitterpunkte wie in Bild 18-3 in Diagonalen durchläuft.

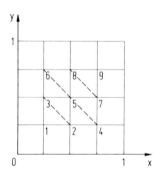

Bild 18-3. Zur Reihenfolge der $u^h_{i,k}$

18.2 Differenzenverfahren

Nach Multiplikation mit h^2 hat dann das Gleichungssystem (18.2-5) die Gestalt

$$A(h)u^h = b(h). \qquad (18.2-5)$$

Dabei hängen die $(N_h - 1)^2 \times (N_h - 1)^2$-Matrizen $A(h)$ und der $(N_h - 1)^2$-komponentige Vektor $b(h)$ noch von h ab. Wir denken uns vorläufig aber die Gitterkonstante h fest gewählt, so daß $A(h)$ bzw. $b(h)$ eine konstante Matrix bzw. ein konstanter Vektor ist.

Über die Matrix $A(h)$, deren Eigenschaften ja entscheidend für die Lösbarkeit des Gleichungssystems (18.2-8) und für die Wahl des zur Lösung zu verwendenden Verfahrens sind, gilt dann der

<u>Satz 18.2-1.</u> (a) $A(h)$ ist eine Stieltjes-Matrix.

(b) $A(h)$ ist eine Block-Tridiagonalmatrix der Form

$$A(h) = \begin{bmatrix} D_1 & H_1 & & & & 0 \\ H_1 & D_2 & H_2 & & & \\ & \ddots & \ddots & \ddots & & \\ & & H_{s-2} & D_{s-1} & H_{s-1} \\ 0 & & & H_{s-1} & D_s \end{bmatrix}. \qquad (18.2-9)$$

Dabei sind die D_i quadratische Diagonalmatrizen der Gestalt

$$D_i = \begin{bmatrix} 4 & & 0 \\ & 4 & \\ & & \ddots \\ 0 & & & 4 \end{bmatrix}, \quad i = 1,\ldots,s. \qquad (18.2-10)$$

Wir wollen diesen Satz nicht allgemein beweisen, sondern seine Gültigkeit im Spezialfall $N_h = 4$ nachprüfen. In der gewählten Form (18.2-6) lautet der Vektor u^h (Bild 18-3)

$$u^h = \left[u^h_{1,1}, u^h_{2,1}, u^h_{1,2}, u^h_{3,1}, u^h_{2,2}, u^h_{1,3}, u^h_{3,2}, u^h_{2,3}, u^h_{3,3}\right]^T. \qquad (18.2-11)$$

Gemäß (18.2-5) (nach Multiplikation mit h^2) ist ferner

$$A(h) = \begin{bmatrix} [4] & [-1 \ -1] & 0 & 0 & 0 & 0 & 0 & 0 \\ \begin{bmatrix}-1\\-1\end{bmatrix} & \begin{bmatrix}4 & 0\\0 & 4\end{bmatrix} & \begin{bmatrix}-1 & -1 & 0\\0 & -1 & -1\end{bmatrix} & 0 & 0 & 0 \\ 0 & \begin{bmatrix}-1 & 0\\-1 & -1\\0 & -1\end{bmatrix} & \begin{bmatrix}4 & 0 & 0\\0 & 4 & 0\\0 & 0 & 4\end{bmatrix} & \begin{bmatrix}-1 & 0\\-1 & -1\\0 & -1\end{bmatrix} & 0 \\ 0 & 0 & \begin{bmatrix}-1 & -1 & 0\\0 & -1 & -1\end{bmatrix} & \begin{bmatrix}4 & 0\\0 & 4\end{bmatrix} & \begin{bmatrix}-1\\-1\end{bmatrix} \\ 0 & 0 & 0 & 0 & 0 & [-1 \ -1] & [4] \end{bmatrix}$$ (18.2-12)

Mit s = 5 und

$$D_1 = D_5 = [4], \quad D_2 = D_4 = \begin{bmatrix} 4 & 0 \\ 0 & 4 \end{bmatrix}, \quad D_3 = \begin{bmatrix} 4 & 0 & 0 \\ 0 & 4 & 0 \\ 0 & 0 & 4 \end{bmatrix}$$

ergibt sich in der Tat eine Block-Tridiagonalmatrix der Gestalt (18.2-9), (18.2-10) und somit die Behauptung (b) des Satzes 18.2-1.

Außerdem ist, wie man unmittelbar einsieht, A(h) eine symmetrische, irreduzible, schwach diagonaldominante L-Matrix, also eine symmetrische M-Matrix und daher eine Stieltjes-Matrix. Der Satz ist daher im Fall N_h = 4 richtig, und mit etwas Aufwand, aber auf elementarem Wege, läßt sich seine Richtigkeit auch allgemein beweisen.

Da wir das Gleichungssystem mit h^2 multipliziert haben, gilt somit

$$b(h) = h^2 \left[f(h,h), f(2h,h), f(h,2h), \ldots, f((N_h - 1)h, (N_h - 1)h) \right]^T. \quad (18.2\text{-}13)$$

Der Vektor b(h) besitzt die Komponenten $h^2 f(ih, kh)$ in der gleichen Numerierung wie der Vektor u^h.

Da die Matrix A(h) als Stieltjes-Matrix positiv definit ist, kann das Gleichungssystem (18.2-8) etwa mit dem in Band 1, 6.3 beschriebenen SOR-Verfahren für $0 < \omega < 2$ gelöst werden. Zudem haben wir in Band 1, 6.7 gesehen, daß eine Matrix der Gestalt (18.2-9), (18.2-10) konsistent geordnet ist. In diesem Fall gibt es ein optimales ω_b, dessen Verwendung die optimale Konvergenzgeschwindigkeit des SOR-Verfahrens sichert. In 6.7 wurde die Berechnung von ω_b beschrieben.

Mit der in (18.2-6) festgelegten Anordnung der Komponenten von u^h erreichen wir also, daß die Matrix A(h) des Gleichungssystems (18.2-8) konsistent geordnet ist

18.2 Differenzenverfahren

und sich damit ein optimaler Relaxationsparameter ω_b berechnen läßt. Neben der gewählten Reihenfolge (18.2-6) gibt es noch andere, die ebenfalls zu einem System mit konsistent geordneter Matrix führen. Man vgl. hierzu und auch bezüglich der praktischen Berechnung von ω_b etwa [27].

Neben dem SOR-Verfahren kann zur Lösung von (18.2-8) auch das in Band 1, Abschnitt 6.4 untersuchte ADI-Verfahren und auch das in 5.3 beschriebene direkte Verfahren zur Lösung von großen und schwach besetzten linearen Gleichungssystemen verwendet werden. Man vgl. hierzu etwa [27, S. 330-368] und die dort angegebene Literatur.

Das System (18.2-8) ist ein zwar schwach besetztes aber in der Regel großes lineares Gleichungssystem. Denn wählt man etwa h = 0.01, was für technische Probleme oft ausreicht, so ist N_h = 100, und man erhält ein System mit $(N_h - 1)^2 = 99^2 = 9801$ Gleichungen.

Man kann schließlich nachweisen (vgl. etwa [27, S. 186]), daß bezüglich der Spektralnorm A(h) die Konditionszahl

$$k(h) = \|A(h)^{-1}\|_2 \|A(h)\|_2 = O(h^{-2}) = O\left(N_h^2\right) \qquad (18.2\text{-}14)$$

besitzt. Für kleine h wird k(h) sehr groß, das Gleichungssystem ist daher gemäß Band 1, 4.4.2, schlecht konditioniert, seine Auflösung bereitet die dort geschilderten Schwierigkeiten.

<u>18.2.2 Konvergenz des Differenzenverfahrens</u>

Es sei jetzt u = u(x,y) die exakte Lösung von (18.2-1), wobei wir wieder $u \in C^4(\bar{G})$ voraussetzen. Weiter definieren wir den Vektor

$$u(h) = \left[u(h,h), u(2h,h), u(h,2h), \ldots, u((N_h - 1)h, (N_h - 1)h)\right]^T, \qquad (18.2\text{-}15)$$

wobei die gleiche Reihenfolge wie in (18.2-11) und (18.2-13) eingehalten wird, sowie den Fehlervektor

$$\varepsilon^h = u^h - u(h). \qquad (18.2\text{-}16)$$

Mit (18.2-4) und wegen $\varepsilon_{i,k}(h) + \eta_{i,k}(h) = O(h^2)$, $i,k = 1,\ldots,N_h - 1$, gilt dann entsprechend (18.2-8)

$$A(h)u(h) = b(h) + h^2 O(h^2) e^h, \qquad (18.2\text{-}17)$$

wobei e^h der $(N_h - 1)^2$-komponentige Vektor

$$e^h = [1,\ldots,1]^T$$

bedeutet. Man beachte, daß (18.2-16) das mit h^2 multiplizierte System (18.2-4) darstellt.

Subtrahiert man (18.2-17) von (18.2-8), so folgt

$$A(h)\varepsilon^h = h^2 O(h^2) e^h,$$

und weiter

$$\varepsilon^h = O(h^2) h^2 A(h)^{-1} e^h. \qquad (18.2\text{-}18)$$

Angenommen, es wäre

$$\|A(h)^{-1}\|_\infty \leq K h^{-2} \qquad (18.2\text{-}19)$$

mit einer von h unabhängigen Konstanten K, so folgte aus (18.2-18) wegen $\|e^h\|_\infty = 1$

$$\|\varepsilon^h\|_\infty = O(h^2) K \leq M h^2 \qquad (18.2\text{-}20)$$

mit einer geeigneten, von h unabhängigen Konstanten M. Aus (18.2-20) ergäbe sich dann auch für $h \to 0$

$$\left| u^h_{i,k} - u(x_i, y_k) \right| = \left| u^h_{i,k} - u(ih, kh) \right| \leq M h^2,$$

$$i, k = 1, \ldots, N_h - 1, \qquad (18.2\text{-}21)$$

d.h. das Verfahren wäre konvergent von der Ordnung 2, die Fehler würden für $h \to 0$ wie h^2 gegen Null konvergieren.

Die Eigenschaft (18.2-19) der Matrix $A(h)^{-1}$ läßt sich in der Tat nachweisen, man vergleiche dazu etwa [27, S. 182-213], sowie [8] und [28]. Es gilt daher der

<u>Satz 18.2-2.</u> Für die Lösung $u(x,y)$ des Randwertproblems (18.2-1) gelte $u \in C^4(\overline{G})$. Dann ist das durch (18.2-5) gegebene Differenzenverfahren konvergent von der Ordnung 2, es gilt für $h \to 0$

$$u^h_{i,k} - u(x_i, y_k) = O(h^2), \quad i, k = 1, \ldots, N_h - 1. \qquad (18.2\text{-}22)$$

18.2 Differenzenverfahren

18.2.3 Krummlinig berandete Gebiete

Wir betrachten jetzt den Fall, daß G ein beschränktes, offenes, krummlinig berandetes Gebiet mit dem stetigen Rand $\dot{G}$ ist (Bild 18-4). Außerdem soll G so beschaffen sein, daß mit zwei Punkten auch deren Verbindungslinie in G liegt. Man nennt ein solches Gebiet konvex.

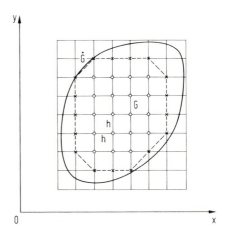

Bild 18-4. $\overline{G}$ und das Gitter $\overline{G}_h$

Über $\overline{G}$ können wir ein Gitter mit den Maschenweiten Δx, Δy, für $\Delta x \neq \Delta y$ also ein Rechteckgitter, legen. Der Einfachheit halber verwenden wir jedoch wieder ein quadratisches Gitter G_h mit dem Rand $\dot{G}_h$, setzen also $\Delta x = \Delta y = h$.

Bei krummlinig berandeten Gebieten liegen die Punkte von $\dot{G}_h$ im allgemeinen nicht auf $\dot{G}$, denn nur in Ausnahmefällen wird $(x_r, y_s) \in \dot{G}$ mit ganzen Zahlen r, s gelten. Die Menge der Randpunkte $\dot{G}_h$, die den "numerischen Rand" festlegt, muß also erst konstruiert werden.

Dazu bezeichnen wir die fünf Punkte (x_i, y_k), (x_{i-1}, y_k), (x_{i+1}, y_k) (x_i, y_{k-1}), (x_i, y_{k+1}) als einen "Stern" mit dem Mittelpunkt (x_i, y_k). Die Menge aller Gitterpunkte, die Mittelpunkte von ganz in $\overline{G}$ gelegenen Sternen sind, ist dann das Gitter G_h. Die Menge $\dot{G}_h$ der Randpunkte besteht dagegen aus allen Gitterpunkten, die ganz in $\overline{G}$ gelegenen Sternen angehören, aber keine Mittelpunkte solcher Sterne sind. In Bild 18-4 sind die Punkte von G_h mit O, die von $\dot{G}_h$ mit x bezeichnet. Der oben erwähnte numerische Rand entsteht etwa dadurch, daß man jeweils zwei benachbarte Punkte von $\dot{G}_h$ durch eine gerade Linie verbindet.

Man kann jetzt das Randwertproblem (18.2-1) mit dem gleichen Differenzenverfahren wie in 18.2-1 auf dem Gitter G_h numerisch lösen, wobei man $u_{r,s}^h = 0$ für $(x_r, y_s) \in \dot{G}_h$ verlangt. Diese Randwerte sind natürlich mit Fehlern behaftet, wenn $(x_r, y_s) \notin \dot{G}$. Man überlegt sich mit Hilfe der Taylor-Entwicklung leicht, daß diese Fehler proportional h sind, d.h. die exakten Randwerte in den Punkten von $\dot{G}_h$ sind von der Größenordnung $O(h)$.

Genauere numerische Randwerte erhält man durch lineare Interpolation. Wir betrachten dabei die auf einer Geraden gelegenen Punkte (Bild 18-5)

$$(x_{i-1}, y_k) \in G_h, \quad (x_i, y_k) \in \dot{G}_h, \quad (x, y_k) \in \dot{G}, \quad x > x_i.$$

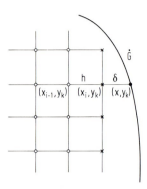

Bild 18-5. Randwertbestimmung durch lineare Interpolation

Mit $x - x_i = \delta < h$ und wegen $u(x, y_k) = 0$ erhält man durch lineare Interpolation zunächst

$$u(x_i, y_k) - \frac{\delta}{h+\delta} u(x_{i-1}, y_k) = \frac{h}{h+\delta} u(x, y_k) + O(h^2) = O(h^2). \quad (18.2-23)$$

Wir lassen nun das Restglied $O(h^2)$ fort und verwenden die Näherungsgleichung

$$u_{i,k}^h - \frac{\delta}{h+\delta} u_{i-1,k}^h = 0, \quad (x_i, y_k) \in \dot{G}_h. \quad (18.2-24)$$

Nun braucht der Rand $\dot{G}$ natürlich nicht die in Bild 18-5 beschriebene Lage zum Gitter $\overline{G}_h$ zu haben. Man sieht aber unmittelbar ein, daß die Interpolation stets eine der vier Näherungsgleichungen

$$u_{i,k}^h - \frac{\delta_{ik}}{h + \delta_{ik}} u_{i\pm 1, k}^h = 0,$$

$$(x_i, y_k), (x_{i\pm 1}, y_k), (x_i, y_{k\pm 1}) \in G_h, \quad (18.2-25)$$

$$u_{i,k}^h - \frac{\delta_{ik}}{h + \delta_{ik}} u_{i, k\pm 1},$$

liefert. Dabei ist $\delta_{ik} < h$ der positive Abstand des Punktes $(x_i, y_k) \in \dot{G}_h$ von demjenigen Punkt auf $\dot{G}$, der auf der durch (x_i, y_k), $(x_{i\pm 1}, y_k)$ bzw. (x_i, y_k), $(x_i, y_{k\pm 1})$ definierten Geraden liegt.

In (18.2-25) sind aber sowohl $u_{i,k}^h$ als auch $u_{i\pm 1,k}^h$, $u_{i,k\pm 1}^h$ unbekannt, für jeden Punkt aus $\dot{G}_h$ erhalten wir somit eine zusätzliche Gleichung. Nehmen wir an, daß G_h genau M_h, $\dot{G}_h$ genau $\dot{M}_h$ Punkte enthält, so liefert das Differenzenverfahren zusammen mit der linearen Interpolation der Randwerte ein Gleichungssystem mit $M_h + \dot{M}_h$ Gleichungen. Der damit verbundene höhere Rechenaufwand sichert jedoch genauere numerische Randwerte, ihr Fehler ist wegen (18.2-23) proportional zu h^2.

18.2 Differenzenverfahren

Durch die Hinzunahme von (18.2-25) verliert die Matrix des entstehenden Gleichungssystems im allgemeinen ihre Symmetrie, sie ist jedoch nach wie vor eine M-Matrix. Wir wollen dies nicht allgemein nachweisen, sondern nur an einem Beispiel belegen.

<u>Beispiel 18.2-1.</u> Es werde das in Bild 18-6 beschriebene Gitter $\overline{G}_h$ verwendet.

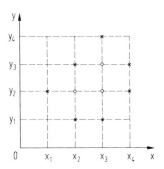

Bild 18-6. Zum Beispiel 18.2-1

Wenn wir wieder die bisherige Reihenfolge der Komponenten von u^h einhalten und berücksichtigen, daß die Randwerte jetzt ebenfalls unbekannt sind, so ist

$$u^h = \left[u^h_{2,1}, u^h_{1,2}, u^h_{3,1}, u^h_{2,2}, u^h_{3,2}, u^h_{2,3}, u^h_{4,2}, u^h_{3,3}, u^h_{4,3}, u^h_{3,4}\right]^T. \quad (18.2\text{-}26)$$

Für jeden Punkt $(x_i, y_k) \in \overline{G}_h$ ist dann eine Gleichung hinzuschreiben, und zwar (18.2-5) (nach Multiplikation mit h^2), wenn $(x_i, y_k) \in G_h$, (18.2-25), wenn $(x_i, y_k) \in \dot{G}_h$. Die Matrix $A(h)$ des entstehenden Gleichungssystems hat also die Gestalt

$$A(h) = \begin{bmatrix}
1 & 0 & 0 & -\delta_{21}/(h+\delta_{21}) & 0 & 0 & 0 & 0 & 0 & 0 \\
0 & 1 & 0 & -\delta_{12}/(h+\delta_{12}) & 0 & 0 & 0 & 0 & 0 & 0 \\
0 & 0 & 1 & 0 & -\delta_{31}/(h+\delta_{31}) & 0 & 0 & 0 & 0 & 0 \\
-1 & -1 & 0 & 4 & -1 & -1 & 0 & 0 & 0 & 0 \\
0 & 0 & -1 & -1 & 4 & 0 & -1 & -1 & 0 & 0 \\
0 & 0 & 0 & -\delta_{23}/(h+\delta_{23}) & 0 & 1 & 0 & 0 & 0 & 0 \\
0 & 0 & 0 & 0 & -\delta_{42}/(h+\delta_{42}) & 0 & 1 & 0 & 0 & 0 \\
0 & 0 & 0 & 0 & -1 & -1 & 0 & 4 & -1 & -1 \\
0 & 0 & 0 & 0 & 0 & 0 & 0 & -\delta_{43}/(h+\delta_{43}) & 1 & 0 \\
0 & 0 & 0 & 0 & 0 & 0 & 0 & -\delta_{34}/(h+\delta_{34}) & 0 & 1
\end{bmatrix}. \quad (18.2\text{-}27)$$

Wegen $0 \leq \delta_{ik} < h$ ist $A(h)$ eine schwach diagonaldominante L-Matrix, mit etwas Mühe kann man außerdem ihre Irreduzibilität nachweisen. Daher ist $A(h)$ in der Tat eine M-Matrix.

Wir wollen noch untersuchen, wie das dritte Randwertproblem durch ein Differenzenverfahren gelöst werden kann und betrachten dazu

$$-\Delta_2 u \equiv -u_{xx} - u_{yy} = f(x,y) \text{ in } G,$$
$$\alpha(x,y)u(x,y) + \beta(x,y)\frac{\partial u(x,y)}{\partial \nu} = \gamma(x,y), \quad (x,y) \in \dot{G}.$$
(18.2-28)

Wie bisher sei $u = u(x,y)$ die Lösung dieses Randwertproblems, wir setzen $u \in C^4(\overline{G})$ und außerdem $\alpha, \beta, \gamma \in C^1(\overline{G})$ voraus. Das Gebiet G besitze die am Anfang von 18.2.3 festgelegten Eigenschaften und wir verwenden auch wieder das oben beschriebene (Bild 18-4) Gitter $\overline{G}_h$. Für jeden Punkt $(x_r, y_s) \in G_h$ erhalten wir dann zunächst eine Gleichung (18.2-5).

Größere Schwierigkeiten bereitet dagegen manchmal die Bestimmung der numerischen Randbedingungen. Eine Möglichkeit dazu bietet das folgende Vorgehen:

Von einem Punkt $(x_i, y_k) \in \dot{G}_h$ aus fällen wir das Lot ν auf die Randkurve $\dot{G}$, welche über diesen Punkt hinaus die Verbindungslinie von zwei Punkten aus G_h im Punkt (x_{i-1}, y) schneidet (Bild 18-7).

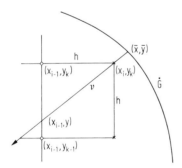

Bild 18-7. Zum dritten Randwertproblem

Dann gilt

$$\left(\frac{\partial u}{\partial \nu}\right)_{(x_i, y_k)} = \frac{u(x_{i-1}, y) - u(x_i, y_k)}{\sqrt{h^2 + (y - y_k)^2}} + O(h),$$
(18.2-29)

und weiter, wie man mit Hilfe der Taylorentwicklung an der Stelle (x_{i-1}, y) leicht ausrechnet,

$$u(x_{i-1}, y) = \frac{y - y_{k-1}}{h} u(x_{i-1}, y_k) + \frac{y_k - y}{h} u(x_{i-1}, y_{k-1}) + O(h^2).$$
(18.2-30)

18.2 Differenzenverfahren

Sei $(\bar{x},\bar{y})$ der Punkt, in dem die Normale ν die Kurve $\dot{G}$ schneidet (Bild 18-7), so gilt wegen $\alpha, \beta, \gamma \in C^1(\bar{G})$ schließlich noch

$$\alpha(x_i,y_k)u(x_i,y_k) + \beta(x_i,y_k)\left(\frac{\partial u}{\partial \nu}\right)_{(x_i,y_k)} - \gamma(x_i,y_k)$$

$$= \alpha(\bar{x},\bar{y})u(\bar{x},\bar{y}) + \beta(\bar{x},\bar{y})\left(\frac{\partial u}{\partial \nu}\right)_{(\bar{x},\bar{y})} - \gamma(\bar{x},\bar{y}) + O(h) = O(h), \quad (18.2\text{-}31)$$

denn auf $\dot{G}$ ist ja die Randbedingung aus (18.2-28) erfüllt.

Setzt man (18.2-30) in (18.2-29) und danach diesen Ausdruck wiederum in (18.2-31) ein, berücksichtigt man ferner, daß der Wurzelausdruck im Nenner von (18.2-29) von der Größenordnung $O(h)$ ist, so ergibt sich

$$\alpha(x_i,y_k)u(x_i,y_k) + \frac{\beta(x_i,y_k)}{\sqrt{h^2+(y-y_k)^2}}\left[\frac{y-y_{k-1}}{h}u(x_{i-1},y_k) + \right.$$

$$\left. + \frac{y_k-y}{h}u(x_{i-1},y_{k-1}) - u(x_i,y_k)\right] = \gamma(x_i,y_k) + O(h). \quad (18.2\text{-}32)$$

Wir lassen das Restglied $O(h)$ fort und ersetzen $u(x_i,y_k)$, $u(x_{i-1},y_k)$, $u(x_{i-1},y_{k-1})$ durch $u^h_{i,k}$, $u^h_{i-1,k}$, $u^h_{i-1,k-1}$. Zur Abkürzung setzen wir weiter

$$\tau_k(y)h = \sqrt{h^2+(y-y_k)^2}, \quad \rho_k(y) = \frac{y-y_{k-1}}{h}, \quad \sigma_k(y) = \frac{y_k-y}{h}, \quad (18.2\text{-}33)$$

es gilt demnach

$$\tau_k(y) \geq 1, \quad \rho_k(y) + \sigma_k(y) = 1. \quad (18.2\text{-}34)$$

Es ist dann wegen (18.2-32) nach Multiplikation mit $-\tau_k(y)h$

$$\left[\beta(x_i,y_k) - \tau_k(y)h\alpha(x_i,y_k)\right]u^h_{i,k}$$

$$- \rho_k(y)\beta(x_i,y_k)u^h_{i-1,k} - \sigma_k(y)\beta(x_i,y_k)u^h_{i-1,k-1} = \quad (18.2\text{-}35)$$

$$- \tau_1(y)h\gamma(x_i,y_k).$$

Für jeden Randpunkt $(x_i,y_k) \in \dot{G}_h$ ist eine solche oder - bei anderer Lage des Randes - entsprechende Gleichung aufzustellen, wobei die $u^h_{i,k}$, $u^h_{i-1,k}$, $u^h_{i-1,k-1}$ Unbekannte sind. Bei beliebiger Lage des Randes $\dot{G}$ zum Gitter $\bar{G}_h$ ist das Konstruktionsprinzip immer das gleiche: Durch jeden Punkt $(x_i, y_k) \in \dot{G}_h$ wird das Lot auf $\dot{G}$ gefällt und dann wie oben eine (18.2-35) entsprechende Gleichung aufgestellt.

Die Gesamtheit der Gleichungen (18.2-5) und (18.2-35) stellt dann das Gleichungssystem zur Berechnung der Näherungen $u_{i,k}^h$ in den Punkten $(x_i, y_k) \in \overline{G}_h$ dar. Man kann zeigen, daß die Matrix dieses Systems wieder eine M-Matrix ist, wenn

$$\beta(x,y) > 0, \quad \alpha(x,y) < 0, \quad (x,y) \in \overline{G}, \qquad (18.2\text{-}36)$$

gilt. Wegen $\rho_k(y) + \sigma_k(y) = 1$ sieht man unmittelbar ein, daß unter diesen Voraussetzungen die Matrix zumindest eine schwach diagonaldominante L-Matrix ist. Gilt anstelle von (18.2-36) $\beta(x,y) < 0$, $\alpha(x,y) > 0$, so multipliziert man (18.2-35) mit -1.

Über Differenzenverfahren zur numerischen Lösung linearer elliptischer Randwertprobleme gibt es umfassende Untersuchungen. Man vergleiche hierzu, insbesondere im Hinblick auf weitergehende praktische und theoretische Fragen, [1, 25-28] und die dort angegebene Literatur.

18.2.4 Variationsprobleme und nichtlineare Randwertaufgaben

In 18.1.2 und 18.1.3 haben wir den Zusammenhang zwischen Variationsproblemen und gewissen Randwertproblemen beschrieben. Liegt ein solches Randwertproblem zur Lösung vor, so ist es in der Regel vorzuziehen, wie bereits am Schluß von 18.1.3 bemerkt, das zugehörige Variationsproblem numerisch zu lösen. Im folgenden soll untersucht werden, wie dies durch ein geeignetes Differenzenverfahren erfolgen kann.

Es sei

$$G: 0 < x < 1; \; 0 < y < 1, \qquad (18.2\text{-}37)$$

und wir betrachten das Variationsproblem

$$I[u] = \int_G F(x,y,u,u_x,u_y)\,dx\,dy = \text{Min}, \quad u(x,y) = \varphi(x,y), \; (x,y) \in \dot{G}. \qquad (18.2\text{-}38)$$

Es handelt sich hierbei um das Problem (18.1-24), wenn dort $\dot{G}_1$ leer ist. Die Funktion F sei bezüglich aller fünf Veränderlichen zweimal stetig differenzierbar, φ sei auf $\dot{G}$ stetig und die Matrix

$$A = \begin{bmatrix} F_{u_x u_x} & F_{u_x u_y} \\ F_{u_x u_y} & F_{u_y u_y} \end{bmatrix}, \qquad (18.2\text{-}39)$$

18.2 Differenzenverfahren

deren Elemente noch von x, y, u, u_x, u_y abhängen können, sei stets positiv definit. Dann ist die zugehörige Eulersche Differentialgleichung (18.1-27) elliptisch, wie man nach Ausdifferenzieren dieser Gleichung bestätigt.

Zur numerischen Lösung des Variationsproblems (18.2-38) gehen wir so vor: Zunächst wird das Integral $I[u]$ durch eine numerische Kubaturformel ersetzt, anschließend werden die Differentialquotienten durch passende Differenzenquotienten in einer Gitterfunktion u^h approximiert, woraufhin schließlich noch die Minimalforderung $I[u]$ = Min numerisch realisiert wird.

Wir überziehen $\overline{G}$ wieder mit dem gleichen quadratischen Gitter wie in 18.2.1, wobei wie dort $hN_h = 1$ gelte. Als Kubaturformel wählen wir (13.5-26), für $\Phi \in C^2(\overline{G})$ gilt also

$$\int_G \Phi(x,y) dx dy = h^2 \sum_{r,s=0}^{N_h-1} \Phi\left(x_r + \frac{h}{2}, y_s + \frac{h}{2}\right) + O(h^2).$$

Daher folgt zunächst in abgekürzter, leicht verständlicher Schreibweise

$$I[u] = h^2 \sum_{r,s=0}^{N_h-1} \left\{F(x,y,u,u_x,u_y)\right\}_{\left(x_r + \frac{h}{2}, y_s + \frac{h}{2}\right)} + O(h^2). \tag{18.2-40}$$

Hier treten noch die Funktionswerte u, u_x, u_y an der Stelle $\left(x_r + \frac{h}{2}, y_s + \frac{h}{2}\right)$ auf, und es gilt

$$u_x\left(x_r + \frac{h}{2}, y_s + \frac{h}{2}\right) = \frac{1}{2h}\left[u(x_{r+1}, y_{s+1}) - u(x_r, y_{s+1}) + u(x_{r+1}, y_s) - u(x_r, y_s)\right] + O(h^2)$$

$$= D_x u(x_r, y_s) + O(h^2), \tag{18.2-41}$$

$$u_y\left(x_r + \frac{h}{2}, y_s + \frac{h}{2}\right) = \frac{1}{2h}\left[u(x_{r+1}, y_{s+1}) - u(x_{r+1}, y_s) + u(x_r, y_{s+1}) - u(x_r, y_s)\right] + O(h^2)$$

$$= D_y u(x_r, y_s) + O(h^2), \tag{18.2-42}$$

$$u\left(x_r + \frac{h}{2}, y_s + \frac{h}{2}\right) = \frac{1}{4}\left[u(x_{r+1}, y_{s+1}) + u(x_{r+1}, y_s) + u(x_r, y_{s+1}) + u(x_r, y_s)\right] + O(h^2)$$

$$= D\, u(x_r, y_s) + O(h^2). \tag{18.2-43}$$

Setzt man diese Ausdrücke in (18.2-40) ein, so erhält man wegen der Differenzierbarkeitseigenschaften von F und wegen $h^2 N_h^2 = 1$ als Restglied einen Ausdruck der Größenordnung $O(h^2)$. Läßt man das Restglied fort und ersetzt die Werte $u(x_{r+i}, y_{s+j})$,

$i,j = 0,1$, durch die Komponenten $u^h_{r+i,s+j}$ der Gitterfunktion u^h, so ergibt sich aus (18.2-40) das "diskrete Variationsproblem"

$$I_h[u^h] = h^2 \sum_{r,s=0}^{N_h-1} F\left(x_r + \frac{h}{2}, y_s + \frac{h}{2}, Du^h_{r,s}, D_x u^h_{r,s}, D_y u^h_{r,s}\right) = \text{Min.} \quad (18.2\text{-}44)$$

Es stellt sozusagen das Ersatzproblem zu (18.2-38) dar. Die Minimalforderung führt dann auf das Gleichungssystem

$$\left(T_h u^h\right)_{i,k} = \frac{\delta I_h[u^h]}{\delta u^h_{i,k}} = 0, \quad i,k = 1,\ldots,N_h - 1. \quad (18.2\text{-}45)$$

Dieses ist ein großes und im allgemeinen nichtlineares schwach besetztes Gleichungssystem von $(N_h - 1)^2$ Gleichungen mit ebensoviel Unbekannten $u^h_{i,k}$. Genauer läßt sich zeigen, daß das System (18.2-45) linear bzw. nichtlinear ist, wenn die zum Variationsproblem gehörige Eulersche Differentialgleichung linear bzw. nichtlinear ist. In jeder Gleichung treten jedoch nur wenige Unbekannte auf, d.h. das Gleichungssystem ist schwach besetzt. Wenn wir zur Abkürzung

$$F\left(x_r + \frac{h}{2}, y_s + \frac{h}{2}, Du^h_{r,s}, D_x u^h_{r,s}, D_y u^h_{r,s}\right) = \Psi^h_{r,s}$$

setzen, so tritt die Komponente $u^h_{i,k}$ von u^h nämlich nur in $\Psi^h_{i,k}, \Psi^h_{i-1,k}, \Psi^h_{i,k-1}, \Psi^h_{i-1,k-1}$ auf, wie man unmittelbar übersieht. Es gilt also

$$\left(T_h u^h\right)_{i,k} = \frac{\delta I_h[u^h]}{\delta u^h_{i,k}} = h^2 \frac{\delta}{\delta u^h_{i,k}}\left[\Psi^h_{i,k} + \Psi^h_{i-1,k} + \Psi^h_{i,k-1} + \Psi^h_{i-1,k-1}\right] = 0,$$

$$i,k = 1,\ldots,N_h - 1. \quad (18.2\text{-}46)$$

Da die vier Ausdrücke $\Psi^h_{i-\rho,k-\sigma}, \rho,\sigma = 0,1$, genau die neun Komponenten $u^h_{i+\lambda,k+\varkappa}$, $\lambda,\varkappa = -1,0,1$, enthalten, die $u^h_{0,s}, u^h_{r,0}, u^h_{N_h,s}, u^h_{r,N_h}, r,s = 0,\ldots,N_h$, aber bekannte Randwerte sind, treten in jeder Gleichung (18.2-45) bzw. (18.2-46) höchstens neun Unbekannte auf.

<u>Beispiel 18.2-2.</u> Es sei

$$F = u_x^2 + u_y^2,$$

die zugehörige Eulersche Differentialgleichung ist gemäß (18.1-27) $-\Delta_2 u = -u_{xx} - u_{yy} = 0$,

18.2 Differenzenverfahren

also eine lineare Differentialgleichung. Entsprechend ist das Gleichungssystem (18.2-46) linear, wie wir sehen werden.

Es ist in unserem Fall

$$\psi^h_{r,s} = \left(D_x u^h_{r,s}\right)^2 + \left(D_y u^h_{r,s}\right)^2 \qquad (18.2-47)$$

und somit

$$\frac{\partial \psi^h_{r,s}}{\partial u^h_{i,k}} = 2\left[D_x u^h_{r,s} \frac{\partial(D_x u^h_{r,s})}{\partial u^h_{i,k}} + D_y u^h_{r,s} \frac{\partial(D_y u^h_{r,s})}{\partial u^h_{i,k}}\right]. \qquad (18.2-48)$$

Nach (18.2-41), (18.2-42) gilt

$$\frac{\partial(D_x u^h_{i,k})}{\partial u^h_{i,k}} = \frac{\partial(D_y u^h_{i,k})}{\partial u^h_{i,k}} = \frac{\partial(D_x u^h_{i,k-1})}{\partial u^h_{i,k}} = \frac{\partial(D_y u^h_{i-1,k})}{\partial u^h_{i,k}} = -\frac{1}{2h},$$

$$\frac{\partial(D_x u^h_{i-1,k})}{\partial u^h_{i,k}} = \frac{\partial(D_y u^h_{i,k-1})}{\partial u^h_{i,k}} = \frac{\partial(D_x u^h_{i-1,k-1})}{\partial u^h_{i,k}} = \frac{\partial(D_y u^h_{i-1,k-1})}{\partial u^h_{i,k}} = \frac{1}{2h}.$$

Daraus und mit (18.2-46), (18.2-48) folgt somit

$$\frac{h}{2}\left(T_h u^h\right)_{i,k} = \frac{1}{2}\Big\{-D_x u^h_{i,k} + D_x u^h_{i-1,k} - D_x u^h_{i,k-1} + D_x u^h_{i-1,k-1}$$

$$-D_y u^h_{i,k} - D_y u^h_{i-1,k} + D_y u^h_{i,k-1} + D_y u^h_{i-1,k-1}\Big\}$$

$$= 4u^h_{i,k} - u^h_{i+1,k+1} - u^h_{i-1,k+1} - u^h_{i+1,k-1} - u^h_{i-1,k-1} = 0,$$

$$i,k = 1,\ldots,N_h - 1.$$

Dieses lineare Gleichungssystem kann man auch erhalten, indem man $-\Delta_2 u = 0$ direkt durch ein Differenzenverfahren löst. Dazu hat man in (18.2-4) lediglich noch folgende lineare Interpolationen vorzunehmen:

$$\frac{1}{h^2} u(x_{i\pm 1}, y_k) = \frac{1}{2h^2}\left[u(x_{i\pm 1}, y_{k+1}) + u(x_{i\pm 1}, y_{k-1})\right] - \frac{1}{2}u_{yy}(x_{i\pm 1}, y_k) + O(h^2),$$

$$\frac{1}{h^2} u(x_i, y_{k\pm 1}) = \frac{1}{2h^2}\left[u(x_{i+1}, y_{k\pm 1}) + u(x_{i-1}, y_{k\pm 1})\right] - \frac{1}{2}u_{xx}(x_i, y_{k\pm 1}) + O(h^2).$$

18 Randwertprobleme elliptischer Differentialgleichungen zweiter Ordnung

Das Restglied bleibt dabei von der Ordnung $O(h^2)$. Man kann auch mit der hier betrachteten Methode zu den Gleichungen (18.2-4) gelangen, wenn man eine andere Approximation der u, u_x, u_y an der Stelle $(x_r + \frac{h}{2}, y_s + \frac{h}{2})$ verwendet.

Ist das Gleichungssystem (18.2-45) nichtlinear, so muß es mit einem geeigneten Iterationsverfahren für große nichtlineare schwach besetzte Gleichungssysteme gelöst werden. In Band 1, Kapitel 7 und 8 wurde dargelegt, daß entscheidend für die Konvergenz solcher Verfahren die Eigenschaften der Funktionalmatrix

$$T'(u^h) = \left[\frac{\partial^2 I_h[u^h]}{\partial u^h_{i,k} \partial u^h_{j,l}} \right], \quad i,j,k,l = 1, \ldots, N_h - 1, \tag{18.2-49}$$

sind. Offenbar ist diese Matrix symmetrisch. Darüber hinaus kann man nachweisen, daß sie unter den angegebenen Voraussetzungen auch stets positiv definit ist. Das nichtlineare Gleichungssystem (18.2-45) kann daher mit den in Band 1, Kapitel 8 beschriebenen SOR- und ADI-Verfahren gelöst werden, insbesondere mit dem in 8.1 beschriebenen SOR-Newton-Verfahren für $0 < \omega < 2$.

Ist das Gebiet G krummlinig berandet, so kann man im Prinzip wie in 18.2.3 vorgehen. Es ist im allgemeinen jedoch zweckmäßiger, die flexiblere Methode der finiten Elemente, die wir in 18.3.2 und 18.3.3 untersuchen werden, zu verwenden.

Schließlich sei noch bemerkt, daß das hier beschriebene Verfahren unter etwas stärkeren Voraussetzungen für $h \to 0$ von der Ordnung zwei konvergiert. Ein Eingehen auf die bei den hier betrachteten Variationsproblemen schon recht schwierigen Fragen der Konvergenz würde jedoch weit über den Rahmen dieses Buches hinausgehen.

Differenzenverfahren werden ihrer Einfachheit wegen bei drei- und mehrdimensionalen Problemen aus der Technik häufig den anderen Verfahren vorgezogen.

18.3 Das Ritzsche Verfahren und die Methode der finiten Elemente

18.3.1 Das Ritzsche Verfahren

Wir kehren jetzt zu den Betrachtungen in 18.1.2 zurück. Nach Satz 18.1-1 ist das Randwertproblem (18.1-12) gelöst, wenn man unter den angegebenen Voraussetzungen eine Funktion $u = u(x,y)$ gefunden hat, für die

$$I[u] = \underset{v \in \Delta}{\text{Min}} \, I[v] = \underset{v \in \Delta}{\text{Min}} \, \{(v, Lv) - 2(v, f)\} \tag{18.3-1}$$

18.3 Das Ritzsche Verfahren und die Methode der finiten Elemente

gilt. Dabei ist gemäß (18.1-20)

$$(v, Lv) - 2(v,f) = \int_G \left(a_{11} v_x^2 + 2a_{12} v_x v_y + a_{22} v_y^2 + av^2 - 2vf \right) dxdy.$$

Beim nun zu erörternden Ritzschen Verfahren wird $I[v]$ näherungsweise minimiert. Das Verfahren selbst kann ganz ähnlich wie das in 15.3.2 beschriebene Ritz-Verfahren für Randwertaufgaben gewöhnlicher Differentialgleichungen durchgeführt werden. Man wählt wie dort einen passenden M-dimensionalen Unterraum $D_M \subset D$, wobei D durch (18.1-21) definiert ist, und spannt ihn durch ein System linear unabhängiger Basisfunktionen $\varphi_j(x,y)$, $j = 1,\ldots,M$, auf. Jede Funktion $v \in D_M$ hat dann die Gestalt

$$v = \sum_{\mu=1}^{M} \alpha_\mu \varphi_\mu, \qquad (18.3-2)$$

wobei die α_μ reelle Zahlen sind. Bildet man hiermit das Funktional $I[v]$, so erhält man fast wörtlich wie bei (15.3-20)

$$I[v] = [v,v] - 2(v,f) = \Phi(\alpha_1,\ldots,\alpha_M)$$

$$= \left[\sum_{\mu=1}^{M} \alpha_\mu \varphi_\mu, \sum_{\nu=1}^{M} \alpha_\nu \varphi_\nu \right] - 2 \left(\sum_{\mu=1}^{M} \alpha_\mu \varphi_\mu, f \right)$$

$$= \sum_{\mu,\nu=1}^{M} [\varphi_\mu, \varphi_\nu] \alpha_\mu \alpha_\nu - 2 \sum_{\mu=1}^{M} (\varphi_\mu, f) \alpha_\mu.$$

Die Forderung $I[v] = \Phi(\alpha_1,\ldots,\alpha_M) = $ Min führt wie in 15.3.2 auf das lineare Gleichungssystem

$$\frac{1}{2} \frac{\partial \Phi(\alpha_1,\ldots,\alpha_M)}{\partial \alpha_i} = \sum_{j=1}^{M} [\varphi_i, \varphi_j] \alpha_j - (\varphi_i, f) = 0, \quad i = 1,\ldots,M, \qquad (18.3-3)$$

dessen Herleitung wörtlich mit der in 15.3.2 für das System (15.3-21) übereinstimmt. Wie dort setzen wir auch

$$[\varphi_i, \varphi_j] = a_{ij}, \quad (\varphi_i, f) = b_i, \quad A = [a_{ij}], \quad b = [b_1,\ldots,b_M]^T,$$

$$\alpha = [\alpha_1,\ldots,\alpha_M]^T. \qquad (18.3-4)$$

Dann lautet das Gleichungssystem (18.3-3) kürzer

$$A\alpha = b. \qquad (18.3-5)$$

Wie in (15.3-2) schließt man weiter, daß die symmetrische Matrix A positiv definit ist, das Gleichungssystem (18.3-5) also eine eindeutige Lösung $\alpha^* = [\alpha_1^*, \ldots, \alpha_M^*]^T$ besitzt. Zur Lösung kann etwa das in Band 1, 5.1.3 beschriebene Cholesky-Verfahren verwendet werden.

Weiter zeigt man wörtlich wie in 15.3.2, daß $\Phi(\alpha^*) \leq \Phi(\alpha)$ und damit

$$\min_{v \in D_M} I[v] = I[v^*] \qquad (18.3-6)$$

mit

$$v^*(x,y) = \sum_{\mu=1}^{M} \alpha_\mu^* \varphi_\mu(x,y) \qquad (18.3-7)$$

gilt.

Die Wahl der Funktionen φ_μ, d.h. die Wahl des Unterraums D_M, bereitet in den meisten Fällen Schwierigkeiten. Außerdem müssen die Doppelintegrale $a_{ij} = [\varphi_i, \varphi_j]$, $b_i = (\varphi_i, f)$ in der Regel mit Hilfe geeigneter Kubaturformeln näherungsweise berechnet werden. Klassische Basisfunktionen sind Polynome in x und y, insbesondere Orthogonalpolynome oder trigonometrische Polynome. Allgemeine Regeln für die Wahl der Basisfunktionen lassen sich kaum aufstellen, es ist insbesondere die Größe und die Gestalt des Gebietes G und natürlich die Art des vorgelegten Problems zu berücksichtigen. Die Matrix des Gleichungssystems (18.3-5) ist im allgemeinen voll besetzt, was zusammen mit den notwendigen numerischen Kubaturen oft einen erheblichen Rechenaufwand bedingt, auch wenn M nicht zu groß gewählt wird. Bezüglich der Anwendung des Ritzschen Verfahrens vergleiche man etwa [8, 26, 27].

Einen Teil der genannten Schwierigkeiten kann man vermeiden, wenn man $\overline{G}$ in kleine Teilbereiche, in "finite Elemente", unterteilt und Basisfunktionen $\varphi_\mu(x,y)$ wählt, die jeweils nur auf wenigen Teilbereichen nicht identisch verschwinden. Dies führt zu einer heute überwiegend verwendeten Variante des Ritzschen Verfahrens, der "Methode der finiten Elemente".

18.3.2 Die einfachste Methode der finiten Elemente

Über die Methode der finiten Elemente gibt es eine umfangreiche Literatur, die sich sowohl mit ihrer praktischen Anwendung bei technischen und naturwissenschaftlichen Problemen als auch mit ihrer mathematischen Grundlegung und Theorie befaßt. Es ist hier nur der Platz, auf den einfachsten Fall dieser Methode einzugehen.

18.3 Das Ritzsche Verfahren und die Methode der finiten Elemente

Die Unterteilung von $\overline{G}$ in kleine Teilbereiche kann auf vielerlei Art erfolgen, besonders bewährt hat sich die Unterteilung in abgeschlossene Dreiecke, d.h. die "Triangulierung" von $\overline{G}$. Um etwas Konkretes vor Augen zu haben, nehmen wir wie in 18.2.3 an, daß G ein beschränktes, offenes, konvexes Gebiet mit stetigem Rand $\dot{G}$ ist. Er kann durch einen stetigen, ganz in $\overline{G}$ verlaufenden Polygonzug $\overset{\cdot}{\tilde{G}}$ approximiert werden, dessen Eckpunkte auf $\dot{G}$ liegen. Dieser Polygonzug ist der Rand eines Gebietes $\tilde{G}$.

Wir triangulieren nun den Bereich $\overline{\tilde{G}}$ wie in Bild 18-8, so daß er als Vereinigungsmenge von endlich vielen abgeschlossenen Dreiecken D_i, $i = 1,\ldots,N$, dargestellt werden kann:

$$\overline{\tilde{G}} = \bigcup_{i=1}^{N} D_i \,. \tag{18.3-8}$$

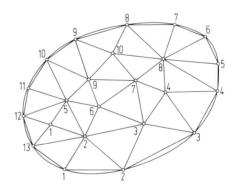

Bild 18-8. Triangulierung von $\overline{\tilde{G}}$

Die Triangulierung soll so erfolgen, daß zwei beliebige Dreiecke D_i und D_j
entweder keinen gemeinsamen Punkt,
oder genau eine Seite,
oder genau eine Ecke
gemeinsam haben. Es kann daher nicht auftreten, daß ein Eckpunkt von D_i auf einer Seite von D_j liegt und kein Eckpunkt dieses Dreiecks ist. Sei h_i der Maximalabstand zweier Eckpunkte von D_i und

$$h = \underset{j=1,\ldots,N}{\text{Max}} \{h_j\} \,, \tag{18.3-9}$$

so hängen in der Regel $\overset{\cdot}{\tilde{G}}$ und damit $\overline{\tilde{G}}$ noch von h ab. Wir werden eine bestimmte Abhängigkeit gleich sogar fordern. Denn man kann $\dot{G}$ umso besser durch $\overset{\cdot}{\tilde{G}}$ approximieren, je kleiner h gewählt wird. Ebenso hängt M noch von h ab. Da wir hier jedoch ein beliebiges aber festes h und damit eine feste Triangulierung betrachten, wollen wir auf eine besondere Kennzeichnung verzichten.

Die Eckpunkte der D_i heißen Knotenpunkte, die Menge der verschiedenen Knotenpunkte in $\widetilde{G}$ bezeichnen wir mit R, die auf $\overset{\approx}{G}$ mit $\overset{\approx}{R}$. Denn unter den gegebenen Voraussetzungen kann $\overset{\approx}{G}$ so konstruiert werden, daß alle Knotenpunkte auf $\overset{\approx}{G}$ auch auf $\dot{G}$ liegen, wir fordern also $\overset{\approx}{R} \subset \dot{G}$. Eine Änderung von h bedingt daher im allgemeinen auch eine Änderung des Randes $\overset{\approx}{G}$. R enthalte genau M, $\dot{R}$ genau $\dot{M}$ Knotenpunkte, die wir jeweils nach einer bestimmten Ordnung numerieren (Bild 18-8) und mit (ξ_j, η_j), $j = 1, \ldots, M$, $(\dot{\xi}_k, \dot{\eta}_k)$, $k = 1, \ldots, \dot{M}$, bezeichnen. Die Basisfunktionen (Ansatzfunktionen) $\varphi_i(x,y)$, $i = 1, \ldots, M$, wählen wir dann wie folgt:

1. $\varphi_i \in C^0(\overline{\overset{\approx}{G}})$,

2. $\varphi_i(x,y)$ ist auf jedem Dreieck D_ν, $\nu = 1, \ldots, N$, ein Polynom ersten Grades in x, y,

(18.3-10)

3. $\varphi_i(\xi_j, \eta_j) = \delta_{ij}$, $i, j = 1, \ldots, M$,

4. $\varphi_i(\dot{\xi}_k, \dot{\eta}_k) = 0$, $i = 1, \ldots, M$; $k = 1, \ldots, \dot{M}$.

Durch diese vier Forderungen sind die Funktionen $\varphi_i(x,y)$, $i = 1, \ldots, M$, eindeutig bestimmt. Im Punkt (ξ_i, η_i) hat φ_i den Wert 1, in allen anderen den Wert 0. Da φ_i über jedem Teildreieck D_ρ eine lineare Funktion ist, verschwindet diese Ansatzfunktion nur auf den Teildreiecken aus $\overline{\overset{\approx}{G}}$ nicht identisch, welche die gemeinsame Ecke (ξ_i, η_i) besitzen. Bild 18-9 zeigt die Gestalt von φ_i.

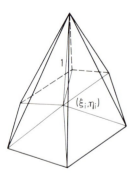

Bild 18-9. Die Funktion $\varphi_i(x,y)$

Die φ_i sind Elemente des in 18.1.2 definierten Raumes $V(\widetilde{G})$, es können also die durch (18.1-22) definierten Bilinearformen $[\varphi_i, \varphi_j]$ gebildet werden, wenn dort G durch $\widetilde{G}$ ersetzt wird. Denn die φ_i sind über jedem Teildreieck D_ρ, $\rho = 1, \ldots, N$, nach x und y differenzierbar, ihre Ableitungen sind dort Konstanten. Das Integral

18.3 Das Ritzsche Verfahren und die Methode der finiten Elemente

(18.1-22) kann dann in der Form

$$\int_{\widetilde{G}} = \sum_{i=1}^{N} \int_{D_i}$$

dargestellt werden.

Die Funktionen φ_i, $i = 1,\ldots,M$, sind auf $\overline{\widetilde{G}}$ linear unabhängig. Wäre das nicht der Fall, so müßte eine Gleichung

$$\sum_{i=1}^{M} \alpha_i \varphi_i(x,y) = 0 \qquad (18.3\text{-}11)$$

gelten, wobei die Konstanten α_i nicht sämtlich verschwinden. Nun ist aber nach (18.3-10), 3.

$$\sum_{i=1}^{M} \alpha_i \varphi_i(\xi_j,\eta_j) = \sum_{i=1}^{M} \alpha_i \delta_{ij} = \alpha_j = 0, \; j = 1,\ldots,M,$$

d.h. aus (18.3-11) folgt notwendig das Verschwinden der α_i, $i = 1,\ldots,M$. Die Funktionen φ_i spannen als Basisfunktionen daher einen Raum D_M auf, und zwar den Raum derjenigen auf $\overline{\widetilde{G}}$ definierten stetigen Funktionen, die über jedem Dreieck $\dot{D}_\rho$, $\rho = 1,\ldots,N$, linear sind und auf $\overset{\approx}{G}$ verschwinden.

Durch eine Funktion aus dem Raum D_M wollen wir jetzt die Lösung des Variationsproblems (18.3-1) und damit die Lösung des Randwertproblems (18.1-12) approximieren. Es leuchtet ein, daß dies im allgemeinen um so genauer möglich ist, je kleiner h gewählt wird, je feiner also die Triangulierung erfolgt. Dabei wird ja nach den obigen Ausführungen auch der Rand $\dot{G}$ durch $\overset{\approx}{G}$ besser approximiert. Die Methode der finiten Elemente wird dann als Ritzsches Verfahren weitergeführt, der Ansatz (18.3-2) führt auf die Näherungslösung

$$v^*(x,y) = \sum_{i=1}^{M} \alpha_i^* \varphi_i(x,y). \qquad (18.3\text{-}12)$$

Dabei gilt

$$v^*(\xi_j,\eta_j) = \sum_{i=1}^{M} \alpha_i^* \varphi_i(\xi_j,\eta_j) = \sum_{i=1}^{M} \alpha_i^* \delta_{ij} = \alpha_j^* \;,$$

(18.3-12) hat daher die Gestalt

$$v^*(x,y) = \sum_{i=1}^{M} v^*(\xi_i, \eta_i) \varphi_i(x,y). \qquad (18.3\text{-}13)$$

Die Matrix A des Gleichungssystems (18.3-3) bzw. (18.3-5) ist jetzt aber eine schwach besetzte Matrix. Denn es ist nach (18.1-22) mit $\tilde{G}$ statt G

$$[\varphi_i, \varphi_j] =$$

$$\int_{\tilde{G}} [a_{11}(\varphi_i)_x(\varphi_j)_x + a_{12}\{(\varphi_i)_x(\varphi_j)_y + (\varphi_i)_y(\varphi_j)_x\} + a_{22}(\varphi_i)_y(\varphi_j)_y + a\varphi_i\varphi_j]dxdy.$$

Das Produkt $\varphi_i\varphi_j$ und damit die Produkte der Ableitungen von φ_i und φ_j verschwinden offenbar identisch, wenn (ξ_i, η_i) und (ξ_j, η_j) keine Nachbarpunkte sind. Gibt es genau k_i Dreiecke mit dem Eckpunkt (ξ_i, η_i), d.h. genau k_i Nachbarpunkte zu diesem Punkt, so besitzt demnach die Matrix A mit den Elementen $a_{ij} = [\varphi_i, \varphi_j]$ in der i-ten Zeile genau $k_i + 1$ nicht verschwindende Elemente. A ist in der Tat schwach besetzt. Das Gleichungssystem $A\alpha = b$ besitzt andererseits ebensoviel Gleichungen wie die Menge R Punkte, es ist also in der Regel ein großes Gleichungssystem mit M Gleichungen. Daher liegen ähnliche Verhältnisse vor wie beim Differenzenverfahren.

Wie unter den genannten Voraussetzungen bei jedem in 18.3.1 betrachteten Ritzschen Verfahren ist die Matrix A jedoch symmetrisch und positiv definit. Das Gleichungssystem $A\alpha = b$ kann daher mit den in Band 1, Kapitel 6 beschriebenen SOR- und ADI-Verfahren oder mit dem Cholesky-Verfahren aus 5.1.3 gelöst werden.

Bei ungleichmäßiger Triangulierung kann die Aufstellung des Gleichungssystems $A\alpha = b$ schon recht mühevoll sein. Man versucht daher, so zu triangulieren, daß die Dreiecke D_i sich nach Gestalt und Flächeninhalt nicht zu sehr unterscheiden. Bei krummlinig berandeten Gebieten G wird man in der Nähe des Randes jedoch unterschiedliche Dreiecke wählen müssen. Die Tatsache, daß man bei der Triangulierung weitgehende Freizügigkeit hat, ist ein Grund für die größere Flexibilität der Methode der finiten Elemente gegenüber dem Differenzenverfahren.

Im Innern von G kann man oft eine gleichmäßige Triangulierung erreichen, bei der ξ_i und η_i ganzzahlige Vielfache von h sind, etwa

$$\xi_i = m_i h, \quad \eta_i = n_i h. \qquad (18.3\text{-}14)$$

18.3 Das Ritzsche Verfahren und die Methode der finiten Elemente

Die Ansatzfunktionen können dann sogar explizit angegeben werden. In diesem Fall gibt es zu jedem Punkt (ξ_i,η_i) genau sechs benachbarte Dreiecke $D_{i_1},\ldots,D_{i_6}$ (Bild 18-10) und man ermittelt aus (18.3-10) leicht folgende Darstellung der Ansatzfunktion $\varphi_i(x,y)$:

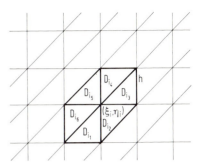

Bild 18-10. Gleichmäßige Triangulierung

$$\varphi_i(x,y) = \begin{cases} 1 - n_i + \frac{y}{h} & \text{auf } D_{i_1}, \\ 1 + m_i - n_i - \frac{x-y}{h} & \text{auf } D_{i_2}, \\ 1 + m_i - \frac{x}{h} & \text{auf } D_{i_3}, \\ 1 + n_i - \frac{y}{h} & \text{auf } D_{i_4}, \\ 1 - m_i + n_i + \frac{x-y}{h} & \text{auf } D_{i_5}, \\ 1 - m_i + \frac{x}{h} & \text{auf } D_{i_6}, \\ 0 & \text{sonst.} \end{cases} \qquad (18.3\text{-}15)$$

Die Doppelintegrale $[\varphi_i,\varphi_j]$ und (φ_i,f) wird man wieder mit Hilfe einer geeigneten Kubaturformel näherungsweise berechnen, wenn die $a_{i,k}$, a und f kompliziertere Funktionen sind. Ausreichende Genauigkeit liefert schon die sehr einfache Formel (13.5-26), die wir auch bereits in 18.2.4 verwendet haben. Es können jedoch andere Kubaturformeln günstiger sein, insbesondere, wenn die Triangulierung unregelmäßig ist.

Für die Aufstellung des linearen Gleichungssystems gibt es mehrere Techniken, man vergleiche hierzu etwa [25, 27] und [43].

18.3.3 Die Methode der finiten Elemente bei nichtlinearen Problemen
Die Methode der finiten Elemente kann auch zur numerischen Lösung des Variationsproblems (18.2-38), dessen Eulersche Differentialgleichung im allgemeinen

quasilinear ist, herangezogen werden. Das Prinzip des Verfahrens soll im folgenden kurz geschildert werden.

Es sei G wieder das in 18.3.2 beschriebene Gebiet und wir betrachten das Variationsproblem

$$I[u] = \int_G F(x,y,u,u_x,u_y) dx dy = \text{Min}, \quad u(x,y) = f(x,y), (x,y) \in \dot{G}. \quad (18.3-16)$$

Dabei sei die Funktion F bezüglich aller fünf Veränderlichen zweimal stetig differenzierbar und f sei eine auf $\dot{G}$ definierte stetige Funktion. Ferner sei die Matrix

$$A = \begin{bmatrix} F_{u_x u_x} & F_{u_x u_y} \\ F_{u_x u_y} & F_{u_y u_y} \end{bmatrix} \quad (18.3-17)$$

für alle Argumente x,y,u,u_x,u_y, $(x,y) \in \overline{G}$, positiv definit. Die zugehörige Eulersche Differentialgleichung (vgl. (18.1-27))

$$-\frac{\partial}{\partial x} F_{u_x} - \frac{\partial}{\partial y} F_{u_y} + F_u = 0 \text{ in } G$$

ist dann überall elliptisch.

Wir wollen die Lösung des Variationsproblems (18.3-16) und damit die Lösung des zugehörigen Randwertproblems der Eulerschen Gleichung wieder durch eine stückweise lineare Funktion approximieren. Dabei ist jedoch zu berücksichtigen, daß die Lösung auf $\dot{G}$ nicht mehr verschwindet, sondern der inhomogenen Randbedingung

$$u(x,y) = f(x,y), \quad (x,y) \in \dot{G}, \quad (18.3-18)$$

genügen muß.

Dazu konstruieren wir wieder das Gebiet $\widetilde{G}$ mit dem Rand $\dot{\widetilde{G}}$ und triangulieren $\overline{\widetilde{G}}$ wie in 18.3.2. Weiter bezeichnen wir den Raum derjenigen auf $\overline{\widetilde{G}}$ definierten stetigen Funktionen, die über jedem Dreieck D_ρ, $\rho = 1,\ldots,N$, linear sind, mit

$$S = \left\{ v \in C^0(\overline{\widetilde{G}}), v|D_\rho \text{ ist Polynom ersten Grades} \right\}. \quad (18.3-19)$$

Wie bereits in 18.3.2 ausdrücklich betont wurde, hängen $\widetilde{G}, N$ und alle anderen Größen, die durch die Triangulierung bestimmt sind, noch von dem Parameter h ab.

18.3 Das Ritzsche Verfahren und die Methode der finiten Elemente

Insbesondere gilt dies auch für den Funktionenraum S, der deshalb genauer etwa mit S_h bezeichnet werden müßte. Da wir aber eine feste Triangulierung zugrunde legen, kann auf eine besondere Kennzeichnung verzichtet werden.

Wie in 18.3.2 enthalte bei fester Triangulierung die Menge R der inneren Knotenpunkte genau M, die Menge $\dot{R}$ der Randknotenpunkte genau $\dot{M}$ Elemente. Die Punkte der Menge $\overline{R} = R \cup \dot{R}$ numerieren wir ebenfalls nach einer gewissen Ordnung und bezeichnen sie mit $(\overline{\xi}_i, \overline{\eta}_i)$, $i = 1, \ldots, M + \dot{M}$. Die Numerierung ist im Prinzip beliebig, wir wollen hier jedoch zuerst die Punkte von R in der alten Numerierung von 1 bis M und dann die von $\dot{R}$, ebenfalls in der alten Reihenfolge, von M + 1 bis $M + \dot{M}$ zählen. Der Raum S hat dann die Basis

$$B = \{\varphi_i \in S, i = 1, \ldots, M + \dot{M}, \varphi_i(\overline{\xi}_j, \overline{\eta}_j) = \delta_{ij}, (\overline{\xi}_j, \overline{\eta}_j) \in \overline{R}\} . \qquad (18.3\text{-}20)$$

Die Basisfunktionen $\varphi_i(x,y)$, $i = 1, \ldots, M + \dot{M}$, spannen also den Raum S auf, jede Funktion $v \in S$ hat somit die Darstellung

$$v(x,y) = \sum_{i=1}^{M} \alpha_i \varphi_i(x,y) + \sum_{j=M+1}^{M+\dot{M}} \dot{\alpha}_j \varphi_j(x,y) . \qquad (18.3\text{-}21)$$

Dabei gilt, wie man sofort verifiziert

$$\alpha_i = v(\overline{\xi}_i, \overline{\eta}_i), (\overline{\xi}_i, \overline{\eta}_i) \in R, \quad \dot{\alpha}_j = v(\overline{\xi}_j, \overline{\eta}_j), (\overline{\xi}_j, \overline{\eta}_j) \in \dot{R} . \qquad (18.3\text{-}22)$$

In 18.3.2 hatten wir $(\dot{\xi}_j, \dot{\eta}_j) \in \dot{G}$ vorausgesetzt, in unserem Fall soll die exakte Lösung $u(x,y)$ des Rand- bzw. Variationsproblems außerdem die Werte $f(x,y)$ annehmen. Wir erhalten deshalb

$$\dot{\alpha}_j = v(\dot{\xi}_j, \dot{\eta}_j) = f(\dot{\xi}_j, \dot{\eta}_j), (\dot{\xi}_j, \dot{\eta}_j) \in \dot{R} . \qquad (18.3\text{-}23)$$

Setzen wir (18.3-21) in (18.3-16) ein, so erhält man das Ersatzproblem

$$I[v] = \sum_{j=1}^{N} \int_{D_j} F(x,y,v,v_x,v_y) dx dy = \text{Min}, \; v \in S,$$

$$v(\dot{\xi}_k, \dot{\eta}_k) = f(\dot{\xi}_k, \dot{\eta}_k), (\dot{\xi}_k, \dot{\eta}_k) \in \dot{R} . \qquad (18.3\text{-}24)$$

Da F bezüglich aller Veränderlichen zweimal stetig differenzierbar ist und v_x, v_y über jedem Dreieck D_i konstante Werte annehmen, existieren die Doppelintegrale über D_j, $j = 1, \ldots, N$ in (18.3-24). Treten die x,y,u in F nicht explizit auf, gilt also $F = F(u_x, u_y)$, wie dies bei vielen Problemen aus den Anwendungen der Fall ist, so können die Integrationen in (18.3-24) sofort ausgeführt werden, da mit v_x, v_y auch $F(v_x, v_y)$ über jedem Dreieck D_j konstant ist. Andernfalls müssen numerische Kubaturformeln verwendet werden, etwa die Formel (13.5-27). Sei g_j der Flächeninhalt und (p_j, q_j) der Schwerpunkt von D_j, $j = 1,\ldots,N$, so gilt wegen (13.5-26) nach (18.3-24)

$$I[v] = \sum_{j=1}^{N} g_j F(p_j, q_j, v(p_j, q_j), v_x(p_j, q_j), v_y(p_y, q_j)) + O(h^2), \quad h \to 0. \quad (18.3\text{-}25)$$

Dabei sind die p_j und q_j durch (13.5-28) gegeben. Setzen wir für $v(p_j, q_j)$, $v_x(p_j, q_j)$, $v_y(p_j, q_j)$ die nach (18.3-21) sich ergebenden Ausdrücke ein und lassen das Restglied $O(h^2)$ fort, so erhalten wir schließlich mit (18.3-23) ein Ersatzproblem der Gestalt

$$\widetilde{I}[v] = H(\alpha_1,\ldots,\alpha_M; f(\dot{\xi}_1, \dot{\eta}_1),\ldots,f(\dot{\xi}_{\dot{M}}, \dot{\eta}_{\dot{M}})) = \text{Min} \quad (18.3\text{-}26)$$

mit $(\dot{\xi}_k, \dot{\eta}_k) = (\overline{\xi}_{M+k}, \overline{\eta}_{M+k})$, $k = 1,\ldots,\dot{M}$. Hieraus resultiert das im allgemeinen nichtlineare Gleichungssystem

$$\frac{\partial H}{\partial \alpha_i} = 0, \quad i = 1,\ldots,M. \quad (18.3\text{-}27)$$

Angenommen, es besitzt die Lösung $\alpha^* = [\alpha_1^*,\ldots,\alpha_M^*]^T$, so lautet die gesuchte stückweise lineare Näherungslösung des Variationsproblems nach (18.3-21)

$$v^*(x,y) = \sum_{i=1}^{M} \alpha_i^* \varphi_i(x,y) + \sum_{j=M+1}^{M+\dot{M}} f(\overline{\xi}_j, \overline{\eta}_j) \varphi_j(x,y), \quad (18.3\text{-}28)$$

wobei nach (18.3-22)

$$\alpha_i^* = v^*(\xi_i, \eta_i), \quad (\xi_i, \eta_i) \in R, \quad (18.3\text{-}29)$$

gilt. Die α_i^* sind also die Werte der gesuchten Näherunglösung in den Knotenpunkten von $\widetilde{G}$.

Unter den angegebenen Voraussetzungen läßt sich zeigen, daß die Funktionalmatrix

$$\left[\frac{\partial^2 H}{\partial \alpha_i \partial \alpha_j} \right], \quad i,j = 1,\ldots,M, \quad (18.3\text{-}30)$$

überall symmetrisch und positiv definit ist. Zur Lösung des im allgemeinen nichtlinearen schwach besetzten Gleichungssystem (18.3-27) können daher die in Band 1, Kapitel 8 beschriebenen SOR- und ADI-Verfahren verwendet werden.

18.3 Das Ritzsche Verfahren und die Methode der finiten Elemente 341

Ist die Triangulierung wenigstens im Innern von G gleichmäßig im Sinne von (18.3-14), so haben die Ansatzfunktionen dort wieder die Gestalt (18.3-15). Trotzdem ist die Aufstellung des nichtlinearen Gleichungssystems (18.3-27) in der Regel wesentlich aufwendiger und mit mehr Detailarbeit verbunden als die des linearen Gleichungssystems in 18.3.2.

18.3.4 Ergänzungen

Die Methode der finiten Elemente wurde im Hinblick auf die verschiedenartigen Anwendungen stark ausgebaut, namentlich in den letzten Jahren. Da wir uns mit dieser Methode nur in knapper Form befassen konnten, sollen noch einige ergänzende Bemerkungen nachgeschickt werden.

A. Konvergenz für $h \to 0$

In 18.3.2 und 18.3.3 wurde darauf hingewiesen, daß die Traingulierung noch von der durch (18.3-9) definierten Konstanten h abhängt. Dies hat zur Folge, daß auch die berechnete Näherungslösung des jeweiligen Variations- bzw. Randwertproblems eine Funktion von h ist; wir bezeichnen sie im Moment mit $v_h(x,y)$. Die Frage ist dann, wie gut die exakte Lösung $u(x,y)$ des Randwertproblems durch $v_h(x,y)$ approximiert wird.

Für die in 18.3.2 und 18.3.3 zur Approximation verwendeten stückweise linearen Funktionen kann unter zusätzlichen Voraussetzungen, die hier jedoch nicht erörtert werden können, die Abschätzung

$$\underset{(x,y) \in \widetilde{G}}{\text{Max}} |v_h(x,y) - u(x,y)| = O(h^2 |\ln h|) \qquad (18.3\text{-}31)$$

bewiesen werden. Bei dem Differenzenverfahren in 18.2.1 und 18.2.2 hatten wir gemäß (18.2-21) eine Konvergenzordnung $O(h^2)$, allerdings nur in den Gitterpunkten. Die Genauigkeit beider Methoden ist also etwa gleich. Die Methode der finiten Elemente ist auf Grund der Freizügigkeit bei der Triangulierung flexibler, während das Differenzenverfahren wesentlich einfacher aufzustellen ist. Bezüglich der Frage der Konvergenz vergleiche man etwa [2, 27] und [29].

B. Approximation durch stückweise Polynome höheren Grades

Bei vielen technischen Problemen wird die Approximation durch stückweise lineare Funktionen hinreichend genau sein. Auch bei nichtlinearen Aufgaben wird man sich oft auf diese einfache Methode der finiten Elemente beschränken, weil sie in der Regel noch mit vertretbarem Aufwand durchgeführt werden kann. Bei höheren Genauigkeitsansprüchen jedoch muß die Approximation verbessert werden.

Dazu bieten sich in erster Linie Funktionen an, die über den einzelnen Dreiecken D_i stückweise Polynome höheren Grades sind. Dabei ist folgendes zu beachten: Durch seine Werte in den drei Eckpunkten von D_i ist das Polynom ersten Grades $v(x,y)$ über D_i eindeutig bestimmt. Ein Polynom zweiten Grades in x und y über D_i hat sechs Koeffizienten, die etwa durch seine Werte an sechs Stellen von D_i festgelegt sind. Man hat also bei Approximationen durch stückweise Polynome höheren Grades entsprechend mehr innere Knotenpunkte und muß ein "stärker besetztes" lineares oder nichtlineares großes Gleichungssystem lösen. Bei solchen Approximationen genügt es auch nicht mehr, den Rand $\dot{G}$ durch einen Polygonzug zu approximieren, man verwendet hierzu stückweise Polynome entsprechender Ordnung in einer Veränderlichen. Man braucht die Funktion $v(x,y)$ auch nicht allein durch ihre Werte in den Knotenpunkten festzulegen, sondern kann dort auch teilweise ihre Ableitungen vorschreiben, usw. Bezüglich der technischen Durchführung dieser Approximationen vergleiche man etwa [25, 43] und die dort angegebene Literatur.

Im Prinzip ist es auch möglich, genauere Differenzenverfahren zur numerischen Lösung der genannten Probleme zu konstruieren. Diese sind oft jedoch nicht konvergent oder führen auf Gleichungssysteme, deren Lösung Schwierigkeiten bereitet. Bei der Methode der finiten Elemente unter Verwendung von stückweisen Polynomen höheren Grades erhält man bei Einhaltung gewisser Regeln auch Konvergenz entsprechender Ordnung und die entstehenden Gleichungssysteme besitzen eine symmetrische und positiv definite Matrix bzw. Funktionalmatrix. Dies ist ein wesentlicher Vorteil der verfeinerten Methode der finiten Elemente gegenüber entsprechenden Differenzenverfahren.

C. Andere Randwertprobleme

Die Methode der finiten Elemente ist nicht auf das hier allein betrachtete erste Randwertproblem beschränkt, sie eignet sich insbesondere gut zu numerischen Lösung des dritten Randwertproblems und einiger Varianten. Dabei nehmen die Schwierigkeiten der Anwendung dieser Methode naturgemäß zu. Bezüglich ihrer Durchführung bei bestimmten in der Technik häufiger auftretenden Randwertproblemen vergleiche man [25] und [43].

D. Mehrdimensionale Probleme

Schließlich findet die Methode der finiten Elemente auch bei Randwertproblemen in mehr als zwei Dimensionen Anwendung. Der Bereich $\overline{G}$ kann dabei etwa in abgeschlossene Simplexe, im dreidimensionalen Fall in Tetraeder, unterteilt werden. Das Verfahren wird naturgemäß recht kompliziert und unübersichtlich, weshalb in manchen Fällen Differenzenverfahren vorgezogen werden.

Aufgaben

A 18-1. Man gebe die zum Variationsproblem

$$I[u] = \int_G (u_x^2 + u_y^2 + 2\sqrt{x^2+y^2}\, u_x u_y + x^2 y^2 u^2 - 2x^2 u)\,dxdy = \text{Min}$$

gehörige Eulersche Differentialgleichung an und stelle fest, wo diese elliptisch, parabolisch und hyperbolisch ist.

A 18-2. Man berechne ω_b für die Matrix (18.2-12).

A 18-3. Es sei $\overline{G}: x^2 + y^2 \leq 1$. Mit $h = 0.1$ konstruiere man wie in 18.2.3 die Punktmenge $\dot{G}_h$. Auf dem dadurch definierten Gitter $\overline{G}_h$ löse man dann unter Verwendung der Randinterpolation das Randwertproblem

$$-u_{xx} - u_{yy} = -(x^2 + y^2),\ u(x,y) = \tfrac{1}{12}(x^4 + y^4),\ (x,y) \in \dot{G},$$

numerisch mit dem Differenzenverfahren.

A 18-4. Es sei $G: 0 < x < 1,\ 0 < y < 1$. Man stelle die Gleichungen (18.2-45) des Differenzenverfahrens zur Lösung des Variationsproblems

$$I[u] = \int_G \sqrt{1 + u_x^2 + u_y^2}\, dxdy = \text{Min},\ u(x,y) = x^2,\ (x,y) \in \dot{G},$$

wie in 18.2.4 für $h = 0.1$ auf.

A 18-5. Man trianguliere den Bereich $\overline{G}$ aus A 18-4 gleichmäßig nach (18.3-14) mit $h = 0.1$. Unter Verwendung der Ansatzfunktionen (18.3-15) löse man dann das Randwertproblem aus A 18-3 numerisch mit der in 18.3.2 beschriebenen einfachsten Methode der finiten Elemente.

A 18-6. Mit dem gleichen Bereich $\overline{G}$ und der gleichen Triangulierung wie in A 18-5 löse man das Variationsproblem aus A 18-4 numerisch mit der in 18.3.3 beschriebenen Methode der finiten Elemente.

Literatur

1 Ames, W. F.: Numerical methods for partial differential equations. London: Nelson 1969
2 Aziz, A. K. (ed.): The mathematical foundations of the finite element method with applications to partial differential equations, New York, London: Academic Press 1972
3 Bailey, P. B.; Shampine, L. F.; Waltman, P. E.: Nonlinear two point boundary value problems. New York, London: Academic Press 1968
4 Böhmer, K.: Spline-Funktionen. Stuttgart: Teubner 1974
5 Bulirsch, R.: Bemerkungen zur Romberg-Integration. Num. Math. 6 (1964) 6-16
6 Bulirsch, R.: Interpolation und numerische Quadratur. In: Mathematische Hilfsmittel des Ingenieurs III, Sauer, R.; Szabó, I. (Hrsg.), Berlin, Heidelberg, New York: Springer 1969
7 Butcher, J. C.: On Runge-Kutta processes of high order. J. Austr. Math. Soc. 4 (1964) 179-194
8 Collatz, L.: The numerical treatment of differential equations. Berlin, Heidelberg, New York: Springer 1966
9 Collatz, L.: Eigenwertaufgaben mit technischen Anwendungen. 2. Aufl. Leipzig: Akad. Verlagsges. Geest & Portig 1963
10 Courant, R.; Isaacson, E.; Rees, M.: On the solution of nonlinear hyperbolic differential equations by finite differences. Comm. Pure Appl. Math. 5 (1952) 243-255
11 Davis, P. J.; Rabinowitz, P.: Methods of numerical integration. New York, London: Academic Press 1975
12 Fehlberg, E.: New high-order Runge-Kutta formulas with step size control for systems of first- and second-order differential equations. ZAMM 44 (1964) T17-T29
13 Fehlberg, E.: New high-order Runge-Kutta formulas with an arbitrarily small truncation error. ZAMM 46 (1966) 1-16
14 Fehlberg, E.: Klassische Runge-Kutta Formeln fünfter und siebenter Ordnung mit Schrittweiten-Kontrolle. COMPUTING 4 (1969) 93-106
15 Friedrichs, K. O.: Symmetric hyperbolic linear differential equations. Comm. Pure Appl. Math. 7 (1954) 345-392
16 Gragg, W.: On extrapolation algorithms for ordinary initial value problems. J. SIAM Numer. Anal. 2 (1965) 384-403
17 Grigorieff, R. D.: Numerik gewöhnlicher Differentialgleichungen I. Stuttgart: Teubner 1972

18 Hauck, H.: Lösung von Grenzschichtgleichungen durch implizite Differenzenverfahren. Diss. D17 Darmstadt 1977

19 Henrici, P.: Discrete variable methods in ordinary differential equations. New York, London: Wiley & Sons 1962

20 Householder, A. S.: The theory of matrices in numerical analysis. New York: Blaisdell 1964

21 Isaacson, E.; Keller, H. B.: Analyse numerischer Verfahren. Zürich, Frankfurt/M.: Harri Deutsch 1973

22 Jordan-Engeln, G.; Reutter, F.: Numerische Mathematik für Ingenieure. Mannheim: Bibliograph. Inst. 1973

23 Jordan-Engeln, G.; Reutter, F.: Formelsammlung zur Numerischen Mathematik mit FORTRAN IV-Programmen, Mannheim: Bibliograph. Inst. 1976

24 Krylov, V. I.: Approximate calculation of integrals. New York, London: McMillan 1962

25 Marsal, D.: Die numerische Lösung partieller Differentialgleichungen in Wissenschaft und Technik. Mannheim: Bibliograph. Inst. 1976

26 Mathematische Hilfsmittel des Ingenieurs II, Sauer, R.; Szabó, I. (Hrsg.) Berlin, Heidelberg, New York: Springer 1969

27 Meis, Th.; Marcowitz, U.: Numerische Behandlung partieller Differentialgleichungen. Berlin, Heidelberg, New York: Springer 1978

28 Mitchell, A. R.: Computational methods in partial differential equations. London, New York: Wiley & Sons 1969

29 Prenter, P. M.: Splines and variational methods. London, New York: Wiley & Sons 1975

30 Ritz, W.: Über eine neue Methode zur Lösung gewisser Variationsprobleme der mathematischen Physik. J. reine angew. Math. 135 (1908)

31 Romberg, W.: Vereinfachte numerische Integration. Det. Kong. Norske Videnskabers Selskab Forhandlinger 28 Nr. 7, Trondheim 1955

32 Rutishauser, H.: Solution of eigenvalue problems with the LR-transformation. Appl. Math. Sev. Nat. B. Stand. 49 (1958) 47-81

33 Schäfke, F. W.: Spezielle Funktionen. In: Math. Hilfsmittel des Ingenieurs I, Sauer, R.; Szabó, I. (Hrsg.). Berlin, Heidelberg, New York: Springer 1968

34 Schwarz, H. R.; Rutishauser, H.; Stiefel, E.: Numerik symmetrischer Matrizen. Stuttgart: Teubner 1968

35 Shanks, E. B.: Solution of differential equations by evaluation of functions. Math. Comp. 20 (1966) 21-28

36 Stoer, J.: Einführung in die Numerische Mathematik I. Berlin, Heidelberg, New York: Springer 1972

37 Stoer, J.; Bulirsch, R.: Einführung in die Numerische Mathematik II. Berlin, Heidelberg, New York: Springer 1973

38 Stroud, A. H.: Approximate calculation of multiple Integrals. Englewood Cliffs: Prentice-Hall 1971

39 Stummel, F.; Hainer, K.: Praktische Mathematik. Stuttgart: Teubner 1971

40 Törnig, W.; Ziegler, M.: Bemerkungen zur Konvergenz von Differenzapproximationen für quasilineare hyperbolische Anfangswertprobleme in zwei unabhängigen Veränderlichen. ZAMM 46 (1966) 201-210

41 Werner, H.: Praktische Mathematik I. 2. Aufl. Berlin, Heidelberg, New York: Springer 1975

42 Wilkinson, J. H.; Reinsch, C.: Handbook for automatic computation II. Berlin, Heidelberg, New York: Springer 1971
43 Zienkiewicz, O. C.: Methode der finiten Elemente. München: Hanser 1975
44 Zurmühl, R.: Matrizen, 3. Aufl. Berlin, Göttingen, Heidelberg: Springer 1961

Sachverzeichnis

Abkühlung eines Drahtes 254 f
Ähnlichkeitstransformation 6
Anfangs-Randwertproblem 266
— —, nichtlineares 274
Anfangswerte 155
Anfangswertproblem 155
Approximation 72 ff
— durch allgemeine Funktionen 76 ff
— durch Orthogonalfunktionen 79 ff
— durch Polynome 72 ff
— empirischer Funktionen 91 ff
— mit Orthogonalpolynomen 80 ff
— periodischer empirischer Funktionen 94
— empirischer Funktionen durch Polynome 93 ff
— , trigonometrische 88 ff
Approximationspolynom 74
Approximationsproblem, allgemeines 73 ff
aufsteigende Differenzen 64
autonomes System 164 f, 177

Balkenbiegung 185 ff, 195 f
Basisfunktionen 100 f, 334
Bernoulli-Zahlen 130 f
Besselsche Gleichung 82
Bestimmtheitsbereich 285
Bilinearform, symmetrische 213

Charakteristiken 283 ff
Charakteristikenverfahren 289 ff

charakteristische Richtungen 245, 283 ff, 289
charakteristisches Gitter 291
charakteristisches Polynom 40
— —, Berechnung 40 ff
Courant-Isaacson-Rees-Verfahren 300 f
Crank-Nicolson-Verfahren 269

Defekt 242
Diagonalmatrix 4
Differentialgleichung, Eulersche 209, 313
— , selbstadjungierte 192 f, 309
Differentialoperator, adjungierter 191, 309
— , selbstadjungierter 191 f, 309
Differenzengleichungen, System von 157
Differenzenoperator, stabiler 259
— , konsistenter 256
— vom positiven Typ 260, 302
Differenzenverfahren 12, 232 ff, 249 ff, 314
— , explizite 253 ff
— , explizite Einschritt- 255 ff
— für lineare Randwertprobleme 197 ff
— für nichtlineare Randwertprobleme 200 ff
— , implizites 266 ff
— in Rechteckgittern 295, 297 ff
— — —, Konvergenz 301 ff
— , konvergentes 204 ff, 258 ff, 319 ff
— , Konvergenzordnung 204
— vom positiven Typ 302
Diffusion 254
dividierte Differenzen 59

Dreiecksungleichung 77
Dreieckszerlegung 44

Eigenfunktion 13
Eigenlösung 232
Eigenvektoren 3
—, orthogonales System von 6
—, unitäres System von 6
Eigenwerte 3, 232
—, Abschätzung der 14
Eigenwertprobleme einer gewöhnlichen Differentialgleichung 232 ff
—, Sturm-Liouvillesches 12
Einschritt-Differenzenverfahren 158
Einschritt-Verfahren, einfache 155 ff
— —, explizite 157 ff
elliptische Differentialgleichungen, Randwertprobleme 306 ff
Energie-Erhaltungssatz 11
Euler-Cauchy-Verfahren 160
Extrapolation 64

Fehlerabschätzung 181 f
Fehlerabschätzung, a posteriori 18
—, bei Einschritt-Verfahren 180 f
Fehlerquadrat, mittleres 73 f
Finite Elemente 220 ff, 332 ff
— —, Fehlerordnung 227 ff
— —, Basisfunktionen 221
— —, kubische Ansatzfunktionen 224 ff
— —, lineare Ansatzfunktionen 220 ff
Fourierkoeffizienten 88
—, Minimaleigenschaft der 90
Fourierreihe 90
Fourier-Polynom 88
Friedrichs-Verfahren 301
Funktional 209
—, quadratisches 214

Gewichtsfunktion 133
Gitter 157
Gitterfunktion 160
Gitterpunkte 157

Hermite-Interpolation 67 ff
Hermite-Polynome 88
Hessenberg-Matrix 37
— —, Berechnung der Eigenwerte 40 ff
Hilbert-Matrix 75
Hyperbolische Differentialgleichung 242 ff
— —, Anfangswertproblem 247 ff
— —, Normalform 246 ff
Hyperbolische Systeme 279 ff
— —, Anfangswertproblem 283 f
— — in der Strömungsmechanik 286 ff

Interpolation 53 ff
— durch Polynome 53 ff
— durch stückweise lineare Funktionen 97 ff
—, Genauigkeit der 56
— im engeren Sinne 53
— in zwei Variablen 61, 64 ff
Interpolations-Kubaturformel 139 ff
Interpolationspolynom 54
—, allgemeines Hermitesches 71 f
—, Besselsches 64
—, Everettsches 64
—, Fehlerabschätzung 57
—, Gaußsches 64
—, Hermitesches 68
—, Lagrangesches 53 ff
—, —, bei zwei Veränderlichen 66
—, —, Restglied 56
—, Newtonsches 58 ff
—, —, bei gleichabständigen Stützstellen 61 ff
—, —, Fehlerabschätzung 62 ff
—, Stirlingsches 64
Interpolations-Quadraturformeln 115 ff
Interpolationsspline, kubischer 104 ff
—, —, Berechnung 104 ff
Inverse Iteration 21, 24 ff

Jacobi-Verfahren 29 ff
— —, Konvergenz 32 ff

Sachverzeichnis

Klassifizierung partieller Differentialgleichungen 241 ff
Konsistenz 167 ff
Konsistenzbedingung 266
Konsistenzordnung 169 ff
Konvergenz 167, 170 ff
Konvergenzordnung 171 ff
Kubaturverfahren, summiertes 143 ff

Laguerre-Polynome 88
Legendre-Polynome 85 f
LR-Verfahren 44 ff
— —, Eigenschaften des 45

Matrix, ähnliche 4
—, diagonalähnliche 4
—, hermitesche 5, 18
—, komplexe 7
—, normale 5
—, orthogonale 5
—, schiefhermitesche 5
—, schiefsymmetrische 5
—, symmetrische 5
—, unitäre 5
Methode der finiten Elemente 227 ff, 332 ff, 337 ff
— — — —, Konvergenz 341
Methode der kleinsten Fehlerquadratsumme 91
Milne-Regel 121
— —, summierte 125
Minimalflächen 313

Numerische Integration 115 ff
Numerische Kubatur 139 ff

Operator, positiv definiter 211
—, selbstadjungierter 211
—, symmetrischer 211
Orthogonalisierungsverfahren 82 ff
Orthogonalpolynome bezüglich einer Gewichtsfunktion 87 ff
Orthogonalsystem 79 f
Orthonormalsystem 79 f, 84

Parabolische Differentialgleichung 253 ff
Partielle Differentialgleichung, Charakteristiken 245 ff
— —, halblineare 241
— —, lineare 241
— —, quasilineare 241
— —, Typeneinteilung 243 f
Polygonzugverfahren 158
—, modifiziertes 161
—, verbessertes 161
Polynom, charakteristisches 3

quadratisch integrierbare Funktion 211
Quadraturformeln 116, 118
—, summierte 122 ff
—, —, Restglied 124
— vom Newton-Cotes-Typ 115 ff
Quadraturverfahren, Gaußsches 133 ff
—, —, Gewichte 134 ff
—, —, Stützstellen 134 ff

Randbedingungen, homogene 190
—, linear unabhängige 191
—, zerfallende 190
Randwertproblem 13, 189 ff, 306 ff
Richtungsableitungen 283 ff
Ritzsches Verfahren 215 ff, 330 ff
— —, praktische Durchführung 217 ff
— —, Fehlerordnung 227 ff
— —, Fehlerabschätzung 228
Romberg-Integration 126 ff
— —, Fehler der 130 ff
Rundungsfehler 178 ff
Runge-Kutta-Verfahren 162 ff

sachgemäß gestellte Probleme 307
Schießverfahren 231
schlecht konditioniert 75
Schrittweite 157
Schwarzsche Ungleichung 77
Schwingungsgleichungen 11

Schwingungskette 10
Sehnen-Trapezregel 121
— —, summierte 125
Simpson-Regel 121
— —, summierte 125
skalares Produkt 76, 211, 309
Spaltenbetragssumme 15
Spline, kubischer 101 ff
Spline-Funktion 101 ff
— —, kubische 225
Spline-Interpolation 97 ff
— —, Fehlerabschätzung 109 ff
Stabknickung 232 f
Stützstellen 53, 115
—, gleichabständige 61 ff
Systeme erster Ordnung, elliptische 281
— — —, halblineare 280
— — —, hyperbolische 281
— — —, Klassifizierung 279 ff
— — —, lineare 280
— — —, Normalform 281
— — —, parabolische 281
— — —, quasilineare 280

Trägheitsindex 242
Triangulierung 145, 333
Trigonometrisches Polynom 88
Tschebyscheff-Polynome erster Art 87

uneigentliche Integrale 145 ff

Vandermondesche Matrix 54
Variationsmethoden 209 ff
Variationsproblem 192, 209, 308 ff
—, allgemeines 312 ff
—, diskretes 328
— und nichtlineare Randwertaufgabe 326 ff
Vektoriteration 21 ff
Verfahren von Givens 37 ff

Wärmeleitung 254
Welligkeit 56, 72, 97
—, minimale 98

Zeilenbetragssumme 15
Zweipunkt-Randwertproblem 189 f

G. Böhme

Anwendungsorientierte Mathematik

Vorlesungen und Übungen für Studierende der Ingenieur- und Wirtschaftswissenschaften
3., neu bearbeitete und erweiterte Auflage des bisher unter dem Titel „Mathematik" erschienenen Buches

1. Band

Algebra

1974. 189 Abbildungen. VII, 404 Seiten
DM 28,–
ISBN 3-540-06986-0

Aus dem Inhalt: Grundlagen der Algebra: Mengen. Relationen. Abbildungen/Funktionen Verknüpfungen. Strukturen. Gruppen. Ringe und Körper. – BOOLEsche Algebra: BOOLEsche Terme. Schaltalgebra und Aussagenalgebra. – Lineare Algebra: Determinanten. Vektoren. Matrizen. Lineare Gleichungs- und Ungleichungssysteme. – Algebra komplexer Zahlen. – Anhang: Lösungen der Aufgaben.

Band 2:

Analysis

Teil 1: Funktionen. Differentialrechnung
1975. 247 Abbildungen. VIII, 484 Seiten
DM 30,–
ISBN 3-540-07319-1

Inhaltsübersicht: Elementare reelle Funktionen: Grundlagen. Reelle Funktionen. Polynome. Gebrochen-rationale Funktionen. Algebraische Funktionen. Kreis- und Bogenfunktionen. Exponential- und Logarithmusfunktionen. Hyperbel- und Areafunktionen. Funktionspapiere. – Komplexwertige Funktionen: Einführung. Die komplexe Gerade. Die Inversion der Geraden. Der Allgemeine Kreis. – Differentialrechnung: Grenzwerte. Der Begriff der Ableitungsfunktion. Formale Ableitungsrechnung. Differentiale. Differentialquotienten. Differentialoperatoren. Kurvenuntersuchungen. Weitere Anwendungen der Differentialrechnung. Funktionen von zwei reellen Veränderlichen. – Anhang: Lösungen der Aufgaben.

3. Band:

Analysis

Teil 2: Integralrechnung
Reihen. Differentialgleichungen
3., neubearbeitete und erweiterte Auflage. 1976.
97 Abbildungen VI, 333 Seiten
DM 28,–
ISBN 3-540-07494-5

Inhaltsübersicht: Integralrechnung. – Unendliche Reihen. – Gewöhnliche Differentialgleichungen. – Anhang: Lösungen der Aufgaben. – Sachverzeichnis.

4. Band:

Aktuelle Anwendungen der Mathematik

Verfaßt von G. Böhme, H. Kernler, H.-V. Niemeier, D. Pflügel
1977. 133 Abbildungen. VIII, 258 Seiten
DM 19,80
ISBN 3-540-08315-4

Inhaltsübersicht: Graphen. – Wortstrukturen. – Automaten. – Prognoseverfahren. – Bestandsoptimierung. – Anhang: Lösungen der Aufgaben.

Preisänderungen vorbehalten

Springer-Verlag
Berlin
Heidelberg
New York

F. L. Bauer, G. Goos
Informatik
Eine einführende Übersicht

Teil 1
2. Auflage 1973. 111 Abbildungen. XII, 220 Seiten
DM 14,80
(Heidelberger Taschenbücher, Band 80)
ISBN 3-540-06332-3

Inhaltsübersicht: Information und Nachricht. – Begriffliche Grundlagen der Programmierung. – Maschinenorientierte algorithmische Sprachen. – Schaltnetze und Schaltwerke. – Anhang: Zahlsysteme.

Teil 2
2. Auflage 1974. 73 Abbildungen. XIII, 207 Seiten
DM 14,80
(Heidelberger Taschenbücher, Band 91)
ISBN 3-540-06899-6

Inhaltsübersicht: Dynamische Speicherverteilung. – Hintergrundspeicher und Verkehr mit der Außenwelt, Grundprogramme. – Automaten und formale Sprachen. – Syntaktische und semantische Definition algorithmischer Sprachen. – Anhang: Datenendgeräte. Zur Geschichte der Informatik.

F. L. Bauer, R. Gnatz, U. Hill
Informatik
Aufgaben und Lösungen

Teil 1
1975. 54 Abbildungen. XI, 163 Seiten
DM 14,80
(Heidelberger Taschenbücher, Band 159)
ISBN 3-540-07007-9

Inhaltsübersicht: Information und Nachricht: Entschlüsselung von Geheimschriften. Codeaufbau. Informationstheorie und Codesicherung. Nachrichtenverarbeitung. – Begriffliche Grundlagen der Programmierung: Objekte und Formeln. Einfache Rechenvorschriften. Abschnitte und Blöcke. Wiederholungsanweisungen. Verbunde. Felder. Sprünge. – Maschinenorientierte algorithmische Sprachen: Aufbrechen von Ausdrücken, Wiederholungen und Rechenvorschriften. Adressierung. – Schaltnetze und Schaltwerke: Schaltfunktionen und Schaltnetze. Schaltwerke.

Teil 2
1976. 45 Abbildungen. X, 173 Seiten
DM 14,80
(Heidelberger Taschenbücher, Band 160)
ISBN 3-540-07116-4

Inhaltsübersicht: Dynamische Speicherverteilung: Kellerspeicher. Prozeduren. Allgemeine Speicherverteilung – Datenorganisation und Prozesse: Organisierte Speicher. Prozesse und Programmablauf. – Automaten und formale Sprachen: Halbgruppen und Automaten. Formale Sprachen. – Semantik algorithmischer Sprachen. – Anhang: Methodik des Programmierens.

Aus den Besprechungen der vier Bände:
„…gibt eine ausgezeichnete einführende Übersicht über das an Bedeutung schnell zunehmende Gebiet der Informatik, die in besonderer Weise, indem die Darstellung der Probleme vom Allgemeinen zum Speziellen schreitet, die Zusammenhänge zwischen den einzelnen Disziplinen aufzeigt, wobei an die Spitze der Betrachtung die Grundbegriffe der Programmierung gestellt werden."
IET – Zeitschrift für elektrische Informations- und Energietechnik

T. Meis, U. Marcowitz
Numerische Behandlung partieller Differentialgleichungen
Hochschultext

1978. 31 Abbildungen, 25 Tabellen.
VIII, 452 Seiten
DM 38,–
ISBN 3-540-08967-5

Das Buch gibt eine Einführung in die numerische Behandlung partieller Differentialgleichungen. Es gliedert sich in drei Teile: Anfangswertaufgaben bei hyperbolischen und parabolischen Differentialgleichungen, Randwertaufgaben bei elliptischen Differentialgleichungen, iterative und schnelle direkte Verfahren zur Lösung großer Gleichungssysteme. Theoretische Gesichtspunkte wie Stabilität und Konsistenz werden mit dem gleichen Gewicht behandelt, wie die praktische Durchführung der Algorithmen. FORTRAN-Programme zu sechs typischen Problemen ergänzen die Darstellung.
Das Buch wendet sich vor allem an Studenten der Mathematik und Physik in mittleren Semestern. Es dürfte aber auch Mathematikern, Physikern und Ingenieuren in der Praxis vielfache Anregungen bieten.

Preisänderungen vorbehalten

Springer-Verlag
Berlin Heidelberg New York